智囊图书·建筑书系

全国土木工程类实用创新型规划教材

建筑给水排水工程

JIANZHU GEISHUI PAISHUI GONGCHENG

主　审　胡兴福

主　编　刘俊红　相会强

副主编　于景洋　齐世华　乔凤杰

　　　　钟　丹　王飞腾

编　者　马文成　郭雪梅　吴亚群

哈爾濱工業大學出版社

内容简介

本书主要介绍建筑给水排水工程的基本知识，包括建筑生活给水、建筑消防给水、生活排水、屋面雨水排水、热水供应与直饮水等系统；居住小区给水排水、建筑与小区中水系统与雨水利用、水景及游泳池等内容。同时结合现行设计规范介绍相关系统的设计计算方法及设计要求，给出建筑给水排水设计程序，及竣工验收和运行管理。本书将基本理论与工程应紧密结合起来，突出实用性，注重学生工程意识和实践能力的培养。

本书可作为普通高等院校给水排水专业、建筑类专业及暖通专业等学生的教学用书，也可作为从事建筑给排水工程设计、施工的技术人员的参考用书，以及作为相关专业岗位培训教材与自学用书。

图书在版编目(CIP)数据

建筑给水排水工程/刘俊红，相会强主编. —哈尔滨：哈尔滨工业大学出版社，2014.8

ISBN 978-7-5603-4764-6

Ⅰ.①建… Ⅱ.①刘… ②相… Ⅲ.①建筑工程-给水工程-高等学校-教材②建筑工程-排水工程-高等学校-教材 Ⅳ.①TU82

中国版本图书馆 CIP 数据核字(2014)第 121563 号

责任编辑 李长波
出版发行 哈尔滨工业大学出版社
社　　址 哈尔滨市南岗区复华四道街 10 号 邮编 150006
传　　真 0451-86414749
网　　址 http://hitpress.hit.edu.cn
印　　刷 三河市越阳印务有限公司
开　　本 850mm×1168mm 1/16 印张 18 字数 598 千字
版　　次 2014 年 11 月第 1 版 2014 年 11 月第 1 次印刷
书　　号 ISBN 978-7-5603-4764-6
定　　价 39.00 元

Preface 前言

本书主要根据新修订的《建筑给水排水设计规范》（GB 50015—2003）（2009 版）、《建筑设计防火规范》（GB 50016—2006）、《自动喷水灭火系统设计规范》（GB 50084—2001）（2005 版）、《管道直饮水系统技术规程》（CJJ 110—2006）、《高层民用建筑设计防火规范》（GB 50045—95）（2005 版）等国家现行技术标准和规范，以工程实例为项目导入，以加强实践性和实用性为目标，将建筑给排水工程的基本知识、设计方法和设计要求，结合近几年有关建筑给排水工程的新方法、新技术、新材料、新设备做了阐述和介绍。

本教材主要包括建筑给水、排水、屋面雨水排水、热水供应与直饮水等系统；居住小区给水排水、建筑与小区中水系统与雨水利用、水景及游泳池等内容。较传统教材增加了建筑给水排水设计程序、竣工验收及运行管理模块，并增列了工程导入及职业能力训练和工程模拟训练等实践性强的内容，力求体现高等职业教育的特点，从培养应用型人才出发，注重理论联系实际，注重培养学生独立思考、分析问题、解决问题的能力。

本书可作为高职高专院校给水排水专业、建筑类专业及暖通专业等学生的教学用书，也可作为从事建筑给排水工程设计、施工的技术人员的参考用书，以及作为相关专业岗位培训教材与自学用书。

本书由刘俊红和相会强老师担任主编，全书由胡兴福主审。

鉴于编者水平，书中难免存在疏漏与不足之处，敬请广大读者批评指正。

编　者

编审委员会

本书学习导航

简要介绍本模块与整个工程项目的联系，在工程项目中的意义，或者与工程建设之间的关系等。

模块 1

建筑内部给水系统

模块概述

包括知识目标和技能目标，列出了学生应了解与掌握的知识点。

学习目标

课时建议

建议课时，供教师参考。

各模块开篇前导入实际工程，简要介绍工程项目中与本模块有关的知识和它与整个工程项目的联系及在工程项目中的意义，或者课程内容与工程需求的关系等。

工程导入

1.1 给水系统的分类及水质、水量

重点串联

用结构图将整个模块的重点内容贯穿起来，给学生完整的模块概念和思路，便于复习总结。

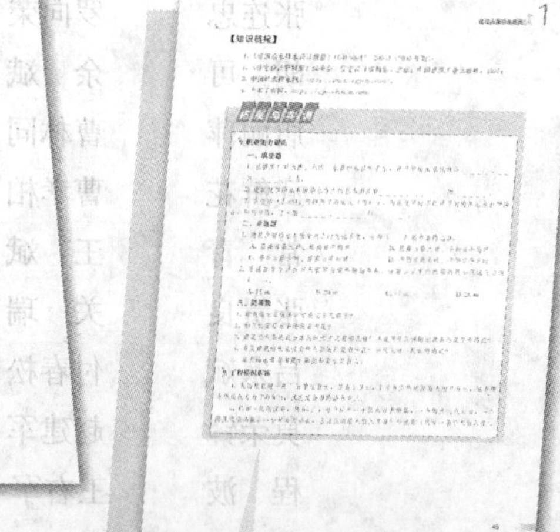

拓展与实训

包括职业能力训练、工程模拟训练两部分，从不同角度考核学生对知识的掌握程度。

目录 Contents

模块 8 建筑给水排水设计程序、竣工验收及运行管理

附 录

模块 0

绪　论

0.1　建筑给水排水相关专业知识概况

0.1.1 给水排水工程概述

随着社会经济的高速发展，城市化建设不断加快，城市化水平不断提高，人们的环境保护意识也不断增强。无论是城市建设还是水环境治理，均离不开给水排水技术专业人才的支持。我国自改革开放以来，建筑业飞速发展，建筑给水排水专业也随之迅速发展，建筑给水排水已经发展为一个相对完整的专业体系。给水排水工程主要由给水工程、排水工程和建筑给水排水工程三部分内容组成。其中给水工程包含了给水管道工程技术、给水处理技术等，排水工程包含了排水管道工程技术、排水处理技术等。

0.1.2 建筑给水排水工程技术发展的三个阶段

1. 初创阶段

初创阶段自 1949 年至 1964 年《室内给水排水和热水供应设计规范》开始试行时为止。其主要标志是我国开始设置给水排水专业，"房屋卫生技术设备"被确定为一门独立的专业课程。

2. 反思阶段

反思阶段自 1964 年至 1986 年《建筑给水排水设计规范》被审批通过时为止。其主要标志是通过工程实践，对以往机械搬用国外经验并造成失误进行了认真总结和反思，进而形成和确立有我国特色的建筑给水排水技术体系。

3. 发展阶段

发展阶段自 1986 年至今。1986 年以来，随着建筑业的发展，建筑给水排水专业迅速发展，已成为给水排水中不可缺少而又独具特色的组成部分。

0.1.3 建筑给水排水概述

建筑设备：建筑物是建筑、结构、设备三者的综合体。而建筑设备包括：室内给水、排水、消防、采暖、通风、空调，以及煤气、电信、配电等。

从建筑物内部来说，建筑给水排水系统包括室内给水工程、室内排水工程、雨水排水系统、热水供应系统、水景及游泳池、高层建筑给水排水及建筑中水系统。其中室内给水工程包括生活给水系统、生产给水系统、消防给水系统以及组合给水系统。排水系统包括生活排水（污水和废水）系统、工业废水排水系统以及屋面雨水排水系统。这些系统涉及水质处理，水质、水温、水压保证及供水、配水、排水、通气等众多技术内涵。消防系统有消火栓系统、自动喷水灭火系统，其他非水灭火剂的固定灭火系统，如二氧化碳灭火系统、干粉灭火系统、卤代烷灭火系统等。随着社会的进步和科学的发展，建筑给水排水在不断地派生出各种新的子系统，新技术、新材料日新月异地涌现。我们知道建筑给水排水快速跳动的脉搏，据有关资料称，目前国内建筑给水排水从业人员约8万。建筑给水排水已成为我国现代化建设中一支不可忽视的力量。而具有综合功能的大批高层建筑也不断出现，这也要求培养建筑给水排水方面的高级技术应用性专门人才，以满足社会需要。

0.2 本课程的内容、任务、学习方法及目标

0.2.1 课程的内容及任务

1. 课程主要内容及适用对象

本课程主要内容包括建筑内部生活给水、消防给水、生活排水、屋面雨水排水、热水供应、饮水供应以及建筑中水系统、游泳池给水系统等建筑给水排水工程的基本理论、设计原则、设计计算方法等方面的知识。主要培养学生的建筑给水排水工程施工能力与设计能力，适合高职高专给水排水工程技术专业的学生学习，也适合建筑安装企业技术人员自学。建筑给水排水工程是给水排水工程技术专业的一门主要专业课程。

2. 建筑给水排水工程的任务

建筑给水排水工程的任务就是保证人民生活、工业企业、公共设施、保安消防等供水水量、水质及水压的要求及污、废水排出，并安全可靠、经济便利地满足各用户的要求，及时收集、输送和处理、利用各用户的污水、废水，为人们的生活、生产活动提供安全便利的用水条件，提高人们的生活健康水平，保护人们的生活、生存环境免受污染，以促进国民经济的发展、保障人们的健康和生活的舒适。因此，建筑给水排水工程是现代城市和工业企业建设与发展中重要的、不可缺少的基础设施，在人们的日常生活和国民经济各部门中有着十分重要的意义。

0.2.2 课程目标

总体能力（技能）目标：

根据相应岗位群，该课程着重培养学生建筑给水排水工程设计能力和施工能力。使学生能够依据建筑图及相关基础资料进行建筑给水排水施工图设计；能通过识读施工图，进行材料分析、下料及管道设备的安装；具有施工图设计与施工现场管理的专业知识，为学习后续课程及从事基本建设工作奠定基础。

具体目标：

1. 能力目标

(1) 能够应用所学进行建筑给水排水系统方案的选择确定、管网水力计算，并根据设计任务和设计规范，借助相应设计软件（如CAD、天正给水排水等）熟练进行建筑给水排水工程设计施工图的绘制；具有较强的资料分析、水力计算、初步设计、施工图设计及材料统计的能力，具有较强的建筑给水排水工程设计规范的执行能力。

(2) 能够识读施工图，按施工图及相应施工规范进行施工；具有编制用工计划、材料计划、进度计划、质量保证措施、安全保证措施的能力，能正确组织施工；具有较强的给水排水工程施工规范执行能力。

2. 知识目标

(1) 了解室内生活冷热给水、消防给水、污废水、雨水、中水等系统的分类、组成。

(2) 熟悉管材的种类与连接方式，并知晓各种管道配件与附件。

(3) 掌握管网的布置形式及敷设要求。

(4) 掌握各系统的水量计算方法、管网的水力计算步骤及方法。

3. 素质目标

(1) 树立爱岗敬业的思想、吃苦耐劳的工作作风，自觉遵守职业道德。

(2) 增强学生分析问题、解决问题、用理论指导实践的意识。

(3) 养成重视细节、刻苦钻研、认真负责、一丝不苟的工作作风。

(4) 培养学生安全、文明施工的意识，敢于竞争以及团队合作精神；打造诚实做人、踏实办事、乐于奉献的新一代高技能人才。

0.2.3 学习方法

本课程是一门理论性和实践性均较强的课程，由于各地的自然条件、经济条件和人文条件的不同以及对给水排水要求的不同，给水排水工程的管材、附件及其附属构筑物以及管网的形式、组成往往也是不同的。因此，在学习本课程时应特别注重理论联系实际，把书本知识与实际工程结合起来，理解、掌握其问题的本质，学会从实际出发分析问题和解决问题。

根据本课程对应的工作岗位，以职业能力培养为中心，以专业核心技术技能为主线，依据工作任务标准以及岗位能力要求，用行动导向教学方法组织教学，将课程知识点解散并重构项目，将相关的知识技能转化为具体的训练内容。以项目载体、任务驱动为原则选取教学内容，整合和序化，设计出以项目为驱动、以实际工作过程为主线的教学模式，确保教学内容与实际工作的一致性。

通过“案例教学法”“分组讨论法”和“实体教学法”学习与项目工作任务直接相关的知识。

0.3　本课程未来的发展概况

建筑给水排水的主要任务就是为人们提供符合国家水质标准的生活、生产用水，保证消防给水系统正常运行，保证排水通畅。以下从不同角度解析建筑给水排水的发展方向。近年来，随着高层建筑的迅猛发展，建筑给水排水技术得到了相应的发展，一些新技术、新设备、新材料在工程中得到了广泛应用。

1. 发展完善、舒适、便于管理、集中控制、自动化的给水排水系统和设备

如应用变频调速水泵机组，新型减压、稳压阀等产品改进和简化了给水系统。20 世纪 90 年代以前的高层建筑，生活与消防给水系统的设计基本上采用设分区加压泵配分区高位水箱的方式，这样不仅系统复杂，泵组多，分区水箱多，而且占用了大量建筑使用面积。20 世纪 90 年代以来，随着变频调速水泵机组和能减静、动压的减压稳压阀组等新的供水机组，以及阀件的出现与应用，使供水系统的分区大大地简化；除了消防专用水箱之外，用于生活供水系统的分区高位水箱大大减少，供水泵组也相应简化，这是国内建筑给水排水行业的一次革新。

2. 节水、节能，提高水的利用率，发展中水，提高工业用水的循环率

如城市采取的节水硬措施。城市节水硬措施主要是指通过工程性或技术性手段对现有的用水工艺进行节水化改造，推广节水器具和设备，同时对管网漏失情况进行监测和防治。

(1) 生活节水。

推广节水型器具与设备：节水器具设备是指低流量或超低流量的卫生器具设备，是与同类器具

与设备相比具有显著节水功能的用水器具设备或其他监测控制装置。

城市生活用水主要通过给水器具设备的使用来完成，而给水器具设备中的卫生器具设备的耗水量十分可观。有数据表明，在居民家庭生活用水中，厕所用水约占39%，淋浴用水约占21%，饮食及日常用水约占32%；在公共事业用水中，厕所用水约占公共用水的8%，淋浴用水约占5%，饮食及日常用水量约占30%。由此可见，卫生器具的节水潜力巨大，其性能直接关系着城市生活节水量。据统计，上述各项如均使用节水器具，则便器平均可节水38%，淋浴器可节水33%，水龙头可节水10%。

(2) 强化管网检漏工作，采用新管材、新工艺。

据住房与城乡建设部的统计，由于管网老化和管理不善，全国城市公共供水系统的管网漏损率平均达21.5%，远远超过日本的10%、美国的8%、德国的4.9%。显然，维修改造现有旧城市管网的输、净、配水利工程，降低管网漏损率，是提高水利用率、减少供水成本、提高城市节水水平的一个重要方面。

(3) 水表安装与计量。

目前，我国多数城市已采用一户一表制，事实表明，此举能有效推进城市节水工作。

3. 中水回用

建筑中水工程是指民用建筑物或居住小区内使用后的各种排水如生活排水、冷却水及雨水等经过适当处理后，回用于建筑物或居住小区内，作为杂用水的供水系统。杂用水主要用于冲洗便器、冲洗汽车、小区景观、绿化和浇洒道路。据统计，在住宅、宾馆和办公楼三类建筑中，冲厕所耗的水量分别占生活用水总量的32%、19%和66%左右。如果这部分冲厕水量用中水代替，则可以显著减少各类建筑的自来水用量。若小区景观、绿化、冲洗汽车等其他用水也由中水提供，则节水效果会更加显著。

4. 水资源市场化，通过市场调节水价

我国的水价（每立方米水），城市生活用水原水约为1元，工业用水原水约为1.6元。同国外水价比，都明显的偏低。香港地区20元，东京22.8元。中国水价真的是低得没法再低了！提高水价，激励节约用水，这是很有效的一种方式。

5. 开发和使用新材料、新设备、新配件

PE，PP－R塑料及铝塑复合管等新型管材，其特点是水力条件好、材质轻、安装方便等；太阳能热水器，其特点是环保免能源；直接式管网叠压供水设备，其特点是有效地利用了市政管网水压，减少了水池的二次污染；节水卫生器具，如红外感应水龙头、延时自闭阀、两挡水箱式节水型便器等。

6. 相关政策、法规的不断完善

对于设计规范、行业规程等相关法规应该及时调整更新，以满足社会经济的发展趋势。

模块 1

建筑内部给水系统

【模块概述】

建筑内部的给水系统是将城镇给水管网或自备水源给水系网的水引入室内，经配水管送至生活、生产和消防用水设备，并满足各用水点对水量、水压和水质要求的冷水供应系统。

本模块主要介绍建筑内部给水系统的基本组成，给水水质要求及防护，给水管道的布置、敷设要求及方法，给水管道系统的水力计算及给水系统平面图、轴测图的绘制方法。

【知识目标】

1. 熟悉给水系统的分类及水质要求；
2. 熟悉给水的基本方式及适用性；
3. 了解给水管道的布置与敷设；
4. 了解水质防护；
5. 掌握给水所需水压、水量计算方法；
6. 了解增压、贮水设备的选用办法；
7. 掌握各类建筑内部的用水情况分析；
8. 了解用水量定额基本概念；
9. 掌握设计秒流量计算方法；
10. 熟悉给水管网的水力计算，进行配管。

【技能目标】

1. 能够根据建筑需求，具备确定给水方式的能力；
2. 能布置建筑给水系统管道平面图，具备识读建筑给水系统平面施工图能力；
3. 能绘制建筑给水系统管道系统图，具备建筑给水系统工程概预算能力；
4. 能够正确分析建筑内部水质污染的原因，具备水质防护能力；
5. 能够准确计算给水系统所需水量，具备确定增压、贮水设备的能力；
6. 能计算给水管网的水力，具备进行多层及低层建筑给水系统设计的能力。

【课时建议】

12～16 课时

工程导入

图 1.1 为甘肃省某市残疾人联合会所给水平面图，由图可知，该建筑包括地下一层，地上四层。其中地下一层为库房，地上一至四层均为为残疾人服务的各类用房，设计采用市政给水管网统一供水的方式，给水引入管由市政给水管从建筑北侧引入，然后通过设于卫生间内的给水立管供应各层用水。给水系统图如图 1.2 所示，卫生间大样图如图 1.3 所示。

通过这个例子你能明白建筑给水系统的分类吗？给水系统的组成与工作原理是什么？如何进行给水系统的设计计算？

1.1 给水系统的分类及水质、水量

1.1.1 分类及水质要求

根据用户对水质、水压、水量和水温的要求，并结合外部给水系统情况进行给水系统的划分。常用的三种基本给水系统是生活、生产、消防给水系统。

1. 生活给水系统

生活饮用水系统——与人体直接接触的或饮用的烹饪、饮用、盥洗、洗浴等用水。其水质必须符合现行的国家标准《生活饮用水卫生标准》(GB 5749—2006) 的要求。

生活杂用水系统——用于冲洗便器、绿化浇水、室内车库地面和室外地面冲洗等用水。其水质应符合现行国家标准《生活杂用水水质标准》(GB/T 18920—2002) 的要求。

目前国内通常为节省管道、便于管理，将饮用水与杂用水系统合二为一，它所具有的特点是：用水量不均匀；水质达到国家饮用水标准。

2. 生产给水系统

生产给水系统供给生产过程中设备冷却、原料和产品的洗涤、产品工艺用水、冷饮用水、生产空调用水、稀释用水、除尘用水、锅炉用水以及各类产品制造过程中所需的水。这类用水的水质要求有较大的差异，有的低于生活用水标准，有的远高于生活饮用水标准。所以，生产给水系统对水量、水质、水压及完全供水的要求要因工艺不同而不同，需要详尽了解生产工艺对水质的要求。

3. 消防给水系统

消防给水系统供给各类消防设备灭火用水。消防用水对水质要求不高，一般无具体规定，但必须按照建筑防火规范保证供给足够的水量和水压。根据《建筑设计防火规范》(GB 50016—2006) 和《高层建筑防火规范》(GB 50045—95)（2005 年版）的规定，对于某些层数较多的民用建筑、公共建筑及容易引起火灾的仓库、生产间等，必须设置室内消防给水系统，如消火栓给水系统、自动喷水灭火系统等。

在一幢建筑内，并不一定需要单独设置三种给水系统，可以按用水对水质、水温、水压和水量及安全方面的具体要求，结合室外给水系统的情况，组成不同的共用给水系统，考虑技术上可行、经济上合理、安全可靠等因素，将其中两种或三种系统合并，形成生活-消防给水系统、生产-消防给水系统、生活-生产给水系统、生活-生产-消防给水系统等。

1.1.2 用水量

建筑内部给水包括生活、生产和消防用水三部分。生产用水量一般比较均匀，可按消耗在单位产品上的水量或单位时间内消耗在生产设备上的水量计算确定。

生活用水量受气候、生活习惯、建筑物使用性质、卫生器具和用水设备的完善程度以及水价等多种因素的影响，故用水量不均匀。生活用水量可根据国家制定的用水定额（经多年的实测数据统计得出）、小时变化系数和用水单位数，按下式计算：

$$Q_d = mq_d \tag{1.1}$$

因为

$$\overline{Q_h} = \frac{Q_d}{T} \tag{1.2}$$

$$K_h = \frac{Q_h}{\overline{Q_h}} \tag{1.3}$$

所以

$$Q_h = K_h \cdot \overline{Q_h} = K_h \cdot \frac{Q_d}{T} \tag{1.4}$$

式中 Q_d——最高日用水量，L/d；

m——用水单位数，人或床位数等，工业企业建筑为每班人数；

q_d——最高日生活用水定额，L/（人·d）、L/（床·d）或 L/（人·班）；

$\overline{Q_h}$——平均小时用水量，L/h；

T——建筑物的用水时间，工业企业建筑为每班用水时间，h；

K_h——小时变化系数；

Q_h——最大小时用水量，L/h。

K_h 借助于自动流量记录仪测得建筑物内一昼夜用水变化曲线，并绘制出以小时计的用水量变化阶段图而求得。小时变化参数经过人们大量测定后，定出一个标准值，作为已知资料被应用。

Q_h 用来设计室外给水管道最合适。共原因是：室外管网服务区域大，人数众多，卫生设备数量多，不同性质的建筑混杂，工作、生活时间不一，参差交错使用，用水量变化趋于缓和，显得比较均匀。

而对于一栋或少数几栋建筑来说，用水人数少，卫生设备少，建筑性质单一，人们的生活工作条件基本相同，用水不均匀性就显著增加，就不能认为最大小时内用水是均匀的，要考虑最大小时内最大秒（如高峰用水时段内 5 min 平均秒流量）的用水量以反映室内用水高峰的特点。

若工业企业为分班工作制，最高日用水量为 $Q_d = mq_d n$，n 为生产班数，若每班生产人数不等，则 $Q_d = \sum m_i q_d$。

各类建筑的生活用水定额及小时变化系数见表 1.1～1.3。

表 1.1 住宅最高日生活用水定额及小时变化系数

住宅类别		卫生器具设置标准	用水定额 /（L/人·d^{-1}）	小时变化系数 K_h
普通住宅	Ⅰ	有大便器、洗涤盆	85～150	3.0～2.5
	Ⅱ	有大便器、洗涤盆、洗脸盆、洗衣机、热水器和沐浴设备	130～300	2.8～2.3
	Ⅲ	有大便器、洗脸盆、洗涤盆、洗衣机、集中热水供应（或家用热水机组）和沐浴设备	180～320	2.5～2.0
高级住宅或别墅		有大便器、洗涤盆、洗脸盆、洗衣机、洒水栓、家用热水机组和沐浴设备	200～350	2.3～1.8

注：1. 当地主管部门对住宅生活用水定额有具体规定时，应按当地规定执行

2. 别墅用水定额中含庭院绿化用水和汽车洗车用水

表 1.2　宿舍、旅馆和公共建筑生活用水定额及小时变化系数

序号	建筑物名称	单位	最高日生活用水定额/L	使用时数/h	小时变化系数 K_h
1	宿舍				
	Ⅰ类、Ⅱ类	每人每日	150～200	24	3.0～2.5
	Ⅲ类、Ⅳ类	每人每日	100～150		3.5～3.0
2	招待所、培训中心、普通旅馆				
	设公用盥洗室	每人每日	50～100	24	3.0～2.5
	设公用盥洗室和淋浴室	每人每日	80～130		
	设公用盥洗室、淋浴室、洗衣室	每人每日	100～150		
	设单独卫生间、公用洗衣室	每人每日	120～200		
3	酒店式公寓	每人每日	200～300	24	2.5～2.0
4	宾馆客房				
	旅客	每床每日	250～400	24	2.5～2.0
	员工	每人每日	80～100		
5	医院住院部				
	设公用盥洗室	每病床每日	100～200	24	2.5～2.0
	设公用盥洗室和淋浴室	每病床每日	150～250	24	2.5～2.0
	设单独卫生间	每病床每日	250～400	24	2.5～2.0
	医务人员	每人每班	150～250	8	2.0～1.5
	门诊部、诊疗所	每病人每次	10～15	8～12	1.5～1.2
	疗养院、休养所住房部	每床位每日	200～300	24	2.0～1.5
6	养老院、托老所				
	全托	每人每日	100～150	24	2.5～2.0
	日托	每人每日	50～80	10	2.0
7	幼儿园、托儿所				
	有住宿	每儿童每日	50～100	24	3.0～2.5
	无住宿	每儿童每日	30～50	10	2.0
8	公共浴室				
	淋浴	每顾客每次	100	12	2.0～1.5
	盆浴、淋浴	每顾客每次	120～150	12	
	桑拿浴（淋浴、按摩池）	每顾客每次	150～200	12	
9	理发室、美容院	每顾客每次	40～100	12	2.0～1.5
10	洗衣房	每千克干衣	40～80	8	1.5～1.2
11	餐饮业				
	中餐酒楼	每顾客每次	40～60	10～12	1.5～1.2
	快餐店、职工及学生食堂	每顾客每次	20～25	12～16	
	酒吧、咖啡馆、茶座、卡拉OK房	每顾客每次	5～15	8～18	
12	商场 员工及顾客	每平方米营业厅面积每日	5～8	12	1.5～1.2
13	图书馆	每人每次	5～10	8～10	1.5～1.2
14	书店	每平方米营业厅面积每日	3～6	8～12	1.5～1.2
15	办公楼	每人每班	30～50	8～10	1.5～1.2

续表 1.2

序号	建筑物名称	单位	最高日生活用水定额/L	使用时数/h	小时变化系数/K_h
16	教学、实验楼 中小学校 高等院校	 每学生每日 每学生每日	 20～40 40～50	 8～9 8～9	 1.5～1.2 1.5～1.2
17	电影院、剧院	每观众每场	3～5	3	1.5～1.2
18	会展中心（博物馆、展览馆）	每平方米展厅面积每日	3～6	8～16	1.5～1.2
19	健身中心	每人每次	30～50	8～12	1.5～1.2
20	体育场（馆） 运动员淋浴 观众	 每人每次 每人每次	 30～40 3	 4 4	 3.0～2.0 1.2
21	会议厅	每座位每次	6～8	4	1.5～1.2
22	航站楼、客运站旅客	每人次	6～6	8～16	1.5～1.2
23	菜市场地面冲洗及保鲜用水	每平方米每日	10～20	8～10	2.5～2.0
24	停车库地面冲洗水	每平方米每次	2～3	6～8	1.0

注：1. 除养老院、托儿所、幼儿园的用水定额中含食堂用水，其他均不含食堂用水

2. 除注明外，均不含员工生活用水，员工用水定额为每人每班 40～60 L

3. 医疗建筑用水中已含医疗用水

4. 空调用水应另计

消防用水量大而集中，与建筑物的使用性质、规模、耐火等级和火灾危险程度等密切相关，为保证灭火效果，建筑内消防水量应按需要同时开启的消防用水灭火设备用水量之和计算。

表 1.3 工业企业建筑生活、淋浴用水定额

<table>
<tr><td colspan="2">生活用水定额/［L/（人·班）］</td><td colspan="2">小时变化系数</td><td>注</td></tr>
<tr><td colspan="2">25～35</td><td colspan="2">2.5～3.0</td><td>每班工作时间宜取 8 h</td></tr>
<tr><td colspan="4">工业企业建筑淋浴用水定额</td><td rowspan="7">淋浴供水延续时间宜取 1 h</td></tr>
<tr><td colspan="3">车间卫生特征</td><td rowspan="2">每人每班淋浴用水定额/L</td></tr>
<tr><td>有毒物质</td><td>生产性粉尘</td><td>其他</td></tr>
<tr><td>极易经皮肤吸收引起中毒的剧毒物质（如有机磷、三硝基甲苯、四乙基铅等）</td><td></td><td>处理传染性材料、动物原料（如皮毛等）</td><td rowspan="3">60</td></tr>
<tr><td>易经皮肤吸收或有恶臭的物质，或高毒物质（如丙烯腈、吡啶、苯酚等）</td><td>严重污染全身或对皮肤有刺激的粉尘（如炭黑、玻璃棉等）</td><td>高温作业、井下作业</td></tr>
<tr><td>其他毒物</td><td>一般粉尘（如棉尘）</td><td>重作业</td></tr>
<tr><td colspan="3">不接触有毒物质及粉尘、不污染或轻度污染身体（如仪表、金属冷加工、机械加工等）</td><td>40</td></tr>
</table>

1.2 建筑内部生活给水系统组成及设置要求

1.2.1 系统组成

建筑给水系统与建筑小区给水系统，以建筑物的给水引入管的阀门井或水表井为界。典型的建筑给水系统一般由引入管、水表节点、管道系统、附件、升压和贮水设备、室内消防设备及给水局部处理设备组成，如图 1.4 所示。

1. 引入管

引入管是指室外给水管网与室内给水管网之间的联络管，也称进户管，如图 1.4 所示。

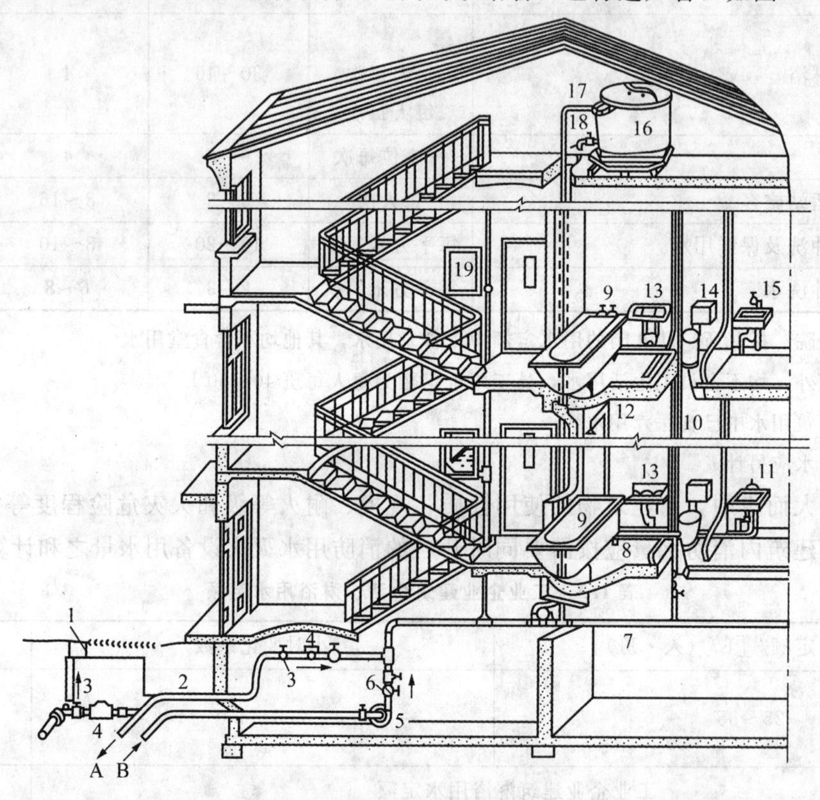

图 1.4 建筑内部给水系统

1—阀门井；2—引入管；3—闸阀；4—水表；4—水泵；6—逆止阀；7—干管；8—支管；9—浴盆；10—立管；11—水龙头；12—淋浴器；13—洗脸盆；14—大便器；15—洗涤盆；16—水箱；17—进水管；18—出水管；19—消火栓；A—入贮水池；B—来自贮水池

2. 水表节点

水表节点是指引入管上装设的水表及其前后设置的闸门、泄水装置的总称。

(1) 闸门：关闭管网，以便修理和拆换水表，表前阀为闸阀，保证表前水流直线流动。

(2) 泄水装置：检修时改变管网，检测水表精度测进户点压力。

(3) 旁通管：设有消火栓的建筑物，因断水可能影响生产的建筑，不允许断水的建筑物如只有一条引入管时，应绕水表装旁通管。

(4) 水表的安装：应安装在观察方便、不冻结、不被任何液体及杂质所淹没和不易受损处。

3. 管道系统

建筑内的给水管道包括干管、立管和配水支管。

(1) 干管是将引入管送来的水转送到给水立管中的管段。

(2) 立管是将干管送来的水沿垂直方向输送到各楼层的配水支管中的管段。

(3) 配水支管是将水从立管输送至各个配水龙头或用水设备处的供水管段。

4. 附件

为了便于取用、调节和检修，在给水管路上需要设置各种给水附件，如配水附件、阀门及各式龙头等。

5. 升压和贮水设备

室外给水管网的水压或流量经常或间断不足，不能满足室内或建筑小区内给水要求时，应设加压和流量调节装置，如贮水箱、水泵装置、气压给水装置。

6. 室内消防设备

根据消防规范，由建筑物的性质、规模、高度、体积等条件确定。

普通的消防给水系统——消火栓系统；

特殊的消防给水系统——喷洒系统。

7. 给水局部处理设备

建筑物所在地点的水质已不符合要求或建筑的给水水质要求超出我国现行标准的情况下，需要设给水深处理构筑物和设备局部进行给水深处理。

1.2.2 管道材料、布置敷设与防护

1. 给水管道的常用管材

建筑给水用管材按材料分三大类：金属管材、非金属管材和复合管材。

(1) 金属管材。

建筑给水常用金属管材有钢管和铸铁管等。

建筑给水常用的钢管有低压流体输送用焊接钢管（GB/T 3092—1993）和低压流体输送用镀锌焊接钢管（GB/T 3091—1993）及无缝钢管等。

低压流体输送用焊接钢管和镀锌焊接钢管由（GB/T 700—1988）碳素结构钢 1、2、3 号乙类钢制造。

根据钢管的壁厚又分为普通焊接钢管和加厚焊接钢管两类。普通焊接钢管出厂试验水压为 2.0 MPa，用于工作压力小于 1.0 MPa 的管路；加厚焊接钢管出厂试验水压力为 3.0 MPa，用于工作压力小于 1.6 MPa 的管路。其常用管件如图 1.5 所示。

图 1.5 常用钢管管件

钢管具有强度高、承受内压力大、抗震性能好、质量比铸铁管轻、光滑，容易加工和安装等优点，但抗腐蚀性能差，造价较高。

给水铸铁管采用铸造生铁以离心法或砂型法铸造而成。我国生产的给水铸铁管有低压管（工作压力不大于 0.45 MPa）、普压管（工作压力不大于 0.75 MPa）和高压管（工作压力不大于 1 MPa）三种。

与钢管相比，铸铁管具有耐腐性强、使用寿命长、价格低等优点。其缺点是性脆、质量大、长度短。

生活给水管管径大于 150 mm 时，可采用给水铸铁管，管径大于或等于 75 mm 的埋地生活给水管道宜采用给水铸铁管；生产和消防给水管道一般采用非镀锌焊接钢管或给水铸铁管。

（2）非金属管材。

建筑给水非金属管材常用塑料管。其常用管件如图 1.6 所示。

图 1.6 常用给水用塑料管件

随着我国有机化学工业的发展以及对化学建材的推广应用，应用于建筑给水系统的塑料管材逐渐增多，塑料管与管件的材质种类很多，最主要的材料是一些高分子化合物。目前的种类有：硬聚氯乙烯（UPVC）、高密度聚乙烯（HDPE）、交联聚乙烯（PEX）、聚丁烯（PB）、丙烯腈－丁二烯－苯乙烯（ABS）、氯化聚氯乙烯（CPVC）、铝塑复合管（PE，PEX－AL－PEX）、改性聚丙烯（PPR，PPC）、钢塑复合管等。塑料管可适用于工业与民用建筑内冷水、热水和饮用水系统，用于热水系统的管材，其工作压力和温度与管道的寿命关系密切。由于其材质差异，UPVC 和 PEX－AL－PEX 管道不能用于热水系统，只适用于冷水供水系统。各类常用塑料水管实用性能比较表和几种塑料冷热水管的安装特点差别分别见表 1.4 和表 1.5。

塑料管的原料组成决定了塑料管的特性。塑料管的主要优点如下：

①化学稳定性好，不受环境因素和管道内介质组分的影响，耐腐蚀性好。

②导热系数小，热传导率低，绝热保温，节能效果好。

③水力性能好，管道内壁光滑，阻力系数小，不易积垢，管内流通面积不随时间发生变化，管道阻塞概率小。

④相对于金属管材，密度小，材质轻，运输、安装方便，灵活，简捷，维修容易。

⑤可自然弯曲或具有冷弯性能，可采用盘管供货方式，减少管接头数量。

塑料管的主要缺点如下：

①力学性能差，抗冲击性不佳，刚性差，平直性差，因而管卡及吊架设置密度高。

②阻燃性差，大多数塑料制品可燃，且燃烧时热分解，会释放出有毒气体和烟雾。

③热膨胀系数大，伸缩补偿设置较多。

所以，在推广塑料管的同时，还需要发展技术克服其缺点。

表 1.4 常用塑料水管实用性能比较表

管材种类	UPVC	PPR	PE	PEX	铝塑复合	PB
工作温度/℃	$-5\leqslant t\leqslant 45$	$-20\leqslant t\leqslant 95$	$-50\leqslant t\leqslant 65$	$-50\leqslant t\leqslant 110$	$-40\leqslant t\leqslant 95$	$-30\leqslant t\leqslant 110$
最大使用年限/a（年）	50	50	50	50	50	70
主要连接方式	粘接	热熔 电熔（挤压）	热熔 电熔	挤压	挤压	挤压（热熔 电熔）
接头可靠性	一般	较好	较好	好	好	好
产生二次污染	可能有	无	无	无	无	无
最大管径/mm	400	125	400	110	110	50
综合费用	约占镀锌管的 60%	高出镀锌管 50%左右	高出镀锌管 20%左右	高出镀锌管一倍左右	高出镀锌管一倍以上	高出镀锌管两倍以上

表 1.5 几种塑料冷热水管的差别

项目 \ 品种	PPR	PE	PEX	PE－AL－PE	UPVC
卫生性能	绿色产品	绿色产品	卫生	卫生	较卫生
耐热保湿	优	耐热一般保温良	良	良	良
连接方式	热熔	热熔	机械	机械	溶剂胶接
主要用途	冷热水、饮用水、采暖	冷水、饮用水	冷热水、采暖	冷热水、采暖	冷热水
主要布管方式	串联式 明暗敷	串联式 暗敷为好	并联式 暗敷	并联式 暗敷	串联式 暗敷
价格比	1.0	0.6	1.0	1.4	1.0
主要特点	耐热 保温接头方便可靠	保温接头方便可靠	管道成圈，适用地板加热，无接头	管道成圈，适用地板加热，无接头	刚性好，宜明装

（3）复合管材。

建筑给水复合管包括衬铅管、衬胶管、玻璃钢管等。复合管材大多是由工作层（要求耐水腐蚀）、支承层、保护层（要求耐腐蚀）组成。复合管一般以金属作为支撑材料，内衬以环氧树脂和水泥为主，它的特点是质量轻、内壁光滑、阻力小、耐腐蚀性能好；也有以高强软金属作为支撑，而非金属管在内外两侧，如铝塑复合管，它的特点是管道内壁不会腐蚀结垢，保证水质；也有金属管在内侧，而非金属管在外侧，如塑覆铜管，这是利用塑料的导热性差起绝热保温和保护作用。钢塑复合管由普通镀锌钢管和管件以及 ABS，PVC，PE 等工程塑料管道复合而成，兼镀锌钢管和普通塑料管的优点。齿形环塑覆铜管内置凹型槽，可截留空气而形成绝热层，并增大了塑料的径向伸缩能力。平形环塑覆铜管具有耐磨紧密的特点，能有效防潮及抗腐蚀，适用于埋地、埋墙和腐蚀环境中。交联铝塑复合管具有膨胀系数小、强度大、韧性好、耐冲击，耐腐蚀、不结垢，耐95 ℃高温、高压，导热系数小，质量轻，外形美观，内外壁光滑，可以埋地、安装方便、采用热熔连接，使用寿命可达 50 a 以上等特点。

复合管材是管径不小于 300 mm 以上给水排水管道最理想的管材。它兼有金属管材强度大、刚性好和非金属管材耐腐蚀的优点。但它又是目前发展较缓慢的一种管材，其原因有：

①两种管材组合在一起比单一管材价格偏高。

②两种材质热膨胀系数相差较大，如粘合不牢固而环境温度和介质温度变化又较剧烈，容易脱开，而导致质量下降。

复合管的连接宜采用冷加工方式，热加工方式容易造成内衬塑料的伸缩、变形乃至熔化。一般有螺纹、卡套、卡箍等连接方式。

2. 给水管道的布置

给水管道的布置受建筑结构、用水要求、配水点和室外给水管道的位置，以及供暖、通风、空调和供电等其他建筑设备工程管线布置等因素的影响。进行管道布置时，不但要处理和协调好各种相关因素的关系，还要满足以下基本要求：

(1) 确保供水安全和良好的水力条件，力求经济合理。

尽可能与墙、梁、柱平行，呈直线走向，力求管路简短。干管应布置在用水量大或不允许间断供水的配水点附近，利于供水安全，减少流程中不合理的转输流量。不允许间断供水的建筑，应从室外环状管网不同管段引入，引入管不少于两条，若必须同侧引入时，两条引入管的间距不得小于15 m，并在两条引管之间的室外给水管上安装阀门。室内给水管网宜采用枝状布置，单向供水。不允许间断供水的建筑和设备，应采用环状管网或贯通枝状双向供水；不可能时，应设置高位水箱或增加第二水源等保证安全供水的措施。设两条或两条以上引入管，在室内将管道连成环状或贯通状双向供水，如从建筑物不同侧引入室内，管道贯通状布置如图 1.7 所示。若条件不可能达到，可采取设贮水池或增设第二水源等安全供水措施。

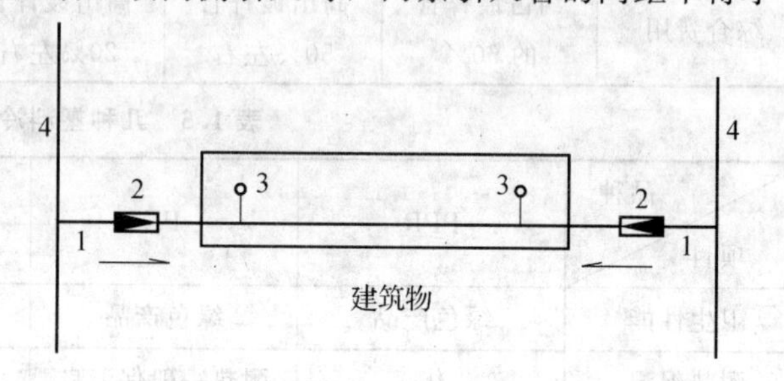

图 1.7　引入管从建筑物不同侧引入室内管道贯通状布置

1—引入管；2—水表井；3—立管；4—室外给水管道

(2) 保证管道不被损坏、安全供水和方便使用。

管道不得穿越生产设备基础，如遇特殊情况必须穿越时，应与有关专业人员协商处理。管道也不宜穿过伸缩缝、沉降缝，若需穿过，应采取保护措施，管道穿过伸缩缝、沉降缝时，常用的保护措施有：留净空法，即在管道或保温层外皮上、下留有不小于 150 mm 的净空；软性接头法，即用橡胶软管或金属波纹管连接沉降缝、伸缩缝隙两边的管道；丝扣弯头法，如图 1.8 所示，在建筑沉降过程中，两边的沉降差由丝扣弯头的旋转来补偿，适用于小管径的管道；活动支架法，如图 1.9 所示，在沉降缝两侧设支架，使管道只能垂直位移，不能水平横向位移，以适应沉降、伸缩的应力。为防止管道腐蚀，管道不允许布置在烟道、风道和排水沟内，不允许穿大、小便槽，当立管位于小便槽端部不大于 0.5 m时，在小便槽端部应有建筑隔断措施。

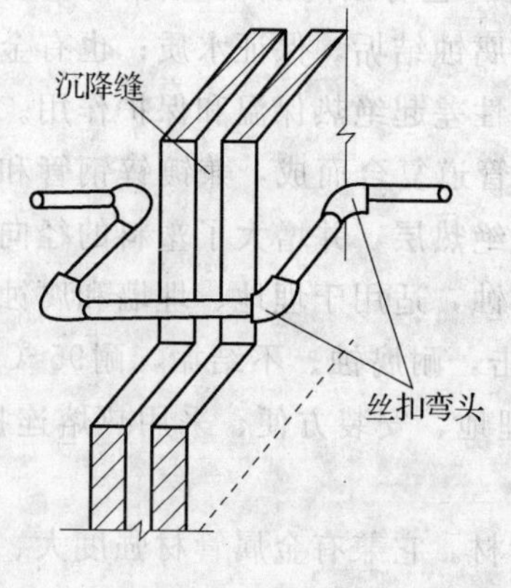

图 1.8　丝扣弯头法

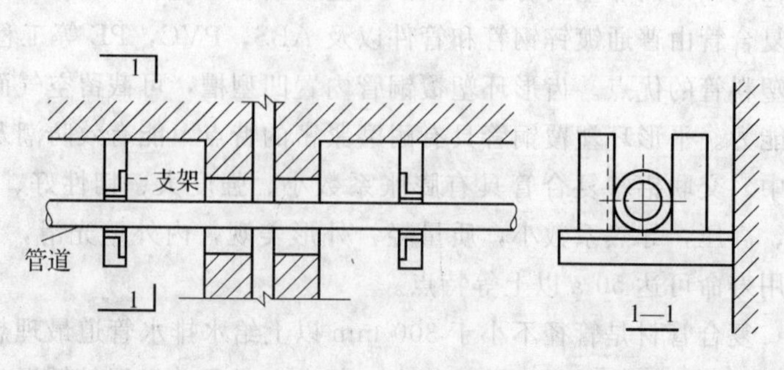

图 1.9　活动支架法

（3）不影响建筑物的使用功能和美观。

为避免管道渗漏，造成配电间电气设备故障或短路，管道不能从变、配电间，电梯机房，通信机房，大中型计算机房，计算机网络中心，有屏蔽要求的 X 光、CT 室，档案室，书库，音像库房等遇水会损坏设备和引发事故的房间；一般不宜穿越卧室、书房及贮藏间，也不能布置在妨碍生产操作和交通运输处或遇水能引起燃烧、爆炸或损坏的设备、产品和原料上，不宜穿过橱窗、壁柜、吊柜等设施和在机械设备上方通过，以免影响各种设施的功能和设备的维修。

（4）便于安装维修。

管道周围要留有一定的空间，以满足安装、维修的要求，给水管道与其他管道和建筑结构的最小净距见表 1.6。需进入检修的管道井，其通道不宜小于 0.6 m。

表 1.6　给水管道与其他管道和建筑结构之间的最小净距

给水管道名称		室内墙面/mm	地沟壁和其他管道/mm	梁、柱设备/mm	排水管		备注
					水平净距/mm	垂直净距/mm	
引入管					1 000	150	在排水管上方
横干管		100	100	50（无缝管）	500	150	在排水管上方
立管	管径/mm						
	＜25	30					
	32～50	35					
	75～100	50					
	125～150	60					

3. 给水管道的敷设

（1）敷设形式。

根据建筑对卫生、美观方面的要求不同，可分为明装和暗装两种形式。明装即管道在室内沿墙、梁、柱、天花板下，地板旁暴露敷设。其优点是安装维修方便，造价低。但外露的管道影响美观，表面易结露、积灰，妨碍环境卫生。明装一般用于对卫生、美观没有特殊要求的建筑。暗装即管道敷设在地下室或吊顶中，或在管道井、技术层、管槽、管沟、顶棚或夹壁墙中，直接埋地或埋在楼板中的垫层里，其优点是管道不影响室内的美观、整洁，但施工复杂、维护困难、造价高。暗装适用于建筑装饰标准高的建筑，如高级公寓、宾馆和要求室内洁净无尘的车间，如精密仪器、电子元件车间等。

（2）敷设要求。

给水横管穿承重墙或基础、立管穿楼板时均应预留孔洞，暗装管道在墙中敷设时，也应预留墙槽，以免临时打洞、刨槽影响建筑结构的强度。管道预留孔洞和墙槽的尺寸详见表 1.7。管道穿越楼板、屋顶、墙预留孔洞（或套管）尺寸见表 1.8。

表 1.7　给水管道预留孔洞和墙槽的尺寸

管道名称	管径/mm	明管留孔尺寸 长（高）×宽/mm×mm	暗管墙槽尺寸 宽×深/mm×mm
立管	≤25 32～50 70～100	100×100 150×150 200×200	130×130 150×130 200×200
两根立管	≤32	150×100	200×130
横支管	≤25 32～40	100×100 150×130	60×60 150×100
引入管	≤100	300×200	

表 1.8 留洞（或套管）尺寸

管道名称	穿楼板	穿屋面	穿（内）墙	备注
PVC—U 管	孔洞比管外径大 50～100 mm		孔洞比管外径大 50～100 mm	
PVC—C 管	套管内径比管外径大 50 mm		套管内径比管外径大 50 mm	为热水管
PPR 管			孔洞比管外径大 50 mm	
PEX 管	孔洞宜大于管外径 70 mm，套管内径不宜大于管外径 50 mm	孔洞宜大于管外径 70 mm，套管内径不宜大于管外径 50 mm	孔洞宜大于管外径 70 mm，套管内径不宜大于管外径 50 mm	
PAP 管	孔洞或套管的内径比管外径大 30～40 mm	孔洞或套管的内径比管外径大 30～40 mm	孔洞或套管的内径比管外径大 30～40 mm	
铜管	孔洞比管外径大 50～100 mm		孔洞比管外径大 50～100 mm	
薄壁不锈钢管	（可用塑料套管）	（须用金属套管）	孔洞比管外径大 50～100 mm	
钢塑复合管	孔洞尺寸为管道外径加 40 mm	孔洞尺寸为管道外径加 40 mm		

给水管采用软质的交联聚乙烯管或聚丁烯管埋地敷设时，宜采用分水器配水，并将给水管道敷设在套管内。

引入管进入室内，必须注意保护引入管不致因建筑物的沉降而受到破坏，一般有以下两种情况：一种是引入管从建筑物的外墙基础下面通过时，应有混凝土基础固定管道；另一种是引入管穿过建筑物的外墙基础或穿过地下室的外墙墙壁进入室内时，引入管穿过外墙基础或穿过地下室墙壁的部分，应配合土建预留孔洞，管顶上部净空不得小于建筑物的沉降量。其敷设方法分别如图 1.10 (a)、1.10 (b) 所示。在地下水位高的地区，引入管穿地下室外墙或基础时，应采取防水措施，如设防水套管。室外埋地引入管要防止地面活荷载和冰冻的破坏，其管顶覆土厚度不宜小于 0.7 m，并应敷设在冰冻线以下 20 cm 处。建筑内埋地管在无活荷载和冰冻影响时，其管顶离地面高度不宜小于 0.3 m。

管道在空间敷设时，必须采用固定措施，以保证施工方便和安全供水。固定管道采用的支、托架如图 1.11 所示。给水钢立管一般每层需安装一个管卡，当层高大于 5 m 时，则每层需安装两个。水平钢管支架最大间距见表 1.9。

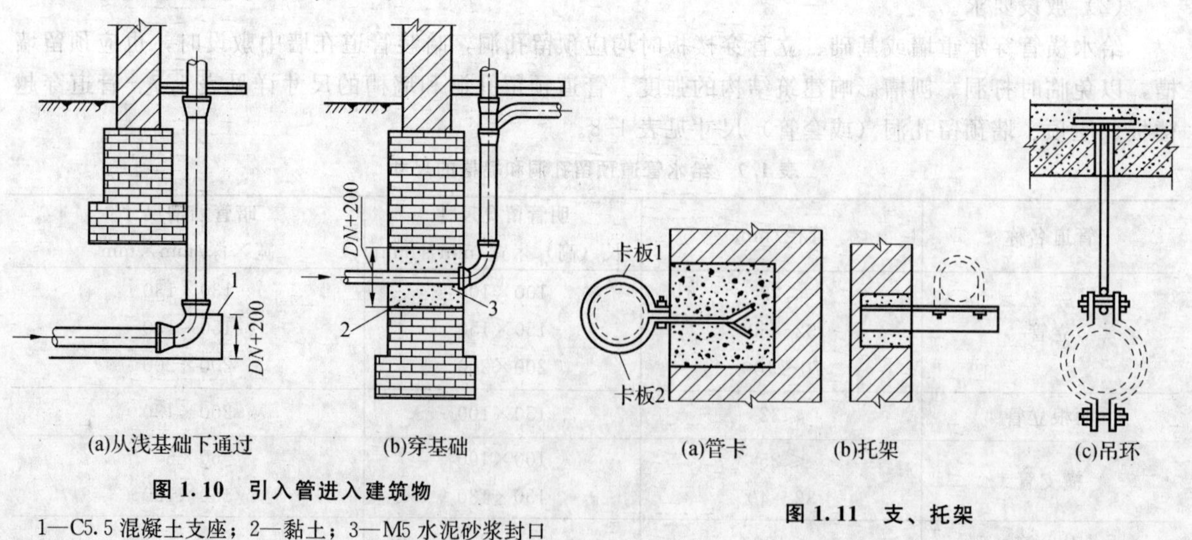

图 1.10 引入管进入建筑物

1—C5.5 混凝土支座；2—黏土；3—M5 水泥砂浆封口

图 1.11 支、托架

表 1.9 水平钢管支架最大间距 m

公称直径 *DN*/mm	15	20	25	32	40	50	70	80	100	125	150	200	250	300
保温管	1.5	2	2	2.5	3	3	4	4	4.5	5	6	7	8	8.5
非保温管	2.5	3	3.5	4	4.5	5	6	6	6.5	7	8	9.5	11	12

4. 管道防护

使建筑内部给水系统能在较长年限内正常工作，除应加强维护管理外，在施工中还需采取如下一系列措施：

(1) 防腐。

明暗装的管道和设备，除镀锌钢管外均需做防腐措施，以延长管道的使用寿命。通常的防腐做法是管道除锈后，在外壁刷涂防腐涂料。铸铁管及大口径钢管，管内可采用水泥砂浆衬里；埋地铸铁管，宜在管外壁刷冷底子油一道、石油沥青两道；埋地钢管（包括热镀锌钢管），宜在外壁刷冷底子油一道、石油沥青两道外加保护层（当土壤腐蚀性能较强时可采用加强级或特加强级防腐）；钢塑复合管埋地敷设时，其外壁防腐同普通钢管；薄壁不锈钢管，埋地敷设，宜采用管沟或外壁应有防腐措施（管外加防腐套管或外缚防腐胶带）；薄壁铜管埋地敷设时，应在管外加防护套管。对防腐要求高的管道，应采用有足够的耐压强度，与金属有良好的黏结性，以及防水性、绝缘性和化学稳定性能好的材料做管道防腐层，如沥青防腐层，即在管道外壁刷底漆后，再刷沥青面漆，然后外包玻璃布。管外壁所做的防腐层数，可根据防腐要求确定。

(2) 防冻、防露。

在温度为零度以下环境的管道和设备，为保证冬季安全使用，均应采取保湿措施。在湿热的气候条件下，或在空气湿度较高的房间内敷设给水管道，由于管道内的水温较低，空气中的水分会凝结成水附着在管道表面，严重时还会产生滴水，这种管道结露现象，不但会加速管道的腐蚀，还会影响建筑的使用，如使墙面受潮、粉刷层脱落，影响墙体质量和建筑美观。防露措施与保湿方法相同。

(3) 防漏。

由于管道布置不当，或管材质量和施工质量低劣，均能导致管道漏水，不仅浪费水量，影响给水系统正常供水，还会损坏建筑，特别是湿陷性黄土地区，埋地管漏水将会造成土壤湿陷，严重影响建筑基础的稳固性。防漏的主要措施是避免将管道布置在易受外力损坏的位置，或采取必要的保护措施，避免其直接承受外力，并要健全管理制度，加强管材质量和施工质量的检查监督。在湿陷性黄土地区，可将埋地管道敷设在防水性能良好的检漏管沟内，一旦漏水，水可沿沟排至检漏井内，便于及时发现和检修。管径较小的管道，也可敷设在检漏套管内。

(4) 防震。

当管道中水流速度过大时，启闭水龙头、阀门，易出现水锤现象，引起管道、附件的震动，不但会损坏管道附件造成漏水，还会产生噪声。为防止管道的损坏和噪声的污染，在设计给水系统时应控制管道的水流速度，在系统中尽量减少使用电磁阀或速闭型水栓。住宅建筑进户管的阀门后（沿水流方向），易装设家用可曲挠橡胶接头进行隔震，如图 1.12 所示。可在管支架、吊架内衬垫减震材料，以缩小噪声的扩散，如图 1.13 所示。

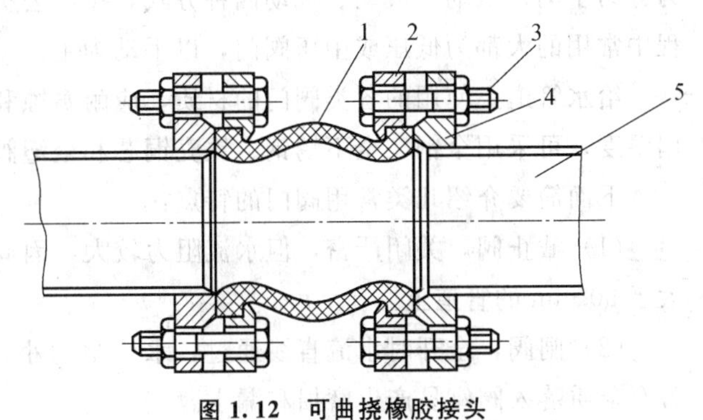

图 1.12 可曲挠橡胶接头

1—主体（极性橡胶）；2—法兰；3—螺栓；4—活接头；5—管道

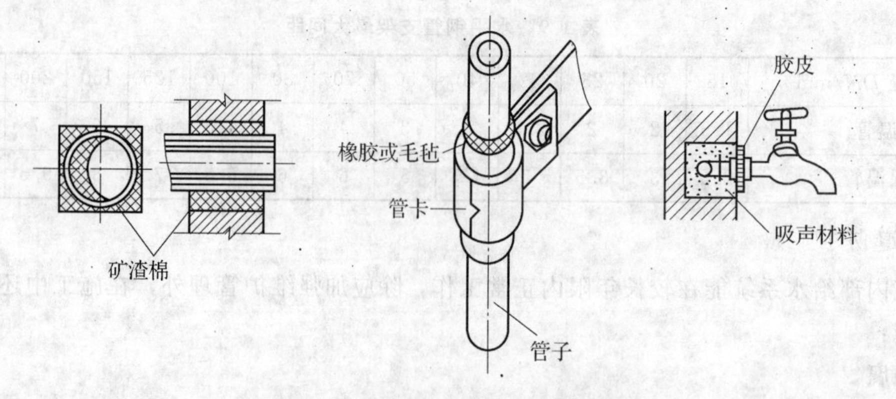

图 1.13　各种管道器材的防噪声措施

1.2.3 给水控制附件

控制附件用来调节用水量和水压，关断水流等。如截止阀、闸阀、止回阀、浮球阀和安全阀等，几种控制附件如图 1.14 所示。

(a)截止阀　(b)闸阀　(c)安全阀　(d)球阀

(e)疏水阀　(f)止回阀　(g)蝶阀　(h)浮球阀

图 1.14　控制附件

1. 控制附件的种类

阀门的种类很多，建筑给水工程中常用的阀门按阀体结构形式和功能可分为截止阀、闸阀、蝶阀、球阀、旋塞阀、止回阀、减压阀、排气阀、疏水阀、电磁阀、浮球阀和安全阀等。按照驱动动力分为手动、电动、液动、气动四种方式，按照公称压力分为高压、中压、低压三类，建筑给水工程中常用的大都为低压或中压阀门，以手动为主。

给水管道上使用的各类阀门的材质，应耐腐蚀和耐压，根据管径大小和所承受压力的等级及使用温度，可采用全铜、全不锈钢、铁壳铜芯和全塑阀门等。

下面简要介绍几类常用阀门的特点：

(1) 截止阀，关闭严密，但水流阻力较大，因局部阻力系数与管径成正比，故只适用于管径不大于 50 mm 的管道上。

(2) 闸阀，全开时水流直线通过，水流阻力小，宜在管径大于 50 mm 的管道上采用，但水中若有杂质落入阀座易产生磨损和漏水。

(3) 蝶阀，阀板在 90°翻转范围内可起调节、节流和关闭作用，操作扭矩小，启闭方便，结构紧凑，体积小。

(4) 止回阀，用以阻止管道中水的反向流动。其阻力均较大，旋启式止回阀可水平安装或垂直安装，垂直安装时水流只能朝上而不能朝下。

(5) 浮球阀，该阀是一种利用液位的变化而自动启闭的构件，一般设在水箱、水池的进水管上，用以开启或切断水流，选用时应注意规格和管道一致。

(6) 疏水阀，用于蒸汽管网及设备中，能自动排出凝结水、空气及其他不凝结气体，并阻止水蒸气泄漏。

(7) 安全阀，是一种安全保护用阀，它的启闭件在外力作用下处于常闭状态，当设备或管道内的介质压力升高，超过规定值时自动开启，通过向系统外排放介质来防止管道或设备内介质压力超过规定数值。安全阀属于自动阀类，主要用于锅炉、压力容器和管道上，控制压力不超过规定值，对人身安全和设备运行起重要的保护作用。

(8) 球阀，主要用于截断或接通管路中的介质，也可用于流体的调节与控制，其中硬密封V型球阀其V型球芯与堆焊硬质合金的金属阀座之间具有很强的剪切力，特别适用于含纤维、微小固体颗粒等介质。而多通球阀在管道上不仅可灵活控制介质的合流、分流及流向的切换，同时也可关闭任一通道而使另外两个通道相连。本类阀门在管道中一般应当水平安装。

(9) 减压阀，用于消除管网或给水龙头前的多余水头，以保证给水系统均衡供水，达到节水、节能的目的。

2. 控制附件的设置

给水管道上的阀门，应根据管径大小、接口方式、水流方式和启闭要求等因素设置。

给水管道的下列部位应设置阀门：

(1) 居住小区给水管道从市政给水管道的引入管段上。

(2) 居住小区室外环状管网的节点处，应按分隔要求设置，环状管段过长时，宜设置分段阀门。

(3) 从居住小区给水干管上接出的支管起端或接户管起端。

(4) 入户管，水表前和各分支立管。

(5) 室内给水管道向住户、公用卫生间等接出的配水管起端；配水支管上配水点在三个及三个以上时应设置。

(6) 水池、水箱、加压泵房、加热器、减压阀、管道倒流防止器等应按安装要求配置。

阀门应装设在便于检修和易于操作的位置。

给水管道上使用的阀门，应根据使用要求按下列原则选型：

(1) 需调节流量、水压时，宜采用调节阀、截止阀。

(2) 要求水流阻力小的部位（如水泵吸水管上），宜采用闸板阀。

(3) 安装空间小的场所，宜采用蝶阀、球阀。

(4) 水流需双向流动的管段上，不得使用截止阀。

(5) 口径较大的水泵，出水管上宜采用多功能阀。

3. 止回阀的设置

给水管网的下列管段上，应装设止回阀：

(1) 引入管上。

(2) 密闭的水加热器或用水设备的进水管上。

(3) 水泵出水管上。

(4) 进出水管合用一条管道的水箱、水塔、高地水池的出水管段上。

(5) 生产设备的内部可能产生的水压高于室内给水管网水压的设备配水支管上。

装有管道倒流防止器的管段，不需再装止回阀。

止回阀的阀型选择，应根据止回阀的安装部位、阀前水压、关闭后的密闭性能要求和关闭时引发的水锤大小等因素确定，应符合下列要求：

(1) 阀前水压小的部位，宜选用旋启式、球式和梭式止回阀。

(2) 关闭后密闭性能要求严密的部位，宜选用有关闭弹簧的止回阀。

(3) 要求削弱关闭水锤的部位，宜选用速闭消声止回阀或有阻尼装置的缓闭止回阀。

(4) 止回阀的阀瓣或阀芯，应能在重力或弹簧力作用下自行关闭。

4. 减压阀的设置

给水管网的压力高于配水点允许的最高使用压力时，应设置减压阀。减压阀的配置应符合下列要求：

(1) 比例式减压阀的减压比不宜大于 3∶1；可调式减压阀的阀前与阀后的最大压差不应大于 0.4 MPa，要求环境安静的场所不应大于 0.3 MPa。

(2) 阀后配水件处的最大压力应按减压阀失效情况下进行校核，其压力不应大于配水件的产品标准规定的水压试验压力。当减压阀串联使用时，按其中一个失效情况下，计算阀后最高压力；配水件的试验压力一般按其工作压力的 1.5 倍计。

(3) 减压阀前的水压宜保持稳定，阀前的管道不宜兼作配水管。

(4) 阀后压力允许波动时，宜采用比例式减压阀；阀后压力要求稳定时，宜采用可调式减压阀。

(5) 供水保证率要求高，停水会引起重大经济损失的给水管道上设置减压阀时，宜采用两个减压阀，并联设置，一用一备用，但不得设置旁通管。

减压阀的设置应符合下列要求：

(1) 减压阀的公称直径应与管道管径相一致。

(2) 减压阀前应设阀门和过滤器；需拆卸阀体才能检修的减压阀后应设管道伸缩器；检修时阀后水会倒流时，阀后应设阀门。

(3) 减压阀节点处的前后应装设压力表。

(4) 比例式减压阀宜垂直安装，可调式减压阀宜水平安装。

(5) 设置减压阀的部位，应便于管道过滤器的排污和减压阀的检修，地面宜有排水设施。

5. 其他特殊阀门的设置

当给水管网存在短时超压工况，且短时超压会引起使用不安全时，应设置泄压阀，泄压阀的设置应符合下列要求：

(1) 泄压阀用于管网泄压，阀前应设置阀门。

(2) 泄压阀的泄水口应连接管道，泄压水宜进入非生活用水水池，当直接排放时，应有消能措施。安全阀阀前不得设置阀门，泄压口应连接管道将泄压水（汽）引至安全地点排放。

给水管道的下列部位应设置排气阀：

(1) 间歇使用的给水管网，其管网末端和最高点应设置自动排气阀。

(2) 给水管网有明显起伏积聚空气的管段，宜在该段的峰点设自动排气阀或手动阀门排气。

(3) 气压给水装置，当采用自动补气式气压水罐时，其配水管网的最高点应设自动排气阀。

给水系统的调节水池（箱），除进水能自动控制切断进水者外，其进水管上应设自动水位控制阀，水位控制阀的公称直径应与进水管管径一致。

1.2.4 水表

1. 水表的类型和性能参数

水表是一种计量建筑物或设备用水量的仪表。室内给水系统中广泛使用流速式水表。

流速式水表是根据管径一定时，通过水表的水流速度与流量成正比的原理来量测的。流速式水表按叶轮构造不同，分旋翼式（又称叶轮式）和螺翼式两种，如图 1.15 所示。

(a)旋翼式水表

(b)螺翼式水表

图 1.15 流速式水表

旋翼式水表的叶轮转轴与水流方向垂直，阻力较大，起步流量和计量范围较小，多为小口径水表，用以测量较小流量；螺翼式水表叶轮转轴与水流方向平行，阻力较小，起步流量和计量范围比旋翼式水表大，适用于流量较大的给水系统。

旋翼式水表按计数机件所处的状态又分为干式和湿式两种。干式水表的计数机件和表盘与水隔开，湿式水表的计数机件和表盘浸没在水中，机件较简单，计量较准确，阻力比干式水表小，应用较广泛，但只能用于水中无固体杂质的横管上。湿式旋翼式水表，按材质又分为塑料表（*DN*15～25）与金属表（*DN*15～150）两类。

螺翼式水表根据其转轴方向又分为水平螺翼式和垂直螺翼式两种，前者又分为干式和湿式两类，而后者只有干式一种。

随着科技的发展，为了便于抄表，出现了由一次表（远传水表）和二次表（流量集中计算仪）组成的流量集中检测仪。

一次表（普通水表）安装在用户管道上，二次表安装在公共场所墙上，集中显示便于抄表，适用于多层及高层住宅。

旋翼式冷水表的规格及性能见表 1.10，水平螺翼式水表的规格及性能见表 1.11。

2. 水表的选用

（1）水表的设置原则：

①需对水量进行计量的建筑物，应在引入管上装设水表。

②建筑物的某部分或个别设备需计量时，应在其配水管上装设水表；住宅建筑应装设分户水表，分户水表或分户水表的数字显示宜设在户门外。

③由市政管网直接供水的独立消防给水系统的引入管上，可不装设水表。

④水表应装设在管理方便、不致结冻、不受污染和不易破坏的地方。

⑤水表前后直线管段的长度，应符合产品标准规定的要求。

表 1.10 旋翼式冷水表的规格及性能

型号	公称直径/mm	计量等级	过载流量	常用流量	分界流量	最小流量	始动流量
			/（m³·h⁻¹）		/（L·s⁻¹）		
LXS—15	15	A	3	1.5	150	45	14
		B			120	30	10
LXS—20	20	A	5	2.5	250	75	19
		B			200	50	14
LXS—25	25	A	7	3.5	350	105	23
		B			280	70	17
LXS—32	32	A	12	6	600	180	32
		B			480	120	27
LXS—40	40	A	20	10	1 000	300	56
		B			800	200	46
LXS—50	50		30	15		400	90
LXS—80	80		70	35		1 100	300
LXS—100	100		100	50		1 400	400
LXS—150	150		200	100		2 400	550

注：以上型号为全国统一设计湿式指针字轮式，适用温度不大于 40 ℃，适用压力不大于 1.0 MPa

表 1.11 水平螺翼式水表的规格及性能

型号	公称直径/mm	过载流量	常用流量	分界流量	最小流量
			/（m³·h⁻¹）		
LXL	200	600	300		12
	300	1 500	750		35
	400	2 800	1 400		60

当必须对水量进行计量，而又不能采用水表时，应采用其他流量测量仪表，装置前后应设规定长度的直线管段。

（2）水表口径的确定应符合以下规定：

①用水量不均匀的给水系统，以给水设计秒流量来选定水表的过载流量，从而确定水表的公称口径。水表的过载流量为水表在短时间内允许超负荷使用流量的上限值。

②用水量均匀的给水系统，以给水设计秒流量来选定水表的常用流量，从而确定水表的公称口径。水表的常用流量为水表长期正常运转时的流量上限值。

③管径 $DN \leqslant 50$ mm 时，采用旋翼式水表，螺纹连接；管径 $DN > 50$ mm 时，采用螺翼式水表，法兰连接；当日用水量变化较大时，采用复式水表。在干式和湿式水表中，应优先采用湿式水表。

④一般情况下，新建住宅的分户水表，采用公称口径为 15 mm 的旋翼式水表，若装有自闭式大便器冲洗阀时，采用公称口径为 20～25 mm 的旋翼式水表。高层及多层住宅在有条件时，宜设置流量集中检测仪，以便集中抄表。

⑤消防和生活、生产共用给水系统的建筑物，只有一条引入管时，应绕水表设旁通管，旁通管管径应与引入管管径相同。

（3）水表的压力损失计算。

水表的压力损失按下式计算：

$$h_{\mathrm{d}} = \frac{q_{\mathrm{g}}^{2}}{K_{\mathrm{b}}} \tag{1.5}$$

式中　h_d ——水流通过水表的压力损失，kPa；

q_g ——通过水表的设计流量，m^3/h；

K_b ——水表特性系数（由水表生产厂提供）。

对于旋翼式水表：

$$K_b = \frac{Q_{max}^2}{100} \tag{1.6}$$

式中　Q_{max} ——水表过载流量，m^3/h。

但是，水表的压力损失值，对于旋翼式水表应不大于 25 kPa；螺旋式水表应不大于 13 kPa；消防时应分别不大于 49 kPa 和 30 kPa。

【例 1.1】 某十层住宅楼，共 60 户，每户设有洗脸盆、洗涤盆；浴盆、坐便器各一个，有热水供应。室内给水系统设计流量为 4.6 L/s。试选择系统总水表，并计算水流通过水表时的压力损失值。

解 由于住宅用水不均匀性较大，应以设计流量去选定水表的过载流量确定水表的直径。据 $q_g = 4.6\ L/s = 16.59\ m^3/h$，由表 1.10 选用 LXS—40 旋翼式湿式水表，有关参数如下：

$$Q_{max}:\ 20\ m^3/h > q_g = 16.59\ m^3/h$$

水流通过水表的压力损失为：

水表特性系数

$$K_b = \frac{Q_{max}^2}{100} = \frac{20^2}{100} = 4$$

水表压力损失

$$h_d = \frac{q_g^2}{K_b} = \frac{16.59^2}{4}\ kPa = 68.8\ kPa > 25\ kPa$$

水表的压力损失值大于允许值，改选 LXS—80 旋翼式湿式水表，有关参数如下：

$$Q_{max}:\ 70\ m^3/h > q_g = 16.59\ m^3/h$$

水流通过水表的压力损失为：

水表特性系数

$$K_b = \frac{Q_{max}^2}{100} = \frac{70^2}{100} = 49$$

水表压力损失

$$h_d = \frac{q_g^2}{K_b} = \frac{16.59^2}{49}\ kPa = 5.62\ kPa < 25\ kPa$$

1.2.5 增压和贮水设备

1. 水泵

水泵是一种输送和提升液体的机械，广泛应用于建筑给水系统中，离心泵是建筑给水系统中最常用的一种。它具有结构简单、体积小、效率高且流量和扬程在一定范围内可以调整等优点。

(1) 水泵装置的进水方式。

①直接抽升。即水泵直接从市政管网抽水，如图 1.16 所示。这种方式可以充分利用市政管网水压，减少水泵经常运转费用；闭式系统，保护水质不受污染；系统简单，减少基建投资；引起市政管网压力降低，影响相邻建筑用水。

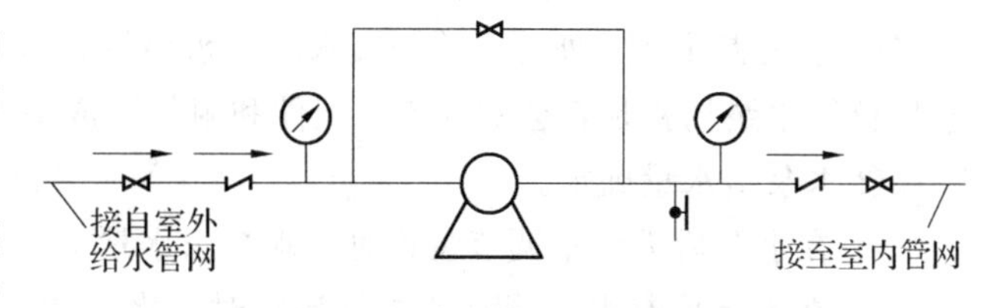

图 1.16　水泵直接从室外给水管网抽水时的连接方式

但直接抽升有可能因回流而污染城市生活饮用水，造成室外管网局部水压下降，影响附近用户用水。

目前，由于城市工业的发展，住宅、公共建筑的增加，室外管网供水压力不足的情况下，为保证市政管网的正常工作，管理部门对此种抽水方式加以限制，一般说来，生活给水泵不得直接从市政管网直接抽水。

在室外给水管网流量能满足要求的前提下，消防泵可否直接抽升？从理论上讲应该是可以的。因为火灾发生概率小，且消防车也是从市政管网抽水的。测试资料表明，在市政管网足够大时，水泵抽水引起相邻管道压力降低值并不大。但设计中如采用消防水泵直接抽水，需得到有关部门的同意。上海和平饭店、中百公司，北京燕京饭店、建国饭店等消防泵都采用直接从室外管网抽水方式。

水泵从大干管上抽水，当室外给水管网为大管径，室内为小泵时，水泵直接从室外给水管网吸水时，影响甚微。长沙自来水公司曾进行水泵直接吸水的科学试验，水管为管道泵，吸水后室外给水管网降低压力仅为10～15 kPa。

为保证消防时的水压要求和避免水泵吸水而使室外给水管网造成负压，规范规定，吸水时，室外给水管网压力不得低于100 kPa，且直吸时水泵应装有低压保护装置（当外管网压力低于100 kPa时，水泵自动停转）。

水泵直吸时，计算水泵扬程，应考虑室外管网压力，因室外管网压力是变化的，当室外管网为最大压力时，应校核水泵出口压力是否过高，在某工程曾发生因选泵时没考虑室外管网的有效压力，造成在使用时消防水龙带爆破的事故。

②间接抽升。在建筑物内部抽水量较大，不允许直接从市政给水管网抽水时，常建水池。水泵从水池抽水，供给室内给水管网。生活泵按供水可靠性考虑备用机组，生产泵视工艺要求，消防泵视规范要求而定。

（2）水泵的选择。

为使水泵运行经常处在最佳工作状态（水泵工作点在特性曲线效率最高段），应充分了解水泵性能，合理选用水泵型号，以满足管网系统最不利配水点或消火栓所需水压和水量。

①水泵扬程确定。

a. 当水泵与高位水箱结合供水时：

$$H_b \geqslant H_y + H_s + \frac{v^2}{2g} \tag{1.7}$$

式中 H_b ——水泵扬程，mH_2O；

H_y ——扬水高度，mH_2O，即贮水池最低水位至高位水箱入口外的几何高差；

H_s ——水泵吸水管和出水管（至高位水箱入口）的总水头损失，mH_2O；

v ——水箱入口流速，m/s。

b. 当水泵单独供水时：

$$H_b \geqslant H_y + H_s + H_c \tag{1.8}$$

式中 H_y ——扬水高度，mH_2O，即贮水池最低水位至最不利配水点或消火栓的几何高差；

H_s ——水泵吸水管和出水管（至最不利配水点或消火栓）的总水头损失，mH_2O；

H_c ——最不利配水点或消火栓要求的流出水头，mH_2O。

c. 水泵直接从室外给水管网吸水时，水泵扬程应考虑外网的最小水压，同时应按外网可能最大水压核算水泵扬程是否会对管道、配件和附件造成损害。

②水泵出水量确定。

a. 在水泵后无流量调节装置时，水泵出水量应按设计秒流量确定。

b. 在水泵后有水箱等流量调节装置时，水泵出水量应按最大小时流量确定；当高位水箱容积较大、用水量较均匀时，可按平均小时流量确定；对于重要建筑物，为提高供水的可靠性，也有按设计秒流量确定的。

生活、生产用调速水泵的出水量应按设计秒流量确定。生活、生产和消防共用调速水泵，在消防时其流量除保证消防用水总量外，还应满足防火规范关于生活、生产用水量的要求。

c. 水泵采用人工操作定时运行时，则应根据水泵运行时间计算确定。

$$Q_b = \frac{Q_d}{T_b} \tag{1.9}$$

式中 Q_b ——水泵出水量，m^3/h；

Q_d ——最高日用水量，m^3；

T_b ——水泵每天运行时间，h。

③水泵类型选择。

a. 优先选用效率高、占地面积小、运行可靠的卧式或立式离心水泵，并考虑到水泵要便于安装、运行和维护管理。

b. 根据建筑内用水量变化和所需压力变化选择和搭配水泵型号、台数，以适应其用水水泵机组恒速运行，它适用于用水量和压力变化小的用户。

c. 水泵机组调速运行，采用变频调速水泵，由于它的优越性能，运用日益广泛，但在选泵时应注意以下要求。

(a) 电源要可靠，应采用双电源或双回路供电方式。

(b) 应有自动调节水泵转速和软启动的功能，还应有过载、短路、过压、缺相、欠压、过热等保护功能。

(c) 水泵工作应在水泵主高效区范围内。

(d) 计算的用水工况宜在水泵流量-扬程曲线的右侧。

(e) 调整转速范围宜在 0.75～1.00 范围内（37～50 Hz），在高效区内可允许下调 20%。

(f) 当用水不均匀时，为减少零流量时的能耗，该种泵宜采用并联配有小型加压泵的小型气压水罐在夜间供水。

(3) 水泵房布置。

①在建筑物内布置水泵，应设置在远离要求安静房间（如病房、卧室、教室、客房等）的地方，在水泵的基础、吸水管和出水管上应设有隔振减噪声装置（消防水泵除外）。

②水泵机组布置应符合下述要求，如图 1.17 所示。

a. 电机容量小于等于 20 kW 或水泵吸水口直径小于等于 100 mm 时，机组的一侧与墙面之间可不留通道；两台相同机组可设在同一基础上，彼此不留通道；机组基础侧边之间和距墙面应有不小于 0.7 m 的通道。

b. 不留通道的机组突出部分与墙壁间的净距及相邻两个机组的突出部分间的净距不得小于0.2 m,以便于安装维修。

c. 水泵机组的基础端边之间和至墙面的距离不得小于 1.0 m，电机端边至墙的距离还应保证能抽出电机转子。

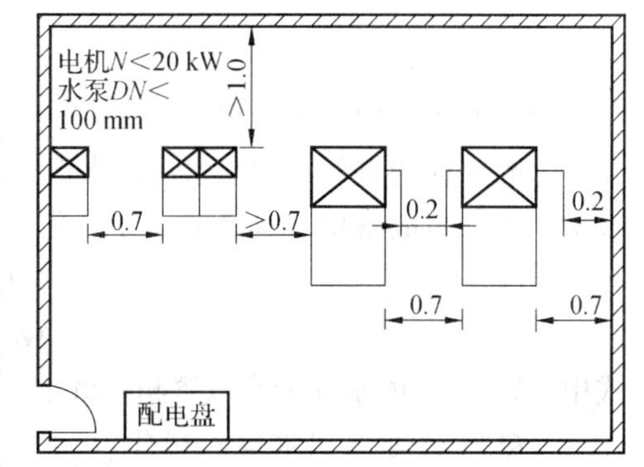

图 1.17　水泵机组的布置间距（m）

d. 水泵基础高出地面一般为 0.1～0.3 m。

e. 电机容量在 20～55 kW 时，水泵机组基础间净距不得小于 0.8 m，电机容量大于 55 kW 时，净距不得小于 1.2 m。

③泵房主要人行通道宽度不得小于 1.2 m，配电盘前通道宽度，低压不得小于 1.5 m，高压不得小于 2.0 m。

④水泵基础尺寸，若水泵样本上未给定时，可根据水泵重量及其振动等因素计算确定，一般也可采用下列数据：

a. 基础平面尺寸应较水泵机座每边宽出 10～15 cm。

b. 基础深度根据机座底脚螺栓直径的25～30倍采取，但不得小于0.5 m。

⑤泵房建筑应为一、二级耐火等级，消防水泵房应设有直通室外的出口。

⑥泵房建筑净高除应考虑通风、采光条件外，尚应遵守下列规定：

a. 当采用固定吊钩或移动吊架时，其净高不小于3.0 m。

b. 当采用固定吊车时，应保证吊起物底部与吊运所越过的物体顶部之间有0.5 m以上的净距。

⑦泵房一般应设有检修场地，其面积应根据水泵或电动机外形尺寸确定，并在周围留有宽度不小于0.7 m的通道。

⑧泵房的大门应保证能使搬运的机件进入，且应比最大件宽0.5 m。

⑨泵房的窗户，采光面积要求等于地板面积的1/6～1/7。

⑩泵房要求采暖温度一般为16 ℃，每小时换气次数为2～3次。辅助车间采暖温度为18 ℃。泵房内应考虑地面排水设施，地面应有1%的坡度坡向排水沟，排水沟以0.01的坡度坡向排水坑。

(4) 水泵防振。

为减小水泵运行时振动所产生的噪声，在水泵及其吸水管、出水管上均应设隔振装置，通常可采用在水泵机组的基础下设橡胶、弹簧减震器或橡胶隔振垫，在吸水管、出水管中装设可曲挠橡胶接头等装置，如图1.18所示。

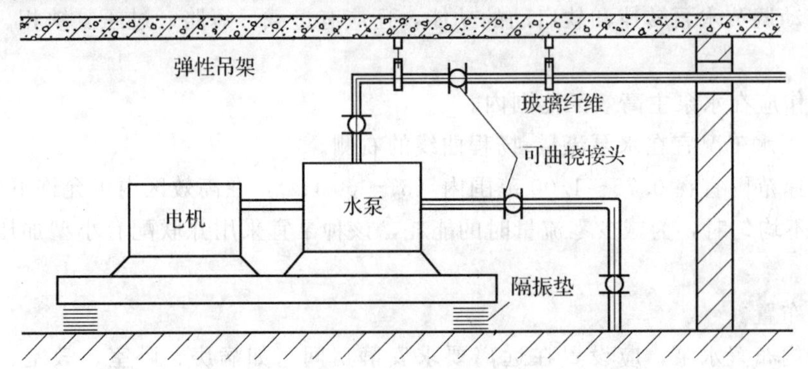

图1.18 水泵隔振安装结构示意图

2. 贮水池

(1) 贮水池的有效容积。

①贮水池的有效容积与水源供水保证能力和用户要求有关，一般根据用水调节水量、消防贮备水量和生产事故备用水量确定，应满足下式要求：

$$V_y \geqslant (Q_b - Q_g)T_b + V_x + V_s \tag{1.10}$$

$$Q_g T_t \geqslant (Q_b - Q_g)T_b \tag{1.11}$$

式中 V_y——贮水池的有效容积，m^3；

Q_b——水泵出水量，m^3/h；

Q_g——水源的供水能力，m^3/h；

T_b——水泵运行时间，h；

V_x——火灾延续时间内室内外消防用水总量，m^3；

V_s——生产事故备用水量，m^3；

T_t——水泵运行间隔时间，h。

②当资料不足时，贮水池的调节水量$(Q_b - Q_g)T_b$不得小于全日用水量的8%～12%。

(2) 贮水池设置要点。

①生活贮水池位置应远离化粪池、厕所、厨房等卫生环境不良的房间，防止生活饮用水被污染，其溢流口底标高应高出室外地坪100 mm，保持足够的空气隔断，保证在任何情况下污水不能通过人孔、溢流管等流入池内。

②贮水池进水管和出水管应布置在相对位置，以便池内贮水经常流动，防止滞留和死角，以防池水腐化变质。

③贮水池一般应分为两格，并能独立工作或分别泄空，以便清洗与检修。消防水池容积如超过 500 m^3 时应分成两个。

④喷泉水池、水景镜池和游泳池在保证常年贮水条件下，可兼作消防储备用水池。

⑤室内贮水池贮水包括室外消防水量时，应在室外设有供消防车取水用的吸水口。

⑥消防用水与生活或生产用水合用一个贮水池又无溢流墙时，其生活或生产水泵吸水管在消防水位面上应设小孔，以确保消防储备水量不被动用，如图 1.19 所示。

⑦贮水池溢水管口径应比进水管大一号。

⑧贮水池应设通气管，通气管口应用网罩盖住，通气管设置高度距覆盖层上不小于 0.5 m，通气管直径为 200 mm。

⑨贮水池应设水位指示器，将水位反映到泵房和操纵室。

3. 吸水井

在不需设置贮水池外部管网又不允许直接抽水时，应设置吸水井。吸水井是不起储存作用只满足水泵吸水要求的构筑物。

(1) 吸水井的有效容积。

①吸水井的有效容积不得小于最大一台水泵 3 min 的出水量。吸水井的容积往往同时以最大一台水泵 3 min 的出水量作为吸水井有效容积的下限。对于大中型水泵容积一般在 1.5 m^3 以上是合理的；对于小型水泵，由于有效容积的上限未做限制，不存在吸水井容积偏小问题，可以根据布置安装要求确定吸水井容积，同时可以按水泵 5～15 min 的出水量来确定吸水井的有效容积。

②吸水井的尺寸应满足吸水管的布置、安装、检修和水泵正常工作的要求，吸水管在井内布置最小尺寸如图 1.20 所示。

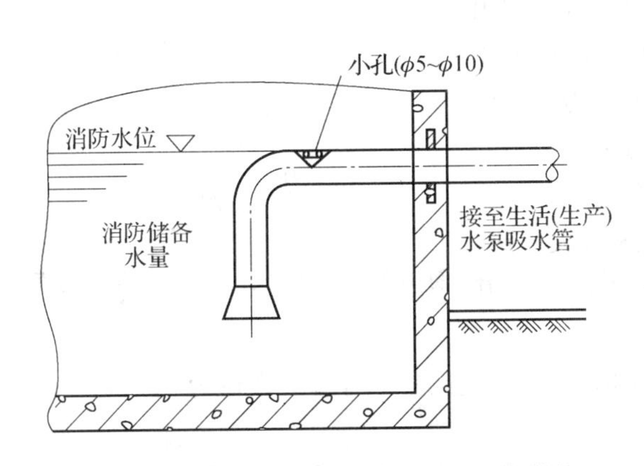

图 1.19 确保消防储备水量不被动用的措施

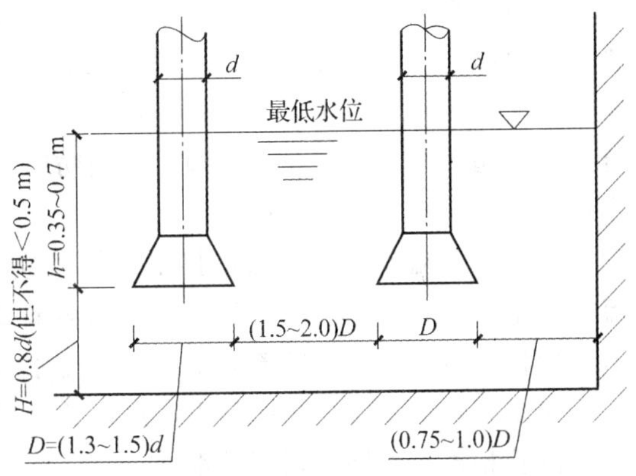

图 1.20 吸水管在井内布置最小尺寸

(2) 吸水井的设置要点。

①吸水井可设置在室内底层或地下室，也可设置在室外地上或地下。

②对于生活饮用水，吸水井应有防治污染的措施。

4. 水箱

根据水箱的用途不同，有高位水箱、减压水箱、冲洗水箱、断流水箱等多种类别。其形状通常为圆形、方形、矩形或球形等，特殊情况下也可设计成任意形状。制作材料有金属材料、钢筋混凝土材料、木质材料、塑料或玻璃钢等新材料。

(1) 水箱的配管、附件及设置要求。

水箱一般设有进水管、出水管、溢流管、泄水管、通气管、水位信号装置、人孔、仪表孔等附件，具体如图 1.21 所示。

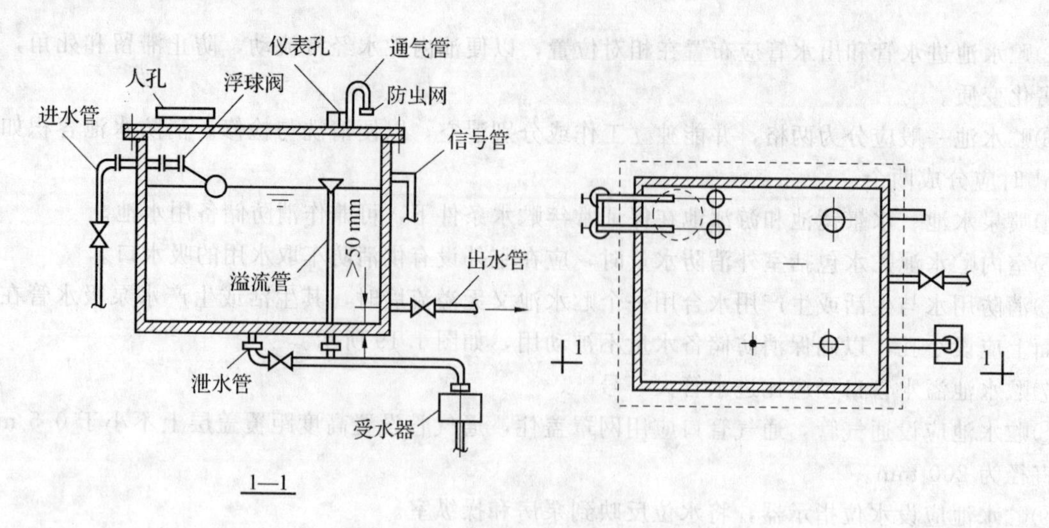

图 1.21 水箱配管、附件示意图

①进水管。当水箱直接由室外给水管进水时，为防止溢流，进水管上应安装水位控制阀，如液压阀、浮球阀，并在进水端设检修用的阀门。液压水位控制阀体积小且不易损坏，应优先采用，若采用浮球阀不宜少于2个。进水管入口距箱盖的距离应满足浮球阀的安装要求，一般进水管中心距水箱顶应有150～200 mm的距离。当水箱由水泵供水并采用自动控制水泵启闭的装置时，可不设水位控制阀。进水管径可按水泵出水量或管网设计秒流量计算确定。

②出水管。出水管可从箱壁接出，其管底应高出水箱内底不小于50 mm，并应装设阀门。贮水箱兼作消防贮水时，应有保证消防水量不被动用的措施，如采用液位计控制水泵启动，采用顶上打孔的虹吸管破坏真空而停止出水等。

水箱进、出水管宜分别设置，为防断流，进、出水管宜分设在水箱两侧，当进水管和出水管为同一条管道时，应在水箱的出水管上装设阻力较小的止回阀，如图1.22所示，其标高应低于水箱最低水位1.0 m以上，以保证止回阀开启所需的压力。与消防合用的水箱，出水管应设止回阀。当消防时，水箱中出现消防低水位情况应能确保止回阀启动。

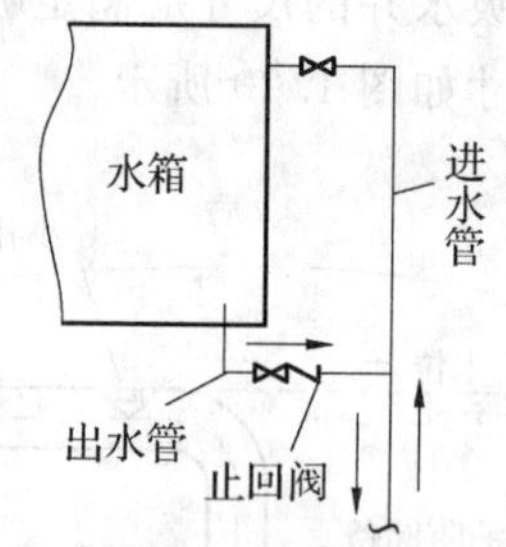

图 1.22 水箱进、出水管合用示意图

③溢流管。溢流管宜从箱壁接出，管径应比进水管大一级，溢流管上不得装设阀门。溢流管口高于水箱最高液位50 mm。其出口处应设网罩，并采取断流排水或间接排水方式。

④泄水管。泄水管从箱底接出，用以检修或清洗时泄水。管上应设阀门，管径为40～50 mm，可与溢流管相连后用同一根管排水。

⑤通气管。供生活饮用水的水箱，贮水量较大时，宜在箱盖上设通气管，以使水箱内空气流通，其管径一般≥50 mm，管口应朝下并设网罩。

⑥水位信号装置。水位信号装置是反映水位控制阀失灵报警的装置。可在溢流管口下10 mm处设水位信号管，直通值班室的洗涤盆等处，其管径15～20 mm即可。若水箱液位与水泵连锁，则可在水箱侧壁或顶盖上安装液位继电器或信号器，采用自动水位报警装置。

水箱一般设置在净高不低于2.2 m，采光通风良好的水箱间内，其安装间距见表1.12。大型公共建筑或高层建筑为避免因水箱清洗、检修时停水，宜将水箱分格或分设两个水箱。水箱底距地面宜有不小于800 mm的净空，以便于安装管道和进行检修，水箱底可置于工字钢或混凝土支墩上，金属箱底与支墩接触面之前应衬橡胶板或塑料垫片等绝缘材料以防腐蚀。水箱有结冻、结露可能时，要采取保温措施。

表 1.12 水箱之间及水箱与建筑结构之间的最小距离 m

水箱形式	水箱至墙面距离		水箱之间净距	水箱顶至建筑结构最低点间距离
	有阀侧	无阀侧		
圆形	0.8	0.5	0.7	0.6
矩形	1.0	0.7	0.7	0.6

(2) 水箱的有效容积及设置高度。

①有效容积。水箱的有效容积主要根据它在给水系统中的作用来确定。若仅作为水量调节之用，其有效容积即为调节容积；若兼有储备消防和生产事故备用水量作用，其容积应以调节水量、消防和生产事故备用水量之和来确定。

水箱的调节容积理论上应根据室外给水管网或水泵向水箱供水和水箱向建筑内给水系统输水的曲线，经分析后确定，但因以上曲线不易获得，实际工程中可按水箱进水的不同情况由以下经验公式计算确定：

由室外给水管网直接供水：

$$V = Q_L T_L \tag{1.12}$$

式中 V——水箱的有效容积，m^3；

Q_L——由水箱供水的最大连续平均小时用水量，m^3/h；

T_L——由水箱供水的最大连续时间，h。

由人工操作水泵进水：

$$V = \frac{Q_d}{n_b} - T_b Q_p \tag{1.13}$$

式中 Q_d——最高日用水量，m^3/h；

n_b——水泵每天启动次数；

T_b——水泵启动一次的最短运行时间，由设计确定；

Q_p——水泵运行时间 T_b 内的建筑平均小时用水量，m^3/h。

水泵自动启动供水：

$$V = C\frac{q_b}{4K_b} \tag{1.14}$$

式中 q_b——水泵出水量，m^3/h；

K_b——水泵 1 h 内最大启动次数，一般选用 4～8 次/h；

C——安全系数，可在 1.5～2.0 内采用。

用以上公式计算所得水箱调节容积较小，必须在确保水泵自动启动装置安全可靠的条件下采用。

生活用水的调节水量也可按最高日用水量 Q_d 的百分数估算，水泵自动启闭时≥5% Q_d，人工操作时≥12% Q_d。仅在夜间进水的水箱，应按用水人数和用水定额确定。生产事故备用水量可按工艺要求确定。消防储备水量用以扑救初期火灾，一般都以 10 min 的室内消防设计流量计。

②设置高度。水箱的设置高度应满足以下条件：

$$h \geqslant H_2 + H_4 \tag{1.15}$$

式中 h——水箱最低水位至配水最不利点或最不利消火栓、自动洒水喷头位置高度所需的静水压，kPa；

H_2——水箱出水口至配水最不利点或最不利消火栓、自动洒水喷头管路的总水头损失，kPa；

H_4——配水最不利点的流出水头或最不利消火栓、自动洒水喷头处所需的压力，kPa。

储备消防用水量水箱的安装高度，满足消防设备所需压力有困难时，应采取设增压泵等措施。

1.3 给水系统供水压力与给水方式

1.3.1 给水系统所需水压

室内给水系统所需压力，应该能将所需的流量输送至建筑物内最不利点（最高最远点）的配水龙头或用水设备处，并保证有足够的流出水头，如图1.23所示。

流出水头：各种配水龙头或用水设备为获得规定的出水量（额定流量）而必需的最小压力（H_3）

$$H = H_1 + H_2 + H_3 + H_4 \tag{1.16}$$

式中 H——室内给水系统所需的总水压，kPa；

H_1——最高最远配水点与室外引入管起点的标高差，m；

H_2——计算管道的水头损失，kPa；

H_3——水流通过水表的水头损失，kPa；

H_4——计算管路最高最远配水点的流出水头，见表1.13，kPa。

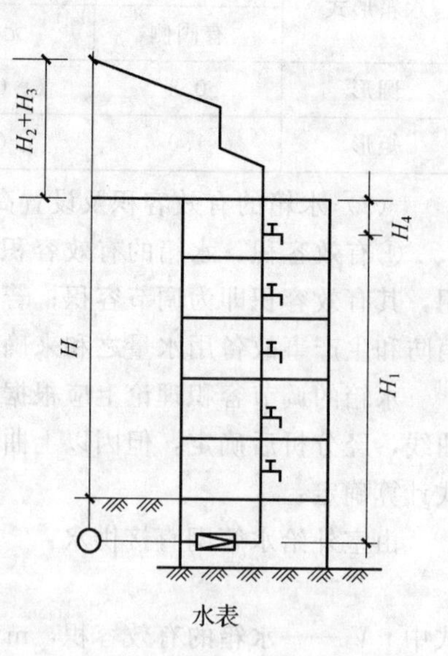

图1.23 建筑内部给水系统所需压力

表1.13 卫生器具的给水额定流量、当量、连接管公称管径和最低工作压力

序号	给水配件名称	额定流量/（L·s^{-1}）	当量	连接管公称管径/mm	最低工作压力/kPa
1	洗涤盆、拖布盆、盥洗槽				
	单阀水嘴	0.15～0.20	0.75～1.00	15	50
	单阀水嘴	0.30～0.40	1.50～2.00	20	
	混合水嘴	0.15～0.20（0.14）	0.75～1.00（0.70）	15	
2	洗脸盆				
	单阀水嘴	0.15	0.75	15	50
	混合水嘴	0.15（0.10）	0.75（0.50）	15	
3	洗手盆				
	感应水嘴	0.10	0.50	15	50
	混合水嘴	0.15（0.10）	0.75（0.50）	15	
4	浴盆				
	单阀水嘴	0.20	1.00	15	50～70
	混合水嘴（含带淋浴转换器）	0.24（0.24）	1.20（1.00）	15	
5	淋浴器				
	混合阀	0.15（0.10）	0.75（0.50）	15	50～100
6	大便器				
	冲洗水箱浮球阀	0.10	0.50	15	20
	延时自闭式冲洗阀	1.20	6.0	25	100～150

续表 1.13

序号	给水配件名称	额定流量/($L \cdot s^{-1}$)	当量	连接管公称管径/mm	最低工作压力/kPa
7	小便器 手动或自动自闭式冲洗阀 自动冲洗水箱进水阀	 0.10 0.10	 0.50 0.50	 15 15	 50 20
8	小便槽穿孔冲洗管（每 m 长）	0.05	0.25	15～20	15
9	净身盆冲洗水嘴	0.10（0.07）	0.50（0.35）	15	50
10	医院倒便器	0.20	1.00	15	50
11	实验室化验水嘴（鹅颈） 单联 双联 三联	 0.07 0.15 0.20	 0.35 0.75 1.00	 15 15 15	 20 20 20
12	饮水器喷嘴	0.05	0.25	15	50
13	洒水栓	0.40 0.70	2.00 3.50	20 25	50～100 50～100
14	室内地面冲洗水嘴	0.20	1.00	15	50
15	家用洗衣水嘴	0.20	1.00	15	50

注：1. 表中括弧内的数值系在有热水供应时，单独计算冷水或热水时使用

2. 当浴盆上附设淋浴器时，或混合水嘴有淋浴器转换开关时，其额定流量和当量只计水嘴，不计淋浴器。但水压应按淋浴器计

3. 家用燃气热水器，所需水压按产品要求和热水供应系统最不利配水点所需工作压力确定

4. 绿地的自动喷灌应按产品要求设计

5. 当卫生器具给水配件所需额定流量和最低工作压力有特殊要求时，其值应按产品要求确定

在设计之初，为选择给水方式，判断是否需要设置给水升压及贮水设备，常常要对建筑内给水系统所需压力按建筑层数根据表 1.14 进行估算。

表 1.14　按建筑层数确定建筑内部给水管网所需水压

建筑层数（n）	1	2	3	4	5	6
需水压/mH_2O	10	12	16	20	24	28
备注	二层以上每增高一层增加 4 mH_2O					

注：本表适用于层高不大于 3.5 m 以下的建筑，该压力为自地坪算起的最小保证压力

1.3.2 高层建筑生活给水系统的给水方式

高层建筑是指 10 层及 10 层以上的住宅建筑或建筑高度超过 24 m 的其他民用建筑等。由于这些高层建筑对室内给水的设计施工、材料及管理方面提出了更高的要求，所以整幢高层建筑若采用同一给水系统供水，则垂直方向管线过长，下层管道中的静水压力很大，必然出现以下问题：需要采用耐高压的管材、附件和配水器材，费用高；启闭龙头、阀门易产生水锤，不但会引起噪声，还可能损坏管道、附件，造成漏水；开启龙头水流喷溅，既浪费水量，又影响使用，同时由于配水龙头前压力过大，水流速度加快，出流量增大，水头损失增加，使设计工况与实际工况不符，不但会产生水流噪声，还将直接影响高层供水的安全可靠性。因此，高层建筑给水系统必须解决低层管道中静水压力过大的问题。

为克服上述问题，高层建筑室内给水系统应采用竖向分区供水，即在建筑物的垂直方向按层分段，各段为一区，分别组成各自的给水系统。高层建筑室内给水系统竖向分区，原则上应根据建筑物的使用要求、材料及设备的性能、维护管理条件，并结合建筑物层数和室外给水管网水压等情况来确定。如果分区压力过高，不仅出水量过大，而且阀门启闭时易产生水锤，使管网产生噪声和振动，甚至损坏，增加了维修的工作量，降低了管网使用寿命，同时，也将给用户带来不便；如果分区压力过低，势必增加给水系统的设备、材料及相应的建筑费用以及维护管理费用。因此，确定分区范围时应充分利用室外给水管网的水压，以节省能量，并要结合其他建筑设备工程的情况综合考虑，尽量将给水分区的设备层与其他相关工程所需设备层共同设置，以节省土建费用，同时要使各区最低卫生器具或用水设备配水装置处的静水压力小于其工作压力，以免配水装置的零件损坏漏水，住宅、旅馆、医院宜为 0.30～0.35 MPa，办公楼因卫生器具较以上建筑少，且使用不频繁，故卫生器具配水装置处的静水压力可略高些，宜为 0.35～0.45 MPa。

高层建筑给水系统的给水方式有如下几种基本形式：

1. 串联给水方式

各区水泵设在技术层内，下一区向上一区供水，上区水泵向下区水箱吸水，如图 1.24 所示。其优点是：无须设置高压水泵和高压管线；各区水泵扬程较小，可保持在高效区工作，工作效率高，能耗较小；管道布置简单，管材较省，投资少。缺点是：供水不够安全，下区设备故障将直接影响上层供水；技术层要求高，水泵设备分散，维修、管理不便，且要占用一定的建筑面积；下区水箱容积大，结构处理复杂，工作安全性差。一般适用于超高层建筑。

2. 减压给水方式

各区水先全部送进屋顶水箱，再逐区向下减压供水。如图 1.25 (a) 所示为采用减压水箱的给水方式，如图 1.25 (b) 所示为采用减压阀的给水方式。其共同的优点是：水泵数量少，占地少，且集中设置便于维修、管理；管线布置简单，投资省。其共同的缺点是：各区用水均需提升至屋顶水箱，水泵压水管线较长，浪费能量，屋顶水箱容积较大对建筑结构荷载大，对抗震不利，同时也增加了电耗；供水安全性差，水泵或屋顶水箱输水管、出水管的局部故障都将影响各区供水。适用于一般高度不大的高层建筑。

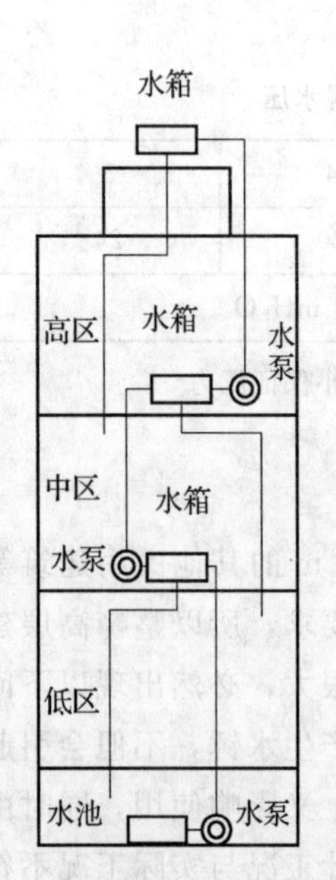

图 1.24　高层建筑串联给水方式

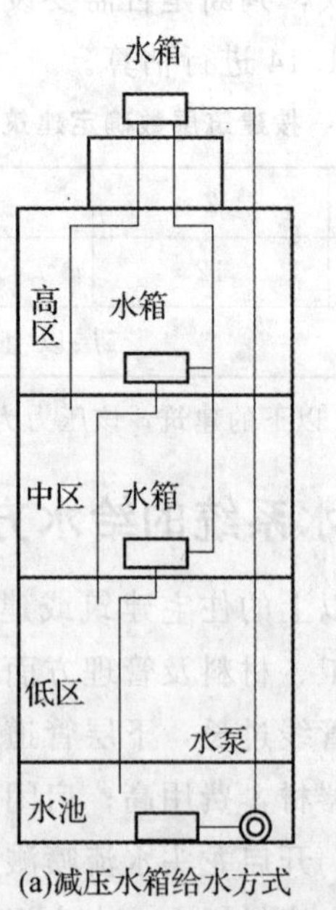

(a)减压水箱给水方式

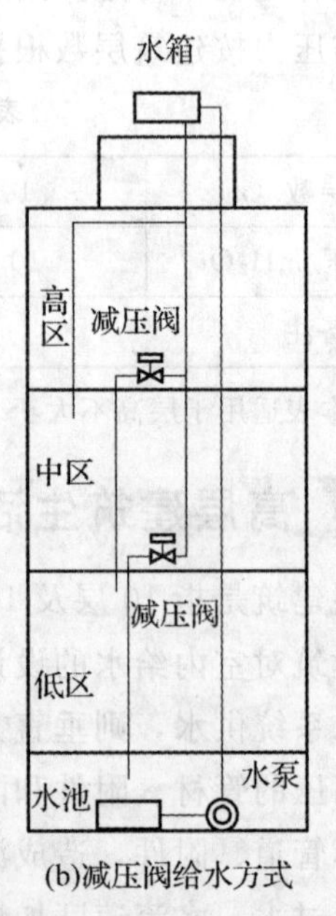

(b)减压阀给水方式

图 1.25　减压给水方式

3．并联给水方式

各区升压设备集中设在底层或地下设备层，分别向各区供水。如图 1.26 所示分别为采用水泵、水箱、变频调整水泵和气压给水设备升压供水的并联给水方式。其优点是：各区供水自成系统，互不影响，供水安全可靠，管理方便。其中，水泵、水箱联合供水系统中，各区水箱容积小，占地少。变频调速泵和气压给水设备并联供水系统中，不需水箱，节省了占地面积。但并联给水方式的缺点是：上区供水泵扬程较大，水泵压水管线较长。由气压给水设备供水时，调节容积小，耗电量较大，分区多时，高区气压罐承受压力大，使用钢材较多，费用高。由变频调速泵升压供水时，设备费用较高，维修较复杂。适用于一般的高层建筑。

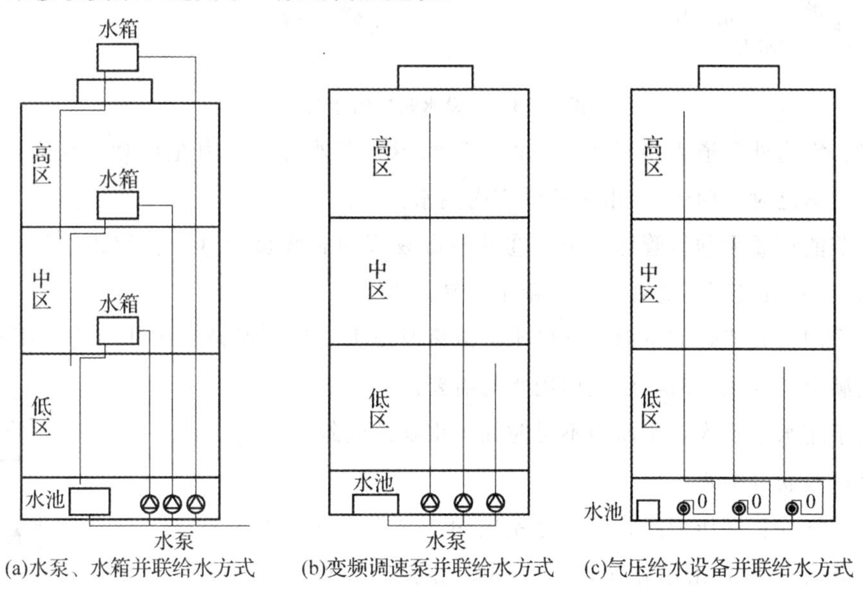

图 1.26　高层建筑并联给水方式

1.3.3 给水方式图示及适用条件

建筑内给水方式的选择必须依据用户对水质、水压和水量的要求，室外管网所提供的水质、水量和水压情况，卫生器具及消防设备在建筑物内的分布，用户对供水安全可靠性的要求等条件来确定。

给水方式的基本类型（不包括高层建筑）有以下几种。

1．直接给水方式

适用范围：室外管网压力、水量在一天的时间内均能满足室内用水需要。

供水方式：建筑物内部只设给水管道系统，不设加压及贮水设备，室内给水系统与室外供水管网直接相连，利用室外管网压力直接向室内给水系统供水，如图 1.27 所示。

特点：给水系统简单，安装维护可靠，投资少，可充分利用室外管网压力，但内部无贮水设备，当外管网停水时，室内系统立即停水。

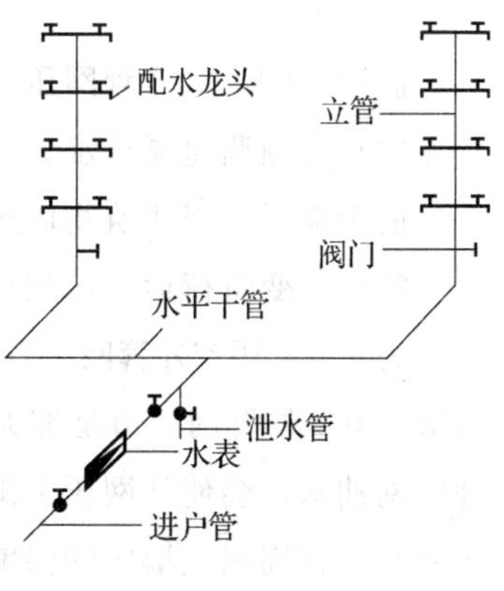

图 1.27　直接给水方式

2．水泵水箱给水方式

（1）单设水箱给水。

适用范围：室外管网水压周期性不足，一天内大部分时间能满足需要，仅在用水高峰时，由于水量的增加，而使市政管网压力降低，不能保证建筑上层的用水，如图 1.28 所示。

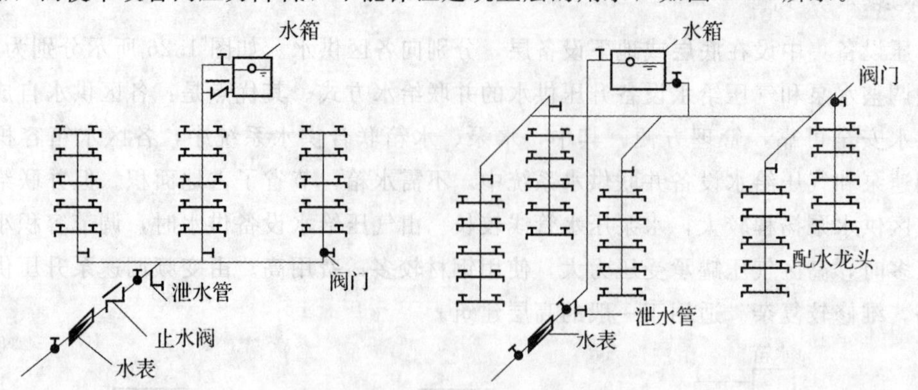

图 1.28 单设水箱的给水方式

供水方式：室内外管道直接相连，屋顶加设水箱，室外管网压力充足时（夜间）向水箱充水；当室外管网压力不足时（白天），由水箱供室内用水。

特点：①节能；②无须设管理人员；③减轻市政管网高峰负荷（众多屋顶水箱，总容量很大，起调节作用）；④屋顶造型不美观；⑤水箱水质易污染。

注意：①采用该方式，应掌握室外供水的流量及压力变化情况及室内建筑物内用水情况，以保证水箱容积能满足供水压力时，建筑内用水的需要。

②仅适用于用水量不大，水压力不足时间不很长的建筑。

（2）水泵水箱联合给水。

适用范围：室外管网压力经常不足且室内用水又不很均匀的供水方式，水箱充满后，由水箱供水，以保证用水，如图 1.29 所示。

特点：水泵及时向水箱充水，使水箱容积减小，又由于水箱的调节作用，使水泵工作状态稳定，可以使其在高效率下工作，同时水箱的调节，可以延时供水，供水压力稳定，可以在水箱上设置液体继电器，使水泵启闭自动化。

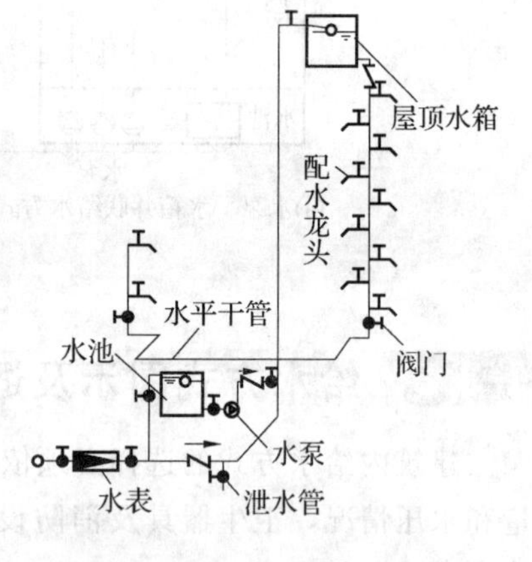

图 1.29 水泵水箱联合给水方式

3. 水泵给水方式

（1）恒速泵。

适用范围：室外管网压力经常不满足要求，室内用水量大且均匀，多用于生产给水。

（2）变频调速泵给水。

适用范围：当建筑物内用水量大且用水不均匀时，可采用变频调速给水方式。

特点：变负荷运行，减少能量浪费，不需设调节水箱。

为充分利用室外管网压力，节省电能，当水泵与室外管网直接连接时，应设旁通管，如图 1.30（a）所示。当室外管网压力足够大时，可自动开启旁通管的止回阀直接向建筑内供水。因水泵直接从室外管网抽水，会使外网压力降低，影响附近用户用水，严重时还可能造成外网负压，在管道接口不严密时，其周围土壤中的渗漏水会吸入管网，污染水质。当采用水泵直接从室外管网抽水时，必须征得供水部门的同意，并在管道连接处采取必要的防护措施，以免水质污染。为避免上述问题，可在系统中增设贮水池，采用水泵与室外管网间接连接的方式，如图 1.30（b）所示。

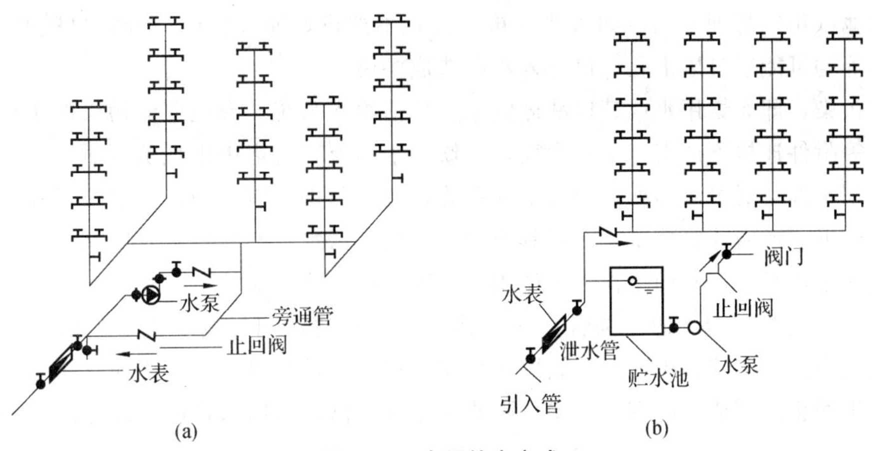

图 1.30 水泵给水方式

4. 分区给水方式

当室外给水管网的压力只能满足建筑下层供水要求时，可采用分区给水方式，如图 1.31 所示。

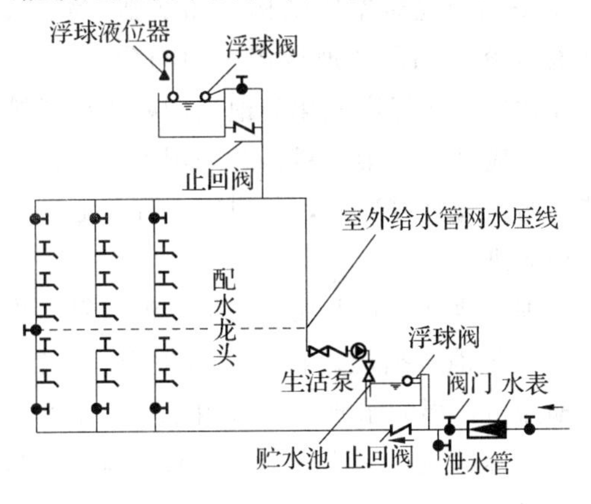

图 1.31 分区给水方式

适用条件：多层建筑中，室外给水管网能提供一定的水压，满足建筑下几层用水要求，且下几层用水量较大。

供水方式：下区由市政管网压力直接供水；上区由水泵水箱联合供水，两区间设连通管，并设阀门，必要时，室内整个管网用水均可由水泵、水箱联合供水或由室外管网供水。

5. 环状给水方式

按用水安全程度不同，管网为枝状管网、环状管网。

枝状：一般建筑中的给水管路。

环状：不允许断水的大型公共建筑、高层或某些生产车间。

形式：水平环状、垂直环状。

1.4 防止水质污染

1.4.1 水质污染的原因

(1) 贮水池（箱）的制作材料或防腐涂料选择不当。若含有毒物质，逐渐溶于水中，将直接污染水质。

(2) 水在贮水池（箱）中停留时间过长。当水中余氯量耗尽后，随着有害微生物的生长繁殖，会使水腐败变质。

(3) 贮水池（箱）管理不当。如水池（箱）人孔不严密，通气管或溢流管口敞开设置，尘土、蚊蝇、鼠、雀等均可能通过以上孔、口进入水中造成污染。

(4) 回流污染，即非饮用水或其他液体倒流入生活给水系统。形成回流污染的主要原因是：埋地管道或阀门等附件连接不严密，平时渗漏，当饮用水断流，管道中出现负压时，被污染的地下水或阀门井中的积水即会通过渗漏处，进入给水系统；放水附件安装不当，出水口设在卫生器具或用水设备溢流水位下，或溢流管堵塞，而器具或设备中留有污水，室外给水管网又因事故供水压力下降，当开启放水附件时，污水即会在负压作用下，吸入给水管道；饮用水管与大便器（槽）连接不当，如给水管与大便器（槽）的冲洗管直接相连，并用普通阀门控制冲洗，当给水系统压力下降时，开启阀门也会出现回流污染现象；饮用水与非饮用水管道直接连接，当非饮用水压力大于饮用水压且连接管中的止回阀或阀门密闭性差，则非饮用水会渗入饮用水管道造成污染。

1.4.2 水质污染防护措施

(1) 饮用水管道与贮水池（箱）不要布置在易受污染处，非饮用水管不能从贮水设备中穿过。设在建筑物内的贮水池（箱）不得利用建筑本体结构，如基础、墙体、地板等，作为池底、池壁、池盖，其四周及顶盖上均应留有检修空间。埋地饮用水池与化粪池之间应有不小于 10 m 的净距，当净距不能保证时，可采取提高饮用水池标高或化粪池采用防漏材料等措施。

(2) 贮水池（箱）若需防腐，应采用无毒涂料；若采用玻璃钢制作时，应选用食品级玻璃钢为原料。其溢流管、排水管不能与污水管直接连接，均应有空气隔断装置。通气管和溢流管口要设钢丝或钢丝网罩，以防污物、蚊蝇等进入。

(3) 贮水池（箱）要加强管理，池（箱）上加盖防护，池（箱）内定期清洗。饮用水在其中停留时间不能过长，否则应采取加氯等消毒措施。在生活（生产）、消防共用的水池（箱）中，为避免平时不能动用的消防用水长期滞留，影响水质，可采用生活（生产）用水从池（箱）底部虹吸出流，或池（箱）内设溢流墙（板）等措施，使消防用水不断更新，如图 1.32 所示。

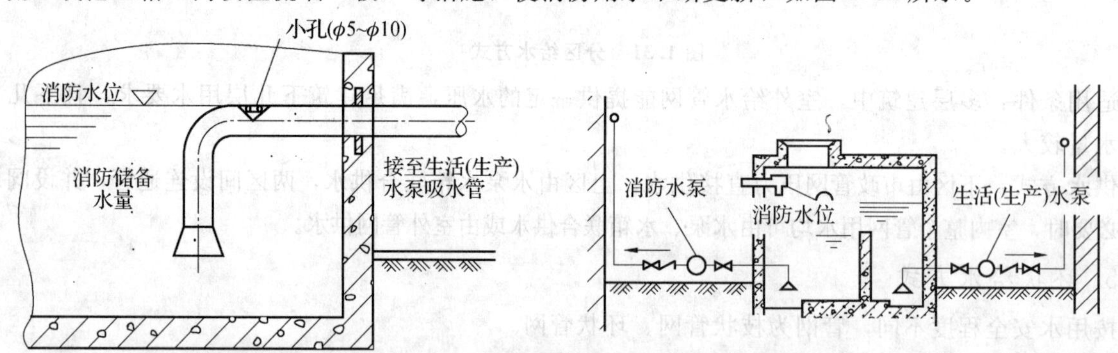

(a)在生活（生产）水泵吸水管上开小孔形成虹吸出流　(b)在贮水池中设溢流墙，生活（生产）用水经消防用水储存部分出流

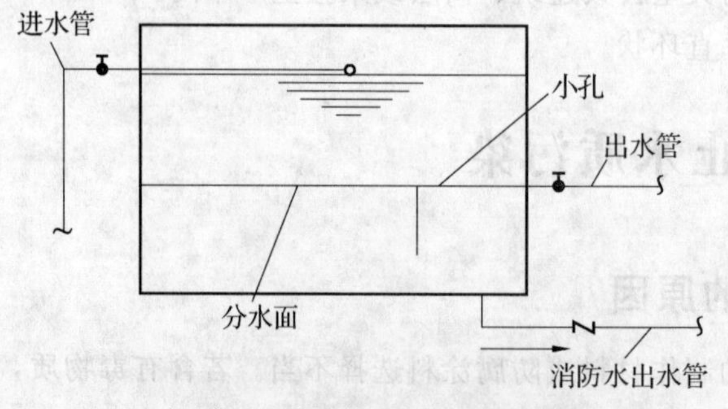

(c)在水箱出水管上设小孔形成虹吸出流

图 1.32　贮水池（箱）中消防贮水平时不被动用和水质防护措施

(4) 给水装置放水口与用水设备溢流水位之间，应有不小于放水口径 2.5 倍的空气间隙，如图 1.33 所示。

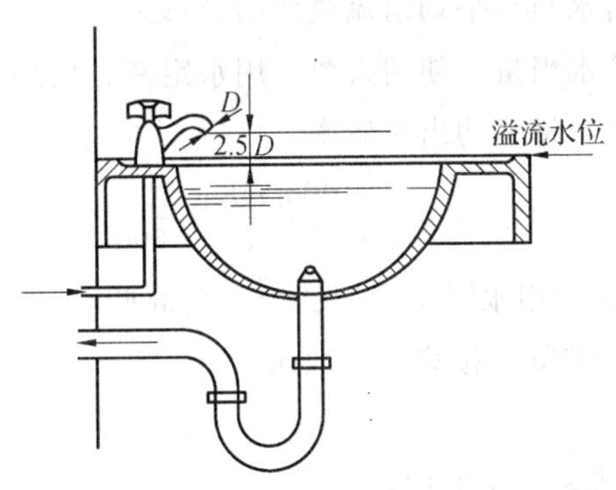

图 1.33　洗脸盆出水口的空气隔断间隙

(5) 生活饮用水管道不能与非饮用水管道直接连接。在特殊情况下，必须用饮用水作为工业备用水源时，应在两种管道连接处的控制阀门之间增设平时常开的泄水阀，以保证管道间的空气隔断，或设置非饮用水压过高时，能自动泄水，以防回流污染的隔断装置等，如图 1.34 所示。

(6) 非饮用水管道工程验收时，应逐段检查，以防饮用水非饮用水管道误接，其管道上的放水口应有明显标志，避免非饮用水误用和误饮。

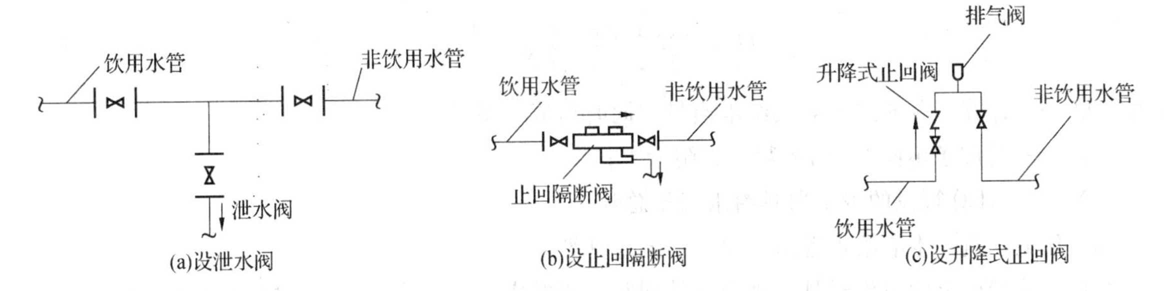

图 1.34　饮用水与非饮用水管道连接时的水质防护措施

1.5　给水系统计算

1.5.1 设计流量

给水管道的设计流量不仅是确定管段管径，也是计算管道水头损失，进而确定给水系统所需压力的主要依据。然而由最高日最大时用水量求出的平均秒流量确定市政给水干管的方法确定建筑内的给水管网显然不妥；建筑内给水管网的设计秒流量与建筑物的性质、人数、人们活动的情况、水的使用方法、适当的卫生器具设置数、卫生器具给水概率有关。为此，需要找出最大时内的最大秒流量才可作为确定建筑内的给水管管径和压力损失的依据。

建筑物的给水引入管的设计流量，应符合下列要求：

①当建筑物内的生活用水全部由室外管网直接供水时，应取建筑物内的生活用水设计秒流量。

②当建筑物内的生活用水全部自行加压供给时，引入管的设计流量应为贮水调节池的设计补水量；设计补水量不宜大于建筑物最高日最大时用水量，且不得小于建筑物最高日平均时用水量。

③当建筑物内的生活用水既有室外管网直接供水，又有自行加压供水时，应按上述第 1、2 条计算设计流量后，将两者叠加作为引入管的设计流量。

1. 住宅建筑的生活给水管道的设计秒流量计算

(1) 最大用水时卫生器具给水当量平均出流概率的计算。

根据住宅配置的卫生器具给水当量、使用人数、用水定额、使用时数及小时变化系统，按下式计算出最大用水时卫生器具给水当量平均出流概率

$$U_0 = \frac{100 q_L m K_h}{0.2 \cdot N_g \cdot T \cdot 3\,600} \tag{1.17}$$

式中 U_0——生活给水管道的最大用水时卫生器具给水当量平均出流概率，%；

q_L——最高用水日的用水定额，按表1.1取用；

m——每户用水人数；

K_h——小时变化系数，按表1.1取用；

N_g——每户设置的卫生器具给水当量数；

T——用水时数，h；

0.2——一个卫生器具给水当量的额定流量，L/s。

(2) 卫生器具给水当量的同时出流概率。

根据计算管段上的卫生器具给水当量总数，按下式计算该管段的卫生器具给水当量的同时出流概率

$$U = 100\frac{1+\alpha_c(N_g-1)^{0.49}}{\sqrt{N_g}} \tag{1.18}$$

式中 U——计算管段的卫生器具给水当量的同时出流概率，%；

α_c——对应于不同U_0的系数，查附录Ⅰ；

N_g——计算管段的卫生器具给水当量总数。

(3) 住宅建筑的生活给水管道的设计秒流量计算。

根据计算管段上的卫生器具给水当量的同时出流概率，按下式计算该管段的设计秒流量

$$q_g = 0.2 \cdot U \cdot N_g \tag{1.19}$$

式中 q_g——计算管段的设计秒流量，L/s。

注：①为了计算快速、方便，在计算出U_0后，即可根据计算管段的N_g值从附录的计算表中直接查得给水设计秒流量q_g，该表可用内插法；

②当计算管段的卫生器具给水当量总数超过附表Ⅱ中的最大值时，其设计流量应取最大时用水量。

另外，当给水干管有两条或两条以上具有不同最大用水时卫生器具给水当量平均出流概率的给水支管时，该管段的最大用水时卫生器具给水当量平均出流概率为

$$\overline{U_0} = \frac{\sum U_{0i} N_{gi}}{\sum N_{gi}} \tag{1.20}$$

式中 $\overline{U_0}$——给水干管的卫生器具给水当量平均出流概率；

U_{0i}——支管的最大用水时卫生器具给水当量平均出流概率；

N_{gi}——相应支管的卫生器具给水当量总数。

2. 集体宿舍、旅馆、宾馆、酒店式公寓、医院、疗养院、幼儿园、养老院、办公楼、商场、图书馆、书店、客运站、航站楼、会展中心、中小学教学楼、公共厕所等建筑的生活给水设计秒流量计算

$$q_g = 0.2\alpha\sqrt{N_g} \tag{1.21}$$

式中 q_g——计算管段的给水设计秒流量，L/s；

N_g——计算管段的卫生器具给水当量总数；

α——根据建筑物用途而定的系数，应按表 1.15 采用。

注：①如计算值小于该管段上一个最大卫生器具给水额定流量时，应采用一个最大的卫生器具给水额定流量作为设计秒流量；

②如计算值大于该管段上按卫生器具给水额定流量累加所得流量值时，应按卫生器具给水额定流量累加所得流量值采用；

③有大便器延时自闭冲洗阀的给水管段，大便器延时自闭冲洗阀的给水当量均以 0.5 计，计算得到的 q_g 附加 1.2 L/s 的流量后，为该管段的给水设计秒流量；

④综合楼建筑的 α 值应按加权平均法计算。

表 1.15 根据建筑物用途而定的系数（α 值）

建筑物名称	α 值
幼儿园、托儿所、养老院	1.2
门诊部、诊疗所	1.4
办公楼、商场	1.5
图书馆	1.6
书店	1.7
学校	1.8
医院、疗养院、休养所	2.0
酒店式公寓	2.2
宿舍（Ⅰ、Ⅱ类）、旅馆、招待所、宾馆	2.5
客运站、航站楼、会展中心、公共厕所	3.0

3. 宿舍（Ⅲ、Ⅳ类）、工业企业的生活间、公共浴室、职工食堂或营业餐馆的厨房、体育场馆、剧院、普通理化实验室等建筑的生活给水管道的设计秒流量计算

$$q_g = \sum q_0 n_0 b \tag{1.22}$$

式中 q_g——计算管段的给水设计秒流量，L/s；

q_0——同类型的一个卫生器具给水额定流量，L/s；

n_0——同类型卫生器具数；

b——同类型卫生器具的同时给水百分数，按表 1.16、1.17、1.18 采用。

注：①如计算值小于该管段上一个最大卫生器具给水额定流量时，应采用一个最大卫生器具给水额定流量作为设计秒流量；

②大便器自闭式冲洗阀应单列计算，当单列计算值小于 1.2 L/s 时，以 1.2 L/s 计；大于 1.2 L/s时，以计算值计。

表 1.16　宿舍（Ⅲ、Ⅳ类）、工业企业的生活间、公共浴室、影剧院、体育场馆等卫生器具同时给水百分数　%

卫生器具名称	宿舍（Ⅲ、Ⅳ类）	工业企业生活间	公共浴室	影剧院	体育场馆
洗涤盆（池）	—	33	15	15	15
洗手盆	—	50	50	50	70（50）
洗脸盆、盥洗槽水嘴	5～100	60～100	60～100	50	80
浴盆	—	—	50	—	—
无间隔淋浴器	20～100	100	100	—	100
有间隔淋浴器	5～80	80	60～80	（60～80）	（60～100）
大便器冲洗水箱	5～70	30	20	50（20）	70（20）
大便槽自动冲洗水箱	100	100	—	100	100
大便器自闭式冲洗阀	1～2	2	2	10（2）	5（2）
小便器自闭式冲洗阀	2～10	10	10	50（10）	70（10）
小便器（槽）自动冲洗水箱	—	100	100	100	100
净身盆	—	33	—	—	—
饮水器	—	30～60	30	30	30
小卖部洗涤盆	—	—	50	50	50

注：1. 表中括号内的数值系电影院、剧院的化妆间，体育场馆的运动员休息室使用

2. 健身中心的卫生间，可采用本表体育场馆运动员休息室的同时给水百分率

表 1.17　职工食堂、营业餐馆厨房设备同时给水百分数　%

厨房设备名称	同时给水百分数
洗涤盆（池）	70
煮锅	60
生产性洗涤机	40
器皿洗涤机	90
开水器	50
蒸汽发生器	100
灶台水嘴	30

注：职工或学生食堂的洗碗台水嘴，按 100%同时给水，但不与厨房用水叠加

表 1.18　实验室化验水嘴同时给水百分数　%

化验水嘴名称	同时给水百分数	
	科研教学实验室	生产实验室
单联化验水嘴	20	30
双联或三联化验水嘴	30	50

1.5.2 管网水力计算

建筑给水管道水力计算的目的在于确定各管段管径、管网的水头损失和给水系统所需压力。计算中应尽可能利用室外管网所提供的水压及满足室内管网中最不利配水点的水压要求。室内

给水管道水力计算一般应在绘出管道平面布置和系统图后进行。

1. 确定管径

在求得管网中各设计管段的设计流量后，根据流量公式，即可求得管径：

$$q_g = \frac{\pi d^2}{4} v \tag{1.23}$$

$$d = \sqrt{\frac{4q_g}{\pi v}} \tag{1.24}$$

式中 q_g——计算管段的设计秒流量，L/s；

d——计算管段的管径，m；

v——管段中的流速，m/s。

当计算管段的流量确定后，流速的大小将直接影响到管道系统技术、经济的合理性，流速过大易产生水锤，引起噪声，损坏管道或附件，并将增加管道的水头损失，提高建筑内给水管道所需的压力；流速过小，又将造成管材的浪费。考虑以上因素，建筑物内的给水管道流速一般可按表 1.19 选取。

表 1.19 生活给水管道的水流速度

公称直径/mm	15～20	25～40	50～70	≥80
水流速度/（$m \cdot s^{-1}$）	≤1.0	≤1.2	≤1.5	≤1.8

2. 给水管道的水头损失计算

室内给水管网的水头损失包括沿程和局部水头损失两部分。管段的沿程水头损失为

$$h_y = iL \tag{1.25}$$

式中 h_y——计算管段的沿程水头损失，kPa；

i——单位长度的沿程水头损失，kPa/m；

L——管段长度，m。

设计计算时，管道单位长度沿程水头损失 i 的数值可以从水力计算表中查得。

管段的局部水头损失：

$$h_j = \sum \zeta \frac{v^2}{2g} \tag{1.26}$$

式中 h_j——管段局部水头损失之和，kPa；

ζ——管段局部阻力系数；

v——沿水流方向局部管件下游的流速，m/s；

g——重力加速度，m/s^2。

生活给水管道的配水管的局部水头损失，宜按管道的连接方式，采用管（配）件当量长度法计算。当管道的管（配）件当量长度资料不足时，可按下列管件的连接状况，按管网的沿程水头损失的百分数取值：

（1）管（配）件内径与管道内径一致，采用三通分水时，取 25%～30%；采用分水器分水时，取 15%～20%。

（2）管（配）件内径略大于管道内径，采用三通分水时，取 50%～60%；采用分水器分水时，取 30%～35%。

（3）管（配）件内径略小于管道内径，管（配）件的插口插入管口内连接，采用三通分水时，

取70%～80%；采用分水器分水时，取35%～40%。

在实际室内给水管道局部水头损失计算时，由于管件数量很多，不做逐个计算，而是按不同给水系统沿程水头损失的百分数采用，其值如下：

生活给水管网为25%～30%；生活、消防共用给水管网，生活、生产、消防共用给水管网为20%；消火栓系统消防给水管网为20%；自动喷水灭火系统消防给水管网为20%；生产、消防共用给水管网为15%。

3. 管道水力计算方法与步骤

建筑内给水系统管道水力计算的目的是确定给水系统所需的压力，首先应根据建筑平面图和初定的给水方式，绘制给水管道平面图和轴测图，然后列水力计算表进行计算。其计算步骤如下：

(1) 根据轴测图选择最不利配水点，确定计算管路，若在轴测图中难以判定最不利配水点，则应同时选择几条计算管路，分别计算各管路所需压力，其最大值方为建筑内给水系统所需的压力。

(2) 以流量变化处为节点，从最不利配水点开始，进行节点编号，将计算管路划分为计算管段，并标出两节点间计算管段的长度。

(3) 根据建筑的性质选用设计秒流量公式，计算各管段的设计秒流量。

(4) 绘制水力计算表，进行给水管网的水力计算。

①外网压力直接供水，计算目的是验证压力能否满足系统需要。

a. 依次计算 H_1,H_2,H_3,H_4，并计算系统所需压力 H。

b. 当室外给水管网压力 $H_0 \geqslant H$ 时，原方案可行。

c. 当室外给水管网压力 H_0 略大于或略小于 H 时，适当放大管径，降低水头损失，确保方案可行。

d. 当室外给水管网压力 H_0 小于 H 很多时，修正方案，增设增压设备。

②水泵直接供水。

水力计算的目的：根据计算系统所需压力和设计秒流量选泵。

③水泵水箱联合。

a. 根据管网水力计算的结果校核水箱的安装高度。

b. 不能满足时，可采用放大管径、设增压设备、增加水箱的安装高度或改变供水方式等措施。

c. 根据水泵－水箱进水管的水力计算结果选泵。

(5) 确定非计算管路各管段的管径。

(6) 若设置升压、贮水设备的给水系统，还应对其设备进行选择计算。

【例1.2】 某4层集体宿舍每层设有盥洗间一间，其给水系统图如图1.35所示，管材为给水铸铁管。已知室外给水管网供水压力为0.28 MPa，引入管起端标高为－1.80 m（以室内地坪为±0.000)，试进行该集体宿舍盥洗间给水管道水力计算。

解 (1) 选择配水最不利点，确定计算管路，即管段1～10，如图1.35所示。

(2) 在流量变化节点处，从配水最不利点开始进行节点编号，将计算管路划分成计算管段，并标出两点间计算管段的长度，见表1.20。

(3) 由于该工程为集体宿舍，选用式(1.29)，即 $q_g = 0.2\alpha\sqrt{N_g}$，计算各管段设计秒流量。由表1.15查得 $\alpha = 2.5$，即 $q_g = 0.5\sqrt{N_g}$，计算结果见表1.20。

(4) 计算管道的水头损失，管段1～10的沿程水头损失之和为0.518 5 mH_2O。

所以，局部水头损失：

$$\sum h_j = 30\% \sum h_y = 0.3 \times 0.5185 = 0.156\ (mH_2O)$$

管段总水头损失：

$$H_2 = 0.5185 + 0.1556 = 0.674\ (mH_2O)$$

由于管路中无水表，所以水表水头损失：

$$H_3 = 0$$

所以，由给水系统所需压力公式得

$$\begin{aligned} H &= H_1 + H_2 + H_3 + H_4 \\ &= (8.4+1) - (-1.8) + 0.674 + 0 + 5 \\ &= 16.874\ (mH_2O) \\ &= 0.16874\ \text{MPa} < 0.28\ \text{MPa} \end{aligned}$$

满足要求。

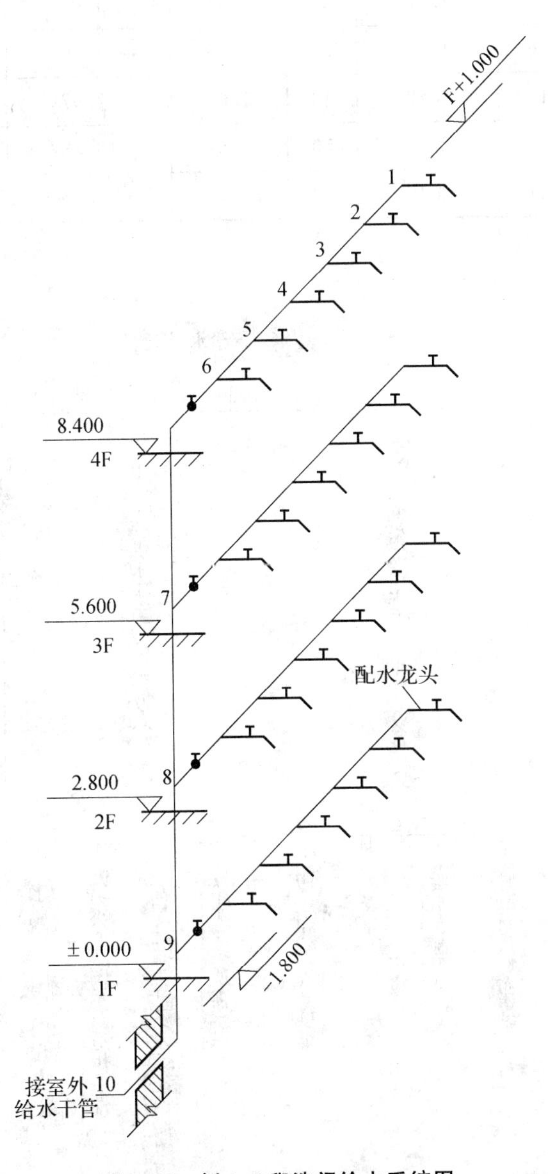

图 1.35　例 1.2 盥洗间给水系统图

表 1.20　给水管网水力计算

管段编号	卫生器具名称、当量值及数量	当量总数	设计秒流量 /（L·s⁻¹）	管径 /mm	流速 /（m·s⁻¹）	单位长度水头损失 /（mm·m⁻¹）	管段长度 /m	管段沿程水头损失 /m	管段沿程水头损失累计 /m
	盥洗槽								
	1.0								
1～2	1	1	0.20	15	0.99	93.97	0.7	0.065 8	0.065 8
2～3	2	2	0.40	20	1.05	70.27	0.7	0.049 2	0.115 0
3～4	3	3	0.60	25	0.91	38.58	0.7	0.027 0	0.142 0
4～5	4	4	0.80	32	0.79	22.89	0.7	0.016 0	0.158 0
5～6	5	5	1.00	32	0.98	34.01	0.7	0.023 8	0.181 8
6～7	6	6	1.20	32	1.18	47.00	3.5	0.164 5	0.346 3
7～8	12	12	1.73	40	1.04	27.97	2.8	0.078 3	0.424 6
8～9	18	18	2.12	50	0.81	13.33	2.8	0.037 3	0.461 9
9～10	24	24	2.45	50	0.93	17.15	3.3	0.056 6	0.518 5

【重点串联】

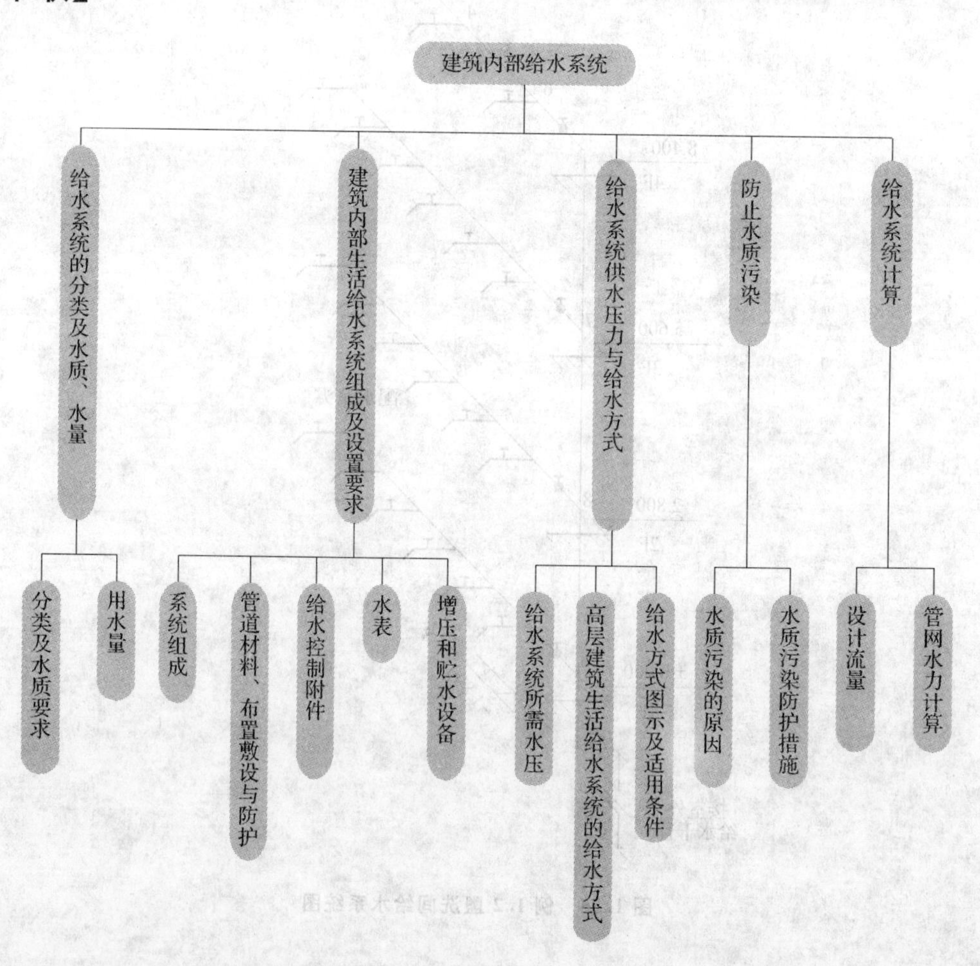

【知识链接】

1.《建筑给水排水设计规范》(GB 50015—2003)(2009 年版);
2.《住宅设计资料集》编委会．住宅设计资料集．北京：中国建筑工业出版社，1999;
3. 中国给水排水网，*http*：*//www.cgpsw.com/*；
4. 土木工程网，*http*：*//gps.civilcn.com/*。

拓展与实训

职业能力训练

一、填空题

1. 根据用户对水质、水压、水量和水温的要求，常用的给水系统包括_________、_________和_________三类。

2. 高层建筑给水系统给水方式的基本形式有_________、_________和_________。

3. 在生活（生产）、消防共用的水池（箱）中，为避免平时不能动用的消防用水长期滞留，影响水质，可采用_________、_________和_________。

二、单选题

1. 建筑内部给水系统中的小时变化系数，是指（　　）用水量的比值。

A. 最高日最大时、最高日平均时　　B. 最高日最大时、平均日平均时
C. 平均日最大时、最高日平均时　　D. 平均日最大时、平均日平均时

2. 普通住宅生活饮用水管网自室外地面算起，估算 5 层室内所需的最小保证压力值（　　）。

A. 16 m　　B. 20 m　　C. 24 m　　D. 28 m

三、简答题

1. 建筑给水系统基本组成有哪几部分？
2. 如何计算给水系统所需水压？
3. 建筑给水系统最基本的给水方式有哪几种？各适用于怎样的水源条件及用水特点？
4. 高层建筑给水系统为什么要进行竖向分区？分区压力一般如何确定？
5. 室内给水管道布置的原则和要求是什么？

工程模拟训练

1. 某高校拟建一座 7 层学生宿舍，层高 2.8 m，1 层与室外地面高差为 0.6 m，城市供水保证压力为 250 kPa，试选用合理的给水方式。

2. 已知一民用住宅，共 60 户，每户设有一个低水箱坐便器，一个阀开式洗脸盆，一个阀开式洗涤盆，一个阀开式浴盆，求该住宅给水引入管设计秒流量（只设一条给水引入管）。

模块 2

建筑消防

【模块概述】

本模块主要内容包括建筑物分类及耐火等级；建筑物火灾危险性分类；消火栓给水系统及布置；消火栓给水系统的水力计算；自动喷水灭火系统及布置；自动喷水灭火系统的水力计算；气体灭火系统；其他固定灭火设施简介。

【知识目标】

1. 掌握消火栓灭火系统组成、工作过程、基本原理及设计要求；
2. 掌握自动喷水灭火系统的组成、工作过程、基本原理及设计要求；
3. 了解其他灭火设施。

【技能目标】

1. 能够选择与计算消火栓灭火系统的设备和管道；
2. 能够选择与计算自动喷水灭火系统的设备和管道。

【课时建议】

16～20 课时

工程导入

建筑消防系统施工图实例识读

1. 设计说明

(1) 工程概况：本工程为三层商铺。

(2) 设计依据：《建筑设计防火规范》(GB 50016—2006)，《自动喷水灭火系统设计规范》(GB 50084—2001)。

(3) 尺寸单位：管道长度和标高以米计，其余均以毫米来计。

(4) 本工程消防用水量：室外消火栓，20 L/s；室内消火栓，15 L/s；喷淋系统，20 L/s。

(5) 室内室外消火栓给水系统及喷淋系统采用管材与接口：管道采用热镀锌钢管；钢管采用沟槽式管道连接件连接 (≥*DN*100) 和螺纹连接 (<*DN*100)。

(6) 消防给水管道试验压力：室内消火栓及喷淋系统，0.6 MPa；室外给水系统，0.30 MPa。

(7) 室外给水管埋地敷设时，如地基为一般天然土壤，均可直接埋设，不做管基础，如地基为岩石，应有不小于 100～200 mm 的沙垫层找平，且管道四周应回填砂或土，如地基为淤泥或其他劣质土，应通知设计院处理。

(8) 钢管外表面防腐。

① 室内明装管道：红丹底漆一遍外刷红色调和漆两遍，每隔 10 m 时每层按所属系统书写“黄色”消火栓或“喷淋”字样。

②埋地管道：冷底子油底漆一遍，外刷热沥青三遍，中间包中碱玻璃布两层。

2. 施工图

消防给水系统平面图如图 2.1、2.2、2.3、2.4 所示（见活页），消火栓系统图如图 2.5 所示，喷淋原理图如图 2.6 所示。

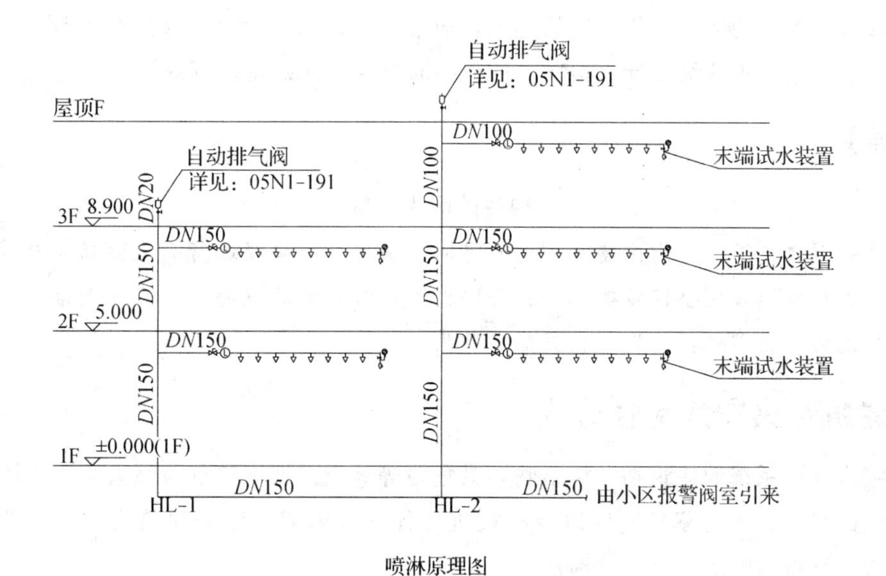

图 2.6 喷淋原理图

2.1 消防概论

现代建筑的室内装饰、家具等由于采用了大量易燃和可燃材料，一旦发生火灾，不仅会造成大量财产损失，而且还会造成人员伤亡。因此，为了保障社会及人民财产安全，应认真贯彻“预防为主，防消结合”的方针，设置完善的消防灭火系统，将火灾的危害和损失降到最低。

2.1.1 灭火原理

灭火原理可以分为四种类型：冷却、隔离、窒息和化学抑制。冷却、隔离、窒息属于物理灭火过程，化学抑制为化学灭火过程。

消火栓灭火系统和自动喷水灭火系统的灭火原理主要是冷却降温，可用于大多数火灾；泡沫灭火系统的灭火原理是隔离，可用于烃类液体火焰和油类火灾的扑灭；蒸汽灭火系统的灭火原理是窒息作用，可扑灭高温设备火灾，也常用于石油化工、火力发电厂等；干粉灭火系统的灭火原理是化学抑制作用，对于电气设备、可燃气体和液体火灾的扑灭有良好的效果；二氧化碳（CO_2）灭火系统的灭火原理是窒息和冷却作用，具有不污染保护物、灭火快、空间淹没效果好等特点，适用于大型计算机房、图书馆藏书室、档案室及电信广播的重要设备机房等的火灾扑灭。

2.1.2 建筑物分类及耐火等级

建筑物分类及耐火等级根据建筑物的火灾危险性和重要性来划分。

1. 民用建筑等级划分

我国目前将各类民用建筑工程按复杂程度划分为：特、一、二、三、四、五共六个等级。

2. 建筑的耐火等级分类

《高层民用建筑设计防火规范》（GB 50045—95）把高层民用建筑耐火等级分为一、二级；《建筑设计防火规范》（GB 50016—2006）分为一、二、三、四级，一级的耐火性能最好，四级最差。性质重要的或规模宏大的或具有代表性的建筑，通常按一、二级耐火等级进行设计；大量性的或一般的建筑按二、三级耐火等级设计；很次要的或临时建筑按四级耐火等级设计。

【知识拓展】

构件的耐火极限

建筑构件的耐火极限，是指按建筑构件的时间一温度标准曲线进行耐火试验，从受到火的作用时起，到失去支持能力或完整性被破坏或失去隔火作用时止的这段时间，用小时表示。具体判定条件为失去支持能力、完整性被破坏、丧失隔火作用。

2.1.3 建筑物火灾危险性分类

有自动喷水灭火系统的建筑物、构筑物，其危险等级应根据火灾危险性大小、可燃物数量、单位时间内放出的热量、火灾蔓延速度以及扑救难易程度等因素，划分建筑火灾危险等级为轻危险级、中危险级、严重危险级、仓库危险级。

【知识拓展】

危险等级举例见附录Ⅲ。

2.2 消火栓给水系统

2.2.1 设置场所

我国《建筑设计防火规范》(GB 50016—2006) 对低层建筑室内消火栓给水系统等的设置场所规定如下：

建筑占地面积大于 300 m^2 的厂房（仓库）；体积大于 5 000 m^3 的车站、码头、机场的候车（船、机）楼、展览建筑、商店、旅馆建筑、病房楼、门诊楼、图书馆建筑等；特等、甲等剧场，超过 800 个座位的其他等级的剧场和电影院等，超过 1 200 个座位的礼堂、体育馆等；国家级文物保护单位的重点砖木或木结构的古建筑，宜设置室内消火栓。

超过 5 层或体积大于 10 000 m^3 的办公楼、教学楼、非住宅类居住建筑等其他民用建筑；超过 7 层的住宅应设置室内消火栓系统，当确有困难时，可只设置干式消防竖管和不带消火栓箱的 *DN*65的室内消火栓。消防竖管的直径不应小于 *DN*65。

在这里值得注意的是，耐火等级为一、二级且可燃物较少的单层、多层丁、戊类厂房（仓库），耐火等级为三、四级且建筑体积小于等于 3 000 m^3 的丁类厂房和建筑体积小于等于 5 000 m^3 的戊类厂房（仓库），粮食仓库、金库可不设置室内消火栓。

高层建筑消防主要靠室内消防给水设备扑救火灾。

【知识拓展】

10 层及 10 层以上的住宅建筑和建筑高度超过 24 m 的其他民用建筑和工业建筑，称为高层建筑。

2.2.2 室外消防给水系统分类及水压

1. 室外消防给水系统的组成与作用

室外消防给水系统由室外消防水源、室外消防管道和室外消火栓组成。

室外消防给水系统既可以满足消防车取水要求，又可以由消防车经水泵接合器向室内消防系统供水，补充室内消防用水量不足，从而控制和扑救火灾。

2. 室外消防给水系统的分类

室外消防给水系统主要根据消防水压、主要用途、管网布置、室外消火栓进行分类。

室外消防给水系统按消防水压要求分高压消防给水系统、临时高压消防给水系统和低压消防给水系统。

室外消防给水系统按用途分为生活、消防共用给水系统，生产、消防共用给水系统，生产、生活、消防共用给水系统，独立的消防给水系统。

室外消防给水系统按管网布置形式分为环状管网给水系统和枝状管网给水系统。

(1) 环状管网给水系统。

在平面布置上，形成若干闭合环的管网给水系统，称为环状管网给水系统。由于环状管网的干线彼此相通，水流四通八达，供水安全可靠，并且在管径和水压相同的条件下其供水能力比枝状管网供水能力大 1.5～2.0 倍，因此，一般担负有消防给水任务的给水系统管网，均应布置成环状管网，以确保消防给水。

(2) 枝状管网给水系统。

枝状管网内，水流从水源地向用水单一方向流动，当某段管网检修或损坏时，其下游则无水，将会造成火场供水中断，因此，消防给水系统不应采用枝状管网消防给水系统。在城镇建设的初期，输水干管要一次形成环状管网有困难时，可允许采用枝状管网，但在重点保护部位应设置消防水池，并应考虑今后有形成环状管网的可能。

3. 室外消火栓

(1) 室外消火栓按设置条件分为地上消火栓和地下消火栓。

地上消火栓：地上消火栓部分露出地面，具有目标明显、易于寻找、出水操作方便等特点，但地上消火栓容易冻结、易损坏，有些场合妨碍交通，影响市容，适应于无冰冻可能的地区。地上消火栓有两种型号，一种是 SS100，另一种是 SS150。

地下消火栓：地下消火栓设置在消火栓井内，具有不易冻结、不易损坏、便利交通等优点，但地下消火栓操作不便，目标不明显，因此，要求在地下消火栓旁设置明显标志，适应于北方寒冷地区使用。地下消火栓有三种型号，分别为 SX65，SX100 和 SX65－10。

(2) 室外消火栓按压力分为低压消火栓和高压消火栓。

低压消火栓：室外低压消防给水系统的管网上设置的消火栓，称为低压消火栓。低压消火栓是供应火场消防车用水的供水设备。

高压消火栓：室外高压或临时高压消防给水系统的管网上设置的消火栓，称为高压消火栓。高压消火栓直接接水带、水枪就可进行灭火，不需消防车或其他移动式消防水泵加压。

【知识拓展】

室外消火栓设置间距要求

(1) 室外消火栓应沿道路设置。当道路宽度大于 60.0 m 时，宜在道路两边设置消火栓，并宜靠近十字路口。

(2) 室外消火栓的间距不应大于 120.0 m。

(3) 室外消火栓的保护半径不应大于 150.0 m；在市政消火栓保护半径 150.0 m 以内，当室外消防用水量小于等于 15 L/s 时，可不设置室外消火栓。

(4) 室外消火栓的数量应按其保护半径和室外消防用水量等综合计算确定，每个室外消火栓的用水量应按 10～15 L/s 计算；与保护对象的距离在 5～40 m 范围内的市政消火栓，可计入室外消火栓的数量内。

(5) 消火栓距路边不应大于 2.0 m，距房屋外墙不宜小于 5.0 m。

2.2.3 室内消火栓给水系统组成、分类及给水方式

1. 室内消火栓给水系统组成

室内消火栓给水系统一般由水枪、水带、消火栓、消防卷盘、消防管道、消防水池、消防水箱、水泵结合器、增压水泵及远距离启动消防水泵的设备等组成，图 2.7 为低层建筑室内消火栓给水系统组成示意图。

(1) 水枪、水带和消火栓。

室内一般采用直流式水枪，喷嘴口径有 13 mm、16 mm、19 mm 三种。喷嘴口径 13 mm 的水枪配 50 mm 水带，16 mm 的水枪配 50 mm 或 65 mm 水带，19 mm 的水枪配 65 mm 水带。室内消防水带口径有 50 mm、65 mm 两种，水带长度一般为 20 m、25 m 两种；水带材质有麻织和化纤两

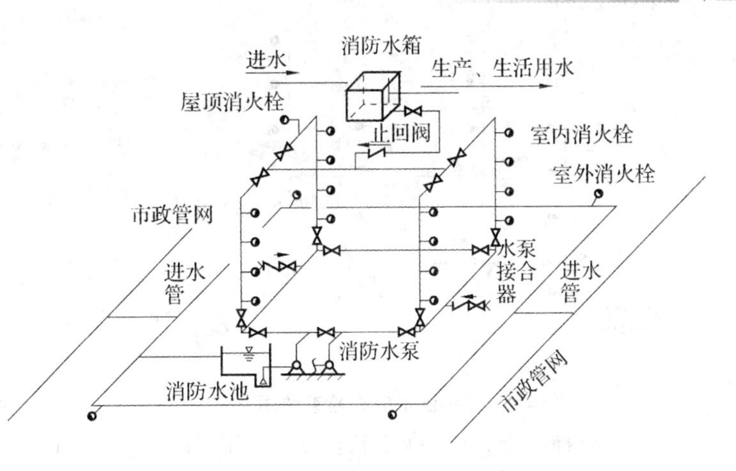

图 2.7 低层建筑室内消火栓给水系统组成

种，有衬胶与不衬胶之分，其中衬胶水流阻力小。

消火栓均为内扣式接口的球形阀式龙头。消火栓按其出口形式分为单出口和双出口两大类。双出口消火栓直径为 65 mm，单出口消火栓直径有 50 mm 和 65 mm 两种。当消防水枪最小射流量小于 5 L/s 时，应采用 50 mm 消火栓；当消防水枪最小射流量大于等于 5 L/s 时，应采用 65 mm 消火栓。

为了便于维护管理与使用，同一建筑物内应选用同一型号规格的消火栓、水枪和水带。水枪、水带和消火栓以及消防卷盘平时置于有玻璃门的消火栓箱内。消火栓箱设置在走道、楼梯等明显易于取用地点。

（2）消防水箱。

消防水箱的主要作用是供给建筑扑灭初期火灾的消防用水量，并保证相应的水压要求。消防水箱宜与生活或生产高位水箱合用，以保持箱内贮水经常流动、防止水箱水质变坏。水箱安装高度应满足室内最不利点消火栓所需的水压要求，且应储存 10 min 的消防水量。

（3）消防管道。

室内消火栓超过 10 个且室外消防用水量大于 15 L/s 时，其消防给水管道应连成环状，且至少应有 2 条进水管与室外管网或消防水泵连接。消防用水与其他用水合用的室内管道，当其他用水达到最大时流量时，应仍能保证供应全部消防用水量。室内消防竖管直径不应小于 *DN*100。室内消火栓给水管网宜与自动喷水灭火系统的管网分开设置，当合用消防泵时，供水管路应在报警阀前分开设置。室内消防给水管道应采用阀门分成若干独立段。

（4）消防水泵。

在临时高压消防给水系统中设置消防水泵，保证消防所需压力与消防用水量。

消防水泵应采用自灌式吸水，每台消防水泵最好具有独立的吸水管，当有两台以上工作水泵时，吸水管不应少于两条。消防水泵应保证在火警后 5 min 内开始工作，并在火场断电时仍能正常运转。

（5）水泵接合器。

水泵接合器是连接消防车向室内消防给水系统加压供水的装置。当室内消防水泵发生故障或室内消防用水量不足时，消防车从室外消火栓、消防水池或天然水源取水，通过水泵接合器将水送至室内消防管网，保证室内消防用水。水泵接合器应设在消防车易于到达的地点，同时还应考虑在其附近 15～40 m 范围内有供消防车取水的室外消火栓或贮水池。水泵接合器有地上、地下和墙壁式三种。

（6）远距离启动消防水泵设备。

为了在起火后迅速提供消防管网所需的水量与水压，必须设置按钮、水流指示器等远距离启动消防水泵的设备。建筑内的消防控制中心，均应设置远距离启动或停止消防水泵运转的设备。

2. 消火栓给水系统的分类及给水方式

（1）直接供水消火栓系统（图 2.8）。

室外给水管网水压和流量任何时间和地点都能满足灭火时所需要的压力和流量，系统中不需要设消防水泵的消防给水系统。

（2）单设水泵供水消火栓系统（图 2.9）。

水压和流量平时不完全满足灭火时的需要，在灭火时启动消防水泵。

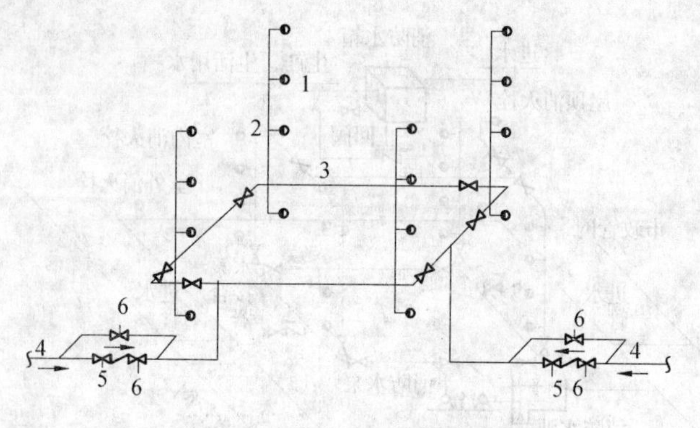

图 2.8　直接供水消火栓系统图

1—室内消火栓；2—室内消防竖管；3—干管；
4—进户管；5—止回阀；6—旁通管及阀门

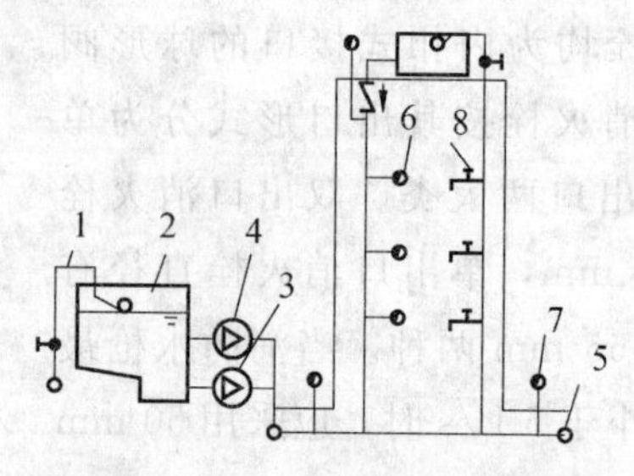

图 2.9　单设水泵供水消火栓系统

1—市政管网；2—水池；3—消防水泵组；
4—生活水泵组；5—室外环网；6—室内消火栓；
7—室外消火栓；8—生活用水

(3) 设有水箱的室内消火栓系统。

此种系统要求如图 2.10 所示，常用在室外给水管网一日内压力变化较大的城市或居住区。水箱可以和生产、生活用水合用，但水箱内应有保证消防用水不做他用的技术措施，从而保证在任何情况下，水箱均可提供 10 min 的消防水用量，10 min 后由消防车加压通过水泵接合器进行灭火。

(4) 设置消防水泵和水箱的室内消火栓系统。

此系统在室外给水管网经常不能满足室内消火栓给水系统的水量和水压要求时采用，如图 2.11 所示。

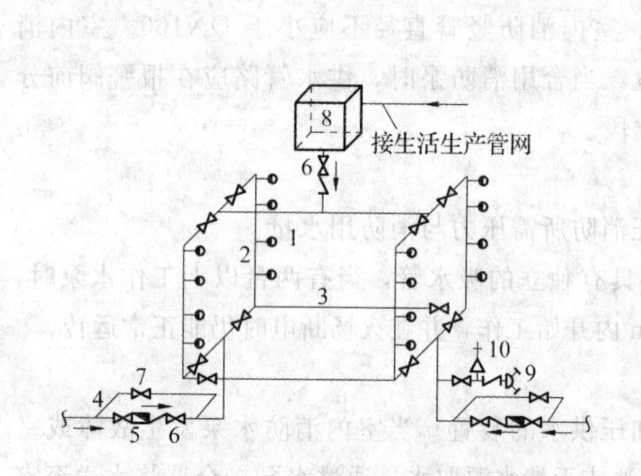

图 2.10　设有水箱的室内消火栓系统

1—室内消火栓；2—室内消防竖管；3—干管；
4—进户管；5—水表；6—止回阀；7—旁通管及阀门；
8—水箱；9—水泵接合器；10—安全阀

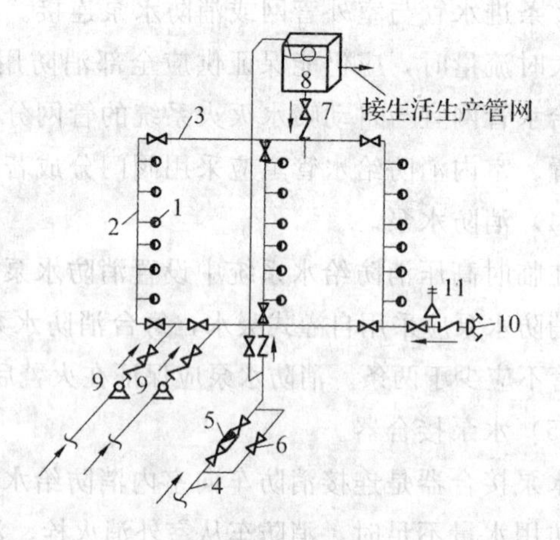

图 2.11　设置消防水泵和水箱的室内消火栓系统

1—室内消火栓；2—消防竖管；3—干管；4—进户管；
5—水表；6—止回阀；7—旁通管及阀门；8—水箱；
9—水泵；10—水泵接合器；11—安全阀网

【知识拓展】

消火栓的使用方法

(1) 打开消火栓门，按下内部火警按钮（按钮是报警和启动消防水泵的）。

(2) 一人接好枪头和水带奔向起火点。

(3) 另一人接好水带和阀门口。

(4) 逆时针打开阀门水喷出即可。注：电起火要确定切断电源。

2.2.4 消火栓设置要求

(1) 设置室内消火栓的建筑物，其各层均应设置消火栓。单元式、塔式住宅的消火栓宜设置在楼梯间的首层和各层楼层休息平台上，当设两根消防竖管确有困难时，可设一根消防竖管，但必须采用双口双阀型消火栓。

(2) 室内消火栓应设置在走道、楼梯附近等位置明显且易于操作的部位。栓口离地面或操作基面高度宜为 1.1 m，其出水方向宜向下或与设置消火栓的墙面成 90°角；栓口与消火栓箱内边缘的距离不应影响消防水带的连接。

(3) 室内消火栓的间距应由计算确定。高层厂房（仓库）、高架仓库和甲、乙类厂房中室内消火栓的间距不应大于 30 m；其他单层和多层建筑中室内消火栓的间距不应大于 50 m。

(4) 高层建筑中除无可燃物的设备层外，高层建筑和裙房的各层均应设室内消火栓，并应符合下列规定：

①高层建筑消火栓的间距应保证同层任何部位有两个消火栓的水枪充实水柱同时到达。

②消火栓的水枪充实水柱应通过水力计算确定，且建筑高度不超过 100 m 的高层建筑不应小于 10 m；建筑高度超过 100 m 的高层建筑不应小于 13 m。

③消火栓的间距应由计算确定，且高层建筑不应大于 30 m，裙房不应大于 50 m。

④消火栓栓口离地面高度宜为 1.10 m，栓口出水方向宜向下或与设置消火栓的墙面相垂直。

⑤消火栓栓口的静水压力不应大于 1.00 MPa，当大于 1.00 MPa 时，应采取分区给水系统。消火栓栓口的出水压力大于 0.50 MPa 时，应采取减压措施。

⑥消火栓应采用同一型号规格。消火栓的栓口直径应为 65 mm，水带长度不应超过 25 m，水枪喷嘴口径不应小于 19 mm。

⑦临时高压给水系统的每个消火栓处应设直接启动消防水泵的按钮，并应设有保护按钮的设施。

⑧消防电梯间前室应设消火栓。

⑨高层建筑的屋顶应设一个装有压力显示装置的检查用的消火栓，采暖地区可设在顶层出口处或水箱间内。

⑩消防卷盘的间距应保证有一股水流能到达室内地面任何部位，消防卷盘的安装高度应便于取用。消防卷盘的栓口直径宜为 25 mm；配备的胶带内径不小于 19 mm；消防卷盘喷嘴口径不小于 6.00 mm。

【知识拓展】

消防卷盘

消防卷盘全称“消防软管卷盘”，是由阀门、输入管路、软管、喷枪等组成，并能在迅速展开软管的过程中喷射灭火剂的灭火器具。高级旅馆、重要的办公楼、一类建筑的商业楼、展览楼、综合楼等和建筑高度超过 100 m 的其他高层建筑，应设消防卷盘，其用水量可不计入消防用水总量。

2.2.5 充实水柱与保护半径

1. 充实水柱

充实水柱是消火栓有效灭火的水柱长度，应由计算确定

$$S_k = \frac{H - H_1}{\sin \alpha} \tag{2.1}$$

式中 S_k——水枪充实水柱长度，m；

H——保护建筑物层高，m；

H_1——水枪喷嘴离地面高度，m，一般为 1.1 m；

α——水枪上倾角，一般为 45°，最大不超过 60°。

但充实水柱不应小于最小值：一般建筑不小于 7 m；甲、乙类厂房，层数超过 6 层的公共建筑和层数超过 4 层的厂房（仓库），不应小于 10 m；高层厂房（仓库）、高架仓库和体积大于 25 000 m³的商店、体育馆、影剧院、会堂、展览建筑，车站、码头、机场建筑等，不应小于 13.0 m；建筑高度不超过 100 m 的高层建筑不应小于 10 m；建筑高度超过 100 m 的高层建筑不应小于 13 m。

2. 消火栓保护半径

消火栓保护半径是指消火栓、水枪、水龙带选定后，水枪上倾角不超过 45°条件下，以消火栓为中心，消火栓能发挥作用的半径。按下式计算：

$$R = L_d + L_s \tag{2.2}$$

式中 R——消火栓保护半径，m；

L_d——水龙带实际使用长度，m，一般为配备水龙带长度的 90%；

L_s——水枪充实水柱在平面上的投影长度，m。

3. 消火栓布置间距

（1）消火栓单排布置，且要求保证一支水枪灭火时的消火栓间距按下式计算（图 2.12）：

$$s \leqslant 2\sqrt{R^2 - b^2} \tag{2.3a}$$

式中 s——消火栓间距，m；

R——消火栓保护半径，m；

b——消火栓最大保护宽度，m。

（2）消火栓单排布置，且要求保证两支水枪灭火时的消火栓间距按下式计算（图 2.13）：

$$s \leqslant \sqrt{R^2 - b^2} \tag{2.3b}$$

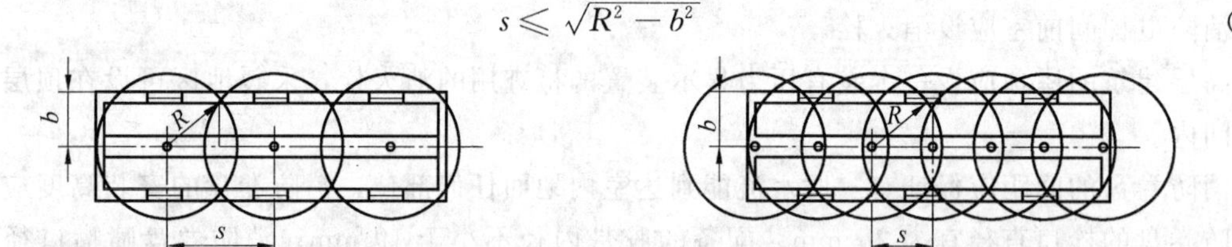

图 2.12 单排布置：一支水枪灭火消火栓布置间距　　图 2.13 单排布置：两支水枪灭火消火栓布置间距

（3）消火栓多排布置，且要求保证一支水枪灭火时的消火栓间距按下式计算（图 2.14）：

$$s \leqslant 1.4R \tag{2.4}$$

（4）消火栓多排布置，且要求保证多支水枪灭火时的消火栓间距按图 2.15 所示布置。

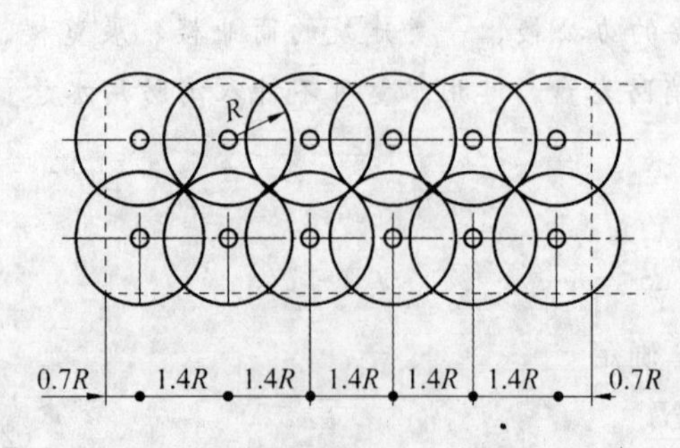

图 2.14 多排布置：一支水枪图

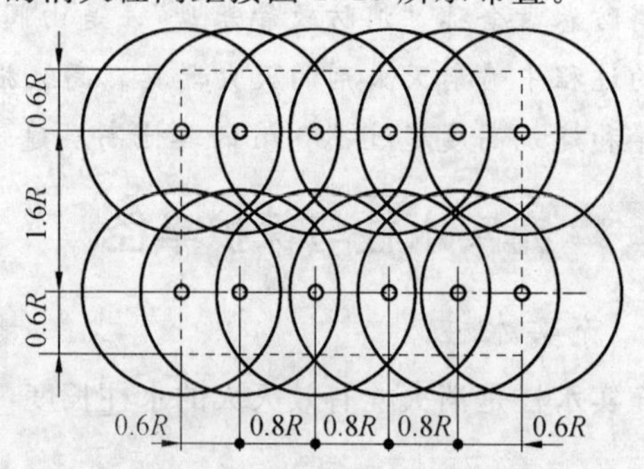

图 2.15 多排布置：多支水枪

【知识拓展】

名词解释

充实水柱：是指由水枪喷嘴起到射流 90% 的水柱水量穿过直径 38 cm 圆孔处的一段射流长度，是消火栓有效灭火的水柱长度。

2.2.6 消防管网及附件设置要求

室内消防给水系统应与生活、生产给水系统分开独立设置。室内消防给水管道应布置成环状。室内消防给水环状管网的进水管和区域高压或临时高压给水系统的引入管不应少于两根，当其中一根发生故障时，其余的进水管或引入管应能保证消防用水量和水压的要求。消火栓给水系统的管材常采用热浸镀锌钢管。

消防竖管的布置，应保证同层相邻两个消火栓的水枪的充实水柱同时达到被保护范围内的任何部位（建筑高度小于等于 24.0 m 且体积小于等于 5 000 m^3 的多层仓库，可采用一支水枪充实水柱到达室内任何部位）。每根消防竖管的直径应按通过的流量经计算确定，但不应小于 100 mm。

以下情况，当设两根消防竖管有困难时，可设一根竖管，但必须采用双阀双出口型消火栓。

（1）18 层及 18 层以下的单元式住宅。

（2）18 层及 18 层以下、每层不超过 8 户、建筑面积不超过 650 m^2 的塔式住宅。

室内消火栓给水系统应与自动喷水灭火系统分开设置，有困难时，可合用消防泵，但在自动喷水灭火系统的报警阀前（沿水流方向）必须分开设置。

室内消防给水管道应采用阀门分成若干独立段。阀门的布置，应保证检修管道时关闭停用的竖管不超过一根。当竖管超过四根时，可关闭不相邻的两根。裙房内消防给水管道的阀门布置可按现行的国家标准《建筑设计防火规范》（GB 50016—2006）的有关规定执行。阀门应有明显的启闭标志。

室内消火栓给水系统和自动喷水灭火系统应设水泵接合器，并应符合下列规定：

（1）水泵接合器的数量应按室内消防用水量经计算确定。每个水泵接合器的流量应按 10～15 L/s计算。

（2）消防给水为竖向分区供水时，在消防车供水压力范围内的分区，应分别设置水泵接合器。

（3）水泵接合器应设在室外便于消防车使用的地点，距室外消火栓或消防水池的距离宜为 15～40 m。

（4）水泵接合器宜采用地上式；当采用地下式水泵接合器时，应有明显标志。

采用高压给水系统时，可不设高位消防水箱。当采用临时高压给水系统时，应设高位消防水箱。

【知识拓展】

水泵接合器的作用：

（1）预防消火栓泵坏掉，不能提供灭火动力。

（2）预防楼层过高水压不够，这样可以通过室外消防车供水泵提供更大的水扬程。

（3）为消防队快速灭火提供方便。

（4）一般和室外消火栓配合使用。

2.2.7 消防给水系统设计用水量

室内消防用水量应按下列规定经计算确定：

（1）建筑物内同时设置室内消火栓系统、自动喷水灭火系统、水喷雾灭火系统、泡沫灭火系统或固定消防水炮灭火系统时，其室内消防用水量应按需要同时开启的上述系统用水量之和计算；当上述多种消防系统需要同时开启时，室内消火栓用水量可减少50%，但不得小于10 L/s。

(2) 室内消火栓用水量应根据水枪充实水柱长度和同时使用水枪数量经计算确定，且不应小于表2.1的规定。

表2.1 室内消火栓用水量

建筑物名称	高度 H（m）、层数、体积 V（m^3）或座位数 N（个）	消火栓用水量 /(L·s^{-1})	同时使用水枪数量 /支	每支水枪最小流量 /(L·s^{-1})	每根竖管最小流量 /(L·s^{-1})
厂房	$H\leqslant24$ m，$V\leqslant10\ 000$ m^3	5	2	2.5	5
	$H\leqslant24$ m，$V>10\ 000$ m^3	10	2	5	10
	$H=24\sim50$ m	25	5	5	15
	$H>50$ m	30	6	5	15
科研楼、实验楼	$H\leqslant24$ m，$V\leqslant10\ 000$ m^3	10	2	5	10
	$H\leqslant24$ m，$V>10\ 000$ m^3	15	3	5	10
库房	$H\leqslant24$ m，$V\leqslant10\ 000$ m^3	5	1	5	5
	$H\leqslant24$ m，$V>10\ 000$ m^3	10	2	5	10
	$H=24\sim50$ m	30	6	5	15
	$H>50$ m	40	8	5	15
车站、码头、机场的候车（船、机）楼和展览建筑等	$5\ 000<V\leqslant25\ 000$ m^3	10	2	5	10
	$25\ 000<V\leqslant50\ 000$ m^3	15	3	5	10
	$V>50\ 000$ m^3	20	4	5	15
商店、旅馆、病房楼、教学楼等	$5\ 000<V\leqslant10\ 000$ m^3	10	2	2.5	10
	$10\ 000<V\leqslant25\ 000$ m^3	15	3	5	10
	$V>25\ 000$ m^3	20	4	5	15
剧院、电影院、会堂、礼堂、体育馆等	$800<n\leqslant1\ 200$	10	2	5	10
	$1\ 200<n\leqslant5\ 000$	15	3	5	10
	$5\ 000<n\leqslant10\ 000$	20	4	5	15
	$n>10\ 000$	30	6	5	15
住宅	7～9层	5	2	2.5	5
办公楼、教学楼等其他民用建筑	≥6层或 $V>10\ 000$ m^3	15	3	5	10
国家级文物保护单位的重点砖木或木结构的古建筑	$V\leqslant10\ 000$ m^3	20	4	5	10
	$V>10\ 000$ m^3	25	5	5	15

注：1. 丁、戊类高层厂房（仓库）室内消火栓的用水量可按本表减少10 L/s，同时使用水枪数量可按本表减少2支

2. 消防软管卷盘或轻便消防水龙及住宅楼梯间中的干式消防竖管上设置的消火栓，其消防用水量可不计入室内消防用水量

2.2.8 消防水池、消防水箱及增压设施

1. 消防水箱

采用高压给水系统时，可不设高位消防水箱。当采用临时高压给水系统时，应设高位消防水

箱，并应符合下列规定：

(1) 高位消防水箱应储存 10 min 的室内消防用水总量，以供扑灭初期火灾用，一类公共建筑不应小于 18 m³；二类公共建筑和一类居住建筑不应小于 12 m³；二类居住建筑不应小于 6 m³。

(2) 高位消防水箱的设置高度应保证最不利点消火栓静水压力。当建筑高度不超过 100 m 时，高层建筑最不利点消火栓静水压力不应低于 0.07 MPa；当建筑高度超过 100 m 时，高层建筑最不利点消火栓静水压力不应低于 0.15 MPa。当高位消防水箱不能满足上述静压要求时，应设增压设施。

(3) 消防用水与其他用水合用的水箱，应采取确保消防用水不做他用的技术措施。

(4) 消防用水与其他用水合用的水箱，应采取确保消防用水不做他用的技术措施。

(5) 除串联消防给水系统外，发生火灾时由消防水泵供给的消防用水不应进入高位消防水箱。

(6) 设有高位消防水箱的消防给水系统，其增压设施应符合下列规定：

①增压水泵的出水量，对消火栓给水系统不应大于 5 L/s；对自动喷水灭火系统不应大于1 L/s；

②气压水罐的调节水容量宜为 450 L。

2. 消防水池

消防水池是人工建造的储存消防用水的构筑物，是天然水源或市政给水管网的一种重要补充手段。消防用水可与生活、生产用水合用一个水池，这样既可降低造价，又可以保证水质不变坏。若共用水池时，消防进水口必须在其他进水口之下，但不得超过 6 m。必要时，也可建成独立的消防水池。

【知识拓展】

消防水池设置要求

(1) 当室外给水管网能保证室外消防用水量时，消防水池的有效容量应满足在火灾延续时间内室内消防用水量的要求。当室外给水管网不能保证室外消防用水量时，消防水池的有效容量应满足在火灾延续时间内室内消防用水量与室外消防用水量不足部分之和的要求。当室外给水管网供水充足且在火灾情况下能保证连续补水时，消防水池的容量可减去火灾延续时间内补充的水量。

(2) 补水量应经计算确定，且补水管的设计流速不宜大于 2.5 m/s。

(3) 消防水池的补水时间不宜超过 48 h；对于缺水地区或独立的石油库区，不应超过 96 h。

(4) 容量大于 500 m³ 的消防水池，应分设成两个能独立使用的消防水池。

(5) 供消防车取水的消防水池应设置取水口或取水井，且吸水高度不应大于 6.0 m。取水口或取水井与建筑物（水泵房除外）的距离不宜小于 15 m；与甲、乙、丙类液体储罐的距离不宜小于 40 m;与液化石油气储罐的距离不宜小于 60 m，如采取防止辐射热的保护措施时，可减为 40 m。

(6) 消防水池的保护半径不应大于 150.0 m。

(7) 消防用水与生产、生活用水合并的水池，应采取确保消防用水不做他用的技术措施。

(8) 严寒和寒冷地区的消防水池应采取防冻保护设施。

2.2.9 消防水泵及泵房

在消防给水系统中设置消防水泵，保证消防所需压力与消防用水量。

消防水泵应采用自灌式吸水，每台消防水泵最好具有独立的吸水管，当有两台以上工作水泵时，吸水管不应少于两条，当一条发生故障时，另一条压水管或吸水管仍能供给全部水量。消防泵应保证在火警后 5 min 内开始工作，并在火场断电时仍能正常运转；在消防水泵房宜设置与本单位消防负责部门直接联络的通信设施。

【知识拓展】

名词解释

消防水泵（Fire Pump）：是指专用消防水泵或达到国家标准《消防泵性能要求和试验方法》（GB 6245—1998）的普通清水泵。

2.2.10 室内消火栓给水系统设计计算

消火栓给水系统计算的主要任务是根据规范规定的消防用水量及要求使用的水枪的数量和水压确定管网的管径，系统所需的水压，水池、水箱的容积和水泵的型号等。各种建筑物消防用水量和要求同时使用的水枪数量按规范选用。

1. 消防水箱的消防贮水量

我国《建筑设计防火规范》（GB 50016—2006）规定，建筑内消防水箱应储存 10 min 的室内消防用水总量，以供扑灭初期火灾用。计算公式为

$$V_x = 0.6Q_x \tag{2.5}$$

式中 V_x——消防水箱有效容积，m^3；

Q_x——室内消防用水总量，L/s。

2. 消防水池的消防贮水量

消防水池的有效容积应按消防流量与火灾持续时间的乘积计算。

$$V_f = 3.6(Q_f - Q_L)t_i \tag{2.6}$$

式中 V_f——消防水池有效容积，m^3；

Q_f——各种水消防灭火系统设计流量，室外给水管网能满足室外消防用水量的要求，可以只计室内消防用水量，L/s；

t_i——火灾延续时间，h；

Q_L——在火灾延续时间内，可连续补充的水量，L/s，城市市区给水管的补水速率不宜大于 2.5 m/s。

3. 消火栓栓口所需水压

消火栓栓口所需水压按下式计算：

$$H_{xh} = H_q + h_d + H_k \tag{2.7}$$

式中 H_{xh}——消火栓栓口所需水压，MPa；

H_q——水枪喷嘴处的压力，MPa；

h_d——水龙带的水头损失，MPa。

（1）水枪喷嘴处的压力 H_q

如果不考虑水枪与空气阻力，则水枪喷嘴处的压力为

$$H_q = \frac{v^2}{2g} \tag{2.8}$$

式中 v——水枪喷嘴水流速度，m/s；

g——重力加速度，m/s^2。

实际射流对空气的阻力为

$$\Delta H = H_q - H_f = \frac{K_1}{d_f} \cdot \frac{v^2}{2g} \cdot H_f \tag{2.9}$$

把式（2.8）代入式（2.9）得

$$H_q - H_f = \frac{K_1}{d_f} \cdot H_q \cdot H_f \tag{2.10}$$

$$H_q = \frac{H_f}{1 - \frac{K_1}{d_f} H_f}$$

设 $\frac{K_1}{d_1} = \varphi$，则

$$H_q = \frac{H_f}{1 - \varphi H_f} \tag{2.11}$$

式中 K_1—— 由实验确定的阻力系数；

H_f—— 垂直射流高度；

φ——与水枪喷口直径 d_1 有关的系数，按经验公式 $\varphi = \frac{0.25}{d_f + (0.1d_f)^3}$ 计算。

水枪充实水柱高度 H_m 与垂直射流高度 H_f 的关系为

$$H_f = \alpha_f H_m \tag{2.12}$$

式中 α_f ——实验系数，$\alpha_f = 1.19 + 80(0.01H_m)^4$ 。

将式（2.12）代入式（2.11）可得到水枪喷嘴处的压力与充实水柱高度的关系为

$$H_q = \frac{\alpha_f H_m}{1 - \alpha_f \varphi H_m} \tag{2.13}$$

式中 $H_q, \varphi, H_m, \alpha_f$ 符号意义同前。

（2）水龙带水头损失

实际喷射流量与喷嘴压力水枪之间的关系可用下式计算：

$$q_{xh} = \sqrt{BH_q} \tag{2.14}$$

式中 q_{xh} ——水枪喷射流量，L/s；

B——水枪水流特性系数，与水枪喷嘴口径有关，见表 2.2。

表 2.2 水枪水流特性系数 *B* 值

喷嘴直径/mm	13	16	19	22	25
B 值	0.346	0.793	1.577	2.834	4.727

水龙带的水头损失按下式计算：

$$h_d = A_z L_d q_{xh}^2 \tag{2.15}$$

式中 h_d ——水龙带的水头损失，MPa；

A_z ——水龙带的阻力系数，口径 50 mm 的取 0.006 77，口径 65 mm 的取 0.001 72；

L_d ——水龙带长度，m。

4. 确定消防给水管网的管径

枝状管网和环状管网均应确定最不利管路上的最不利点。当室内要求有两个或两个以上消火栓同时使用时，在单层建筑中以最高最远的两个或多个消火栓作为计算最不利点；在多层建筑中按规定数值确定最不利点和进行流量分配。环状网在确定最不利计算管路时，可按枝状网对待，即选择恰当管道作为假设不通水管路，这样环状网就可以按枝状网计算。选定建筑物的最高与最远的两个或多个消火栓为计算最不利点，以此确定计算管路，并按照消防规范规定的室内消防用水量进行流量分配，最不利点消防竖管和消火栓流量分配应符合表 2.3 规定。

表 2.3　最不利点计算流量分配

室内消防计算流量/（L·s⁻¹）	最不利点消防竖管出水枪数/支	室内消防计算流量/（L·s⁻¹）	最不利点消防竖管出水枪数/支	相邻竖管出水枪数/支
1×5	1	3×5	2	1
2×2.5	2	4×5	2	2
2×5	2	6×5	3	3

按式（2.14）确定最不利点处消火栓水枪射流量，以下各层水枪的实际射流量根据消火栓口处的实际压力计算，确定消防管网中各管段的流量。

按流量公式 $Q=\frac{1}{4}\pi D^2 v$ 计算出各管段的管径。消防管内水流速度一般以 1.4～1.8 m/s 为宜，不允许超过 2.5 m/s。

5. 消防给水管网的水头损失

消防管道沿程水头损失与给水管网相同，管道的局部水头损失也可按沿程损失的 10%计。

6. 消防水泵扬程

消防水泵的扬程按下式计算：

$$H_b = H_q + h_d + H_g + 0.01h_z \tag{2.16}$$

式中　H_b——消火栓泵的扬程，MPa；

H_g——管网的水头损失，MPa；

h_z——消防水池的最低消防水面或水泵吸水管轴心与最不利点消火栓之间的高差，m。

【知识拓展】

高位水箱高度设置

采用高压给水系统时，可不设高位消防水箱。当采用临时高压给水系统时，应设高位消防水箱。高位消防水箱的设置高度应保证最不利点消火栓静水压力。当建筑高度不超过 100 m 时，高层建筑最不利点消火栓静水压力不应低于 0.07 MPa；当建筑高度超过 100 m 时，高层建筑最不利点消火栓静水压力不应低于 0.15 MPa。当高位消防水箱不能满足上述静压要求时，应设增压设施。

2.2.11 高层消火栓给水系统

1. 概述

10 层及 10 层以上的住宅建筑和建筑高度超过 24 m 的其他民用建筑和工业建筑，称为高层建筑。高层建筑消防主要靠室内消防给水设备扑救火灾。

（1）高层建筑火灾的特点。

高层建筑由于层数多、建筑高度高，因此，在火灾的蔓延和扑救等方面，与低层和多层建筑相比，高层建筑发生火灾的危险性更大，往往具有以下特点。

①火灾的隐患多、火种多、火势猛、蔓延快。高层建筑功能复杂，人流频繁、量大，不便管理，火灾隐患不易发现。电气设备漏电、短路、检修管道、设备焊接走火、烟蒂余星等，均能引起火灾。高层建筑楼高、风大，加快火势蔓延。竖井多，如电梯井、楼梯井、通风井、电缆井、管道井等，一旦发生火灾，火势蔓延迅速，楼层越高，火势越大。

②人员疏散困难。高层建筑层数较多，垂直距离长，人员集中，另外发生火灾时由于各种竖井

拔气力大，火势与烟雾向上蔓延较快，增加安全疏散困难。火灾实例分析表明，被烟气熏死的占火灾死亡人数一半以上，有的高达70%。

③消防装备设施不够完善，扑救难度大。高层建筑由于高度较高，有的高达两三百米，目前，国产消防车的供水压力，其直接出水扑救的供水高度最大也不能超过24 m，高层建筑发生火灾时从室外进行扑救相当困难，一般立足于以室内消防设施来扑救火灾。

④经济损失巨大。高层公共建筑一旦发生火灾，如未能及时扑灭火灾，不但人员伤亡惨重，而且经济损失十分惨重。

(2) 高层建筑消防给水设计要求及设计原则。

针对高层建筑火灾的特点，结合我国现有的经济、技术条件，我国对高层民用建筑消防做如下规定。

高层建筑必须设置室内、室外消火栓给水系统。消防用水可由给水管网、消防水池或天然水源供给。利用天然水源应确保枯水期最低水位时的消防用水量，并应设置可靠的取水设施。室内消防给水应采用高压或临时高压给水系统。当室内消防用水量达到最大时，其水压应满足室内最不利点灭火设施的要求。高层建筑由于火灾往往造成巨大损失，因此，高层建筑设计中一定认真贯彻“预防为主，防消结合”的方针。

2. 高层建筑室内消火栓给水系统的分类

①并联分区室内消火栓给水系统。其特点是分区设置水箱水泵，水泵集中设置在地下室内，各区独立运行互不干扰，供水可靠，便于维修管理，但管材耗用较多，投资较大，水箱占用上层使用面积。

适用于分区不多的高层建筑，如建筑高度不超过100 m的高层建筑，如图2.16所示。

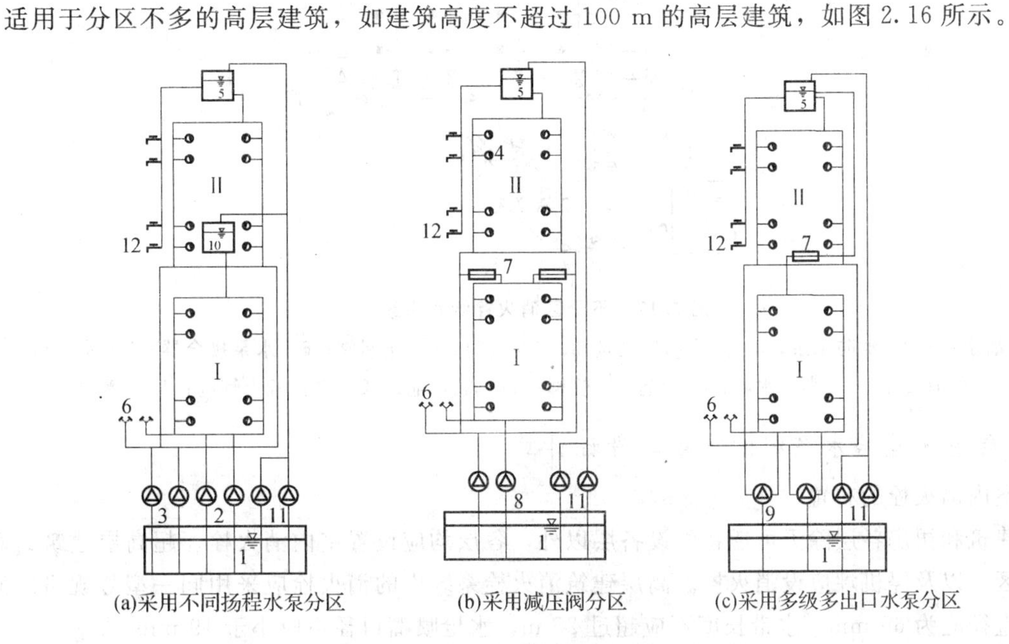

图2.16 并联分区室内消火栓给水系统

1—消防水池；2—低区水泵；3—高区水泵；4—室内消火栓；5—屋顶水箱；6—水泵接合器；7—减压阀；8—消防水泵；9—水泵多级多出口；10—中间水箱；11—生活给水泵；12—生活给水

②串联分区室内消火栓给水系统。消防给水管网竖向各区由消防水泵或串联消防水泵分级向上供水，串联消防水泵设置在设备层或避难层。一般适用于建筑高度大于100 m，消火栓给水分区大于二区超高层建筑或设有避难层的建筑。串联消防水泵分区又可分为水泵直接串联和水箱转输间接串联两种。

直接串联分区给水系统，消防水泵从消防水池（箱）或消防管网直接吸水，消防水泵从下到上依次启动。但低区水泵作为高区的转输泵，同转输串联给水方式相比，节省投资与占地面积，但供水安全性不如转输串联，控制较为复杂。

水箱转输间接串联分区给水系统，水泵自下区水箱抽水供上区用水，不需采用耐高压管材、管件与水泵，可通过水泵结合器并经各转输泵向高区送水灭火，供水可靠性较好；水泵分散在各层，震动、噪声干扰较大，管理不便，水泵安全可靠性较差；易产生二次污染。

在超高层建筑中，也可以采用串联、并联混合给水的方式。

③不分区室内消防给水系统。建筑高度大于 24 m 但不超过 50 m 的高层建筑物，扑救火灾时除启动室内消火栓外，还可以使用解放牌消防车，通过水泵接合器往室内管网供应消防用水，协助室内扑灭火灾。所以，这类建筑物可采用不分区消防给水系统，如图 2.17 所示。

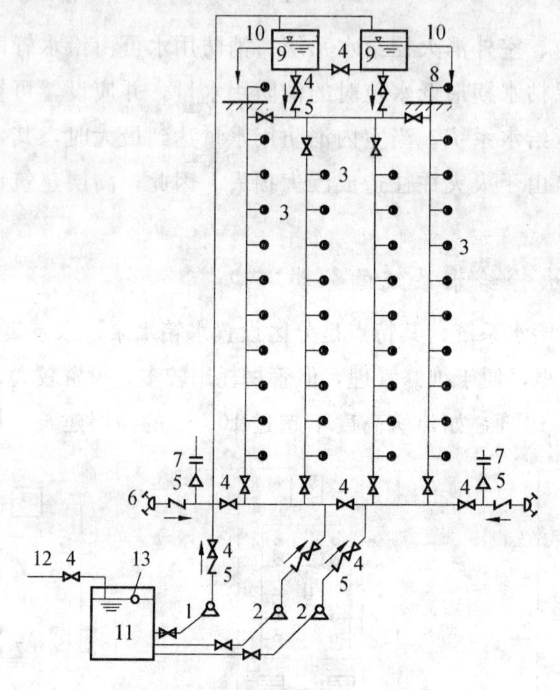

图 2.17 不分区消火栓给水系统

1—生活水泵；2—消防水泵；3—远距离启动按钮；4—阀门；5—止回阀；6—水泵接合器；7—安全阀；8—屋顶消火栓；9—高位水箱；10—至生活管网；11—贮水池；12—来自城市管网；13—浮球阀

3. 高层消火栓给水系统的布置与设计计算

(1) 室内消火栓的布置。

高层建筑和裙房各层除无可燃物的设备层以外，各层均应设置室内消火栓。超高层建筑的避难层、避难区，以及停机坪应设消火栓。高层建筑消火栓系统中的消火栓应采用同一型号规格。消火栓的栓口直径应为 65 mm，水带长度不应超过 25 m，水枪喷嘴口径不应小于 19 mm。

在高层建筑内要控制双阀双出口型消火栓代替两股水柱。在高层建筑中一般在以下两种情况下使用双阀双出口型消火栓：

①在每层楼的端部可采用双阀双出口型消火栓。

②在建筑高度不超过 50 m，且每层面积不超过 650 m^2（或 8 户）的普通塔式住宅，设两条消防竖管有困难时，可设一条，且采用双阀双出口型消火栓。消火栓栓口的静水压力不应大于 1.00 MPa，当大于 1.00 MPa 时，应采取分区给水系统。消火栓栓口的出水压力大于 0.50 MPa 时，应采取减压措施。消火栓的间距应由计算确定，且高层建筑不应大于 30 m，裙房不应大于 50 m。

(2) 室内消防给水管网的布置。

室内消防给水系统应与生活、生产给水系统分开独立设置。室内消防给水管道应布置成环状。室内消防给水环状管网的进水管和区域高压或临时高压给水系统的引入管不应少于两根，当其中一根发生故障，其余的进水管或引入管应能保证消防用水量和水压的要求。

消防竖管的布置，应保证同层相邻两个消火栓的水枪的充实水柱同时达到被保护范围内的任何部位。每根消防竖管的直径应按通过的流量经计算确定，但不应小于 100 mm。室内消防给水管道应采用阀门分成若干独立段。阀门的布置，应保证检修管道时关闭停用的竖管不超过一根。当竖管超过四根时，可关闭不相邻的两根。

4. 高层建筑室内消火栓给水系统的设计与计算

高层建筑消火栓给水系统计算的重要任务是根据规范规定的消防用水量及要求使用的水枪数量与水压确定管网管径，系统所需水压，水池、水箱容积，水泵的型号，减压设备等。高层建筑消火栓给水系统的水力计算方法与低层建筑消火栓给水系统的水力计算方法基本相同，只是有些规定不完全相同。

(1) 消防用水量。

高层建筑的消防用水量与建筑高度、燃烧面积、空间大小、蔓延速度、可燃物质、人员情况、经济损失等密切相关。高层建筑室内消火栓用水量应根据同时使用水枪数量和充实水柱长度计算确定。

(2) 消防管径的计算。

高层建筑消火栓给水系统的消防竖管宜采用统一的管径，消防竖管管径不应小于 100 mm。消防管道的流速为 1.4～1.8 m/s，不得大于 2.5 m/s。根据流量和流速即可确定各管段的管径。

(3) 消防水泵的选择。

消防水泵的流量可由消火栓计算流量来确定，消防水泵的扬程由最不利点消火栓出口的水压确定。最后进行消火栓出口压力校核，如压力大于规定值应进行减压计算。

(4) 消防水箱的计算。

消防水箱的消防储水量，一类公用建筑不应小于 18 m^3，二类工业建筑和一类住宅建筑不应小于 12 m^3，二类住宅建筑不应小于 6 m^3。

【知识拓展】

高层建筑防火设计与施工管理规则

新建、扩建和改建高层建筑的防火设计，必须符合《高层民用建筑设计防火规范》(GB 50045—95) 和其他有关消防法规的要求。

高层建筑的防火设计图纸，必须经当地公安消防监督机关审核批准，方可交付施工。施工中不得擅自变更防火设计内容。确需变更的，必须经当地公安消防监督机关核准。

高层建筑施工现场的消防管理工作，由建设单位与施工单位签订管理合同，并报当地公安消防监督机关备案。

高层建筑的高级宾馆、饭店和医院病房楼的室内装修，应当采用非燃或难燃材料。

高层建筑竣工后，其消防设施必须经当地公安消防监督机关检查合格，方可交付使用。对不合格的，任何单位和个人不得自行决定使用。

高层建筑的经营或使用单位，如改变建筑的使用性质，或进行内部装修时，应事先报经当地公安消防监督机关审批。凡增添的建筑材料、设备和构配件，必须符合消防安全要求。

在《高层民用建筑设计防火规范》(GB 50045—95) 颁发前建造的高层建筑，凡不符合要求的重要消防设施和火险隐患，应采取有效措施，予以整改。

2.2.12 消火栓消防给水系统计算举例

【例 2.1】 拟建一幢综合大楼，总建筑面积为 2 365 m^2，建筑总高度为 58.00 m，地上 15 层，地下 1 层，消火栓消防给水系统如图 2.18 所示。

1. 设计用水量及标准

按规范规定本建筑按二类高层建筑消防给水要求设计。消火栓系统最小供水量为：室外20 L/s；室内 30 L/s，火灾延续时间 2 h，设计充实水柱取 0.12 MPa。

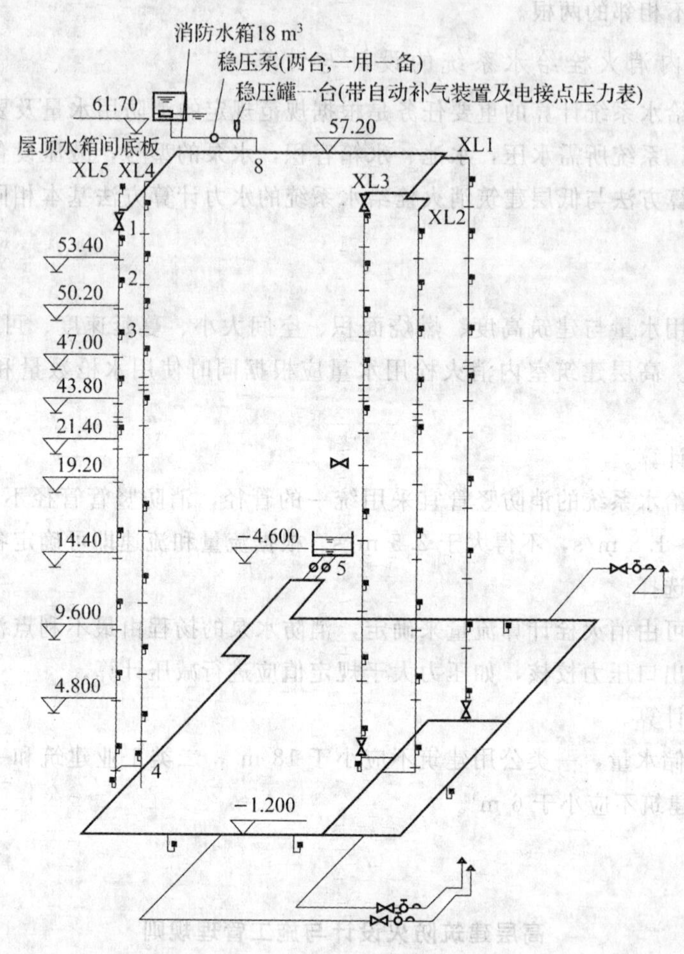

图 2.18 消火栓消防给水系统图

2. 室内消火栓系统

室内最低层消火栓所承受的静水压力小于 0.80 MPa，室内消火栓系统采用临时高压制不分区给水系统。室内高位水箱消防储水量按 18 m^3 设计，地下室设有水泵房与地下储水池。

消火栓给水方式为：

(1) 10 min 前，屋顶水箱—气压罐—消防立管—消火栓。

(2) 10 min 后至 2 h，地下贮水池—消防泵—消防立管—消火栓。

3. 消火栓

消火栓选用65 mm 口径消火栓、19 mm 喷嘴水枪、直径 65 mm 长度 20 m 麻质水龙带。消火栓箱内均设有远距离启动消火栓的按钮，以便在使用消火栓灭火的同时，启动消防泵。

4. 消火栓布置间距

①水龙带有效长度：$L_d = 0.8 \times 20\ m = 16\ m$

②水枪充实水柱在水平面上的投影长度：$L_s=12\ \text{m}\times\sin 45°\approx 8.52\ \text{m}$

③消火栓保护半径：

$$R=L_d+L_s=20\ \text{m}\times 0.8+0.71\times 12\ \text{m}=24.52\ \text{m}$$

④消火栓最大保护宽度：$b=8.0\ \text{m}$

⑤消火栓布置间距：

$$S=\sqrt{R^2-b^2}=\sqrt{24.52^2-8.0^2}\ \text{m}\approx 23.18\ \text{m}$$

消火栓最大布置间距取 23 m。

5. 最不利点处水枪的实际喷水流量与消火栓栓口所需压力

①根据《高层民用建筑设计防火规范》（GB 50045—95）规定，此建筑发生火灾时需要 6 支水枪同时工作，且每根竖管需要 3 支水枪同时工作，最不利层消火栓水枪造成 12 m 充实水柱所需的压力为

$$H_q=\frac{0.01\alpha_f H_m}{1-\alpha_f j H_m}=\frac{0.01\times 1.24\times 12}{1-1.24\times 0.0097\times 12}\ \text{MPa}\approx 0.172\ \text{MPa}$$

②水枪喷嘴射流量为

$$q_{xh}=\sqrt{100\times 1.577\times 0.172}\ \text{L/s}=5.2\ \text{L/s}>5\ \text{L/s}$$

故水枪实际喷射流量为 5.2 L/s。

③水龙带沿程水头损失为

$$h_d=A_z L_d q_{xh}^2=0.000043\times 20\times 5.2^2\ \text{MPa}=0.023\ \text{MPa}$$

④最不利层消火栓出口所需压力为

$$H_{xh}=H_d+H_q=0.172\ \text{MPa}+0.023\ \text{MPa}=0.195\ \text{MPa}$$

6. 消防给水管道水力计算

根据规范，该建筑发生火灾时需 6 支水枪同时工作，最不利点消防立管水枪数为 3 支，相邻消防立管水枪数为 3 支。从理论上讲，17、16、15 层消火栓处压力不同，如 16 层消火栓处压力为：(17 层消火栓处压力 H) ＋ (层高 3.20 m) ＋ (17～16) 层消防竖管的水头损失，计算出 16 层消火栓水枪射流量比 5.2 L/s 大，另外，每根消防立管消防射流量不可能相同，但变化不大，可忽略这些增大因数，6 支水枪射流量都按 5.2 L/s 取值，则最不利点消防立管与相邻消防立管实际流量分别为 15.6 L/s，消火栓系统实际总流量为 31.2 L/s。

立管考虑 3 股水柱作用，采用 DN 100 钢管，考虑该建筑发生火灾时消火栓环状给水管能保证同时考虑 6 股水柱作用，采用 DN 150 钢管。系统按枝状管网计算，最不利计算管路 1～3～5 如图 2.18 所示，计算结果见表 2.4。

表 2.4 消火栓给水系统配水管水力计算

计算管段	管段设计秒流量/ (L·s^{-1})	管长/m	管径 DN/mm	V/ (m·s^{-1})	i/ (kPa·m^{-1})	沿程水头损失 iL/kPa
1～2	5.2	3.2	100	0.60	0.078	0 25
2～3	10.4	3.2	100	1.15	0.264	0.84
3～4	15.6	52.2	100	1.79	0.637	33.25
4～5	31.2	76.6	150	1.84	0.429	32.86
总计						67.20

注：局部水头损失按沿程水头损失 10% 计为 6.72 kPa，总水头损失为 73.92 kPa

7. 消防水泵计算

消防水泵流量为 31.2 L/s。

①最不利点处消火栓到消防水池最低水位高层差为

$$53.40+1.00+4.60=59.00\ (\mathrm{m})\ =590\ \mathrm{kPa}$$

②消防水泵到最不利点处消火栓的总水头损失（表 2.4）为 73.92 kPa；

③消防水泵所需扬程为

$$H_b = h_g + h_z + H_{xh} = 73.92\ \mathrm{kPa} + 590\ \mathrm{kPa} + 195\ \mathrm{kPa} = 858.92\ \mathrm{kPa} = 85.9\ \mathrm{m}$$

选择消火栓泵，型号为 DAl－125－5 型离心泵两台，一用一备。其设计参数：流量 Q= 25～35 L/s，扬程 H_p= 1 160～750 kPa，η=75%～73%，转速 n=2 950 r/min，电机功率 N= 55 kW。

8. 水泵接合器

按《高层民用建筑设计防火规范》（GB 50045—95）规定：每个水泵接合器的流量应按 10～15 L/s计算，本建筑室内消防设计水量为 31.2 L/s，设置 3 个水泵结合器，型号为 SQB150。

9. 消火栓减压

当消防泵工作时，经计算第 6 层消火栓栓口出水的压力为 0.518 MPa，超过 0.50 MPa，因此，1～6 层的消火栓应设置减压孔板减压，或采用减压消火栓，从而保证消火栓正常使用（计算略）。

10. 校核水箱安装高度

水箱最低消防水位标高 62.40 m，最不利消火栓几何高度 H_z=54.50 m，水箱出水口至最不利消火栓（7～8～0）沿程水头损失为

$$0.427\times14.5+0.637\times13.02=14.49\ (\mathrm{kPa})$$

总水头损失为

$$\sum h = 1.1\sum h_y = 1.1\times14.49\ \mathrm{kPa} = 15.94\ \mathrm{kPa} = 1.63\ \mathrm{mH_2O}$$

水箱满足最不利消火栓用水要求的最低水位为

$$H_l = H_z + 1.1\sum h_y + H_{xh} = 54.50+1.63+19.5=75.63\ (\mathrm{m})$$

水箱安装高度不能满足最不利消火栓所需压力，可考虑设置气压罐或稳压泵增压（计算略）。

【知识拓展】

消火栓给水系统安装的成品保护

安装好的管道不得用作支撑或放脚手板，不得踏压，其支托卡架不得作为其他用途的受力点。阀门的手轮安装时应统一卸下，交工前统一安装好。消火栓箱内配件，各部位的仪表等均应加强管理，防止丢失和损坏。设备的敞露口，在中断安装期间要加保护封盖。严禁非操作人员随意开关水泵，消防系统施工完毕后，各部位的设备组件要有保护措施，防止碰动跑水，损坏装修成品。消防管道安装与土建及其他管道发生矛盾时，不得私自拆改，要经过设计，办理变更，洽商并妥善解决。

2.3 自动喷水灭火系统

2.3.1 设置场所

从灭火的效果来看，凡发生火灾时可以用水灭火的场所，均可以采用自动喷水灭火系统。但鉴于我国的经济发展状况，仅要求对发生火灾频率高、火灾等级高的建筑中某些部位设置自动喷水灭

火系统。自动喷水灭火系统应在人员密集、不宜疏散、外部增援灭火与救生较困难的性质重要或火灾危险性较大的场所中设置。

规范同时又规定自动喷水灭火系统不适用于存在较多下列物品的场所，如火药、炸药、弹药、核电站及飞机库等特殊功能建筑：

(1) 遇水发生爆炸或加速燃烧的物品。

(2) 遇水发生剧烈化学反应或产生有毒有害物质的物品。

(3) 洒水将导致喷溅或沸溢的液体。

【知识拓展】

目前世界上控制火灾最有效的方法是应用自动喷水灭火系统，发达国家的统计数字表明其灭火成功率在95%以上。历史上有记载的第一个自动喷水灭火系统是1723年在英国诞生的。

2.3.2 系统分类

1. 自动喷水灭火系统的分类

自动喷水灭火系统根据喷头的常闭、常开分为闭式自动喷水灭火系统和开式喷水灭火系统。

闭式系统采用闭式洒水喷头，发生火灾时，能自动打开闭式喷头喷水灭火，根据管网充水与否又分为湿式自动喷水灭火系统、干式自动喷水灭火系统、预作用自动喷水灭火系统。开式自动喷水灭火系统采用开式喷头，分为雨淋自动喷水灭火系统、水幕喷水灭火系统。

2. 闭式自动喷水灭火系统

闭式自动喷水灭火系统是指在自动喷水灭火系统中采用闭式喷头，平时系统为封闭系统，发生火灾时喷头自动打开喷水灭火。

闭式自动喷水灭火系统按照充水与否分为湿式自动喷水灭火系统、干式自动喷水灭火系统、干湿式自动喷水灭火系统及预作用自动喷水灭火系统。

①湿式自动喷水灭火系统。湿式系统（图2.19）由闭式喷头、水流指示器、信号阀、湿式报警阀组、控制阀和至少一套自动供水系统及消防水泵接合器等组成。

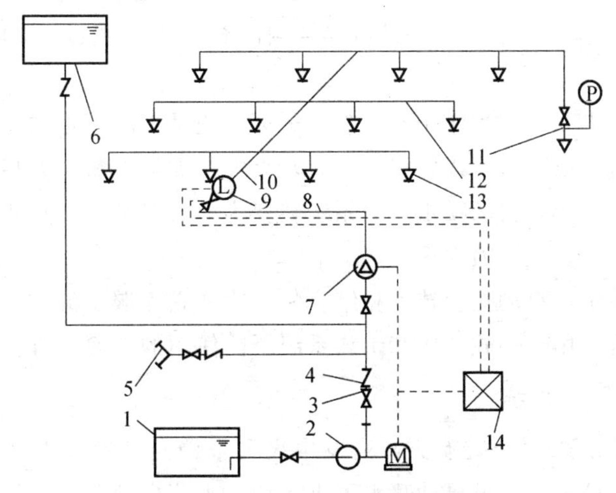

图2.19 湿式自动喷水灭火系统示意图

1—消防水池；2—消防泵；3—闸阀；4—止回阀；5—水泵接合器；6—高位水箱；7—湿式报警阀组；8—配水干管；9—水流指示器；10—配水管；11—末端试水装置；12—配水支管；13—闭式喷头；14—报警控制器；P—压力表；M—驱动电机；L—水流指示器

湿式自动喷水灭火系统是准工作状态时管道内充满用于启动的有压水的闭式系统，系统压力由高位消防水箱或稳压装置维持。当喷头受到来自火灾释放的热量驱动打开喷水，此时阀下水压大于阀上水压，阀板开启，向洒水管网及洒水喷头供水。其工作原理如图 2.20 所示。

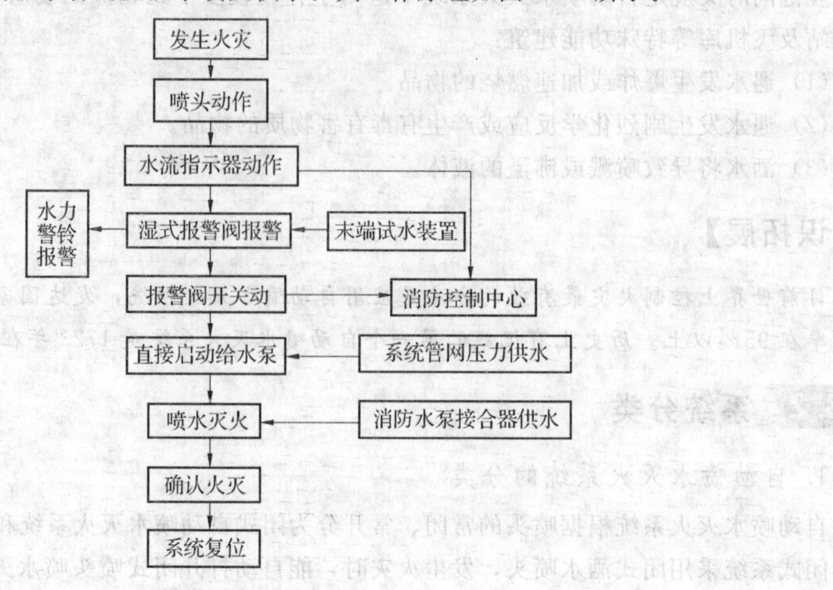

图 2.20　湿式自动喷水灭火系统工作原理

湿式系统系统简单，施工、管理方便，建设投资低，管理费用少，节约能源。另外，系统管道内充满着压力水，火灾时能立即喷水灭火，具有灭火速度快，及时扑救效率高的优点，是目前世界上应用范围最广的自动喷水灭火系统，适用于环境温度不低于 4 ℃并不高于 70 ℃的建筑物。湿式报警装置最大工作压力为 1.2 MPa。

②干式自动喷水灭火系统。干式系统的组成与湿式系统的组成基本相同。干式系统报警阀后管网内平时不充水，充有有压气体（或氮气）。当喷头受到来自火灾释放的热量驱动打开后，喷头首先喷射管道中的气体，排出气体后，有压水通过管道到达喷头喷水灭火。

干式系统灭火时由于在报警阀后的管网无水，适用于环境温度小于 4 ℃或大于 70 ℃。干式报警装置最大工作压力不超过 1.2 MPa。干式喷水管网的容积不宜超过 1 500 L，当有排气装置时，不宜超过 3 000 L。

③预作用自动喷水灭火系统。预作用自动喷水灭火系统是平时管道内不充水（无压）系统上装有闭式喷头，发生火灾时，由感烟（或感温、感光）火灾探测器报警，开启报警信号，自动控制系统控制阀门排气、充水，由干式自动喷水灭火系统转变为湿式自动喷水灭火系统。当喷头受到来自火灾释放的热量驱动打开后，立即喷水灭火。

预作用系统是湿式系统与自动控制技术相结合的产物，它克服了湿式和干式系统的缺点，使得系统更先进、更可靠，可以用于湿式系统和干式系统所能使用的任何场所。

3. 开式自动喷水灭火系统

开式自动喷水灭火系统采用开式喷头，当发生火灾报警阀开启，管网充水，喷头开始喷水灭火。开式自动喷水灭火系统分为雨淋自动喷水灭火系统、水幕自动喷水灭火系统。

(1) 雨淋自动喷水灭火系统。

雨淋系统由火灾探测器、雨淋阀、管道和开式洒水喷头等组成。

雨淋阀后的管道平时为空管，火警时由火灾探测系统自动开启雨淋阀，也可人工开启雨淋阀，由雨淋阀控制其配水管道上所有的开式喷头同时喷水，可以在瞬间喷出大量的水覆盖着火区，达到灭火目的。

（2）水幕系统。

水幕系统是利用密集喷洒所形成的水墙或水帘，阻断烟气和火势的蔓延。

水幕系统的特点是防止火灾蔓延到另外一个防火分区，无论是防护冷却水幕还是防火分隔水幕，都是起到防止火灾蔓延的作用。水幕系统的动作与防火分区有关，当作为防火分隔水幕时，一旦该防火分区内发生火灾，该防火分区周围的防火分隔水幕都应动作。冷却防火水幕的设置同防火分隔水幕设置。

【知识提示】

自动喷水灭火按喷头平时开阀情况分为闭式和开式两大类。

闭式自动喷水灭火系统
- 湿式自动喷水灭火系统
- 干式自动喷水灭火系统
- 预作用自动喷水灭火系统

开式自动喷水灭火系统
- 雨淋灭火系统
- 水幕系统
- 水喷雾灭火系统

2.3.3 闭式系统主要组件

（1）闭式喷头。

闭式喷头按感温元件分为玻璃球喷头和易熔合金锁片喷头。玻璃球喷头（其构造见图 2.21）在热的作用下，玻璃球内的液体（酒精和乙醚）膨胀产生压力，导致玻璃球爆破脱落喷水。易熔合金锁片喷头（其构造见图 2.22）在热的作用下，使易熔合金锁片熔化脱落而开启喷水。按溅水盘的形式和安装位置分为直立型、下垂型、边墙型、普通型、吊顶型和干式下垂型洒水喷头。国内外生产的各种主要闭式喷头及其应用范围见表 2.5。

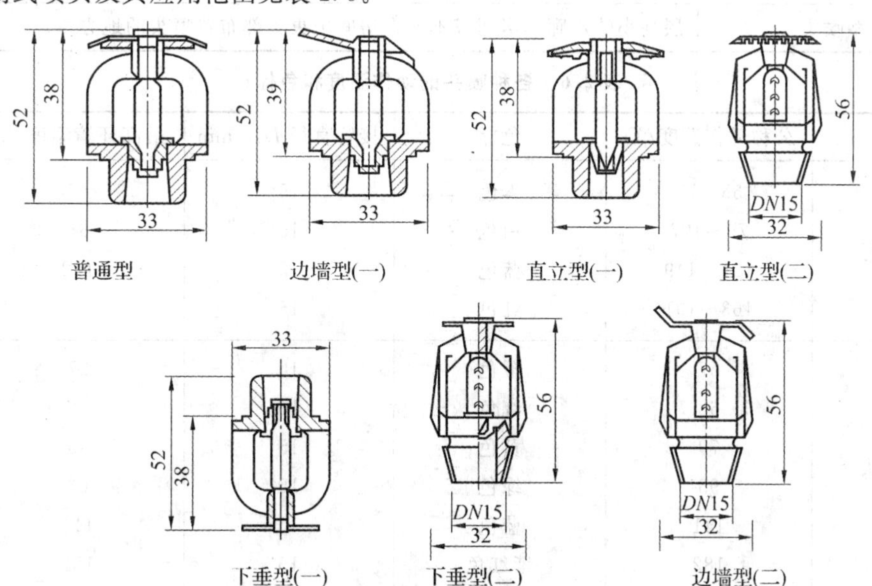

图 2.21 玻璃球喷头构造示意图

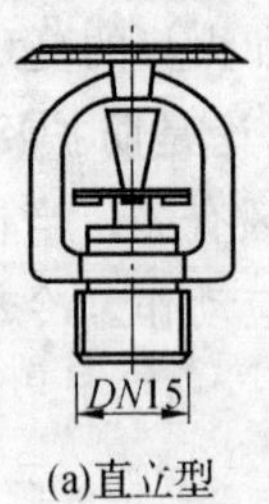

(a)直立型

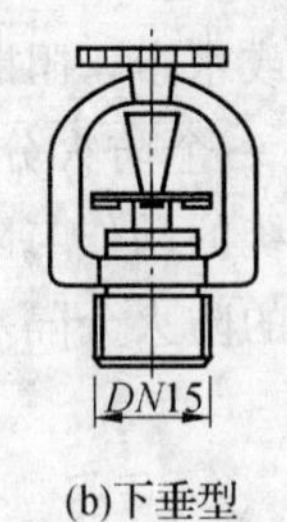

(b)下垂型

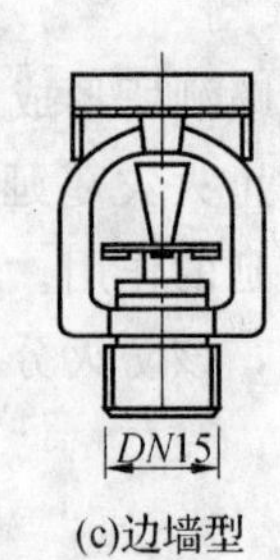

(c)边墙型

图 2.22 易熔合金锁片喷头构造示意图

另外，也可以根据感温等级对喷头进行分类。可以根据色标判别喷头的公称动作温度。表 2.6 为各种喷头的动作温度和色标。

表 2.5 国内外生产的各种主要闭式喷头及其应用范围

系列	喷头名称	应用范围
玻璃球喷头	直立型喷头	上、下方均需保护的场所
	下垂型喷头	天花板不需要喷水保护的场所
	上、下通用型喷头	适用于地面和天花板都需保护的场所
	边墙型喷头	屋高小的走廊、房间或不能在房间中央顶部布置喷头的地方
	吊顶型喷头	建筑美观要求较高的部位
	鹤嘴柱式喷头	用于排气管、输气管、风道等场所，也可用于纤维或粉尘较多的车间
易熔合金喷头	直立型喷头	上、下方均需保护的场所
	下垂型喷头	顶棚不需要防护的场所喷头的保护面积比直立型喷头大
	弧形溅水盘喷头	这种喷头目前较少使用
	边墙型喷头	层高小的走廊、房间或不能在房间中央顶部布置喷头的地方

表 2.6 各种喷头的动作温度和色标

类 别	公称动作温度/℃	色标	接管直径 DN/mm	最高环境温度/℃	连接形式
易熔合金喷头	55～77	本色	15	42	螺纹
	79～107	白色	15	68	螺纹
	121～149	蓝色	15	112	螺纹
	163～191	红色	15	—	螺纹
玻璃球喷头	57	橙色	15	27	螺纹
	68	红色	15	38	螺纹
	79	黄色	15	49	螺纹
	93	绿色	15	63	螺纹
	141	蓝色	15	111	螺纹
	182	紫红色	15	152	螺纹

(2) 报警阀。

报警阀是自动喷水灭火系统中的重要组成部件，闭式自动喷水灭火系统的报警阀分为湿式、干式、干湿式和预作用式四种类型。报警阀有 DN50 mm、65 mm、80 mm、125 mm、150 mm、200 mm六种规格。

①湿式报警阀。湿式报警阀安装在湿式闭式自动喷水灭火系统的总供水干管上，主要作用是接

通或关闭报警阀水流，喷头动作后报警水流将驱动水力警铃和压力开关报警。发生火灾时，闭式喷头喷水，此时阀下方水压大于阀上方水压，于是阀板开启，向洒水管网及洒水喷头供水，同时水沿着报警阀的环形槽进入延迟器，这股水首先充满延迟器后才能流向压力继电器及水力警铃等设施，发出火警信号并启动消防水泵等设施。

湿式报警阀都要垂直安装，与延时器、水力警铃、压力开关和试水阀等构成一个整体。

②干式报警阀。干式报警阀安装在干式闭式自动喷水灭火系统的总供水干管的立管上。其作用是用来隔开管网中的空气和供水管道中的压力水，使喷水管网始终保持干管状态。

③干湿式报警阀。干湿式报警阀又称充气充水式报警阀，适用于在干湿式喷水系统立管上安装。这种报警阀实际是由湿式报警阀和干式报警阀依次连接而成。

(3) 水流报警装置。

①水力警铃。水力警铃是消防报警的措施之一，水力警铃宜安装在报警阀附近，连接管道应采用镀锌钢管，长度不超过 6 m 时，管径为 15 mm；长度超过 6 m，管径为 20 mm；连接水力警铃管道的总长度不宜大于 20 m，工作压力不应小于 0.05 MPa。水力警铃与各报警阀之间的高度不得大于 5 m。

②水流指示器和信号阀。水流指示器安装在湿式系统各楼层干管或支管上，功能是及时报告发生火灾的部位。

③压力开关。压力开关（压力继电器）一般垂直安装在延迟器与水力警铃之间的信号管道上。在水力警铃报警的同时，自动接通电动警铃报警，向消防控制室传送电信号，启动消防水泵。

(4) 延迟器。

延迟器安装在报警阀与水力警铃（或压力开关）之间，是为了防止引起水力警铃误动作。只有在火灾真正发生时，水流经 30 s 左右充满延迟器，然后冲打水力警铃报警。

(5) 末端试水装置。

设置末端试水装置的目的是为了检验系统的可靠性，测试系统能否在开放一只喷头的最不利条件下可靠报警并正常启动。末端试水装置测试的内容，包括水流指示器、报警阀、压力开关、水力警铃的动作是否正常，配水管道是否畅通以及最不利点处的喷头工作压力等。末端试水装置由试水阀、压力表以及试水接头组成，如图 2.23 所示。

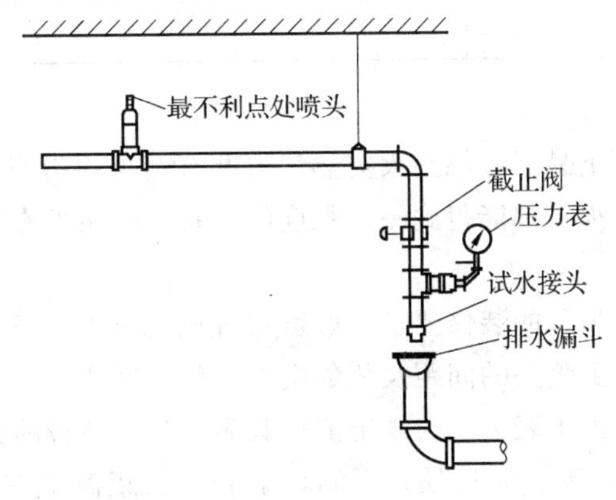

图 2.23　末端试水装置示意图

【知识拓展】

自喷系统日常维护管理

维护管理人员应熟悉自动喷水灭火系统的原理、性能和操作维护规程，每天应对水源控制阀、报警阀组进行外观检查，并应保证系统处于无故障状态。

每年应对水源的供水能力进行一次测定。消防水池、消防水箱及消防气压给水设备应每月检查一次，每两年应对消防贮水设备进行检查，修补缺损和重新油漆。

消防水池、消防水箱、消防气压给水设备内的水应根据当地环境、气候条件不定期更换。寒冷季节，消防贮水设备的任何部位均不得结冰。每天应检查设置贮水设备的房间，保持室温不低于5 ℃。

钢板消防水箱和消防气压给水设备的玻璃水位计，两端的角阀在不进行水位观察时应关闭。消防水泵应每月启动运转一次，内燃机驱动的消防水泵应每周启动运转一次。当消防水泵为自动控制启动时，应每月模拟自动控制的条件启动运转一次。

2.3.4 设计计算

1. 闭式喷水灭火系统的设计计算

闭式自动喷水灭火系统的设计应保证建筑物的最不利点喷头有足够的喷水强度。各危险等级的设计喷水强度、作用面积、喷头设计压力，不应低于规范的规定。民用建筑和工业厂房的系统设计基本参数见表2.7。

表2.7 民用建筑和工业厂房的系统设计基本参数

火灾危险等级		净空高度/m	喷水强度/（$L\cdot min^{-1}\cdot m^{-2}$）	作用面积/m^2	喷头工作压力/MPa
轻危险级		≤8	4	160	0.10
中危险级	Ⅰ级		6		
	Ⅱ级		8		
严重危险级	Ⅰ级		12	260	
	Ⅱ级		16		

2. 喷头的布置

喷头应布置在顶板或吊顶下易于接触到火灾热气流并有利于均匀布水的位置。其布置间距要求在保护的区域内任何部位发生火灾都能得到一定强度的水量。喷头的布置应不超出其最大保护面积与最大最小间距。

喷头的布置根据天花板、吊顶的装修要求一般可布置成正方形、长方形或菱形三种形式，并符合下列要求：同一根配水支管上喷头的间距及相邻配水支管的间距，应根据喷水强度、喷头的流量系数和工作压力确定，并不应大于表2.8的规定值。其溅水盘与顶板的距离，不应小于75 mm，且不应大于150 mm。喷头在门、窗、洞口处，距洞口上表面的距离不宜大于150 mm，距墙面宜为7.5～15 cm。

表 2.8　每根配水支管上喷头及相邻配水支管的间距

喷水强度 /（L·min^{-1}·m^{-2}）	正方形布置边长 /m	矩形或平行四边形布置的长边/m	一支喷头最大保护面积/m^2	喷头与墙柱最大间距/m
4.0	4.4	4.5	20.0	2.2
6.0	3.6	4.0	12.5	1.8
8.0	3.4	3.6	11.5	1.7
≥12.0	3.0	3.6	9.0	1.5

3. 自动喷水灭火系统的管网

（1）管网布置。

自动喷水灭火系统的配水管网，由直接安装喷头的配水支管、向配水支管供水的配水管、向配水管供水的配水干管以及总控制阀向上（或向下）的垂直立管组成。

室内供水管道应布置成环状，其进水管不宜少于两条，当其中一条进水管发生故障时，其余进水管应仍能保证全部用水量和水压。供水干管应设分隔阀门，设在便于维修的地方，并经常处于开启状态。自动喷水系统一般采用枝状管网，管网应尽量对称、合理，以减小管径、节约投资和方便计算。通常根据建筑平面的具体情况布置成侧边式和中央式两种方式。

为了控制配水支管的长度，避免水头损失过大，一般情况下，配水管两侧每根支管控制喷头数，轻危险级、中危险级场所不应超过 8 只，同时在吊顶上下布置喷头的配水支管，上下侧的喷头数均不应多于 8 只；严重危险级及仓库危险级场所不应超过 6 只。

布置管网时，应考虑配水管网的充水时间。干式系统的配水管道的充水时间，不宜大于 1 min；预作用系统与雨淋系统的配水管道的充水时间，不宜大于 2 min。

（2）管道的直径。

管道的直径应经水力计算确定，但为了保证系统的可靠性和尽量均衡系统的水力性能，轻危险级、中危险级场所中各种直径配水支管、配水管控制的标准喷头数，不应超过表 2.9 的规定。

表 2.9　配水支管、配水管控制的标准喷头数

公称管径 DN/mm	控制的标准喷头数/只		公称管径 DN/mm	控制的标准喷头数/只	
	轻危险级	中危险级		轻危险级	中危险级
25	1	1	65	18	12
32	3	3	80	48	32
40	5	4	100	按水力计算	64
50	10	8			

为了控制小管径管道的水头损失和防止杂物堵塞管道，短立管及末端试水装置的连接管的最小管径不小于 25 mm。干式系统、预作用系统的供气管道，采用钢管时，管径不宜小于 15 mm；采用铜管时，管径不宜小于 10 mm。

4. 水力计算

自动喷水灭火系统的水力计算是自动喷水灭火系统的关键，不但涉及系统的经济性，而且还涉及系统的可靠性。闭式自动喷水灭火系统水力计算目的在于确定管网管段管径、计算管网所需的供水压力、确定高位水箱的设置高度和选择消防水泵。

目前水力计算的方法有两种，一种是最不利作用面积内第一个喷头的计算压力取大家认同值 0.10 MPa，另一种是最不利作用面积内第一个喷头的压力应经过计算确定。第二种方法计算的压

力和流量比较准确，而第一种计算有一定的误差。但第一种方法计算比较简单，因此，在实际工程中常被采用。

(1) 系统作用面积的确定。

水力计算选定的最不利作用面积宜采用正方形或长方形，当采用长方形布置时，其长边应平行于配水支管，边长不宜小于作用面积平方根的1.2倍，即

$$L \geqslant 1.2\sqrt{A} \tag{2.17}$$

$$B = A/L \tag{2.18}$$

式中 A——最不利作用面积，m^2；

B——最不利作用面长边边长，m；

L——最不利作用面短边边长，m。

(2) 系统的设计流量。

自动喷水灭火系统的设计流量按最不利点处作用面积内喷头同时喷水的总流量确定，即

$$Q_S = \frac{1}{60}\sum_{i=1}^{n} q_i \tag{2.19}$$

式中 Q_S——系统的设计流量，L/s；

q_i——最不利点处作用面积内各喷头节点的流量，L/min；

n——最不利点处作用面积内的喷头数。

自动喷水灭火系统的设计流量的计算应注意以下几点：

①对于轻危险级和中危险级建筑物，计算喷水量时可假定作用面积内每只喷头的喷水量相等，均以最不利点喷头喷水量取值，且保证任意作用面积内的平均喷水强度不低于规定值。

②最不利点处作用面积内的任意4只喷头范围内的平均喷水强度，轻危险级、中危险级不应低于规定值的85%；严重危险级和仓库危险级不应低于规定值。

③最不利作用面积通常在水力条件最不利处，即系统供水的最远端。应按下式计算：

$$q = k\sqrt{10H} \tag{2.20}$$

式中 q——喷头出水量，L/s；

H——喷头处水压力，MPa；

K——与喷头结构有关的流量系数，玻璃球喷头 $K=1.33$。

(3) 管道水力计算。

管道流速：闭式自动喷水系统管内的流速宜采用经济流速，一般不大于5 m/s，特殊情况下不应超过10 m/s。

管道水头损失：沿程水头损失按下式计算

$$h = iL \tag{2.21}$$

式中 h——沿程水头损失，MPa；

i——每米管道水头损失（水力坡降），MPa/m；

L——计算管道长度，m。

局部水头损失宜采用当量长度法计算。

(4) 水泵扬程或系统入口的供水压力。

水泵扬程或系统入口的供水压力按下式计算：

$$H = P_0 + 0.01Z + \sum h + H_k \tag{2.22}$$

式中 H——水泵扬程或系统入口的供水压力，MPa；

P_0——最不利点处喷头的工作压力，MPa；

Z——最不利点处喷头与消防水池的最低水位或系统入口管水平中心线之间的高差，m；

$\sum h$——系统管道沿程与局部的累计水头损失，MPa；

H_k——报警阀压力损失，MPa。

【知识拓展】

自动喷水灭火系统的试压和冲洗

（1）一般规定。

管网安装完毕后，应对其进行强度试验、严密性试验和冲洗。强度试验和严密性试验宜用水进行。干式喷水灭火系统、预作用喷水灭火系统应做水压试验和气压试验。

（2）水压试验。

水压试验时环境温度不宜低于 5 ℃，当低于 5 ℃时，水压试验应采取防冻措施。

当系统设计工作压力等于或小于 1.0 MPa 时，水压强度试验压力应为设计工作压力的 1.5 倍，并不应低于 1.4 MPa；当系统设计工作压力大于 1.0 MPa 时，水压强度试验压力应为该工作压力加 0.4 MPa。

水压强度试验的测试点应设在系统管网的最低点。对管网注水时，应将管网内的空气排净，并应缓慢升压，达到试验压力后，稳压 30 min，目测管网应无渗漏和无变形，且压力降不应大于 0.05 MPa。

水压严密性试验应在水压强度试验和管网冲洗合格后进行。试验压力应为设计工作压力，稳压 24 h，应无渗漏。自动喷水灭火系统的水源干管、进户管和室内埋地管道应在回填前单独地或与系统一起进行水压强度试验和水压严密性试验。

（3）气压试验。

气压试验的介质宜采用空气或氮气。气压严密性试验压力应为 0.28 MPa，且稳压 24 h，压力降不应大于 0.01 MPa。

（4）冲洗。

管网冲洗所采用的排水管道，应与排水系统可靠连接，其排放应畅通和安全。排水管道的截面面积不得小于被冲洗管道截面面积的 60%。

管网冲洗的水流速度不宜小于 3 m/s。当施工现场冲洗流量不能满足要求时，应按系统的设计流量进行冲洗，或采用水压气动冲洗法进行冲洗。

管网的地下管道与地下管道连接前，应在配水干管底部加设堵头后，对地下管道进行冲洗。管网冲洗应连续进行，当出口处水的颜色、透明度与入口处水的颜色基本一致时，冲洗方可结束。管网冲洗的水流方向应与灭火时管网的水流方向一致。管网冲洗结束后，应将管网内的水排除干净，必要时可采用压缩空气吹干。自动喷水灭火系统应具有管理、检测、维护规程，并应保证系统处于准工作状态。维护管理工作，可按规范进行。

【重点串联】

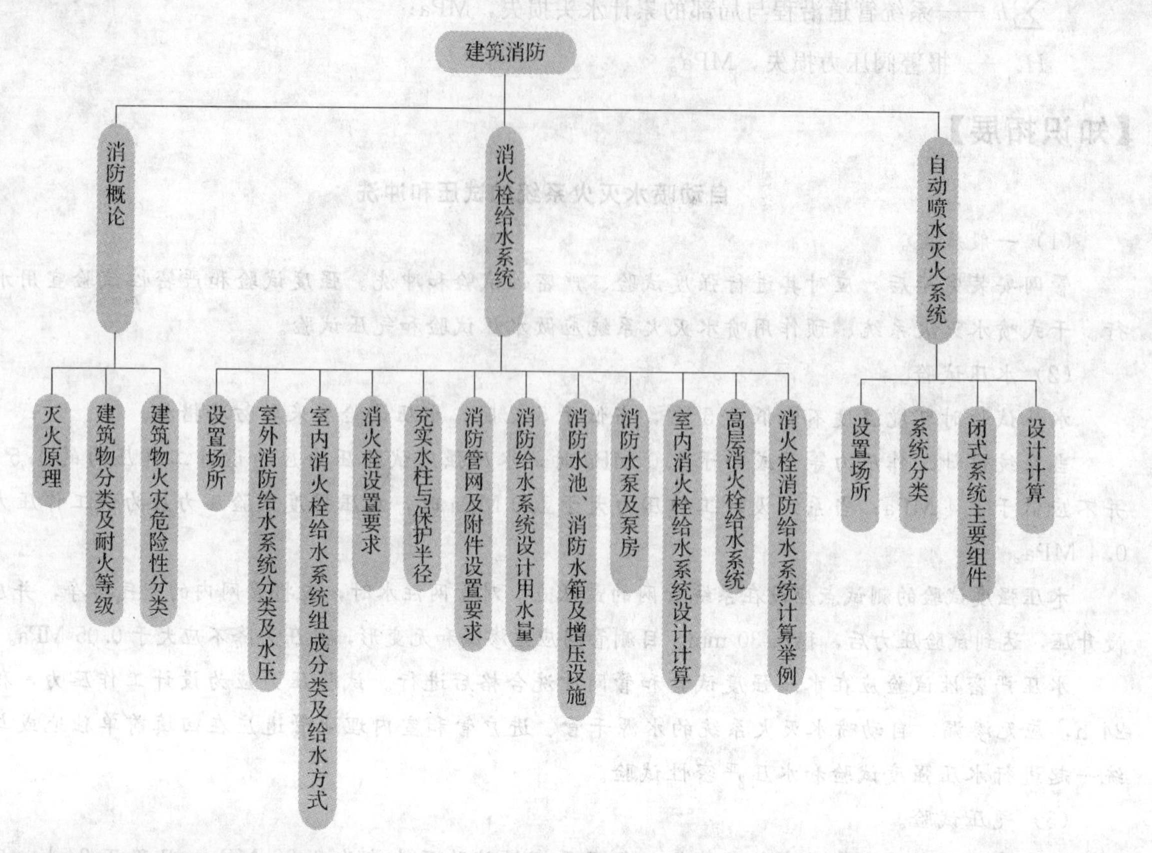

拓展与实训

职业能力训练

一、填空题

1. 消火栓水枪喷口的常用规格有________、________和________三种。
2. 高层建筑消防原则上应立足________。
3. 室内消火栓给水立管的管径不应小于________。
4. 消防水箱储存________水量。
5. 自动喷水灭火系统根据喷头形式可以分为________和________。
6. 自动喷水灭火系统的喷头一般布置成________、________和________三种。
7. 自动喷水灭火系统的配水支管的管径不应小于________。
8. 开式自动喷水灭火系统有________、________和________三种。

二、选择题

1. 室内消火栓栓口中心距地面高度为（　　）。

A. 1.0 m　　B. 1.1 m　　C. 1.2 m　　D. 1.5 m

2. 高层建筑室内消火栓的布置间距不应大于（　　）。

A. 20 m　　B. 25 m　　C. 30 m　　D. 50 m

3. 建筑高度超过 100 m 的高层建筑消火栓水枪充实水柱长度不应小于（　　）。

A. 7 m　　B. 10 m　　C. 13 m　　D. 15 m

4. 消火栓一般不可以设置在（　　）。

A. 标示有安全出口的楼梯口　　B. 单元式住宅的厨房或卫生间

C. 消防电梯前室　　D. 平屋顶上

5. 普通民用建筑室内自喷系统常见的玻璃球闭式喷头为（　　）色。

A. 红　　B. 绿　　C. 橙　　D. 白

6. 湿式自动喷水灭火系统适用于环境温度为（　　）的建筑物。

A. <4 ℃　　B. 4～70 ℃　　C. 4～60 ℃　　D. >70 ℃

7. 水力警铃主要用于（　　）灭火系统。

A. 湿式　　B. 干式　　C. 消火栓　　D. 气体

8. 水幕灭火系统发生火灾时主要起（　　）作用。

A. 灭火　　B. 冷却　　C. 隔离　　D. 冷却隔离

三、简答题

1. 我国《建筑设计防火规范》（GB 50016—2006）对低层建筑室内消火栓给水系统等的设置场所有何规定？

2. 室内消火栓给水系统一般由哪几部分组成？

3. 消火栓给水系统的分类与布置原则是什么？

4. 如何根据规范规定的消防用水量及要求使用的水枪的数量和水压确定管网的管径，系统所需的水压，水池、水箱的容积和水泵的型号等？

5. 高层建筑火灾的特点、消防给水设计要求及基本设计原则是什么？

6. 高层建筑室内消火栓给水系统的分类及特点是什么？

7. 简述自动喷水灭火系统的分类、组成与布置。

8. 自动喷水灭火系统由哪些部分组成？有哪些类型？

9. 自动喷水灭火系统的喷头应如何布置？

10. 自动喷水灭火系统中水力警铃的作用是什么？

11. 干式自动喷水灭火系统的适用范围是什么？

工程模拟训练

1. 某 11 层住宅楼，层高为 3.0 m，总建筑面积 3 300 m^2，市政外网可用水压为 300 kPa，确定该建筑消火栓系统的室外、室内消火栓用水量，每支水枪最小流量及最小充实水柱长度。

2. 已知一 4 层商场，建筑高度为 22 m，总建筑面积为 10 500 m^2，试确定该建筑的危险等级，自动喷水灭火系统的喷水强度，作用面积，以及消火栓系统设计流量。

模块 3

建筑排水

【模块概述】

建筑排水是建筑给水排水工程的重要组成部分。建筑排水系统的功能是将人们日常生活中由卫生器具收集的生活污水，工业生产中由生产设备收集的工业废水以及降落到屋面的雨雪水，快速、有效地排至室外排水管网和室外污水处理构筑物或水体。

本模块以建筑内部排水系统分类、组成及计算为主线，以实际工程施工图为实例，主要介绍建筑排水系统的设计计算，屋面雨水排水系统的设计计算。

【知识目标】

1. 了解建筑排水系统分类；
2. 了解建筑排水系统基本组成及工作原理；
3. 掌握建筑排水系统设计与计算；
4. 掌握屋面雨水排水系统。

【技能目标】

1. 能够了解建筑排水系统的分类、组成及工作原理；
2. 能够具有建筑排水工程设计的能力；
3. 能够具有识读建筑排水施工图纸的能力；
4. 掌握屋面雨水排水系统的设计计算。

【课时建议】

8～10 课时

工程导入

由大连市某宾馆工程条件可知，该建筑共20层，1～4层为商服，5～19层为宾馆客房，20层为观光层。设计采用粪便污水与生活废水分流制。在客房卫生间的管道井内分别设置粪便污水立管与生活废水立管。来自5～19层的客房污、废水在5与4层之间的设备层转换连接，为减少排水转输流量、缩小汇合管管径，宜向左右两侧分别汇合排入污、废水立管，故在两侧分别设置了管道井。高层污水经设备层转换后，再转入吊设在地下室顶棚下的污水横干管，然后排出室外。由于20层为观光层，因此各排水立管的伸顶通气问题受到限制。需在宾馆客房的顶层适当汇合后避开或相对集中地通过观光层，然后再伸顶通气。

通过上面的例子你明白建筑排水的分类吗？排水系统的组成与工作原理是什么？如何设计计算建筑排水系统及屋面雨水排水系统？

3.1 排水系统分类、体制及选择

3.1.1 系统分类

建筑内部排水系统，根据所排除污、废水的性质可分为三类：生活污水排水系统、工业废水排水系统和屋面雨水排水系统。

1. 生活污水排水系统

是指排出人们日常生活中所产生污水的管道系统，包括粪便污水排水管道系统及生活废水排水管道系统。

生活污水排水系统是将粪便污水和生活废水合流排出的排水系统。

2. 工业废水排水系统

是指排出工业企业生产过程中所产生的废（污）水的管道系统，包括生产废水排水管道系统及生产污水排水管道系统。

工业废水排水系统是将生产污水与生产废水合流排出的排水系统。

3. 屋面雨水排水系统

是指排出降落在屋面的雨水、冰雪融化水的排水管道系统。

3.1.2 排水系统体制及选择

与市政排水管道系统相同，建筑内部排水系统体制也分为合流制与分流制两种。建筑排水合流制是将两类或者两类以上污（废）水用同一条排水管道输送和排出的排水体制；建筑排水分流制是将不同种类的污（废）水分别设置排水管道输送和排出的排水体制。

建筑内部排水合流制与分流制的确定，应考虑污（废）水性质，受污染程度，污水量，结合建筑物外的排水体制及污水处理设施能力，综合经济技术条件、便于综合利用等诸多因素。

（1）当污（废）水满足下列情况时，建筑内部排水可采用合流制排水体制：

①当地设有污水处理厂，生活污水不考虑循环利用时，粪便污水和生活废水可通过同一排水管道输送和排出。

②工业企业生产过程中所产生的生产废水和生产污水性质相似时。

(2) 当污(废)水满足下列情况时，建筑内部排水需设置单独排水管道，采用分流制排水体制：

①含有大量油脂的职工食堂、餐饮业洗涤、肉类食品加工厂、油脂生产厂废水。

②含有大量致病细菌或放射性元素超标的医院污水。

③含有大量机油的汽车维修间所排出的污水。

④含有大量酸、碱或有色重金属等有毒有害物质严重污染的生产污水。

⑤水温超过 40 ℃的锅炉、水加热器等设备的污水。

⑥中水回用的生活污水或考虑循环利用的生产废水。

在建筑物内把生活污水(大小便污水)与生活废水(洗涤废水)分成两个排水系统。为防止窜臭味，故建筑标准较高时，宜生活污水与生活废水分流。

小区排水系统应采用分流制排水系统，即生活排水与雨水排水系统分成两个排水系统。

(3) 雨水排水管道一般需单独设置。在水资源匮乏的地区，可考虑设置雨水储存设施。雨水回收利用可按现行国家标准《建筑与小区雨水利用技术规范》(GB 50400—2006) 执行。

3.2　排水系统组成及其设置要求

1. 建筑内部排水系统的主要功能应满足三个基本条件

(1) 排水系统可以快速、有效地将污(废)水输送和排出到室外。

(2) 保证系统内的气压稳定，防止系统管道内有毒有害有异味气体进入室内，污染室内环境卫生。

(3) 排水系统内管线布置合理，工程造价低。

2. 排水系统的组成

为满足上述条件，建筑内部排水系统一般由污(废)水收集器、排水管道、通气管道、清通设备、通气设备、污水提升设备、室外排水管道及污水局部处理设施等部分组成，如图 3.1 所示。

(1) 污(废)水收集器。

污(废)水收集器是用来收集污(废)水的器具，如室内的卫生器具、生产设备受水器。

卫生器具又称卫生设备或卫生洁具，是供水并接受、排出人们在日常生活中产生的污废水或污物的容器或装置，如洗脸盆、污水盆、浴盆、淋浴器、大便器、小便器等。生产设备受水器是接受、排出工业企业在生产过程中产生的污废水或污物的容器或装置。

(2) 排水管道。

排水管道系统由器具排水管(连接卫生器具和横支管之间的一段短管，除坐式大便器、地漏外，其间包括存水弯)、有一定坡度的横支管、立管、横干管和排出到室外的排出管等组成。

(3) 通气管道。

通气管道的作用是把管道内产生的有害气体排至大气中，以免影响室内的环境卫生；管道内经常有新鲜空气流通，可减轻管道内废气对管道的锈蚀，延长使用寿命；在排水时向排水管道补给空气，使水流畅通，更重要的是减小排水管道内的气压变化幅度，防止卫生器具水封破坏。

(4) 清通设备。

检查口和清扫口属于清通设备，室内排水管道一旦堵塞可以方便疏通，因此在排水立管和横支管上的相应部位都应设置清通设备。

(5) 提升设备。

民用建筑的地下室、人防建筑物、高层建筑地下技术层、工厂车间的地下室和地铁等地下建筑的污、废水不能自流排至室外检查井，须设污、废水提升设备，如污水泵。

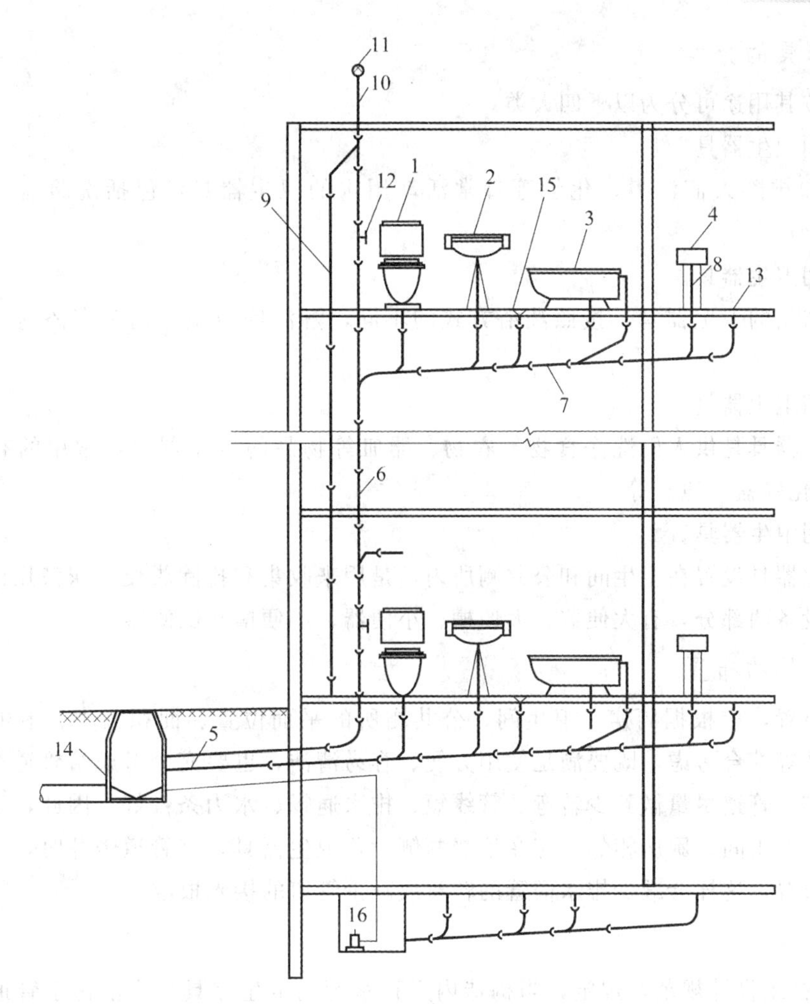

图 3.1　建筑内部排水系统的组成

1—大便器；2—洗脸盆；3—浴盆；4—洗涤盆；5—排出管；6—立管；7—横支管；
8—卫生器具支管；9—通气立管；10—伸顶通气管；11—网罩；12—检查口；
13—清扫口；14—检查井；15—地漏；16—污水提升泵

(6) 小型生活污水处理设施。

当建筑内排出的污水不允许直接排入室外排水管道或水体时（水中某些污染物指标不符合排入城市排水管道或水体的水质标准），需在建筑物内或附近设置局部处理设施对所排污水进行必要的处理。

3.2.1 卫生器具及其水封

1. 卫生器具的选用

卫生器具是建筑内部排水系统的起端装置，是用于收集和排出生活或工业企业生产使用后的污（废）水的专属设施。由于各种卫生器具的用途、安装位置和维护条件不同，所以选用卫生器具及附件的种类、结构和材质也各不相同，但必须满足现行的相关产品标准要求：卫生器具的材质应耐腐蚀、耐老化、耐摩擦、耐冷热并具有一定的强度，且对人体无毒无害；表面光滑、不透水，易于清洗，不易积污纳垢；使用简单方便，易于安装和维护；保证卫生器具基本功能的基础上，具有噪音低、节水的功效。目前，常用的卫生器具材料有陶瓷、搪瓷、不锈钢、人造石、水磨石、玻璃钢以及复合材料等。

2. 卫生器具的分类

卫生器具按其用途可分为以下四大类：

(1) 盥洗用卫生器具。

用于收集和排除人们洗漱、化妆等日常活动用水的卫生器具，包括洗脸盆、洗手盆、盥洗槽等。

(2) 淋浴用卫生器具。

供人们洗浴用的卫生器具。按照洗浴方式的不同，淋浴用卫生器通常有浴盆、淋浴器和净身盆等。

(3) 洗涤用卫生器具。

洗涤用卫生器具是供人们洗涤食物、衣物、器皿等物品的卫生器具，常用的有洗涤盆（池）、污水盆（池）、化验盆（池）等。

(4) 便溺用卫生器具。

便溺用卫生器具设置在卫生间和公共厕所内，是用来收集和排除粪便、尿液用的卫生器具，包括便器和冲洗设备两部分，有大便器、大便槽、小便器、小便槽和倒便器。

3. 卫生器具的布置

卫生器具布置，应根据厨房、卫生间、公共厕所的平面位置、面积大小、卫生器具数量及尺寸、有无管道井等综合考虑，既要满足使用方便、容易清洁，也要充分考虑给管道布置创造好的条件。使给水、排水管道尽量做到少转弯、管线短、排水通畅、水力条件好。因此，卫生器具应顺着一面墙布置。如卫生间、厨房相邻，应在该墙两侧设置卫生器具，有管道竖井时，卫生器具应紧靠管道竖井的墙布置，这样会减少排水横管的转弯或减少管道的接入根数。

4. 水封

《建筑给水排水设计规范》规定，当构造内无存水弯的卫生器具与生活污水管道或其他可能产生有害气体的排水管道连接时，所有卫生器具下面必须设置存水弯、水封盒、水封井等水封装置，以有效地隔断排水管道内的有毒有害气体窜入室内。

存水弯是设置在卫生器具内部（如坐便器）或与卫生器具排水管连接、带有水封的配件。存水弯中的水封是由一定高度的水柱所形成，其高度不得小于 50 mm，用以防止排水管道系统中的有毒、有害气体窜入室内。存水弯按构造可分为管式存水弯和瓶式存水弯。管式存水弯是利用排水管道几何形状的变化形成的存水弯，最为常见的有 S 形、P 形和 U 形三种类型，如图 3.2 所示。

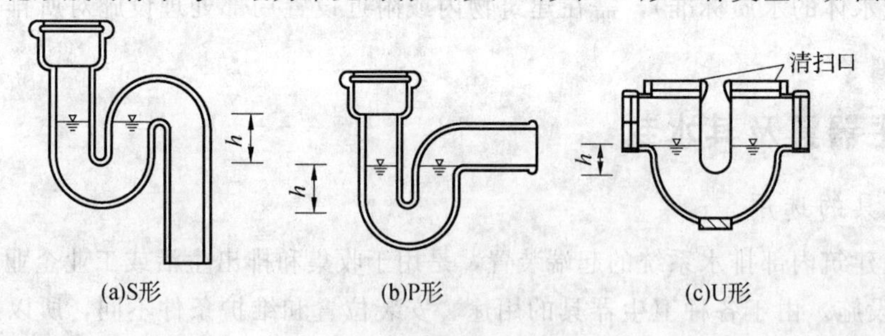

图 3.2　存水弯及水封

水封破坏原因：

水封高度受管内气压变化、水量损失、水蒸发率、水中固体杂质的含量及密度的影响。因静态和动态原因会造成存水弯内水封深度减小，不足以抵抗管道内允许的压力变化值时（一般为 ±25 mmH_2O)，管道内气体进入室内的现象称水封破坏。

水封的破坏与存水弯内水量损失有关。水封水量损失越多，水封高度越小，抵抗管内压力波动的能力越弱。造成水封水量损失的主要原因是：

①管系内的压力波动。由于卫生器具排水的间断性和多个器具同时排水的多变性，以及大风倒灌等原因，会引起管道中的压力波动，使某些管段瞬时出现正压，则连接该管段存水弯的进口端水面上升，甚至出现喷溅现象，致使水封水量损失；某些管段瞬时出现负压，则连接该管段存水弯的出口端水面上升出流，也会使水封水量损失。

②自虹吸损失。卫生设备在瞬时大量排水的情况下，该存水弯自身会迅速充满而形成虹吸，致使排水结束后存水弯中水量损失，水封水面下降。这种情况多发生在卫生器具底盘坡度较大、呈漏斗状，存水弯的管径小，无延时供水装置，采用S形存水弯或连接排水横支管较长（大于0.9 m）的P形存水弯中。

③静态损失。静态损失是由于卫生器具较长时间不使用造成的水量损失。在水封流入端，水封水面会因自然蒸发而降低，造成水量损失。在水封流出端，由于存水弯内壁不光滑或粘有油脂，污水中残存杂物（如纤维、毛发等）会在内部上积存，从而形成毛细作用，使存水弯中的水被吸出，造成水量损失。水量损失与室内温度、湿度及卫生器具使用情况有关。

3.2.2 地漏

地漏是一种内有水封用来排放地面水的特殊排水装置，一般设置在室内地面需经常清洗的场所（如食堂、餐厅）或地面有积水需排除的场所（如卫生间、厕所、浴室、盥洗室、厨房等）的地面最低处。地漏箅子顶面应低于地面5～10 mm，并且地面有不小于0.01的坡度坡向地漏。带水封的地漏水封深度不得小于50 mm。常见的地漏类型有普通地漏、多通道地漏、双箅杯式地漏、防倒流地漏和密封防涸地漏等。地漏主要有铸铁、PVC、锌合金、铸铝、不锈钢、黄铜等材质；有*DN*50、*DN*75、*DN*100、*DN*150、*DN*200五种规格。

地漏的选用与要求：

（1）带水封的地漏水封深度不得小于50 mm。

（2）严禁使用钟罩（扣碗）式地漏。

（3）应优先选用具有防涸功能的地漏。防涸地漏是采用磁性密封，当地面有积水时利用重力作用打开地漏封盖，排水后利用磁铁磁性自动回复密封。

（4）住宅内洗衣机附近应采用洗衣机排水专用地漏或洗衣机排水存水弯，排水管道不得接入室内雨水管中。

（5）密闭型地漏带有密闭盖板，排水时可人工打开盖板，不排水时可密闭。在需要地面排水的洁净车间、手术室等卫生标准高及不经常使用地漏的场所可采用密闭性地漏。

（6）多通道地漏可接纳地面排水和多个卫生器具排水。在无安静要求和无需设置环形通气管、器具通气管的场所，可采用多通道地漏，以便利用浴盆、洗脸盆等其他卫生器具的排水来补水，防止水封干涸。但由于卫生器具排水时在多通道地漏处会产生噪声，所以要求安静的场所不宜采用多通道地漏，可采用补水地漏。

（7）网框式地漏内部带有活动网框，可以取出倾倒被拦截的杂物。食堂、厨房和公共浴室等排水中常挟有大块杂物，宜设置网框式地漏。

（8）防溢地漏内部设有防止废水排放时冒溢出地面的装置，用于所接地漏的排水管有可能从地漏口冒溢之处。

（9）侧墙式地漏的箅子垂直安装，可侧向排除地面积水；直埋式地漏安装在垫层内，排水横支管不穿越楼层。采用同层排水方式时可采用两者。

（10）淋浴室地漏的直径，可按表3.1确定。当采用排水沟排水时，每8个淋浴器需设置一个直径为100 mm的地漏。

表 3.1 淋浴室地漏管径

地漏管径/mm	淋浴器数量/个
50	1～2
75	3
100	4～5

3.2.3 管道材料、布置与敷设

1. 管道材料

建筑内部排水管道应采用柔性接口机制排水铸铁管及相应管件或建筑排水塑料管及管件，以适应楼层间变位导致的轴向位移和横向曲挠变形，防止管道裂缝、折断。由于排水管道中的污水对金属管材有较强的腐蚀作用，因此建筑排水管材所采用的金属管中一般情况下不采用钢管。在选择排水管道管材时，应综合考虑建筑物内污、废水的性质，以及建筑物的使用性质、建筑高度、抗震要求、防火要求及当地的管材供应条件，因地制宜选用。

(1) 排水铸铁管。

排水铸铁管的管壁较给水铸铁管薄，不能承受高压，常用于建筑生活污水管、雨水管等，也可用作生产排水管。排水铸铁管有刚性接口和柔性接口两种，为使管道在内水压下具有良好的曲挠性和伸缩性，以适应建筑楼层间变位导致的轴向位移和横向曲挠变形，防止管道裂缝、折断，建筑内部排水管道应采用柔性接口机制排水铸铁管。

柔性接口机制排水铸铁管具有强度大、抗震性能好、防火性能好、噪声低、寿命长、膨胀系数小、安装施工方便、美观（不带承口）、耐磨和耐高温性能好的优点。其缺点是造价较高。

柔性接口机制排水铸铁管在下列情况有较广泛的应用：

① 排水管道易受人为机械损坏的场所（如拘留所、精神病院等）。

② 建筑高度超过 100 m 的高层建筑。

③ 对排水管道耐热性能、防火等级、耐压或降噪声要求较高的建筑。

④ 环境温度可能出现 0 ℃以下的场所以及连续排水温度大于 40 ℃或瞬时排水温度大于 80 ℃的排水管道。

⑤ 要求管材使用寿命较长的建筑。

⑥ 抗震设防 8 度及 8 度以上地区的建筑。

⑦ 管道接口需要拆卸、移动的场所。

(2) 排水塑料管。

排水塑料管有 UPVC（硬聚氯乙烯）管、UPVC 隔音空壁管、UPVC 芯层发泡管、ABS 管等多种管道，适用于建筑高度不大于 100 m、连续排放温度不大于 40 ℃、瞬时排放温度不大于 80 ℃的生活污水系统、雨水系统，也可用作生产排水管。常用胶黏剂承插连接，或弹性密封圈承插连接。具有投资省、重量轻、耐腐蚀、不结垢、外壁光滑、水力条件好、不易堵塞、容易切割、便于运输安装等优点，且可制成多种颜色；但塑料管也有强度低、耐温性差、普通 UPVC 立管噪音大、暴露于阳光下的管道易老化、防火性能差等缺点。

(3) 排水管件。

排水管道是通过各种管件来连接的，用于改变排水管道的直径、方向，连接交汇的管道，检查和清通管道等。管件的种类很多，常用的管件有：45°弯头、90°弯头、90°顺水三通、45°斜三通、瓶型三通、正四通、45°斜四通、直角四通、异径管和管箍、清扫口、检查口、地漏等。如图 3.3 所示。

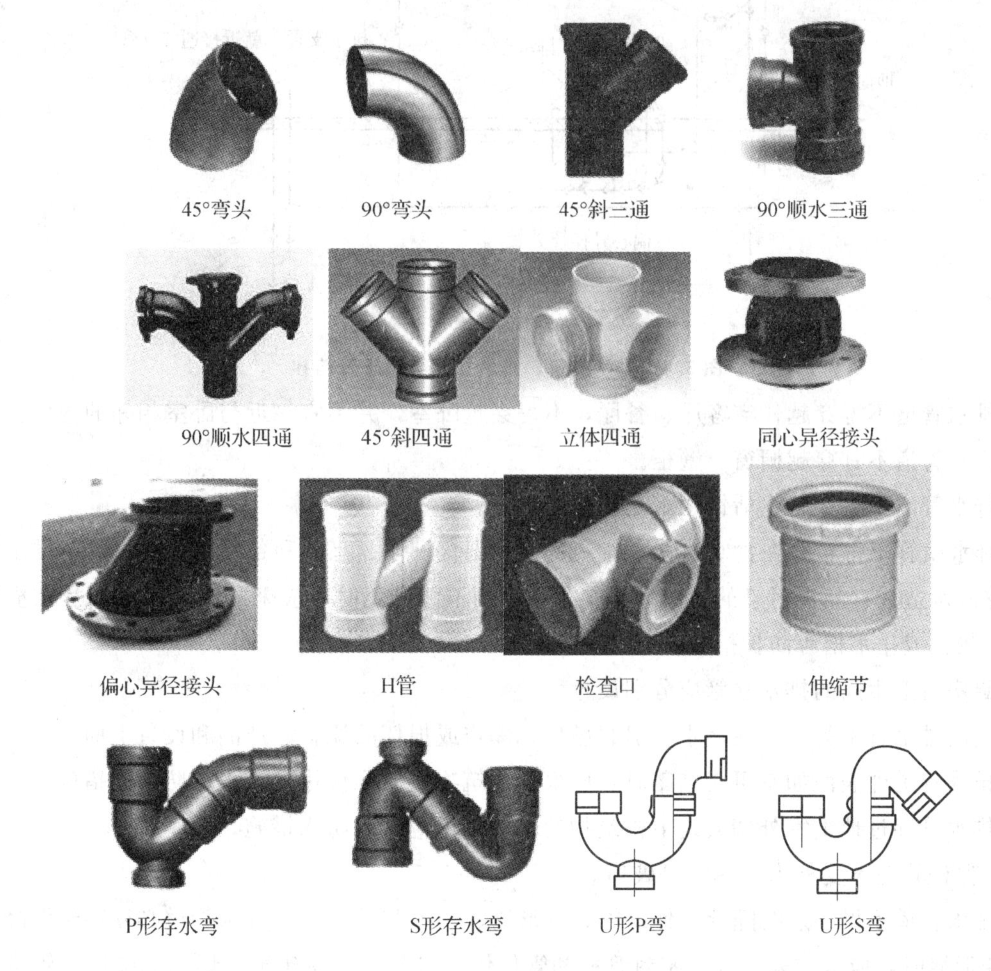

图 3.3　常用塑料排水管管件

2. 管道布置与敷设

建筑内部排水系统的布置与敷设是影响人们日常生活和生产环境的因素之一，为创造一个良好的生活、生产环境，建筑内排水管道布置和敷设应遵循以下原则：排水及时、通畅，满足最佳排水水力条件的要求；使用安全可靠，同时满足室内环境卫生及美观的要求；施工安装及维护管理方便，保护管道不易受到损坏；总管线短，占地面积小，工程造价低等。

(1) 满足最佳排水水力条件：

① 管道布置应尽量减少不必要转弯，尽量做支线连接，以减少堵塞的机会；一根横支管连接的卫生器具不宜太多，且卫生器具至排出管的距离应最短。

② 排水立管应设置在靠近杂质最多及排水量最大的排水点处，以便尽快地接纳横支管的污水而减少管道堵塞的机会，排水立管常设在大便器附近。

③ 合理选择室内管道的连接管件，如图 3.4 所示。

④ 合理确定室外排水管的连接方式。

⑤当建筑物沉降可能导致排出管倒坡时，应采取防倒坡措施。

(2) 满足安全、环境、卫生的要求。

① 排水管道不得敷设在对生产工艺或卫生有特殊要求的生产厂房内，以及食品及贵重商品仓库、通风小室、电气机房和电梯机房内。

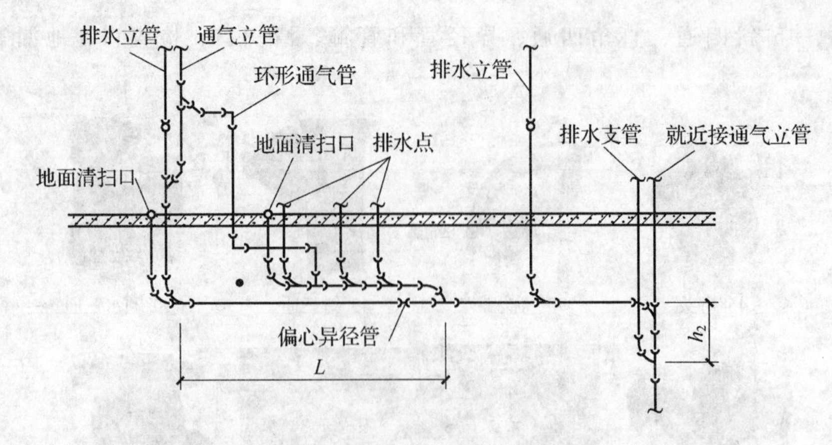

图 3.4　排水支管、排水立管与横干管连接

② 排水管道不得穿越住宅客厅、餐厅，不得穿越卧室，并不宜靠近与卧室相邻的内墙。

③ 排水管道不宜穿越橱窗、壁柜。

④ 排水管道不得穿越生活饮用水池部位的上方。

⑤ 排水横管不得布置在食堂、饮食业厨房的主副食操作、烹调和备餐的上方，以防排水横管渗漏或结露滴水造成食品被污染的事故。当受条件限制不能避免时，应采取同层排水或是在横管下面设置防水隔板或排水槽等防护措施。

⑥ 厨房与卫生间的排水立管应分别设置。

⑦ 室内排水管不得布置在遇水会引起燃烧、爆炸或损坏的原料、产品和设备上面。

⑧ 排水管道外表面如有可能结露时，应根据建筑物性质和使用要求采取防结露措施。

⑨ 排水管穿过地下室外墙或地下构筑物的墙壁处，应采取防水措施。

(3) 保证管道不受外力、热烤等破坏。

① 排水管道不得穿过沉降缝、伸缩缝、变形缝、烟道和风道，当排水管道必须穿越沉降缝、伸缩缝、变形缝时，应考虑采用橡胶密封管材和管件优化组合，以使建筑变形、沉降后的管道坡度满足正常排水的要求。

② 排水埋地管不得布置在可能受重物压坏处或穿越生产设备基础。

③ 排水管道在穿越楼层设套管且立管底部架空时，应在立管底部设支墩或采取其他固定措施。地下室与排水横管转弯处也应设置支墩或采取固定措施。

(4) 防止污染、卫生要求高的设备、容器和室内环境。

① 储存饮用水、饮料、食品等卫生要求高的设备和容器，其排水管不得与污、废水管道系统直接连接，应采用间接排水，即卫生设备或容器的排水管与排水系统之间应有存水弯隔气，并留有空气间隙。间接排水口最小空气间隙，宜按表 3.2 确定，饮料用贮水箱的间接排水口最小空气间隙不得小于 150 mm。

表 3.2　间接排水口最小空气间隙

间接排水管管径/mm	排水口最小空气间隙/mm
≤25	50
32～50	100
≥50	150

设备间接排水宜排入邻近的洗涤盆、地漏。如不可能时，可设置排水明沟、排水漏斗或容器。间接排水的漏斗或容器不得产生溅水、溢流，并应布置在容易检查、清洁的位置。

② 排水立管最低排水横支管与立管连接处距排水立管管底的垂直距离（图 3.5）不得小于表 3.3 的规定，单根排水立管的排出管管径宜与排水立管相同。当不能满足表 3.3 规定的要求时，底层排水支管应单独排至室外检查井或采取有效的防反压措施。

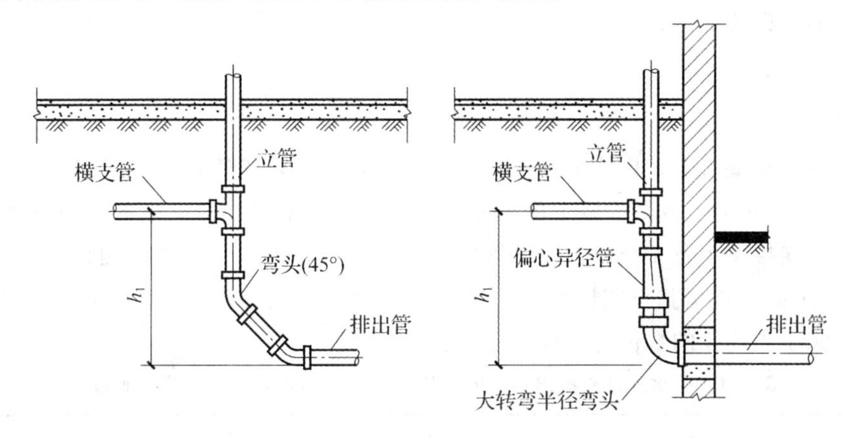

图 3.5 最低横支管与立管连接处至排出管管底垂直距离

表 3.3 最低横支管与立管连接处至立管管底的最小垂直距离

立管连接卫生器具的层数	最小垂直距离/m	
	仅设伸顶通气	设通气立管
≤4	0.45	按配件最小安装尺寸确定
5～6	0.75	
7～12	1.20	
13～19	3.00	0.75
≥20	3.00	1.20

③ 排水支管连接在排出管或排水横干管时，连接点至立管底部下游的水平距离不得小于 1.5 m。否则，底层排水支管应单独排至室外检查井或采取有效的防反压措施。

④ 在距排水立管底部 1.5 m 距离之内的排出管或排水横管有 90°水平转弯管段时，该水管底层排水支管应单独排至室外检查井或采取有效的防反压措施。

⑤ 排水横支管接入横干管竖直转向管段时，连接点应距转向处以下不得小于 0.6 m。

⑥ 当排水立管采用内螺旋管时，排水立管底部宜采用长弯变径接头，排出管管径宜放大 1 号。

⑦ 室内排水沟与室外排水管道连接处，应设置水封装置。以防室外管道中有毒气体通过明沟窜入室内。

(5) 方便施工安装和维护管理。

① 生活废水在下列情况下可采用有盖的排水沟代替排水管：

a. 废水中含有大量悬浮物或沉淀物需要经常清洗。

b. 设备排水支管很多，用管道连接有困难。

c. 设备排水点的位置不固定。

d. 地面需要经常清洗。

② 废水中可能夹带纤维或有大块物体时，应在排水管道连接处设置格栅或带网筐地漏。

③ 排水管道宜在地下或楼板填层中埋设，或在地面上、楼板下明设，如建筑有要求时，可在管槽、管道井、管窿、管沟或吊顶、架空层内暗设，但应便于安装和检修。在气温较高、全年不结冻的地区，可沿建筑物外墙敷设。

④ 应按规范规定设置检查口或清扫口。

3.2.4 清扫口与检查口

清扫口和检查口属于清通设备，室内排水管道一旦堵塞可以方便疏通，因此在排水立管和横支管上的相应部位都应设置清通设备。

1. 设置条件

(1) 清扫口。

清扫口一般设置在横管上，横管上连接的卫生器具较多时，横管起点应设清扫口（有时用可清掏的地漏代替）。在连接2个或2个以上的大便器或3个及3个以上的卫生器具的铸铁排水横管上，宜设置清扫口。在连接4个及4个以上大便器的塑料排水横管上，宜设置清扫口。在水流偏转角大于45°的排水横管上，应设清扫口或检查口。当排水立管底部或排出管上的清扫口至室外检查井中心的最大长度，大于表3.4的数值时，应在排水管上设清扫口。

表3.4 排水立管或排出管上的清扫口至室外检查井中心的最大长度

管径/mm	50	75	100	100以上
最大长度/m	10	12	15	20

(2) 检查口。

检查口设置在立管上，铸铁排水立管上检查口之间的距离不宜大于10 m，塑料排水立管宜每6层设置一个检查口。但在立管的最低层和设有卫生器具的二层以上建筑的最高层应设置检查口，当立管水平拐弯或有乙字管时，在该层立管拐弯处和乙字管的上部应设检查口。检查口设置高度一般距地面1 m，检查口向外，方便清通。

2. 设置要求

(1) 清扫口。

① 在排水横管上的清扫口，宜将清扫口设置在楼板或地坪上，与地面相平。排水横管起点的清扫口与其端部相垂直的墙面的距离不得小于0.2 m。当排水横管悬吊在转换层或地下室顶板下设置清扫口有困难时，可用检查口替代清扫口。

② 排水管起点设置堵头代替清扫口时，堵头与墙面的距离不应小于0.4 m。可利用带清扫口弯头配件替代清扫口。

③ 管径小于100 mm的排水管道上的清扫口，其尺寸应与管道同径；管径等于或大于100 mm的排水管道上的清扫口，应采用100 mm直径的清扫口。

④ 排水横管连接清扫口的连接管及管件应与清扫口同径，并采用45°斜三通和45°弯头或由两个45°弯头组合的管件。

⑤ 铸铁排水管道上设置的清扫口，其材质应为铜质；硬聚氯乙烯管道上设置的清扫口应与管道的材质相同。

(2) 检查口。

① 立管上设置检查口时，应位于地（楼）面以上1.00 m处，并应高于该层卫生器具上边缘0.15 m。

② 地下室立管上设置检查口时，应设置在立管底部之上。

③ 埋地横管上设置检查口时，应敷设在砖砌的井内。也可采用密封塑料排水检查井替代检查口。

④ 立管上检查口的检查盖，应面向便于检查、清扫的方位，横干管上的检查口应垂直向上。

⑤ 铸铁排水立管上检查口之间的距离不宜大于10 m。

⑥ 排水横管的直线管段上检查口或清扫口之间的最大距离应符合表3.5的规定。

表 3.5 排水横管的直线管段上检查口或清扫口之间的最大距离

管道管径/mm	清扫设备	距离/m	
		生活废水	生活污水
50～75	检查口	15	12
	清扫口	10	8
100～150	检查口	20	15
	清扫口	15	10
200	检查口	25	20

3.2.5 通气管

通气管系统是与大气相通并与排水管系统相贯通的一个系统，其内只通气、不通水，主要功能为加强排水管系内部气流循环流动，控制排水管系内压力的变化，保证排水管系良好的工作状态，即实现重力流稳定排水。

1. 通气管系统的作用

① 向排水管道补给空气，使水流畅通，更重要的是减小排水管道内的气压变化幅度，防止卫生器具水封破坏。

② 使室内外排水管道中散发的臭气和有害气体能排到大气中去。

③ 管道内经常有新鲜空气流通，可减轻管道内废气对管道的锈蚀，延长使用寿命。

2. 通气管类型

根据建筑物层数、卫生器具数量、卫生标准等情况的不同，通气管系可分为如下几种类型，如图 3.6 所示。

① 伸顶通气管：排水立管与最上层排水横支管连接处向上垂直延伸至室外作为通气用的管道。

② 专用通气管：仅与排水立管相连接，为加强排水立管内空气流通而专门设置的垂直通气管道。

③ 主通气立管：连接环形通气管和排水立管，并为排水横支管和排水立管内空气流通而设置的垂直通气管道。

④ 副通气立管：仅与环形通气管连接，为使排水横支管内空气流通而设置的通气立管。

⑤ 结合通气管：排水立管与通气立管的连接管段。

⑥ 环形通气管：在多个卫生器具的排水横支管上，从最始端卫生器具的下游端至通气立管的一段通气管段。

⑦ 器具通气管：卫生器具存水弯出口端接至主通气立管的管段。

⑧ 汇合通气管：连接数根通气立管或排水立管顶端的通气部分，并延伸至室外接通大气的通气管段。

3. 设置条件及要求

(1) 伸顶通气管、汇合通气管。

① 设置条件。生活排水立管的顶端应设置伸顶通气管。当伸顶通气管无法伸出屋面时，可采用侧墙通气或在室内设置汇合通气立管后，在侧墙伸出并延伸至屋面之上。

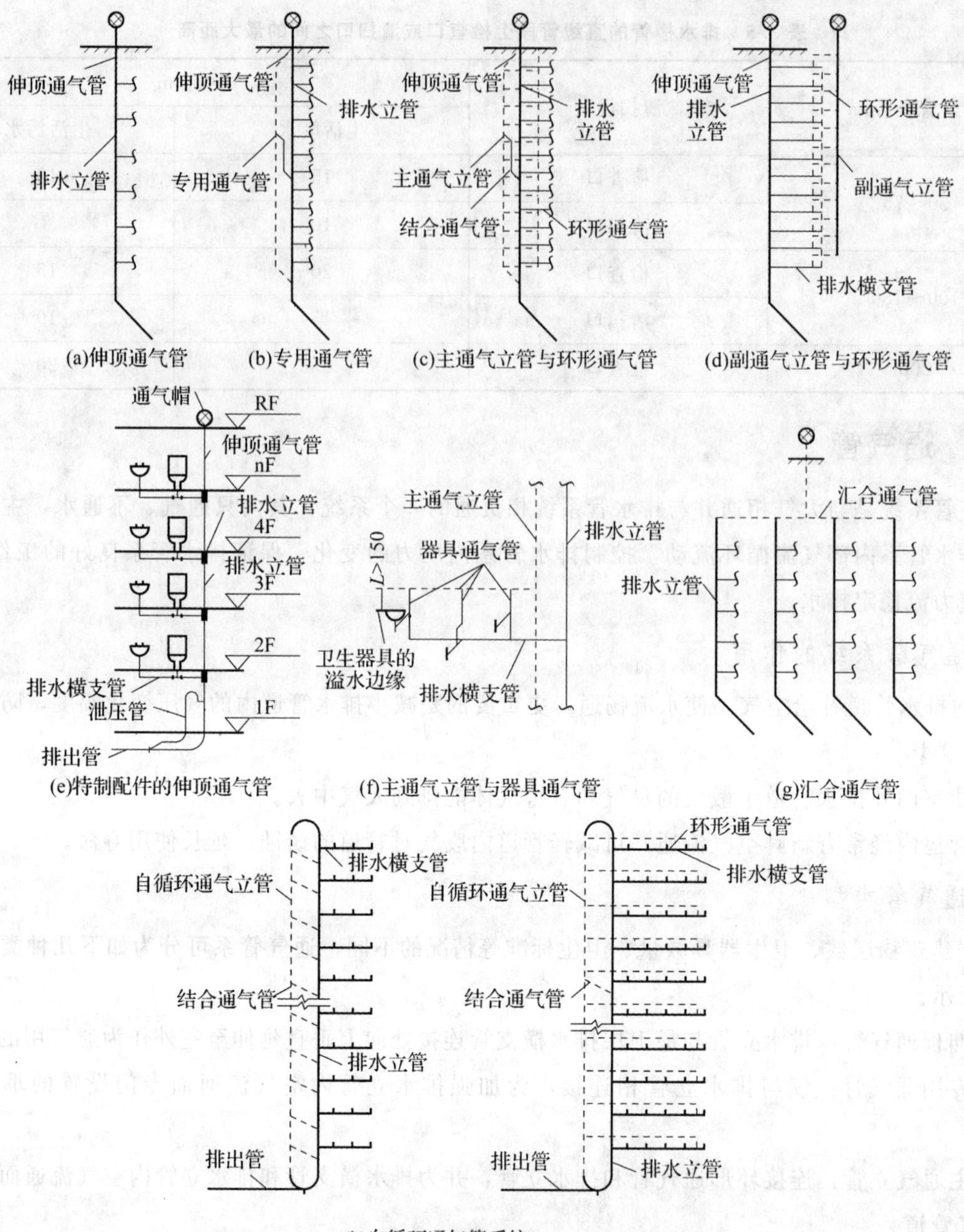

图 3.6 通气管类型与系统

② 高出屋面的通气管，应符合以下设置要求：

a. 通气管高出屋面不得小于 0.3 m，且应大于该地区最大积雪厚度。当屋顶有隔热层时，应从隔热层板面算起。

b. 通气管顶端应装设风帽或网罩。

c. 在通气管口周围 4 m 以内有门窗时，通气管口应高出窗顶 0.6 m 或引向无门窗一侧。

d. 在经常有人停留的平屋面上，通气管口应高出屋面 2.0 m。当伸顶通气管为金属管材时，应根据防雷要求设置防雷装置。

e. 通气管口不宜设在建筑物挑出部分（如屋檐檐口、阳台和雨篷等）的下面。

(2) 器具通气管、环形通气管。

① 设置条件。

a. 对卫生、安静要求较高的建筑物内，生活排水管道宜设置器具通气管。

b. 设有器具通气管时应设环形通气管。

c. 连接 4 个及 4 个以上卫生器具且横支管的长度大于 12 m 的排水横支管上应设环形通气管。

d. 连接 6 个及 6 个以上大便器的排水横支管上应设环形通气管。

② 设置要求。

a. 器具通气管应在存水弯出口端接出。

b. 在排水横支管上设有环形通气管时，环形通气管应在横支管最起端的两个卫生器具之间接出，连接点应在排水支管中心线以上，与横支管呈垂直或 45°连接。

c. 器具通气管、环形通气管应在卫生器具上边缘 0.15 m 以上，按坡度不小于 0.01 的上升坡度与通气立管连接。

（3）通气立管（专用通气立管、主通气立管、副通气立管）。

① 设置条件。

a. 建筑标准要求较高的多层住宅、公共建筑、10 层及 10 层以上高层建筑卫生间的生活污水立管应设置专用通气立管或特制配件单立管排水系统。

b. 生活排水立管所承担的卫生器具排水设计流量，当超过表 3.15 中仅设伸顶通气管的排水立管最大排水能力时，应设置通气立管或特制配件单立管排水系统。

c. 建筑物内各层的排水管道上设有环形通气管时，应设置连接各层环形通气管的主通气立管或副通气立管。

② 设置要求。

a. 通气立管不得接纳器具污水、废水和雨水，不得与风道和烟道连接。

b. 专用通气立管和主通气立管的上端可在最高卫生器具上边缘以上不少于 0.15 m 或检查口以上与排水立管通气部分以斜三通连接；下端应在最低排水横支管以下与排水立管用斜三通连接。

（4）结合通气管。

① 结合通气管宜每层或隔层与专用通气立管、排水立管连接，与主通气立管、排水立管连接时不宜多于 8 层。

② 结合通气管的上端可在卫生器具上边缘以上不小于 0.15 m 处与通气立管以斜三通连接，下端宜在排水横支管以下与排水立管以斜三通连接。

③ 当用 H 管件替代结合通气管时，H 管与通气管的连接点应在卫生器具上边缘以上不小于 0.15 m 处。

④ 当污水立管与废水立管合用一根通气立管时，H 管配件可隔层分别与污水立管和废水立管连接，但最低横支管连接点以下应装设结合通气管。

（5）自循环通气系统。

当伸顶通气、侧墙通气、汇合通气方式均无法实施时，可设置自循环通气管道系统。自循环通气管道系统可采用专用通气立管与排水立管连接方式和环形通气管与排水横支管连接两种方式。通气管系统与排水管系统的连接应符合下列要求：

① 专用通气立管的顶端应在卫生器具上边缘以上不少于 0.15 m 处，采用两个 90°弯头相连接。

② 应在每层由结合通气管或 H 管件将通气立管与排水立管连接。

③ 通气立管下端应在排水横干管或排出管上采用倒顺水三通或倒斜三通相连，以减小气流在配件处的局部阻力，使自循环气流通畅。

④ 建筑物设置自循环通气的排水系统时，应在室外接户管的起始检查井上设置管径不小于 100 mm的通气管，用来排除有害气体。通气管如延伸在建筑物外墙时，通气管口的设置要求与之前所述相同；通气管如设置在其他隐蔽部位时，应高出地面 2 m 以上。

在建筑物内不得设置吸气阀替代通气管。

4. 通气管管径

通气管的管径，应根据排水管的排水能力、管道长度确定。

排水立管上部的伸顶通气管的管径可与排水立管的管径相同，但在最冷月平均气温低于−130 ℃的地区，应在室内平顶或吊顶以下 0.3 m 处将管径放大一级，减小通气管断面，以免通气管管口结霜。

通气立管（专用的、主通气的、副通气的）、器具通气管、环形通气管的最小管径可按表 3.6确定。通气立管长度在 50 m 以上时，其管径应与排水立管管径相同。通气立管长度小于等于 50 m 且两根或两根以上排水立管同时与一根通气立管相连时，应以最大一根排水立管按表 3.6 确定通气立管管径，且其管径不宜小于其余任何一根排水立管的管径。结合通气管的管径不宜小于与其连接的通气立管管径。

当两根或两根以上排水立管的通气管汇合连接时，汇合通气管的断面积应为最大一根通气管的断面积加其余通气管断面积之和的 0.25 倍。

表 3.6　通气管最小管径

通气管名称	排水管管径/mm						
	32	40	50	75	100	125	150
器具通气管	32	32	32	—	50	50	—
环形通气管	—	—	32	40	50	50	—
通气立管	—	—	40	50	75	100	100

注：表中通气立管系指专用通气立管、主通气立管、副通气立管

3.2.6 污水泵和集水池

民用和公共建筑的地下室、人防建筑、消防电梯底部的集水坑内以及工业建筑内部标高低于室外地坪的车间和其他用水设备房间排放的污废水，若不能自流排至室外检查井时，必须提升排出，以保持室内良好的环境卫生。建筑内部污废水提升包括污水泵的选择、污水集水池容积确定和排水泵房设计。

1. 排水泵房

排水泵房应设在靠近集水池、通风良好的地下室或底层单独的房间内，以控制和减少对环境的污染。对卫生环境有特殊要求的生产厂房和公共建筑内，有安静和防震要求房间的邻近和下面不得设置排水泵房。排水泵房的位置应使室内排水管道和水泵出水管尽量简洁，并考虑维修检测的方便。

2. 污水泵

建筑物内使用的污水泵有潜水排污泵、液下排水泵、立式污水泵和卧式污水泵等。因潜水排污泵和液下排水泵在水面以下运行，无噪声和震动，水泵在集水池内，不占场地，自灌问题也自然解决，所以，应优先选用，其中液下排污泵一般在重要场所使用；当潜水排污泵电机功率大于等于7.5 kW 或出水口管径大于等于 *DN*100 时，可采用固定式；当潜水排污泵电机功率小于 7.5 kW 或出水口管径小于 *DN*100 时，可设软管移动式。立式和卧式污水泵因占用场地，要设隔震装置，必须设计成自灌式，所以使用较少。

污水泵房应建成单独构筑物，并应有卫生防护隔离带。泵房设计应按现行国家标准《室外排水设计规范》（GB 50014—2006）执行。

(1) 设计流量。

建筑物内的污水泵的流量应按生活排水设计秒流量选定；当有排水量调节时，可按生活排水最

大小时流量选定。用于排除消防电梯集水池内的污水泵的设计流量应不小于 10 L/s。

（2）扬程。

排水泵的扬程按提升高度、管道水头损失和 0.02～0.03 MPa 的附加自由水头确定。排水泵吸水管和出水管流速应在 0.7～2.0 m/s 之间。

（3）设置要求。

公共建筑内应以每个生活排水集水池为单元设置一台备用泵，平时宜交互运行。设有两台及两台以上排水泵排出地下室、设备机房、车库冲洗地面的排水时可不设备用泵。

为使水泵各自独立，自动运行，各水泵应有独立的吸水管。当提升带有较大杂质的污、废水时，不同集水池内的潜水排污泵出水管不应合并排出。当提升一般废水时，可按实际情况考虑不同集水池的潜水排污泵出水管合并排出。排水泵较易堵塞，其部件易磨损，需要经常检修，所以，当两台或两台以上的水泵共用一条出水管时，应在每台水泵出水管上装设阀门和止回阀；单台水泵排水有可能产生倒灌时，应设止回阀。不允许压力排水管与建筑内重力排水管合并排出。

如果集水池不设事故排出管，水泵应有不间断的动力供应；如果能关闭排水进水管时，可不设不间断动力供应，但应设置报警装置。

污水泵应能自动启闭或现场手动启闭，多台水泵可并联交替运行，也可分段投入运行。

污水泵、阀门、管道等应选择耐腐蚀、大流通量、不易堵塞的设备、器材。

3. 集水池

在地下室最低层卫生间和淋浴间的底板下或邻近、地下室水泵房和地下车库内、地下厨房和消防电梯井附近、人防工程出口处，应设集水池。消防电梯集水池池底低于电梯井底不小于 0.7 m。为防止生活饮用水受到污染，集水池与生活给水贮水池的距离应在 10 m 以上。

（1）容积。

集水池有效容积的下限值应按污水泵配置条件来确定，不宜小于最大一台水泵 5 min 的出水量，且污水泵每小时内启动次数不宜超过 6 次。设有调节容积时，有效容积不得大于 6 h 生活排水平均小时流量。以防污水在集水池中停留时间过长发生沉淀、腐化。

集水池总容积，除满足有效容积的设计要求外，还应满足水泵布置、水位控制器、格栅等安装和检修的要求。

消防电梯井集水池的有效容积不得小于 2.0 m^3，工业废水按工艺要求定。

（2）设计要求。

为保持泵房内的环境卫生，防止管理和检修人员中毒，设置在室内地下室的集水池池盖应密闭并设与室外大气相连的通气管；汇集地下车库、泵房、空调机房等处地面排水的集水池和地下车库坡道处的雨水集水井可采用敞开式集水池（井），但应设强制通风装置。

集水池的有效水深一般取 1～1.5 m，保护高度取 0.3～0.5 m。因生活污水中有机物分解成酸性物质，腐蚀性大，所以生活污水集水池内壁应采取防腐防渗漏措施。池底应坡向吸水坑，坡度不小于 0.05，并在池底设冲洗管，利用水泵出水进行冲洗，防止污泥沉淀。为防止堵塞水泵，收集含有大块杂物排水的集水池入口处应设格栅，敞开式集水池（井）顶应设置格栅盖板，否则，潜水排污泵应带有粉碎装置。为便于操作管理，集水池应设置水位指示装置，必要时应设置超警戒水位报警装置，将信号引至物业管理中心。

3.2.7 小型生活污水处理

可直接排入城市排水管网的污水应符合下列要求：

（1）污水温度不应高于 40 ℃；职工食堂和营业餐厅的含油污水，应经过除油处理后再接入污水管道。

(2) 污水基本上呈中性（pH值为6～9），以防酸碱污水对管道有侵蚀作用，且会影响污水的进一步处理。

(3) 污水中不应含有大量的固体杂质，以免在管道中沉淀而阻塞管道。

(4) 污水中不允许含有大量汽油或油脂等易燃易挥发液体，以免在管道中产生易燃、爆炸和有毒气体。

(5) 污水中不能含有毒物，以免伤害管道养护工作人员和影响污水的利用、处理和排放。

(6) 对含有伤寒、痢疾、炭疽、结核、肝炎等病原体的污水，必须严格消毒。

(7) 对含有放射性物质的污水，应严格按照国家有关规定执行，以免危害农作物、污染环境、危害人们身体健康。

当建筑内或小区排出的污水不符合上述要求时，不允许直接排入室外排水管道或水体。需在建筑物内或附近设置局部处理设施对所排污水进行必要的处理。根据污水的性质，可以采用不同的污水局部处理设备，如沉淀池、隔油池、化粪池、降温池、中和池、毛发集污井等都是常用的污水局部处理设备。这里主要介绍隔油池、降温池、化粪池。

1. 隔油池与隔油器

公共食堂和餐饮业的厨房排放的污水中，均含有较多的植物油和动物油脂，随着水温的下降，污水中夹带的油脂颗粒便开始凝固并附着在管壁上，缩小了管道的断面积，最终堵塞管道。因此，公共食堂和餐饮业的厨房排放的污水必须进行隔油处理，去除污水中的可浮油（占总含油量的65%～70%），方可排入城市排水管道系统。

洗车房、汽车库及其他类似场所排出的汽车冲洗污水和其他一些生产污水中，含有汽油、煤油、柴油等矿物油。汽油等轻油类物质进入排水管道后，挥发并聚集于检查井处，达到一定浓度时，易发生爆炸或引起火灾，以致破坏管道和影响维修人员健康。所以也需进行除油处理后才可排入城市排水管道系统。

目前，一般采用隔油池（井）、隔油器进行隔油处理。隔油池是用于分隔、拦集生活废水中油脂的小型处理构筑物；隔油器是用于分隔、拦集生活废水中油脂的成品装置。经隔油装置处理回收的废油脂，可制造工业用油，变废为宝。

(1) 隔油池。

隔油池的工作原理是当含油污水进入隔油池后，由于过水断面增大，水平流速减小，污水中密度小的可浮油自然上浮至水面，由隔板阻拦在池内并收集后去除，经分离处理后的水从下方流出。隔油池的构造如图3.7所示。经过隔油池初步处理的水还应经过化粪池处理后进入小区的排水管网或城市排水管网。

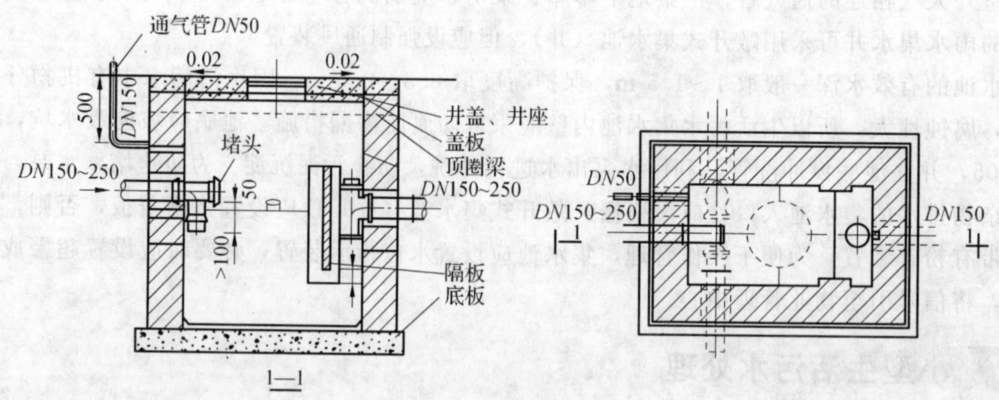

图3.7 隔油池

隔油池的有效容积是指隔油池出水管管底标高以下的池容积，可根据厨房洗涤废水的流量、污水在池中的停留时间和污水在隔油池内水平流速确定。含油污水在池中的停留时间应考虑建筑物性质、废水中油脂成分含量等因素。

对夹带杂质的含油污水，应在隔油井内设置沉淀部分，生活污水和其他污水不得排入隔油池内，以保障隔油池正常工作。隔油井构造可采用砖砌或钢筋混凝土形式，详见给水排水标准图集《04S519 小型排水构筑物》。

（2）隔油器。

隔油器是成品装置，具有拦截残渣、分离油水的功能，可按含油污水的流量直接选用。所选用的产品应有拦截固体残渣装置，并便于清理；容器内宜设置气浮、加热、过滤等油水分离装置；应设置超越管，超越管的管径与进水管管径相同；密闭式隔油器应设置单独接至室外的通气管。

隔油器设置在设备间时，设备间应有通风排气装置，换气次数不宜小于 15 次/h。

2. 降温池

对温度高于 40 ℃的污、废水，如锅炉排污水，应优先考虑热量能否回收利用。如不可能或回收不合理时，在排入城镇排水管道前应采取降温措施，否则，会影响维护管理人员身体健康和管材的使用寿命。一般可采用降温池进行处理，降温池应设于室外。降温池降温的方法主要有二次蒸发、冷水降温和水面散热等，降温宜采用冷水（尽可能利用低温废水）与较高温度排水在池内混合的方法，将排水温度降至 40 ℃以下方可排放。

降温池有虹吸式和隔板式两种类型，构造如图 3.8 所示。虹吸式适用于主要靠自来水冷却降温；隔板式常用于由冷却废水降温的情况。

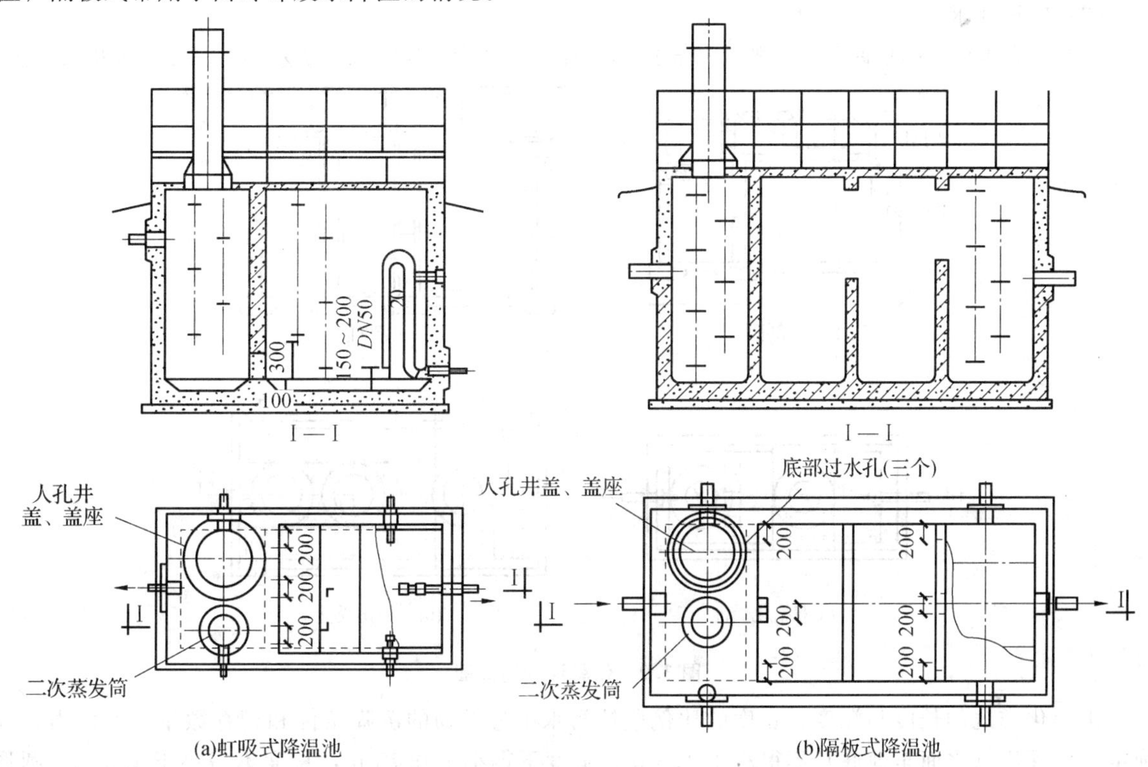

图 3.8　降温池构造

降温池的设置要求主要有：

① 有压高温污水进水管口宜装设消音设施，有二次蒸发时，管口应露出水面向上并应采取防止烫伤人的措施；无二次蒸发时，管口宜插进水中深度 200 mm 以上。

② 冷却水与高温水混合可采用穿孔管喷洒，当采用生活饮用水做冷却水时，应采取防回流污染措施。

③ 降温池虹吸排水管管口应设在水池底部。

④ 应设通气管，通气管排出口设置位置应符合安全、环保要求。

3. 化粪池

化粪池是一种利用沉淀和厌氧发酵原理，去除生活污水中悬浮性有机物的处理设施，是最初级的过渡性生活污水处理构筑物，具有结构简单、便于管理、不消耗动力和造价低等优点。

生活污水中含有大量粪便、纸屑、病原菌，为了保证沉淀效率，污水在化粪池中的停留时间为12～24 h，经处理后的污水，出水较清，水质得到了一定改善。沉淀下来的污泥经三个月以上时间的厌氧消化，将污泥中的有机物进行氧化降解，转化为稳定的无机物，易腐败的生污泥转化为熟污泥，改变了污泥结构，便于清掏外运并可用作肥料。但是化粪池去除有机物的能力较差，且由于污水与污泥接触，出水有臭味、呈酸性，尚不符合卫生要求。因此，经化粪池初级处理后的生活污水还需经过小区处理构筑物或城市污水厂处理达标后才能排入受纳水体或回用。

(1) 设置要求。

化粪池的设置应符合下列要求：

① 根据原国家标准《生活饮用水卫生标准》(GB 5749—2006) 的规定，为防止水源被污染，化粪池距离地下取水构筑物不得小于 30 m。

② 化粪池宜设置在接户管的下游端，便于机动车清掏的位置。

③ 化粪池池外壁距建筑物外墙不宜小于 5 m，并不得影响建筑物基础。

注：当受条件限制化粪池设置于建筑物内时，应采取通气、防臭和防爆措施。

(2) 构造要求。

化粪池有矩形和圆形两种，一般为砖砌或钢筋混凝土结构。如图 3.9 所示为矩形化粪池构造简图。

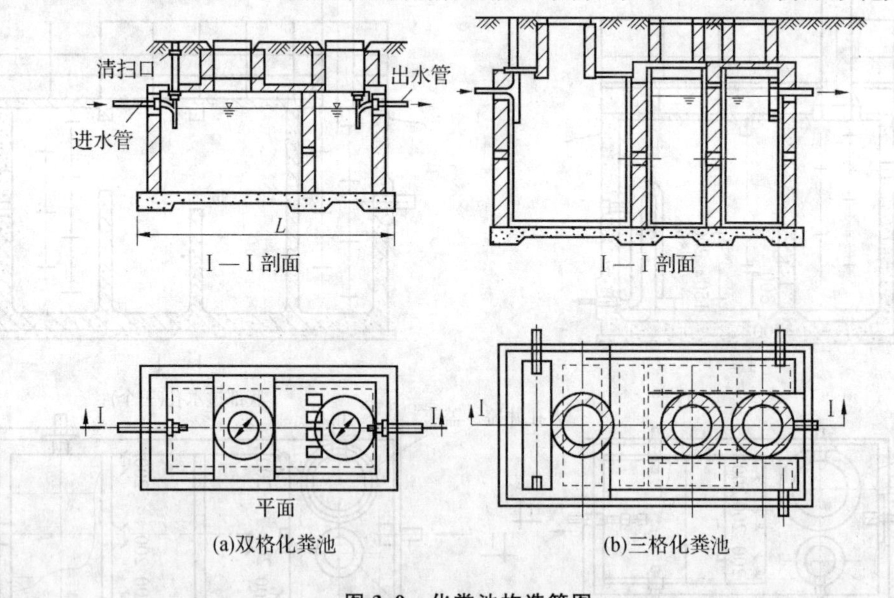

图 3.9 化粪池构造简图

矩形化粪池的长度与深度、宽度的比例应按污水中悬浮物的沉降条件和积存数量，经水力计算确定。但深度（水面至池底）不得小于 1.3 m，宽度不得小于 0.75 m，长度不得小于 1.0 m。圆形化粪池的直径不得小于 1.0 m。

为了改善处理条件，较大的化粪池通常用带孔的间壁分为 2～3 隔间。当日处理污水量小于等于 10 m^3 时，采用双格化粪池，其中第一格的容量宜占总容量的 75%；当日处理水量大于 10 m^3 时，采用三格化粪池，第一格的容量宜占总容量的 60%，其余两格的容量宜各占总容量的 20%。

化粪池格与格、池与连接井之间应设通气孔洞。化粪池进水口、出水口应设置连接井，与进水管、出水管相连。化粪池进水管口应设置三通或乙字弯管件等作为导流装置，出水口处及格与格之间应设置拦截污泥浮渣的设施。化粪池池壁、池底应有防渗设施。化粪池顶板上应设有人孔和盖板，作为检查和清掏污泥之用。

4. 医院污水处理

医院污水是指医院（包括传染病医院、综合医院、专科医院、疗养病院）和医疗、卫生等科研机构排放的被病原体（病毒、细菌、螺旋体和原虫等）污染了的水。这些污水如不经过消毒处理直接排放，会污染水源、传染疾病，危害很大。为了保护人民身体健康，医院污水必须进行消毒处理后才能排放。

医院污水处理包括医院污水消毒处理、放射性污水处理、重金属污水处理、废弃药物污水处理和污泥处理。其中消毒处理是最基本的处理，也是最低要求的处理。

（1）处理流程。

医院污水处理由预处理和消毒两部分组成。预处理可以节约消毒剂用量和使消毒彻底。医院污水所含的污染物中有一部分是还原性的，若不进行预处理去除这些污染物，直接进行消毒处理会增加消毒剂用量。医院污水中含有大量的悬浮物，这些悬浮物会把病菌、病毒和寄生虫卵等致病体包藏起来，阻碍消毒剂作用，使消毒不彻底。

根据医院污水的性质和排放去向，预处理方法分为一级处理和二级处理。当医院污水处理是以解决生物性污染为主，消毒处理后的污水排入有集中污水处理厂的城市排水管网时，可采用一级处理。一级处理主要去除漂浮物和悬浮物，主要构筑物有化粪池、调节池等，工艺流程如图 3.10 所示。

一级处理去除的悬浮物较高，一般为 50%～60%，去除的有机物较少，BOD_5 仅去除 20%左右，在后续消毒过程中，消毒剂耗费多，接触时间长。但是，由于工艺流程简单，运转费用和基建投资少，当医院所在城市有污水处理厂时，宜采用一级处理。

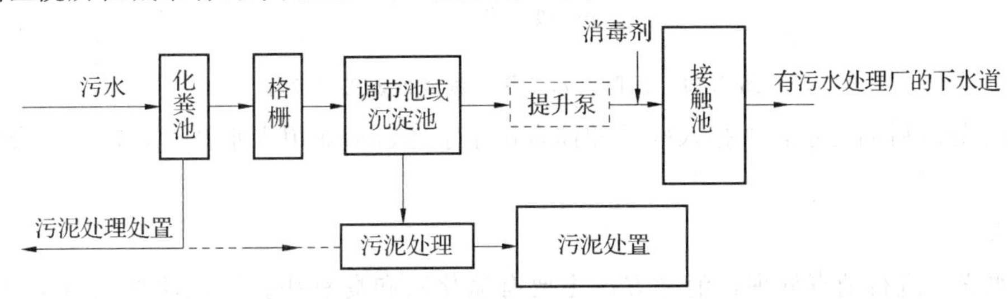

图 3.10　医院污水一级处理工艺流程

化粪池作为医院污水消毒前的预处理时，其有效容积应大于处理生活污水的化粪池容积，污水在池内的停留时间宜按 24～36 h 计算，污泥清掏周期宜为 0.5～1.0 a（年）。

当医院污水直接或间接排入地表水体或海域时，应采用二级处理或深度处理，工艺流程如图 3.11 所示。医院污水二级处理主要由调节池、沉淀池和生物处理构筑物组成。

医院污水经二级处理后，有机物去除率在 90%以上，所以，消毒剂用量少，仅为一级处理的 40%，而且消毒彻底。为了防止造成环境污染，中型以上的医疗卫生机构的医院污水处理设施的调节池、初次沉淀池、生化处理构筑物、二次沉淀池、接触池等应分两组，每组按 50%的负荷计算。

（2）处理后的水质要求。

医院污水处理后的水质应根据排放条件，达到现行国家标准的《医疗机构水污染物排放标准》（GB 18466—2005）的要求。但如要排入下列水体时，还应该根据受纳水体的要求进行深度处理：

① 现行国家标准《地表水环境质量标准》（GB 3838—2002）中规定的Ⅰ、Ⅱ类水域和Ⅲ类水域的饮用水保护区和游泳区。

② 现行国家标准《海水水质标准》（GB 3097—1997）中规定的Ⅰ、Ⅱ类海域。

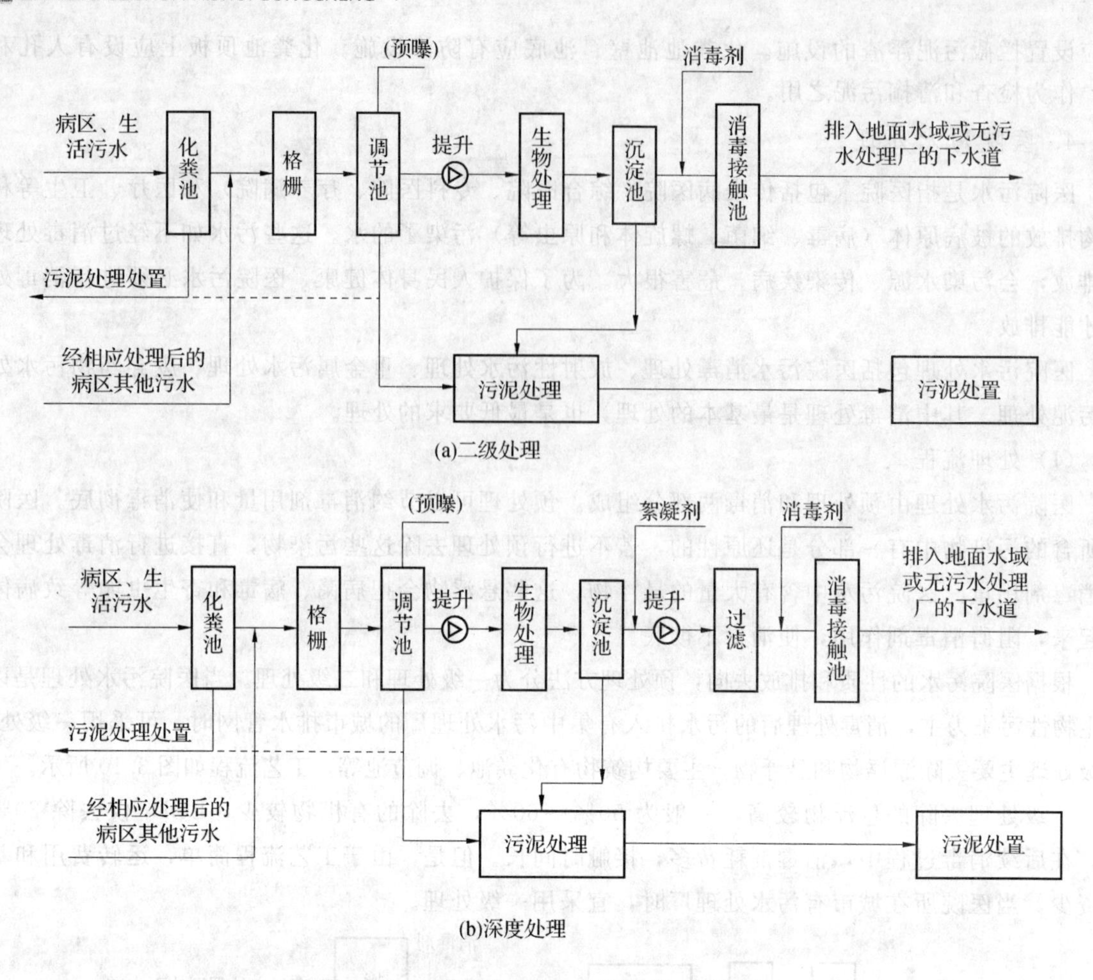

图 3.11　医院污水二级、深度处理工艺流程

③ 经消毒处理后的污水，当排入娱乐和体育用水水体、渔业用水水体时，还应符合国家现行有关标准要求。

(3) 消毒。

医院污水必须进行消毒处理，消毒方法主要有氯化法和臭氧法。氯化法按消毒剂又分为液氯、商品次氯酸钠、现场制备次氯酸钠、二氧化氯或三氯异尿酸等。消毒方法和消毒剂的选择应根据污水量、污水水质、受纳水体对排放污水的要求及投资、运行费用、药剂供应、处理站离病房和居民区的距离、操作管理水平等因素，经技术经济比较后确定。

宜采用氯消毒法，消毒剂有成品次氯酸钠、氯片、漂白粉或液氯等。如运输或供应有困难可采用现场制备次氯酸钠、化学法制备二氧化氯消毒方式。

如有特殊要求且经技术经济分析认为较合理时，可采用臭氧消毒。臭氧消毒灭菌具有快速和全面的特点，不会生成危害很大的三氯甲烷，能有效去除水中色、臭、味及有机物，降低污水的浊度和色度，增加水中的溶解氧。臭氧法同时也存在投资大、制取成本高、工艺设备腐蚀严重、管理水平要求高的缺点。

(4) 污泥处理。

医院污水处理过程中产生的污泥中含有大量的病原体（细菌、虫卵等），所有污泥必须经过有效的消毒处理。经消毒处理后的污泥不得随意弃置和填埋，也不得用于根块作物的施肥，宜由城市环卫部门按危险废物集中处置。处理方法有加氯法、高温堆肥法、石灰消化法和加热法，也可用干化和焚烧法处理。

(5) 处理构筑物及处理站。

医院污水处理构筑物应与病房、医疗室、住宅等建筑有卫生防护隔离带。

医院污水处理站应进行除臭、除味处理。处理后应符合现行《医疗机构水污染物排放标准》(GB 18466—2005) 规定的处理站周边大气污染物最高允许浓度的限定。

医院污水中除含有细菌、病毒、虫卵等致病的病原体外，还含有放射性同位素。如在临床医疗部门使用同位素药杯、注射器，高强度放射性同位素分装时的移液管、试管等器皿清洗的废水，以碘 131、碘 132 为最多，放射性元素一般要经过处理后才能达到排放标准，一般的处理方法有衰变法、凝聚沉淀法、稀释法等。医院污水中含有的酚，来源于医院消毒剂采用煤酚皂，还有铬、汞、氰甲苯等重金属离子、有毒有害物质，这些物质大都来源于医院的检验室、消毒室废液，处理方法是将其收集专门处理或委托专门处理机构处理。

5. 生活污水处理设施及处理站

(1) 选址。

生活污水处理设施及处理站宜靠近市政排水管道的排放点；处理站距给水泵站及清水池的水平距离不得小于 10 m；小区的处理站宜在常年最小频率的上风向，且应用绿化带与建筑物隔离。

生活污水处理设施及处理站宜设置在绿地、停车坪、室外空地的地下；当设置于建筑物地下室时应有专用隔间。

(2) 处理工艺。

生活污水处理设施的工艺流程应根据污水性质、回用要求或排放要求确定，一般采用生物接触氧化、鼓风曝气。

生活污水处理设施应设超越管。

(3) 环境保护。

生活污水处理应设置排臭系统，其排放口位置应避免对周围环境造成危害和影响。

设置生活污水处理设施的隔间、地下室，应有较好的通风系统。当处理构筑物为敞开式，换气次数不宜小于 15 次/h；当处理构筑物有盖板时，换气次数不宜小于 5 次/h。

生活污水处理构筑物机械运行噪声不得超过现行国家标准《声环境质量标准》(GB 3096—2008) 和《民用建筑隔声设计规范》(GB 50118—2010) 的有关要求。对建筑物内运行噪声较大的机械应设独立隔间。

3.3 排水系统计算

建筑内部排水系统计算是在布置完排水管线、绘出系统计算草图后进行的。计算的目的是确定排水系统各管段的管径、横向管道的坡度、通气管的管径和各控制点的标高。

3.3.1 设计流量

1. 排水定额

建筑内部的排水定额按照不同的标准一般有两个，一个是以每人每日为标准，另一个是以卫生器具为标准。

每人每日排放的污水量和时变化系数与气候、建筑物内卫生设备完善程度有关。从用水设备流出的生活给水使用后损失很小，绝大部分被卫生器具收集排放，所以生活排水定额和时变化系数与生活给水相同。生活排水平均时排水量和最大时排水量的计算方法与建筑内部的生活给水量计算方法相同，计算结果主要用来设计污水泵和化粪池等。工业废水的排水量定额，最大最小时排水量和设计秒流量，应按工艺设计要求计算确定。

卫生器具排水流量是经过实测得到的，主要用以计算建筑物内部排水管段的设计秒流量，进而确定各个管段的管径。各个计算管段通过流量的大小与上游所接的卫生器具的类型、数量和同时使用卫生器具的百分数有关。为了便于累加计算，与建筑内部给水相似，采用当量折算的办法，即以一个污水盆的排水流量 0.33 L/s 作为一个排水当量，将其他卫生器具的排水当量与 0.33 L/s 的比值，作为该种卫生器具的排水当量。由于卫生器具排水具有突然、迅速、流量大的特点，所以，一个排水当量的排水流量是一个给水当量额定流量的 1.65 倍。各种卫生器具的排水流量和当量值见表 3.7。

表 3.7 卫生器具排水的流量、当量和排水管的管径

序号	卫生器具名称	排水流量/（$L\cdot s^{-1}$）	当量	排水管管径/mm
1	洗涤盆、污水盆（池）	0.33	1.00	50
2	餐厅、厨房洗菜盆（池）			
	单格洗涤盆（池）	0.67	2.00	50
	双格洗涤盆（池）	1.00	3.00	50
3	盥洗槽（每个水嘴）	0.33	1.00	50～75
4	洗手盆	0.10	0.30	32～50
5	洗脸盆	0.25	0.75	32～50
6	浴盆	1.0	3.0	50
7	淋浴器	0.15	0.45	50
8	大便器			
	高水箱	1.50	4.50	100
	低水箱	1.50	4.50	100
	冲落式	1.50	4.50	100
	虹吸式、喷射虹吸式	2.00	6.00	100
	自闭式冲洗阀	1.50	4.50	100
9	医用倒便器	1.50	4.50	100
10	小便器			
	自闭式冲洗阀	0.10	0.30	40～50
	感应式冲洗阀	0.10	0.30	40～50
11	大便槽			
	≤4 个蹲位	2.50	7.50	100
	>4 个蹲位	3.00	9.00	150
12	小便槽（每米长）自动冲洗水箱	0.17	0.50	—
13	化验盆（无塞）	0.20	0.60	40～50
14	净身器	0.10	0.30	40～50
15	饮水器	0.05	0.15	25～50
16	家用洗衣机	0.50	1.50	50

注：家用洗衣机下排水软管直径为 30 mm，上排水软管内径为 19 mm

2. 设计秒流量

建筑内部排水管道的设计流量是确定各管段管径的依据，因此，排水设计流量的确定应符合建筑内部排水规律。建筑内部排水流量与卫生器具的排水特点和同时排水的卫生器具数量有关，具有历时短、瞬时流量大、两次排水时间间隔长、排水不均匀的特点。为保证最不利时刻的最大排水量能迅速、安全地排放，某排水管段的设计流量应为该管段的瞬时最大排水流量，又称排水设计秒流量。

建筑内部排水设计秒流量有三种计算方法：经验法、平方根法和概率法。按建筑物的类型，我国生活排水设计秒流量计算公式有以下两种：

(1) 住宅、宿舍（Ⅰ、Ⅱ类）、旅馆、宾馆、酒店式公寓、医院、疗养院、幼儿园、养老院、办公楼、商场、图书馆、书店、客运中心、航站楼、会展中心、中小学校教学楼、食堂或营业餐厅等建筑用水设备使用不集中，用水时间长，同时排水百分数随卫生器具数量的增加而减少，其设计秒流量计算公式为

$$q_p = 0.12\alpha\sqrt{N_p} + q_{max} \tag{3.1}$$

式中 q_p——计算管段排水设计秒流量，L/s；

N_p——计算管段的卫生器具排水当量总数；

q_{max}——计算管段上排水量最大的一个卫生器具的排水流量，L/s；

α——根据建筑物用途而定的系数，按表3.8确定。

表3.8 根据建筑物用途而定的系数α值

建筑物名称	集体宿舍、旅馆和其他公共建筑的公共盥洗室和厕所间	住宅、宾馆、医院、疗养院、幼儿园、养老院的卫生间
α值	2.0～2.5	1.5

按上式计算排水量时，若计算所得流量值大于该管段上按所有卫生器具排水流量累加值时，应按该管段所有卫生器具排水流量的累加值作为该管段的排水设计秒流量。

(2) 宿舍（Ⅲ、Ⅳ类）、工业企业生活间、公共浴室、洗衣房、职工食堂或营业餐厅的厨房、实验室、影剧院、体育场馆等建筑的卫生设备使用集中，排水时间集中，同时排水百分数大，其建筑生活排水管道设计秒流量计算公式为

$$q_p = \sum q_0 N_0 b \tag{3.2}$$

式中 q_0——计算管段上同类型的一个卫生器具排水流量，L/s；

N_0——计算管段上同类型卫生器具数；

b——卫生器具同时排水百分数，%，冲洗水箱大便器的同时排水百分数按12%计算，其他卫生器具的同时排水百分数同给水。

按上式计算排水量时，若计算所得小于一个大便器的排水流量时，应按一个大便器的排水流量作为该管段的排水设计秒流量。

3. 按经验确定某些排水管的最小管径

室内排水管的管径和管道坡度在一般情况下是根据卫生器具的类型和数量按经验资料确定其最小管径。

(1) 为防止管道淤塞，室内排水管的管径不得小于50 mm。

(2) 公共食堂、厨房，排泄含大量油脂和泥沙等杂物的排水管管径不宜过小，其管径应比计算管径大一号，但干管管径不得小于100 mm，支管不得小于75 mm。

(3) 医院住院部的卫生间或杂物间内，由于使用卫生器具人员繁杂，而且常有棉花球、纱布碎块、竹签、玻璃瓶等杂物投入各种卫生器具内，因此洗涤盆或污水盆的排水管管径不得小于75 mm。

(4) 小便槽或连接三个及三个以上的小便器排水管，应考虑冲洗不及时而结尿垢的影响，管径不得小于75 mm。

(5) 凡连接有大便器的管段，即使仅有一只大便器，也应考虑其排放时水量大而猛的特点，其最小管径应为 100 mm。

(6) 对于大便槽的排水管，同上道理，管径最小应为 150 mm。

(7) 多层住宅厨房间的立管管径不宜小于 75 mm。

(8) 浴池的泄水管管径宜采用 100 mm。

(9) 建筑底层排水管道与其楼层管道分开单独排出时，其排水横支管管径可按表 3.9 中立管工作高度不大于 2 m 的数值确定。当不分开时，最低排水横支管与立管连接处距排水立管管底垂直距离不得小于表 3.10 的规定。

表 3.9　不通气的生活排水立管最大排水能力

立管工作高度/m	排水能力/（L·s⁻¹）				
	立管管径/mm				
	50	75	100	125	150
≤2	1.00	1.70	3.80	5.00	7.00
3	0.64	1.35	2.40	3.40	5.00
4	0.50	0.92	1.76	2.70	3.50
5	0.40	0.70	1.36	1.90	2.80
6	0.40	0.50	1.00	1.50	2.20
7	0.40	0.50	0.76	1.20	2.00
≥8	0.40	0.50	0.64	1.00	1.40

表 3.10　最低横支管与立管连接处距立管管底的垂直距离

立管连接卫生器具的层数	垂直距离/m
≤4	0.45
5～6	0.75
7～12	1.2
13～19	3.0
≥20	6.0

3.3.2 管网水力计算

1. 横管的水力计算

(1) 水力计算公式。

对于横干管和连接多个卫生器具的横支管，应逐段计算各管段的排水设计秒流量，通过水力计算来确定各管段的管径和坡度。建筑内部横向排水管道按圆管均匀流公式计算：

$$q_p = A \cdot v \tag{3.3}$$

$$v = \frac{1}{n} \cdot R^{\frac{2}{3}} \cdot I^{\frac{1}{2}} \tag{3.4}$$

式中　q_p——计算管段排水设计秒流量，m^3/s；

A——管道在设计充满度的过水断面积，m^2；

v——流速，m/s；

R——水力半径，m；

I——水力坡度；

n——管道粗糙系数。经常采用的铸铁管为 0.013；混凝土管、钢筋混凝土管为 0.013～0.014；钢管为 0.012；塑料管为 0.009。

(2) 设计规定。

为保证管道系统有良好的水力条件，稳定管内气压，防止水封破坏，保证良好的室内环境卫生，在设计计算横支管和横干管时，须满足下列规定。

① 最大设计充满度。管道充满度是指管道内水深 h 与管径 d 的比值。在重力流的排水管中污、废水是在非满流的状态下排除的。管道上部未充满水流的空间的作用是使污、废水散发的有毒、有害气体能自由向空间（或通过通气管道系统）排出；调节排水管道系统内的压力，避免排水管道内产生压力波动，从而防止卫生器具水封的破坏；容纳管道内超设计的高峰流量。建筑内部排水横管的最大设计充满度见表 3.11。

表 3.11　排水横管最大设计充满度

排水管道类型	管径/mm	最大设计充满度
生活排水管道	≤125	0.5
	150～200	0.6
生产废水管道	50～75	0.6
	100～150	0.7
	≥200	1.0
生产污水管道	50～75	0.6
	100～150	0.7
	≥200	0.8

② 管道坡度。生活污水中含有固体杂质，如果管道坡度过小，污水的流速慢，固体杂物会在管内沉淀淤积，减小过水断面积，造成排水不畅或堵塞管道。为此对管道坡度做了规定，建筑内部生活排水管道的坡度有通用坡度（正常情况下采用的坡度）和最小坡度（能使管道中的污废水带走泥沙等杂质而不沉积于管道所要确保的坡度）两种，见表 3.12。一般情况下应采用通用坡度，当横管过长或建筑空间受限制时，可采用最小坡度。标准的塑料排水管件（三通、弯头）的夹角为 91.5°，所以，塑料排水横管的标准坡度均为 0.026。

表 3.12　生活污水排水横管的标准坡度和最小坡度

管 材	管径/mm	坡　度	
		通用坡度	最小坡度
塑料管	50	0.025	0.012 0
	75	0.015	0.007 0
	110	0.012	0.004 0
	125	0.010	0.003 5
	160	0.007	0.003 0
	200	0.005	0.003 0
	250	0.005	0.003 0
	315	0.005	0.003 0
铸铁管	50	0.035	0.025 0
	75	0.025	0.015 0
	100	0.020	0.012 0
	125	0.015	0.010 0
	150	0.010	0.007 0
	200	0.008	0.005 0

③ 最小管径。在计算出横管各管段的设计秒流量 q_p 后，可控制流速 v、充满度 h/d 在允许范围内，由 q_p，v，h/d 这三个参数根据不同管材选用水力计算表，直接查得管径和坡度。为使排水通畅，防止管道堵塞，保障室内环境卫生，建筑内部排水管的管径不能过小，其最小管径应符合以下要求：

a. 建筑物排出管的最小管径不得小于 50 mm。

b. 大便器排水管的最小管径不得小于 100 mm。

c. 下列场所排水横管的最小管径为：

ⅰ. 公共食堂厨房内的污水采用管道排出时，其管径应比计算管径大一号，但干管管径不得小于 100 mm，支管管径不得小于 75 mm。

ⅱ. 医院污物洗涤盆（池）和污水盆（池）的排水管径，不得小于 75 mm。

ⅲ. 小便槽或连接三个及三个以上小便器，其污水支管的管径不宜小于 75 mm。

ⅳ. 浴池的泄水管管径宜为 100 mm。

建筑物底层排水管道与其他楼层管道分开单独排出时，其排水横支管管径可按表 3.13 确定。

表 3.13　无通气的底层单独排出的横支管最大设计排水能力

排水横支管管径/mm	50	75	100	125	150
最大排水能力/（$L\cdot s^{-1}$）	1.0	1.7	2.5	3.5	4.8

注：建筑底部无通气的两层单独排出时，可参照本表执行

④ 自清流速。为使悬浮在污水中的杂质不致沉淀在管道底部，减小过流断面，造成排水不畅甚至堵塞，必须使管中的污水流速确保一个最小流速，该流速称为污水的自清流速。

自清流速应根据污水、废水的成分和所含机械杂质的性质而定。表 3.14 为在设计充满度下各种管道的自清流速。

表 3.14　各种排水管道的自清流速值

污、废水类别	生活污水在下列管径时/mm			明渠（沟）	雨水道及合流制排水管
	$d<150$	$d=150$	$d=200$		
自清流速/（$m\cdot s^{-1}$）	0.6	0.65	0.70	0.40	0.75

2. 立管的水力计算

排水立管的通水能力与管径、系统是否通气、通气的方式和管材有关。不同管径、不同通气方式、不同管材生活排水立管的最大设计排水能力见表 3.15。立管管径不得小于所连接的横支管管径，多层住宅厨房的立管管径不宜小于 75 mm。

表 3.15　生活排水立管最大设计排水能力

排水立管系统类型			最大设计排水能力/（$L\cdot s^{-1}$）				
			排水立管管径/mm				
			50	75	100（110）	125	150（160）
伸顶通气	立管与横支管连接配件	90°顺水三通	0.8	1.3	3.2	4.0	5.7
		45°斜三通	1.0	1.7	4.0	5.2	7.4
专用通气	专用通气管 75 mm	结合通气管每层连接			5.5		
		结合通气管隔层连接		3.0	4.4		
	专用通气管 100 mm	结合通气管每层连接			8.8		
		结合通气管隔层连接			4.8		

续表 3.15

排水立管系统类型			最大设计排水能力/（L·s^{-1}）				
			排水立管管径/mm				
			50	75	100（110）	125	150（160）
主、副通气立管+环形通气管					11.5		
自循环通气	专用通气形式				4.4		
	环形通气形式				5.9		
特殊单立管	混合器				4.5		
	内螺旋管+旋流器	普通型		1.7	3.5		8.0
		加强型			6.3		

注：排水层数在 15 层以上时宜乘系数 0.9

3.4 屋面雨水排水系统

降落在建筑物屋面的雨水和融化雪水，特别是暴雨，会在短时间内形成积水，必须妥善地予以排除，以免造成雨水溢流、屋顶漏水等水患事故，影响人们正常生活和生产活动。屋面雨水排水系统可以有组织、有系统地将屋面积水迅速、及时地排出到室外雨水管渠或地面。

3.4.1 排水方式及设计流态

屋面雨水的排水方式按雨水管道的位置可分为外排水系统和内排水系统。雨水排水系统的选择应根据建筑物的类型、建筑结构形式、屋面面积大小、当地气候条件及声场使用要求等因素确定，经过技术经济比较后选择雨水排水方式。一般情况下，尽量采用外排水系统。

1. 外排水系统

外排水系统是利用屋面檐沟或天沟，将雨水收集并通过立管（雨落水管）排至室外地面或雨水收集装置。外排水系统可分为：檐沟外排水（普通外排水）和天沟外排水。

（1）檐沟外排水（普通外排水）。

一般性的民用建筑、屋面面积较小的公共建筑和单跨工业建筑，多采用檐沟外排水。

檐沟外排水系统由檐沟、雨水斗和立管（雨落水管）组成，如图 3.12 所示。降落到屋面的雨水沿屋面汇集到檐沟流入雨水斗，雨水斗是将屋面雨水导入雨水管的装置。立管（雨落水管）是敷设在建筑物外墙、用于排出屋面雨水的排水立管，它将雨水排至室外地面散水或雨水口。

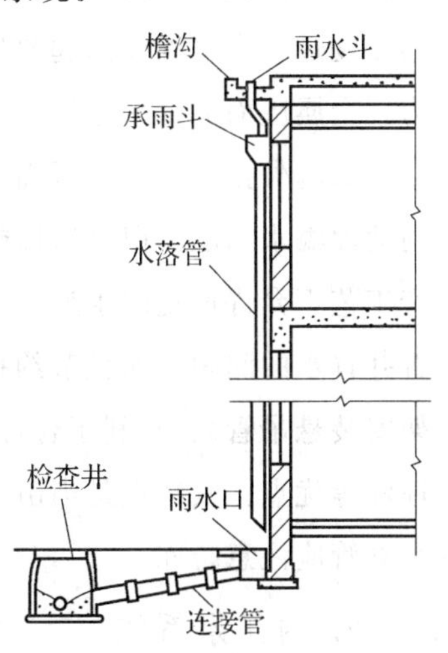

图 3.12 檐沟外排水系统

在民用建筑物中，檐沟多用钢筋混凝土制作，立管（雨落水管）设置的间距，应根据设计地区的降雨量以及一根立管服务的屋面形状、面积计算而定。其间距一般为民用建筑 12～16 m，工业建筑 18～24 m。同一建筑屋面，立管不应少于两根，当其有埋地排出管时应在距地面以上 1 m 处设置检查口，立管应牢固地固定在建筑物的外墙上。立管的设置应尽量满足建筑立面的美观要求。

(2) 天沟外排水。

大型屋面的雨雪水的排除，单纯采用檐沟外排水的方式有时会很不实际，工程实践中常采用天沟外排水的排除方式。

天沟外排水系统由天沟、雨水斗、排水立管及排出管组成，如图 3.13 所示。天沟设置在两跨中间并坡向端墙，雨水斗设在伸出山墙的天沟末端，也可设在紧靠山墙的屋面。雨水斗底部经连接管接至立管，立管沿外墙敷设将雨水排至地面雨水口或连接排出管将雨水排入雨水井。

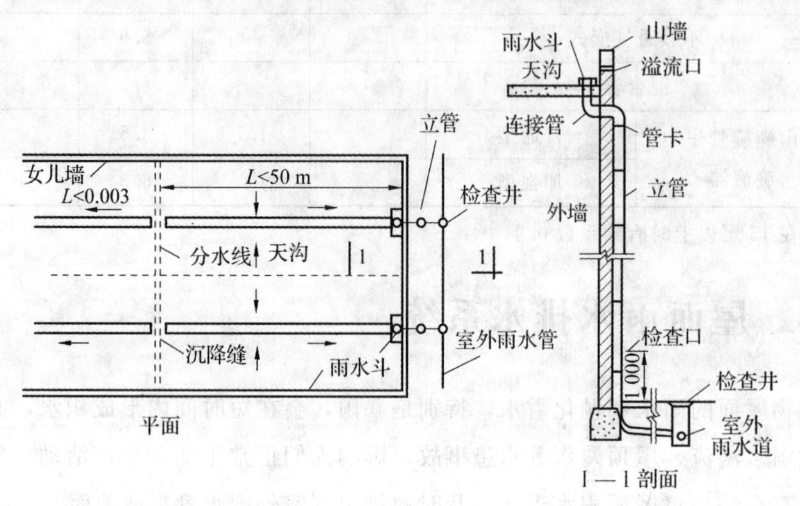

图 3.13 天沟外排水

天沟的排水断面形状多为矩形或梯形。一般天沟布置应以伸缩缝、沉降缝、变形缝为分界线以避免天沟过伸缩缝或沉降缝漏水。天沟的长度应根据当地暴雨强度、建筑物跨度、天沟断面面积等经水力计算确定，一般不超过 50 m。另外为了防止天沟内过量积水，应在山墙部分的天沟末端设置溢流口，溢流口比天沟上檐低 50～100 mm。天沟坡度不宜小于 0.003，一般取 0.005～0.006，天沟坡度过大会增加天沟起始处屋面垫层的厚度，因而增加结构荷载；天沟坡度过小则会降低排水能力。金属屋面的水平金属长天沟可不设坡度。

天沟外排水方式在屋面不设雨水斗、室内无雨水排水管道，不会因施工不当引起屋面漏水或室内地面溢水问题。但是屋面垫层较厚，结构荷载增大。多跨工业厂房屋面的汇水面积大，厂房内生产工艺不允许设置雨水悬吊管（横管）时，可采用天沟外排水方式。该方式不仅能消除厂房内部检查井冒水的问题，而且节约投资、节省金属材料、施工简便（相对于内排水而言不需留洞、不需搭架安装悬吊管）、有利于合理地使用厂房空间和地面以及为厂区雨水系统提供明沟排水或减小管道埋深等优点。其缺点是当由于设计或施工不当时会造成天沟翻水、漏水等问题。寒冷地区的雨水排水立管应注意防冻。

2. 内排水系统

大屋面面积（跨度甚大）的建筑，尤其是屋面有天窗，多跨度、锯齿形屋面或壳形屋面等工业厂房，其屋面面积较大或曲折甚多，采用檐沟外排水或天沟外排水的方式排除屋面雨雪水不能满足时，必须在建筑物内部设置雨水排水系统；对于建筑外立面处理要求较高的建筑也应采用雨水内排水系统；高层大面积平屋面民用建筑，特别是处于寒冷地区的建筑物，均应采用雨水内排水系统。

内排水系统一般由雨水斗、连接管、悬吊管、立管、排出管、埋地干管和附属构筑物（如检查井）等部分组成，如图 3.14 所示。降落到屋面上的雨水，沿屋面流入雨水斗，经连接管、悬吊管、流入立管，再经排出管流入雨水检查井，或经埋地干管排至室外雨水管道。对于某些建筑物，由于受建筑结构形式、屋面面积、生产生活的特殊要求以受当地气候条件的影响，内排水系统可能只有其中的部分组成。

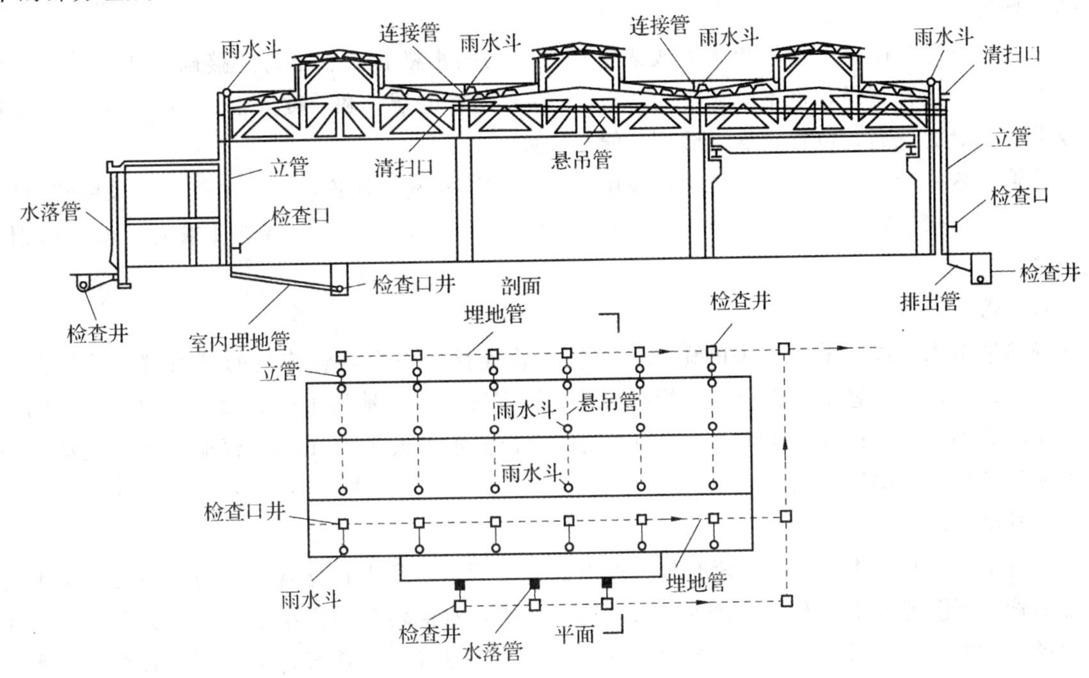

图 3.14　雨水内排水系统

（1）雨水斗。

雨水斗是雨水排水系统中控制屋面排水流态的重要组件，设在天沟或屋面的最低处。不同排水流态、不同排水特征的屋面雨水排水系统应选用相应的雨水斗。实验数据表明：有雨水斗时，天沟水位稳定、水面旋涡较小，水位波动幅度为 1～2 mm，掺气量较小；无雨水斗时，天沟水位不稳定，水位波动幅度为 5～10 mm，掺气量较大。

雨水斗有重力式和虹吸式两类，重力式雨水斗由顶盖、进水格栅（导流罩）、短管等构成，进水格栅既可拦截较大杂物又对进水具有整流、导流作用。虹吸式雨水斗由顶盖、进水格栅、扩容进水室、整流罩（二次进水罩）、短管等组成。为避免在设计降雨强度下雨水斗掺入空气，虹吸式雨水斗设计为下沉式。屋面雨水管道如按压力流设计时，同一系统的雨水斗宜在同一水平面上。

雨水斗的设计排水负荷应根据各种雨水斗的特性，并结合屋面排水条件等情况设计确定，可按表 3.16 选用。

表 3.16　屋面雨水斗的最大泄流量

L/s

雨水斗规格/mm		50	75	100	125	150
重力流排水系统	重力流雨水斗泄流量	—	5.6	10	—	23
	87 型雨水斗泄流量	—	8	12	—	26
满流压力流排水系统	雨水斗泄流量	6～18	12～32	25～70	60～120	100～140

注：满管压力流雨水斗则应根据不同型号具体的产品确定其最大泄流量

在阳台、花台和供人们活动的屋面，可采用无格栅的平箅式雨水斗。平箅式雨水斗的进出口面积比较小，在设计负荷范围内，其泄流状态为自由堰流。

（2）连接管。

连接管是连接雨水斗和悬吊管的一段竖向短管。连接管一般与雨水斗同径，连接管应牢牢固定在建筑物的承重结构上，下端用斜三通与悬吊管连接。

（3）悬吊管。

悬吊管是悬吊在屋架、楼板和梁下或架空在柱上的雨水横管。悬吊管连接雨水斗和排水立管，其管径不小于连接管管径，也不应大于 300 mm。在悬吊管的端头和长度大于 15 m 的悬吊管上设检查口或带法兰盘的三通，位置宜靠近墙柱，便于检修。

连接管与悬吊管、悬吊管与立管间宜采用 45°三通或 90°斜三通连接。悬吊管一般采用塑料管或铸铁管，固定在建筑物的桁架或梁上，在管道可能受震动或生产工艺有特殊要求时，可采用钢管，焊接连接。

（4）立管。

立管接纳雨水斗或悬吊管流来的雨水，与排出管连接。一根立管连接的悬吊管根数不多于两根，立管管径不得小于悬吊管管径。立管宜沿墙、柱安装，在距地面 1 m 处设检查口。立管的立管设计流速不应小于 2.2 m/s，以保证一定的冲刷能力，但不宜大于 10 m/s，以避免雨水流动产生噪声。管材和接口与悬吊管相同。

（5）排出管。

排出管是立管和检查井间的一段有较大坡度的横向管道，负责将立管来的雨水输送到地下管道中。排出管与下游埋地干管在检查井中宜采用管顶平接，水流转角不得小于 135°。其管径不得小于立管管径，考虑到降雨过程中常常有超过设计重现期的雨量或水流掺气占去一部分容积，雨水排出管设计时应放大管径，其出口水流速度不宜大于 1.8 m/s，当其出口水流速度大于 1.8 m/s 时，应采取消能措施。

（6）埋地管。

埋地管敷设于室内地下，承接立管的雨水，并将其排至室外雨水管道。埋地管最小管径为 200 mm，最大不超过 600 mm。埋地管一般采用混凝土管、钢筋混凝土管或陶土管，管道坡度按生产废水管道最小坡度设计。

（7）附属构筑物。

附属构筑物用于埋地雨水管道的检修、清扫和排气，主要有检查井、检查口井和排气井。检查井适用于敞开式内排水系统，设置在排出管与埋地管连接处，埋地管转弯、变径及超过 30 m 的直线管路上。检查井井深不小于 0.7 m，井内采用管顶平接，井底设高流槽，流槽应高出管顶 200 mm。埋地管起端几个检查井与排出管间应设排气井。水流从排出管流入排气井，与溢流墙碰撞消能，流速减小，气水分离，水流经格栅稳压后平稳流入检查井，气体由排气管排出。密闭式内排水系统的埋地管上设检查口，将检查口放在检查井内，便于清通检修，称检查口井。

3. 混合式雨水排水系统

当建筑物的屋面组成部分较多、形式较为复杂时，或对于工业厂房各个组成部分屋面工艺要求不同时，屋面的雨雪水若只采用一种方式排除不能满足要求，可以将上述几种不同的方式组合，来排除屋面雨雪水。这种形式称混合式雨水排水系统。

4. 屋面雨水排水管道的设计流态

按屋面雨水排水系统的设计流态可分为重力流雨水排水系统和满管压力流雨水排水系统。重力流排水系统采用重力流雨水斗或 87 式雨水斗，满管压力流排水系统应采用满管压力流专用雨水斗。

当屋面汇水面积较小、雨水排水立管也不受建筑构造等条件限制时，宜采用重力流排水；当屋面汇水面积较大，且可敷设雨水排水立管的位置很少，往往需要将多个雨水斗接至一根雨水立管中，此时为了提高立管的宣泄能力应采用满管压力流排水。

檐沟外排水和高层建筑屋面的雨水排水宜按重力流设计；而天沟外排水由于排水立管数量少，其雨水排水宜采用满管压力流设计；工业厂房、库房、公共建筑的大型屋面的雨水排水宜按满管压力流设计。

3.4.2 屋面设计雨水量

屋面雨水排水系统雨水量的大小是设计计算雨水排水系统的依据，其值与该地暴雨强度 q、汇水面积 F 以及径流系数 ψ 有关。

1. 设计暴雨强度

《室外排水设计规范》中规定，我国采用的暴雨强度公式的形式为

$$q=\frac{167A(1+c\lg p)}{(t+b)^n} \tag{3.5}$$

式中 q——设计暴雨强度，L/（s·hm²）；

p——设计重现期，a；

t——降雨历时，min；

A,c,b,n——地方参数（待定参数），根据统计方法进行计算确定。

由上述公式可以看出，设计暴雨强度主要与设计重现期 p 和屋面集水时间 t 两个参数有关。设计重现期应根据建筑物的重要程度、气象特征确定，一般性建筑物取 2～5 a，重要公共建筑物不小于 10 a。由于屋面面积较小，屋面集水时间较短，又因为我国推导暴雨强度公式所需实测降雨资料的最小时段为 5 min，所以屋面集水时间按 5 min 计算。

2. 汇水面积

屋面雨水汇水面积较小，一般按“m²”计。对于有一定坡度的屋面，雨水汇水面积应按屋面的水平投影面积计算。降至毗邻侧墙上的雨水，在风力作用下会倾斜降落至下方的屋面或地面。因此，毗邻侧墙下方的屋面或地面，在计算其雨水量时除了考虑屋面自身的雨水汇水面积外，还应附加侧墙（最大受雨面）上承接的雨水量。高出屋面的毗邻侧墙，应附加其最大受雨面正投影的 1/2 计入有效汇水面积。窗井、贴近高层建筑外墙的地下汽车库出入口坡道，应附加其高出部分侧墙面积的 1/2。同一汇水区内高出的侧墙多于一面时，按有效受水侧墙面积的 1/2 折算汇水面积。

3. 雨水量计算公式

雨水设计流量按下式计算：

$$Q=\frac{\psi F_w q_j}{10\ 000} \tag{3.6}$$

式中 Q——设计雨水流量，L/s；

F_w——屋面汇水面积，m²；

q_j——当地降雨历时为 5 min 的暴雨强度，L/（s·hm²）；

ψ——径流系数，屋面取 0.9。

由于降雨本身的规律性不是很强，雨水管道设计计算公式是根据长期积累的气象资料，进行数据统计分析得到的，公式中采用的一些参数，如设计重现期、降雨历时、径流系数等都带有一定的经验性。因此，进行工程设计时应参照一些经验来确定设计参数。

3.4.3 溢流设施

如前所述，建筑屋面雨水排水管道的设计排水能力是依据屋面设计雨水量确定的，当实际雨水量超过设计重现期内的设计雨水量时，管道系统的设计排水能力不足以排泄屋面汇集的雨水量。为保证建筑安全，建筑屋面雨水排水工程还应设置溢流口或溢流堰、溢流管等溢流设施，以承担超过

设计重现期的那部分雨水量。即屋面雨水应由雨水排水管道系统和溢流设施共同承担。一般建筑的重力流屋面雨水排水工程与溢流设施的总排水能力不应小于10 a重现期的雨水量。重要公共建筑、高层建筑的屋面雨水排水工程与溢流设施的总排水能力不应小于50 a重现期的雨水量。

溢流口的孔口尺寸可按下式近似计算：

$$Q = mb\sqrt{2g}\cdot h^{\frac{3}{2}} \tag{3.7}$$

式中 Q——溢流设施承担的溢流设计雨水量，L/s；

b——溢流口宽度，m；

h——溢流孔口高度，m；

m——流量系数，取385；

g——重力加速度，m/s^2，取9.81。

溢流排水不得危害建筑设施和行人安全。

3.4.4 外排水系统设计及计算

1. 檐沟外排水（宜按重力无压流系统设计）

设计计算步骤如下：

(1) 根据屋面坡度和建筑物立面要求，布置立管。

(2) 计算每根立管的汇水面积。

(3) 按公式（3.6）计算每根立管的泄水量。

(4) 檐沟外排水宜按重力流设计，按表3.12选择雨水斗；立管按其设计雨水量根据表3.14确定，且不宜小于75 mm。

2. 天沟外排水（宜按满管压力流系统设计）

天沟外排水设计计算有以下两种情况：

一种是已知天沟长度、形状、几何尺寸、坡度、材料和汇水面积，校核天沟的排水能力是否满足收集雨水量要求。其设计计算步骤如下：

(1) 计算天沟的过水断面积 A。

(2) 计算天沟内水流流速 v。

(3) 计算每条天沟允许通过的流量 $Q_{允}$。

(4) 计算每条天沟的汇水面积 F。

(5) 由 $Q_1 \geqslant Q$，求5 min的暴雨强度 q_5。

(6) 计算重现期 $p_{计}$，若计算重现期 $p_{计}$ 大于等于设计重现期 $p_{设}$，说明天沟尺寸能满足屋面雨水排水的要求；若计算重现期 $p_{计}$ 小于等于设计重现期 $p_{设}$，则需要增大天沟几何尺寸，即增大天沟过水断面积，重新计算校核重现期。

另一种是根据天沟长度、坡度、材料、汇水面积和设计重现期，确定天沟形状和几何尺寸。设计步骤如下：

(1) 确定分水线求每条天沟的汇水面积 F。

(2) 计算5 min的暴雨强度 q_5。

(3) 计算天沟设计流量 $Q_{设}$。

(4) 初步确定天沟形状和几何尺寸。

(5) 计算天沟过水断面积 A。

(6) 计算天沟内水流流速 v。

(7) 确定天沟允许通过的流量 $Q_{允}$。

(8) 若天沟的设计流量 $Q_{设}$ 小于等于天沟允许通过的流量 $Q_{允}$，说明天沟尺寸能满足屋面雨水排水的要求；若天沟的设计流量 $Q_{设}$ 大于天沟允许通过的流量 $Q_{允}$，则需要改变天沟的形状和几何尺寸，增大天沟的过水断面积，重新计算。

【例 3.1】 某一般性公共建筑全长 90 m，宽 72 m。利用拱形屋架及大型屋面板构成的矩形凹槽作为天沟，向两端排水。每条天沟长 45 m，宽 0.35 m，积水深度 $H=0.15$ m，天沟坡度 $I=0.006$，天沟表面铺设豆石，粗糙度系数 $n=0.025$。屋面径流系数 $\psi=0.9$，天沟平面布置如图 3.15 所示。根据该地的气象特征和建筑物的重要程度，设计重现期取 4 a，5 min 暴雨强度为 243 L/ (s · hm²)，验证天沟设计是否合理，选用雨水斗，确定立管管径和溢流口的泄流量 [该地区 10 a 重现期的暴雨强度为306 L/ (s · hm²)]。

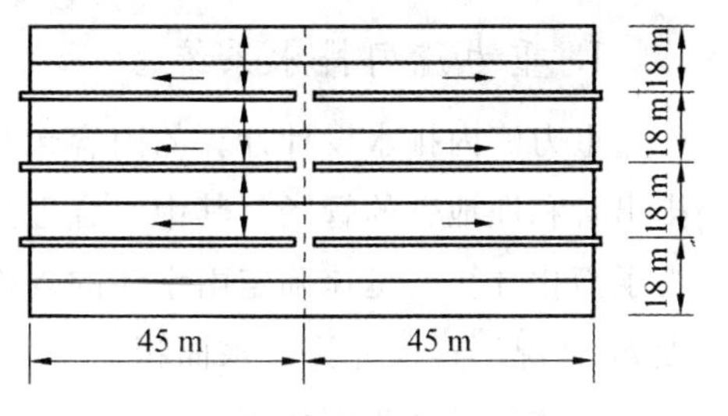

图 3.15 例 3.1 图

解 (1) 天沟过水断面积

$$A=B\cdot H=0.35\times0.15=0.0525\ (\mathrm{m}^2)$$

(2) 天沟的水力半径

$$R=\frac{A}{B+2H}=\frac{0.0525}{0.35+2\times0.15}=0.081\ (\mathrm{m})$$

(3) 天沟的水流速度

$$v=\frac{1}{n}\cdot R^{2/3}\cdot I^{1/2}=\frac{1}{0.025}\times0.081^{\frac{2}{3}}\times0.006^{\frac{1}{2}}=0.58\ (\mathrm{m/s})$$

(4) 天沟允许泄流量

$$Q_{允}=A\cdot v=0.0525\times0.58=0.03045\ (\mathrm{m^3/s})=30.45\ (\mathrm{L/s})$$

(5) 每条天沟的汇水面积

$$F=45\times18=810\ (\mathrm{m}^2)$$

(6) 天沟的雨水设计流量

$$Q_{设}=\frac{\psi F_{w}q_5}{10\,000}=\frac{0.9\times810\times243\times1.5}{10\,000}=26.55\ (\mathrm{L/s})$$

$Q_{允}>Q_{设}$，满足要求。

(7) 雨水斗的选用

按重力流设计，选用 150 mm 87 式雨水斗，最大允许泄流量为 26 L/s，满足要求。

(8) 立管选用

按每根立管的雨水设计流量 26.55 L/s，立管可选用 150 mm，所以，雨落水管选用 150 mm。

(9) 溢流口计算

10 a 重现期的雨水量

$$Q_{设}=\frac{\psi F_{w}q_5}{10\,000}=\frac{0.9\times810\times306\times1.5}{10\,000}=33.47\ (\mathrm{L/s})$$

在天沟末端山墙上设溢流口，溢流口宽取 0.35 m，堰上水头取 0.15 m，溢流口排水量为

$$Q=mb\sqrt{2g}\cdot h^{\frac{3}{2}}=385\times0.35\times\sqrt{2\times9.81}\times0.15^{\frac{3}{2}}=34.67\ (\mathrm{L/s})$$

溢流口排水量大于 10 a 重现期时的雨水量 33.47 L/s，即使雨水斗和雨落水管被全部堵塞，也能满足溢流要求，不会造成屋面积水现象。

3.4.5 内排水系统设计及计算

1. 重力流内排水系统

重力流内排水设计计算的内容包括选择布置雨水斗，布置并计算确定连接管、悬吊管、立管、排出管和埋地管的管径。其中，合理选择雨水斗的规格，确定雨水斗的具体位置和数量十分重要。为了简化计算，迅速确定雨水斗的规格和数量，将雨水斗的最大允许泄流量换算成不同小时降雨厚度 h_5 情况下最大允许汇水面积。

具体的设计步骤如下：

(1) 根据建筑物内部墙、梁、柱的位置，屋面的构造和坡度确定分水线，将屋面划分为几个系统，确定立管的数量和位置。

(2) 根据各个系统的汇水面积，确定雨水斗的规格和数量。

(3) 确定连接管管径，连接管管径与雨水斗出水管管径相同。对于单斗系统，悬吊管、立管、排出横管的管径均与连接管管径相同。

(4) 计算悬吊管连接的各雨水斗流量之和，确定（重力流）或计算（重力有压流）水力坡度，确定悬吊管的管径，悬吊管的管径宜保持不变。

(5) 计算立管连接的雨水斗泄流量之和，查立管最大允许泄流量表确定立管管径，当立管只连接一根悬吊管时，因立管管径不得小于悬吊管管径，所以立管管径与悬吊管管径相同。

(6) 排出管管径一般与立管管径相同，如果为了改善整个雨水排水系统的泄水能力，排出管也可以比立管放大一级管径。

(7) 计算埋地干管的设计排水量，确定（重力流）或计算（重力有压流）水力坡度，为保障排水通畅，埋地管坡度应不小于0.003，确定埋地横干管的管径。

【例 3.2】 某多层建筑雨水内排水系统如图 3.16 所示，每根悬吊管连接 3 个雨水斗。雨水斗顶面至悬吊管末端几何高差为 0.6 m，每个雨水斗的实际汇水面积为 378 m²。设计重现期为 2 a，该地区 5 min降雨强度为 401 L/(s·hm²)。选用 87 式雨水斗，采用密闭式排水系统，设计该建筑雨水内排水系统。

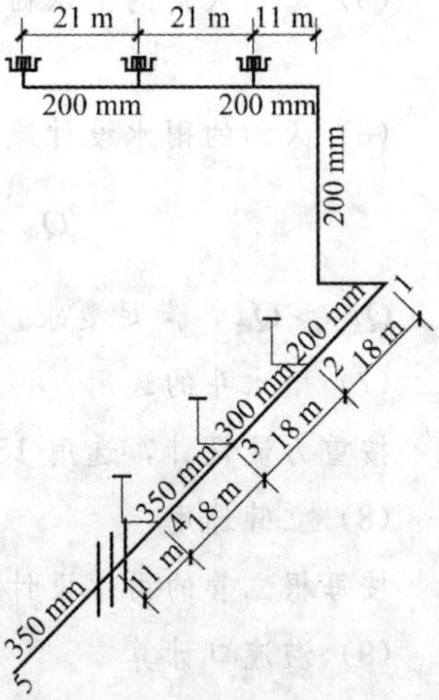

图 3.16 内排水系统计算草图

解 (1) 雨水斗的选用

该地区 5 min 降雨历时的小时降雨深度为

$$h_5 = 401 \times 0.36 = 144.36\ (\text{mm/h})$$

选用口径 D_1 =100 mm 的 87 式雨水斗，每个雨水斗的泄流量为

$$Q_1 = \frac{\psi F_w q_5}{10\ 000} = \frac{0.9 \times 378 \times 401}{10\ 000} = 13.64\ (\text{L/s})$$

(2) 连接管管径 D_2 与雨水斗口径相同，$D_2 = D_1 = 100$ mm

(3) 悬吊管设计

每根悬吊管设计排水量为

$$Q_2 = 3 \times Q_1 = 3 \times 13.64 = 40.92\ (\text{L/s})$$

悬吊管的水力坡度为

$$I_X = \frac{h + \Delta h}{L} = \frac{0.5 + 0.6}{21 \times 2 + 11} = 0.021$$

查悬吊管水力计算表，悬吊管管径 D_3 = 200 mm，悬吊管不变径。

(4) 立管只连接一根悬吊管，立管管径 D_4 与悬吊管管径相同，$D_4 = D_3 = 200$ mm。

(5) 排出管管径 D_5 与立管相同，$D_5 = D_4 = 200$ mm。

(6) 埋地干管按最小坡度 0.003 铺设，埋地干管总长为

$$L = 18 \times 3 + 11 = 65\ (\mathrm{m})$$

埋地干管的水力坡度为

$$I_g = \frac{h + \Delta h}{L} = \frac{1 + 65 \times 0.003}{65} = 0.018$$

埋地干管选用混凝土排水管，查满流横管水力计算表，管段 1—2 的管径与立管相同为 200 mm，管段 2—3 的管径为 300 mm，管段 3—4 和 4—5 的管径均为 350 mm。

2. 满管压力流（虹吸式）雨水系统设计计算步骤

(1) 设计规定。

为了保障满管压力流雨水系统能够维持正常的压力流排水状态，其必须符合以下规定：

① 满管压力流屋面雨水排水系统的设计计算，管道的沿程水头损失 h_f 按海澄—威廉公式计算。管道的局部水头损失 h_j 可按管件逐个计算，或按管件当量长度法计算。

② 在满管压力流屋面雨水排水系统中，悬吊管虽是按满管压力流状态设计的，但是在降雨初期悬吊管中雨水量较少，仍呈重力流（非满流）流态。此时，其排水动力是雨水斗出口到悬吊管中心线高差形成的水力坡度。为保证悬吊管在降雨初期排水通畅，悬吊管中心线与雨水斗出口的高差宜大于 1 m，在水力计算时应复核是否满足流速等要求。

③ 在确定了各管段管径后还应进行压力校核计算，以确认设计值应具备形成满管压力流的条件。

(2) 计算步骤与方法。

① 划分屋面雨水汇集区，确定汇水面积并计算设计雨水量 Q。

② 按各区的设计雨水量 Q，选定雨水斗的口径和数量。布置雨水斗、悬吊管及立管等。

③ 绘制各管系的水力计算草图，并进行节点编号、标注各管道长度及标高等。

④ 估算最不利计算管段的单位等效长度的水头损失 R_0：

$$R_0 = \frac{9.81 H_0}{L_0} \tag{3.8}$$

式中 R_0——最不利计算管段的单位等效长度的水头损失，kPa/m；

$9.81H_0$——系统可利用的最大压力，kPa；

L_0——最不利计算管段的等效长度，m。

金属管：$L_0 = (1.2 \sim 1.4)L$，塑料管：$L_0 = (1.4 \sim 1.6)L$（L 为设计管长）。

⑤ 估算悬吊管的单位等效长度的水头损失 $R_{悬吊管}$：

$$R_{悬吊管} = \frac{P_{max}}{L_{悬吊管-0}} \tag{3.9}$$

式中 $R_{悬吊管}$——悬吊管的单位等效长度的水头损失，kPa/m；

P_{max}——最大允许负压值，kPa；

$L_{悬吊管-0}$——悬吊管的等效长度，m。

⑥ 初步确定管径：按悬吊管的排水设计流量、最小允许流速（1 m/s）和不大于 $R_{悬吊管}$ 的规定，初步确定悬吊管的管径；按立管、埋地管各自的排水设计流量、控制流速和不大于 R_0 的规定，初步选定立管、埋地管的管径。立管管径可比悬吊管末端的管径小 1 号。

⑦ 按各管段的流速 v、单位长度水头损失 R 和管件局部阻力系数计算各管段的沿程水头损失 h_f，局部水头损失 h_j，进而得到各管段的水头损失 h。

⑧ 校核不同支路到某一节点的水头损失；校核悬吊管的水头损失；校核系统可利用的最大压力等。

【例 3.3】 某建筑屋面长 100 m，宽 40 m，采用满管压力流排水系统。屋面径流系数取 1.0，设计重现期对应的暴雨强度 q_5 为 370 L/（s·hm²）。管材为内壁涂塑离心排水铸铁管。试计算雨水排水管道系统。

解 ① 屋面汇水面积为：100×40= 4 000（m²）

设计雨水量为：$Q = 370\times4\,000\times1.0/10\,000 = 148$（L/s）

② 选用满管压力流雨水斗，1 个 100 mm 雨水斗的泄流量为 25 L/s，所需雨水斗的数量为 $N = 148/25 = 5.92$，取 6 个。雨水斗及管道平面布置如图 3.17 所示。

③ 绘制各管系的水力计算草图，如图 3.18 所示。

④ 估算最不利计算管段的单位等效长度的水头损失 R_0：

$H_0 = 1.5 + 14 + 1.3 = 16.8$（m）

$L_0 = 1.2L = 1.2\times(1.5 + 3 + 15 + 15 + 5 + 14 + 1.3 + 8) = 75.36$（m）

代入得 $R_0 = 2.19$ kPa/m

⑤ 估算悬吊管的单位等效长度的水头损失 $R_{悬吊管}$：

$L_{悬吊管-0} = 1.4L_{悬吊管} = 1.4\times(3 + 15 + 15 + 5) = 53.2$（m）

代入得 $R_{悬吊管} = 1.50$ kPa/m

⑥ 初步确定各管段的管径：悬吊管各管段的设计泄流量见表 3.17，按 v 不小于 1 m/s，R 小于 $R_{悬吊管}$ 的规定，初步确定悬吊管的管径。

立管的设计泄流量见表 3.17，按 v 不小于 2.2 m/s 且不大于 10 m/s，R 小于 R_0 的规定初步确定立管的管径。

排出管的设计泄流量见表 3.17，按 v 不大于 1.8 m/s，R 小于 R_0 的规定，初步确定其管径。

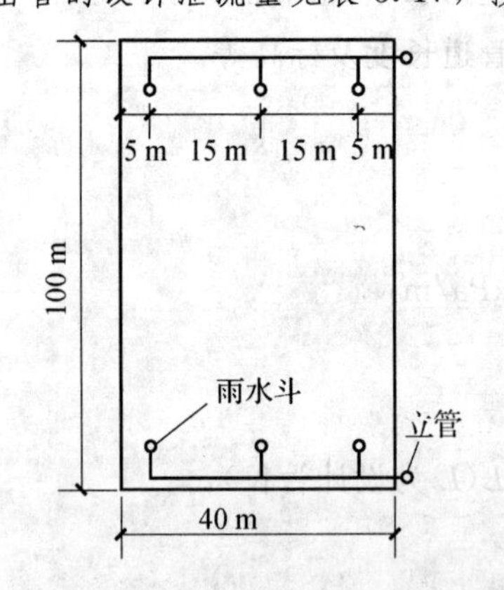

图 3.17 例 3.3 雨水斗及管道平面布置图

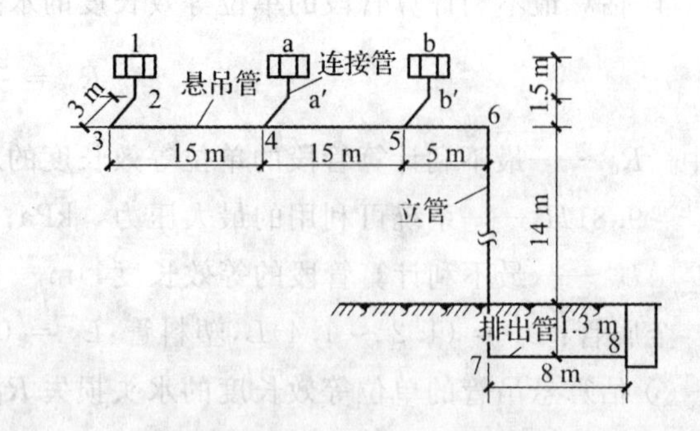

图 3.18 例 3.3 管道系统图

⑦ 根据 R，L 计算各管段的沿程水头损失 h_f，根据管件局部阻力系数、流速 v 便可计算出各管段的局部水头损失 h_j，h_f 与 h_j 之和为计算管段的总水头损失 h；累加得到各节点上游管段水头损失之和 $\sum h$。

⑧ 校核悬吊管的水头损失、系统可利用的最大压力及不同支路到某一节点的水头损失。

计算数据见表 3.17。

表 3.17 例 3.3 水力计算表

管段	L/m	Q/(L·s^{-1})	d/mm	v/(m·s^{-1})	R/(kPa·m^{-1})	h_f/kPa	ζ	h_j	$h_总$	$\sum h_总$	校核计算
1—2	1.5	25	100	3.25	1.75	2.63	5.9	3.18	5.80	5.80	
2—3	3	25	125	2.07	0.585	1.76	0.3	0.07	1.82	7.62	$\sum h_{悬吊管}=20.90$(kPa)(符合要求)
3—4	15	25	150	1.44	0.24	3.60	0.5	0.05	3.65	11.27	$\sum h_总=56.57$(kPa)
4—5	15	50	150	2.87	0.85	12.75	0.5	0.21	12.96	24.23	$\sum h_总+v_{出口}^2/2=56.57+0.12=56.69$(kPa)
			200	2.61	0.21	3.15		0.07	3.22	14.49	$9.81H_0=9.81\times16.8=164.81$(kPa)(满足)
5—6	5	75	200	2.42	0.445	2.23	0.8	0.24	2.46	26.70	节点 4：$\sum h_{1-4}=11.27$(kPa) $\sum h_{a-4}=11.21$(kPa)(符合)
										16.95	节点 5：$\sum h_{1-5}=24.43$(kPa) $\sum h_{a-5}=h_{a-4}+h_{4-5}=24.17$(kPa)
6—7	15.3	75	150	4.31	1.81	27.69	0.8	0.76	28.45	55.15	$\sum h_{b-5}=11.21$(kPa)(不符合)
										45.40	节点 6：$\sum h_{1-6}=26.70$(kPa)
7—8	8	75	250	1.54	0.15	1.20	1.8	0.22	1.42	56.57	$\sum h_{a-6}=h_{a-4}+h_{4-5}+h_{5-6}=26.63$(kPa) $\sum h_{b-6}=h_{b-5}+h_{5-6}=13.67$(kPa)(不符合)
										46.82	放大管段 4—5 的管径后结果见下一格中数据：
a—a′	1.5	25	100	3.25	1.75	2.63	5.9	3.18	5.80	5.80	节点 5：$\sum h_{1-5}=14.49$(kPa)；$\sum h_{a-5}=14.43$(kPa)；
a′—4	3	25	100	3.25	1.75	5.25	0.3	0.16	5.41	11.21	$\sum h_{b-5}=11.21$(kPa)(符合)
b—b′	1.5	25	100	3.25	1.75	2.63	5.9	3.18	5.80	5.80	节点 6：$\sum h_{1-6}=16.95$(kPa)；$\sum h_{a-5}=16.89$(kPa)；
b′—5	3	25	100	3.25	1.75	5.25	0.3	0.16	5.41	11.21	$\sum h_{b-5}=13.67$(kPa)(符合)

3.4.6 管道材料、布置敷设及集水池、排水泵

1. 屋面雨水排水管材

(1) 重力流排水系统多层建筑宜采用建筑排水塑料管。高层建筑宜采用耐腐蚀的金属管和承压塑料管。高层建筑屋面雨水排水虽然是按重力流设计，但是当屋面雨水排水管系和溢流设施的设计排水能力不能排除超过设计重现期的雨水量时，屋面仍会出现积水、雨水斗前水深加大、重力流排水管系转为满管压力流状态。因此，对高层建筑屋面的雨水排水管道应有承压要求。

(2) 满管压力流排水系统宜采用内壁较光滑的带内衬的承压排水铸铁管、承压塑料管和钢塑复合管等，其管材工作压力应大于建筑物净高度产生的静水压。用于满管压力流排水的塑料管，其管材抗环变形外压力应大于 0.15 MPa。

2. 屋面雨水排水管道的布置与敷设

寒冷地区，雨水立管宜布置在室内。建筑屋面各汇水范围内，雨水排水立管不宜少于两根。雨水排水管的转向处宜做顺水连接。雨水管应牢固地固定在建筑物的承重结构上。雨水排水管系应根据管道直线长度、工作环境、选用管材等情况设置必要的伸缩装置。

有埋地排出管的屋面雨水排出管系，雨水排水立管底部宜设检查口。重力流雨水排水系统中，长度大于 15 m 的雨水悬吊管应设检查口，其间距不宜大于 20 m。检查口的位置应便于清通、维修操作。

3. 高层建筑裙房、阳台的雨水排水管道设计要求

(1) 高层建筑通常采用内排水方式，其裙房屋面的雨水应单独排放，以避免高层屋面的雨水从裙房屋面溢出。

(2) 为防止屋面雨水从阳台溢出，高层建筑阳台雨水系统应单独设置，多层建筑阳台雨水宜单独设置。为防止阳台地漏返臭，阳台雨水立管底部应间接排水。当生活阳台设有生活排水设备及地漏时，可不另设阳台雨水排水地漏。

4. 集水池与雨水排水泵

(1) 集水池。

下沉式广场地面排水、地下车库出入口的明沟排水，应设置雨水集水池和排水泵，将雨水提升排至室外检查井。下沉式广场地面雨水集水池的有效容积，不应小于最大一台排水泵 30 s 的出水量。

地下车库出入口的明沟排水集水池的有效容积，不应小于最大一台排水泵 5 min 的出水量。

(2) 雨水排水泵。

雨水排水泵的流量应按排入集水池的设计雨水量确定。雨水排水泵不应少于两台，不宜大于八台，紧急情况下可同时使用。雨水排水泵应有不间断的动力供应。

【重点串联】

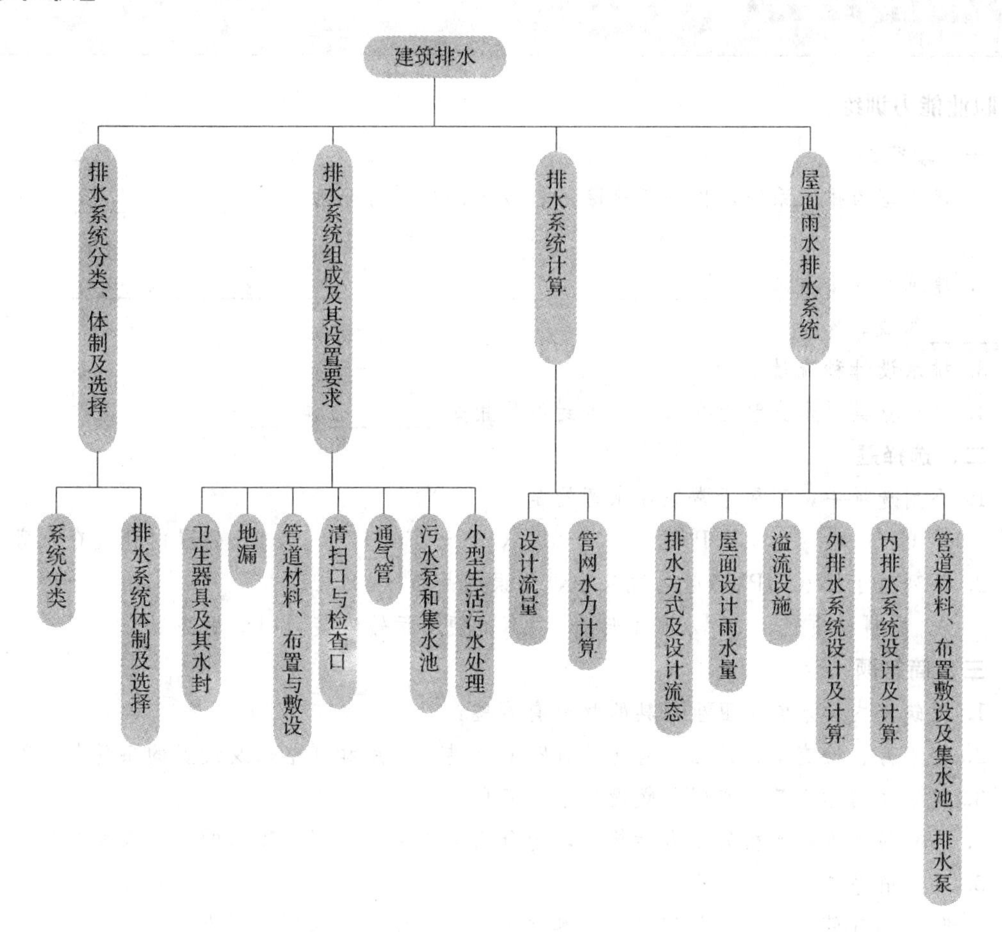

【知识链接】

1.《建筑给水排水设计规范》(GB 50015—2003)(2009 年版);
2.《建筑与小区雨水利用工程技术规范》(GB 50400—2006);
3.《地表水环境质量标准》(GB 3838—2002);
4.《生活饮用水卫生标准》(GB 5749—2006);
5.《建筑设计防火规范》(GB 50016—2006);
6.《高层民用建筑设计防火规范》(GB 50045—95)(2005 年版);
7.《自动喷水灭火系统设计规范》(GB 50084—2001)(2005 年版);
8.《建筑工程施工质量验收统一标准》(GB 50300—2001);
9.《饮用净水水质标准》(CJ 94—2005);
10.《室外排水设计规范》(GB 50014—2006)(2011 年版);
11.《海水水质标准》(GB 3097—1997);
12.《医疗机构水污染物排放标准》(GB 18466—2005);
13.《声环境质量标准》(GB 3096—2008);
14.《民用建筑隔声设计规范》(GB 50118—2010);
15.《住宅设计资料集》编委会．住宅设计资料集．北京：中国建筑工业出版社，1999;
16. 中国给水排水网，*http*：*//www.cgpsw.com/*;
17. 土木工程网，*http*：*//gps.civilcn.com/*。

拓展与实训

职业能力训练

一、填空题

1. 建筑室内排水系统，根据所排除污、废水的性质可分为________、________和________。

2. 建筑室内排水系统由________、________、________、________、________、和________组成。

3. 排水设计秒流量是指________。

4. 卫生器具排水支管上存水弯中水封的作用是________和________。

二、选择题

1. 下列选项中，不属于常见存水弯的是（　　）。

A. U形　　B. P形　　C. S形　　D. 外置内补气存水弯

2. 下列关于排水UPVC管的说法中，错误的是（　　）。

A. 塑料材质轻　　B. 水利条件好　　C. 便于运输安装　　D. 耐高温

三、简答题

1. 建筑室内排水常用卫生器具的材料有哪些？

2. 存水弯、检查口、清扫口有哪几种？其构造、作用和规格以及设置的条件如何？

3. 建筑室内排水管道布置与敷设要求有哪些？

4. 在建筑室内排水横管水力计算中，为什么充满度、坡度、流速的大小有所规定？

5. 通气管系统作用是什么？

6. 伸顶通气管的管径应如何确定？其伸出屋面高度应考虑哪些因素？

7. 简述化粪池的基本原理及其设置位置基本要求。

工程模拟训练

某12层住宅楼，每户卫生间设有1个坐便器、1个浴盆和1个洗脸盆，采用合流制排水。1层单独排水，2～12层采用1个排水立管系统。卫生器具的排水当量和排水量分别为：坐便器$N=5.5$，$q=2.5$ L/s；浴盆$N=3$，$q=1.5$ L/s；洗脸盆$N=0.75$，$q=0.30$ L/s。该排水立管最下部管段的设计秒流量是多少？

模块 4

建筑热水及饮水供应

【模块概述】

本章主要目的在于使学生了解建筑内部热水及饮水供应过程中所涉及的基本概念、基本原理、常用设备、设计内容及设计步骤等，指导和帮助学生进行毕业设计及今后从事相关设计工作。考虑到学生的接受能力及毕业设计的特点，特别是针对目前国家标准、规范的大量更新而教材尚未及时修订的状况，本章在阐述建筑内部热水及饮水供应工程设计的基本原理之余，适当地介绍了新标准、新规范、新材料与新技术，提供了一些工程设计的必备资料和基础数据。

【知识目标】

1. 了解热水供应系统分类、组成及供水方式；
2. 熟悉加（贮）热设备的类型、适用条件及选择原则；
3. 熟悉热水供应系统附件及管道布置敷设与保温；
4. 掌握热水供应系统计算；
5. 了解饮水供应。

【技能目标】

1. 具备进行不同类型热水供应系统及相应设备装置的适用范围分析和优化选择能力；
2. 具备热水供应系统第一循环管网水力计算、第二循环管网水力计算的计算能力。

【课时建议】

8～10 课时

工程导入

建筑热水供应系统设计的主要内容有：热水温度的确定；热水用量的计算；加热方式的选择；热水系统给水方式的确定；加热设备的容积计算和型号的确定；热水管道的水力计算及所需水压的计算；热水附属设备的确定及选择、热水系统图纸的绘制及热水管道及设备施工要求。具体设计步骤如下：

（1）确定热水用水定额、时变化系数，冷、热水计算温度，热水供应时间。选择热媒，确定加热方式和加热设备。

（2）根据水质和水量判定是否需要进行水质处理。

（3）进行热水用量、耗热量、热媒耗量的计算。

（4）进行加热器容积计算，确定加热器规格、数量，进行加热器热交换面积的计算，确定换热管的规格、数量，进行加热器水头损失的计算。水管网的水力计算，包括配水管网的水力计算和循环管网的水力计算，确定配水管路和回水管路的管径、配水管路的水头损失。

（5）进行循环管路的水力计算，计算出管路的热损失、循环流量，复核各管段的终点水温，计算循环管网的总水头损失，选择循环方式及设备。

4.1 热水供应系统分类、组成

4.1.1 热水供应系统的分类

1. 按热水系统供应范围分类

建筑内部热水供应系统可按热水供应范围大小进行分类，分为局部热水供应系统、集中热水供应系统和区域热水供应系统。

（1）局部热水供应系统。

采用各种小型加热器在用水场所附近就地加热，供局部范围内的一个或几个用水点使用的热水系统。例如小型燃气热水器、电热水器、太阳能热水器等。其特点在于：热水输送管道短，热损失小；系统简单，设备造价低；维护管理方便、灵活，改建容易。但其热效率低，制水成本较高；每个用水场所均需设加热装置，占用建筑总面积较大。

（2）集中热水供应系统。

在锅炉房、热交换站或加热间将水集中加热后，通过热水管网输送到一幢或几幢建筑的热水系统。适用于热水用量较大，用水点较集中的建筑，如旅馆、医院、企业建筑等。其特点在于：设备集中设置，便于维护管理；热效率较高，成本较低；占用面积较少，使用较为方便舒适。但其系统较为复杂，建筑投资较大；管网较长，热损失较大；改扩建困难。

（3）区域热水供应系统。

在热电厂、区域性锅炉房将水集中加热后，通过市政热力管网输送至热水系统。适用于建筑群较集中、热水用量较大的用户。其特点在于：便于集中维护管理和热能的综合利用；热效率高，成本低；设备总容量小，占用面积少；使用方便舒适，保证率高。但系统复杂，建设投资高；需要较高的维护管理水平；改扩建困难。

2. 按热水管网的循环方式分类

建筑内部热水供应系统可按热水管网的循环方式进行分类，分为全循环管网、半循环管网、非循环管网，如图 4.1 所示。

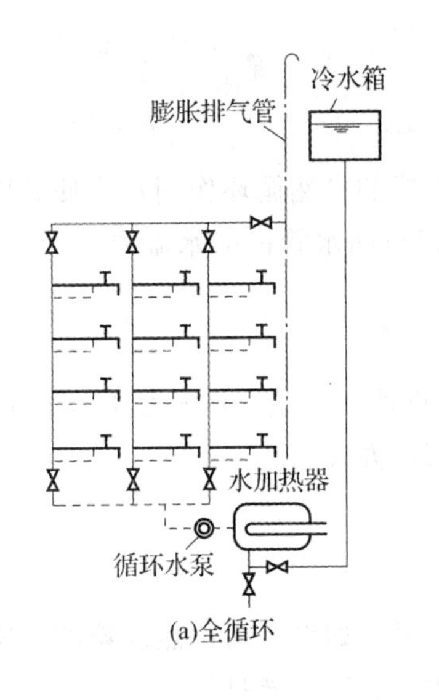

(a)全循环

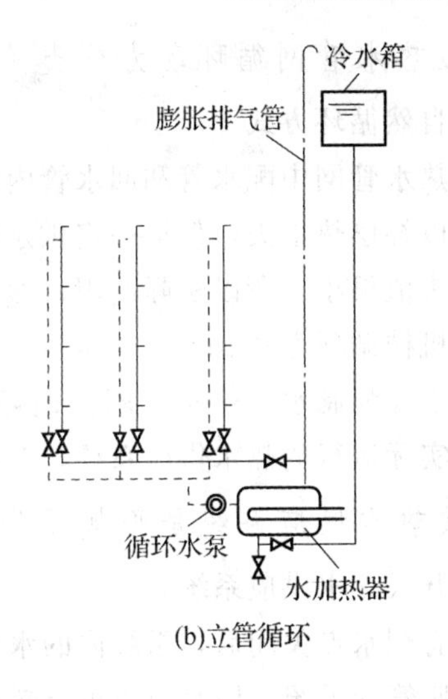

(b)立管循环

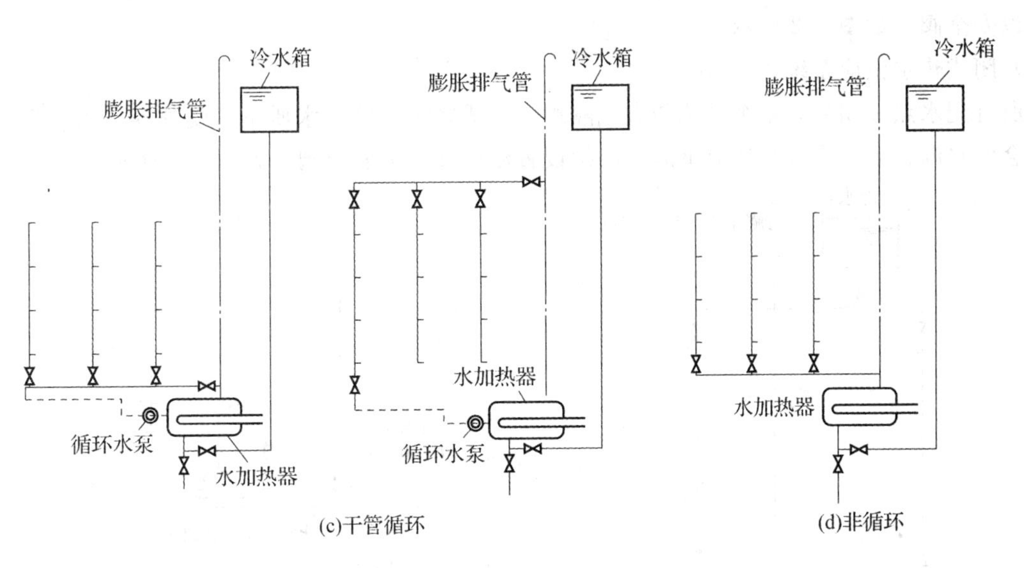

(c)干管循环

(d)非循环

图 4.1　循环方式

（1）全循环管网。

所有配水干管、立管和分支管都设有相应回水管道，可以保证配水管网任意点水温。适用于要求能随时获得设计温度热水的建筑，如旅馆、高层民用建筑、医院、托儿所等。

（2）半循环管网。

仅热水干管设有回水管道，只能保证干管中的设计温度。适用于对水温要求不严格，支管、分支管较短，用水较集中的建筑，如某些企业的生产和生活用水等。

（3）非循环管网。

不设回水管道的热水管网。适用于连续用水的建筑，如工业企业的生产用热水等。

3. 按热水管网运行方式分类

（1）全天循环方式。

全天循环即全天任何时刻管网中都维持有不低于循环流量的流量，使设计管段的水温在任何时刻都保持不低于设计温度。

（2）定时循环方式。

定时循环即在集中使用以前利用水泵和回水管道使管网中已经冷却的水强制循环加热，在热水管道中的热水达到规定温度后再开始使用的循环方式。

4. 按热水管网循环动力分类

(1) 自然循环方式。

利用热水管网中配水管和回水管内的温度差所形成的自然循环作用水头使管网内维持一定的循环流量，以补偿热损失，保持一定供水温度。配水管与回水管内的水温差仅为 10～15 ℃，自然循环作用水头值很小，所以实际使用自然循环的很少。

(2) 机械循环方式。

利用水泵强制水在热水管网内循环，造成一定的循环流量，以补偿管网热损失，维持一定水温。目前实际运行的热水供应系统，多数采用这种循环方式。

5. 按热水供应系统是否敞开分类

(1) 开式热水供应系统。

在所有配水点关闭后，系统内的水仍与大气相连通。如设有高位热水箱的系统、设有开式膨胀水箱或膨胀管的系统，因水温不可能超过 100 ℃，水压也不会超过最大静水压力或水泵压力，所以不必另设安全阀，如图 4.2 所示。

(2) 闭式热水供应系统。

在所有配水点关闭后，整个系统与大气隔绝，形成密闭系统，水质不易受外界污染。但设计运行不当会使水温、水压力过高造成事故，必须设置温度或压力安全阀，如图 4.3 所示。

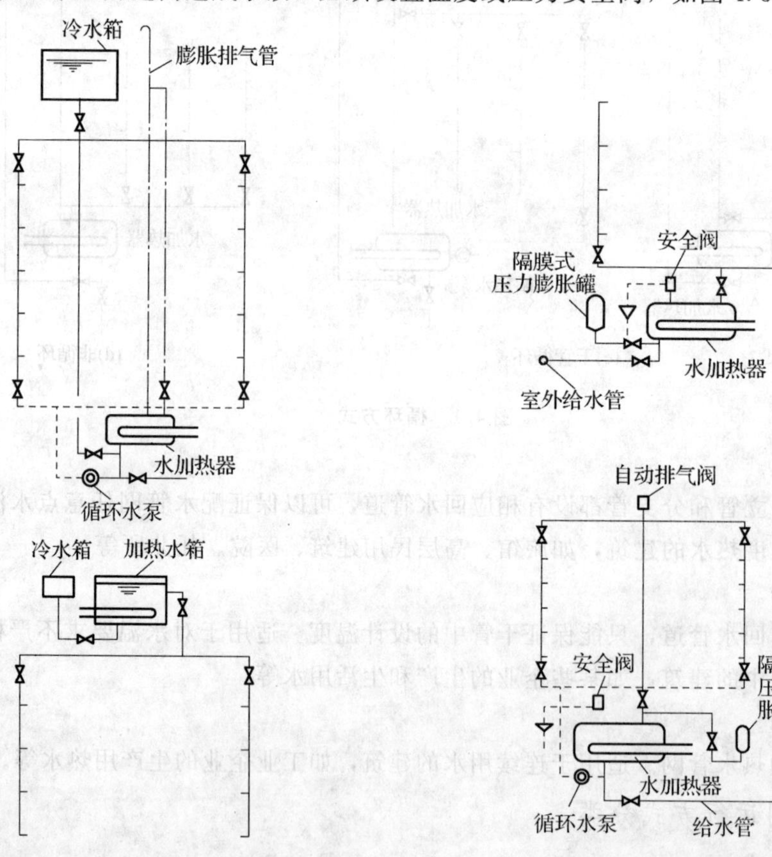

图 4.2 开式热水供应系统　　**图 4.3 闭式热水供应系统**

6. 按热水加热方式分类

(1) 直接加热。

也称一次换热，是以燃气、燃油、燃煤为燃料的热水锅炉，把冷水直接加热到所需热水温度，或者是将蒸汽或高温水通过穿孔管或喷射器直接通入冷水混合制备热水。具有设备简单、热效率高、无须冷凝水管的优点；但存在噪声大，对蒸汽质量要求高，冷凝水不能回收，热源需大量经水质处理的补充水，运行费用高等缺点。适用于具有合格的蒸汽热媒、且对噪声无严格要求的公共浴室等用户。

(2) 间接加热。

也称二次换热，是将热媒通过水加热器把热量传递给冷水达到加热冷水的目的，在加热过程中热媒与被加热水不直接接触。该方式的优点是回收的热媒冷凝水可重复利用，只需对少量补充水进行软化处理，运行费用低，且加热时不产生噪声，热媒蒸汽不会对热水产生污染，供水安全稳定。适用于要求供水稳定、安全，噪声要求低的旅馆、医院楼等。

4.1.2 热水供应系统的组成

热水供应系统的组成因建筑类型和规模、热源情况、用水要求、加热和储存设备的情况、建筑对美观和安静的要求等不同情况而异。图 4.4 所示为一典型的集中热水供应系统，其主要由热媒系统、热水供水系统、附件三部分组成。

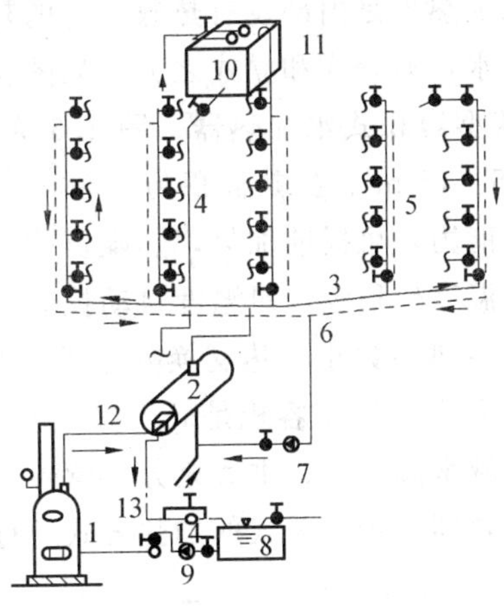

图 4.4 热媒为蒸汽的集中热水系统

1—锅炉；2—水加热器；3—配水干管；4—配水立管；5—回水立管；6—回水干管；7—循环泵；8—凝结水池；9—冷凝水泵；10—给水水箱；11—透气管；12—热媒蒸汽管；13—凝水管；14—疏水器

1. 热媒系统（第一循环系统）

由热源、水加热器和热媒管网组成。由锅炉生产的蒸汽（或热水）通过热媒管网送到水加热器加热冷水，经过热交换蒸汽变成冷凝水，靠余压经疏水器流到冷凝水池，冷凝水和新补充的软化水再送回锅炉加热为蒸汽，如此循环完成热的传递作用。对于区域性热水系统不需设置锅炉，水加热器的热媒管道和冷凝水管道直接与热力网连接。

2. 热水供水系统（第二循环系统）

由热水配水管网和回水管网组成。被加热到一定温度的热水，从水加热器出来经配水管网送至各个热水配水点，而水加热器的冷水由高位水箱或给水管网补给。在立管和水平干管甚至支管设置回水管，使热水经过循环水泵流回水加热器以补充管网所散失的热量。

3. 附件

包括蒸汽、热水的控制附件及管道的连接附件，如温度自动调节器、疏水器、减压阀、安全阀、自动排气阀、膨胀罐、管道伸缩器、闸阀、水嘴等。

4.2 加（贮）热设备

4.2.1 类型、特点及适用条件

集中热水供应系统的加热和贮热设备

(1) 热水锅炉。

集中热水供应系统采用的热水锅炉主要有燃煤、燃油和燃气三种。燃煤热水锅炉多数是为供暖系统制造的，中小型热水锅炉也可用于热水系统。该种锅炉具有热效率较高、体积小和安装简单等优点。

(2) 水加热器。

集中热水供应系统中常用的水加热器有容积式水加热器、快速水加热器、半容积式水加热器和半热式水加热器。

①容积式水加热器。容积式水加热器是内部设有热媒导管的热水储存容器，具有加热冷水和贮备热水两种功能，热媒为蒸汽或热水，有卧式和立式之分，如图 4.5 所示。常用的容积式水加热器有U形管型容积式水加热器和导流型容积式水加热器。图 4.6 为U形管型容积式水加热器构造示意图，共有10种型号，其容积为5～15 m^3，换热面积为0.86～50.82 m^2。U形管型容积式水加热器的优点是具有较大的储存和调节能力，可提前加热，热媒负荷均匀，被加热水通过时压力损失较小，用水点处压力变化平稳，出水温度较稳定，对温度自动控制的要求较低，管理比较方便。但该加热器中，被加热水流速较缓慢，传热系数小，热交换效率低，且体积庞大占用过多的建筑空间，在热媒导管中心线以下约有20%～25%的贮水容积是低于规定水温的常温水或冷水，所以贮罐的容积利用率较低。此外，由于局部区域水温合适、供氧充分、营养丰富，因此容易滋生细菌，造成水质生物污染。U形管型容积式水加热器这种层叠式的加热方式可称为“层流加热”。

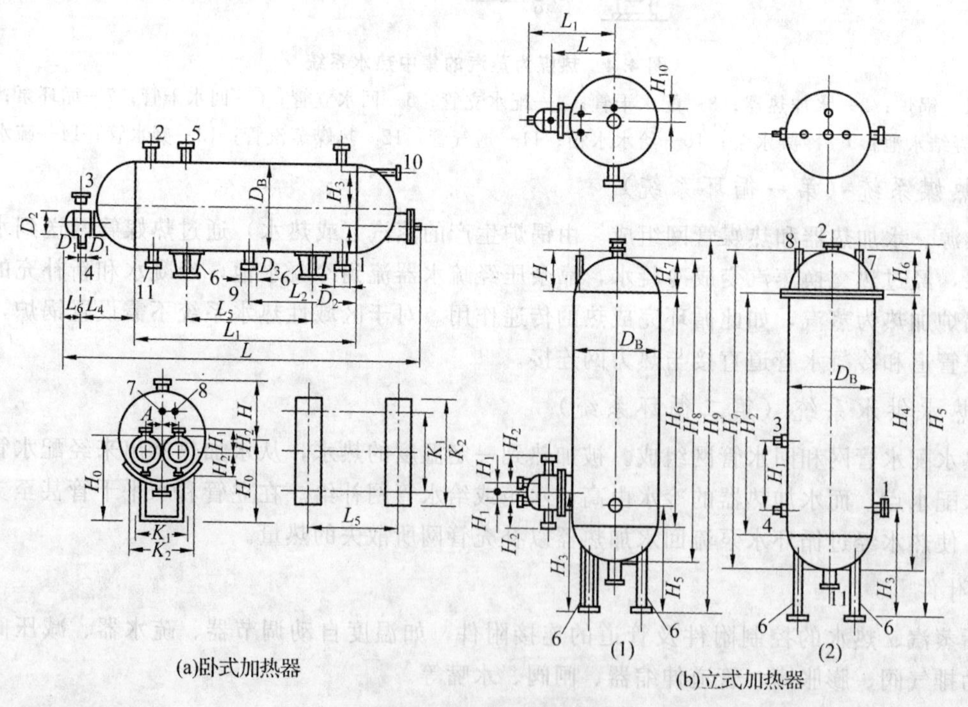

图 4.5 容积式水加热器

1—进水管；2—出水管；3—蒸汽（热水）管；4—凝水（回水）管；5—安全阀接管；6—支座；7—温度计管接头；8—压力计管接头；9—排污口；10—回水管；11—泄水管

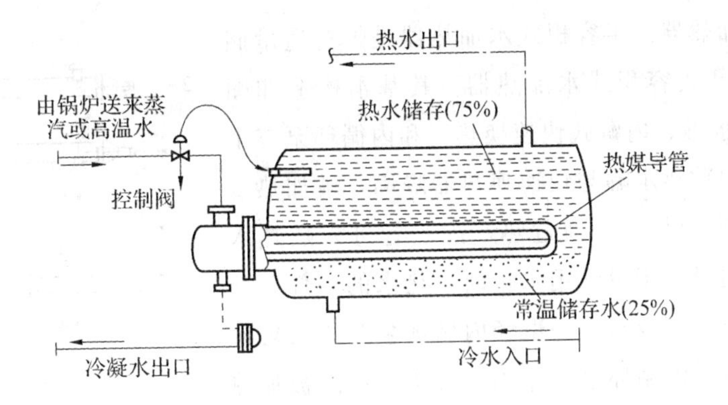

图 4.6　U 形管型容积式水加热器

导流型容积式水加热器是传统型的改进，图 4.7 为 RV 系列导流型容积式水加热器的构造示意图。该类水加热器具有多行程列管和导流装置，在保持传统型容积式水加热器优点的基础上，克服了其被加热水无组织流动、冷水区域大、产水量低等缺点，贮罐的有效贮热容积为 85%～90%。

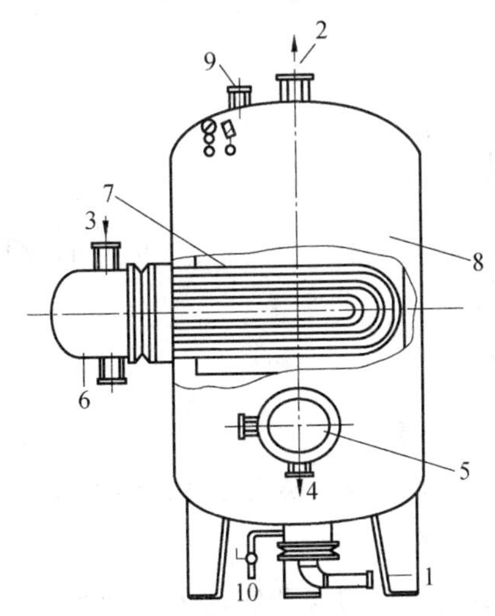

图 4.7　RV 型容积式水加热器构造示意

1—进水管；2—出水管；3—热媒进口；4—热媒出口；5—下盘管；

6—导流装置；7—U 形盘管；8—罐体；9—安全阀；10—排污口

②快速式水加热器。针对“层流加热”的弊端，出现了“紊流加热”理论：即通过提高热媒和被加热水的流动速度，来提高热媒对管壁、管壁对被加热水的传热系数，以改善传热效果。快速式水加热器就是热媒与被加热水提高较大速度的流动进行快速换热的一种间接加热设备。

根据热媒的不同，快速式水加热器有汽－水和水－水两种类型，前者热媒为蒸汽，后者热媒为过热水。根据加热导管的构造不同，又有单管式、多管式、板式、管壳式、波纹板式、螺旋板式等多种形式。图 4.8 为多管式汽－水快速式水加热器，图 4.9 为单管式汽－水快速式水加热器，它可以多组并联或串联。这种水加热器是将被加热水通入导管内，热媒（即蒸汽）在壳体内散热。

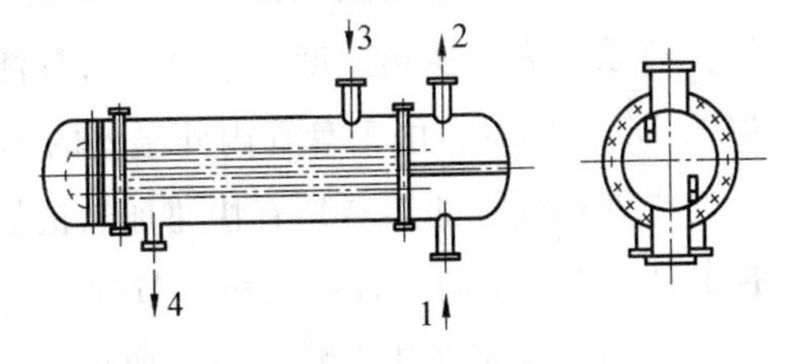

图 4.8　多管式汽－水快速式水加热器

1—冷水；2—热水；3—蒸汽；4—冷凝水

快速式水加热器具有效率高、体积小、安装搬运方便的优点；缺点是不能储存热水，水头损失大，在热媒或被加热水压力不稳定时，出水温度波动较大，仅适用于用水量大，而且比较均匀的热水供应系统或建筑物热水采暖系统。

③半容积式水加热器。半容积式水加热器是带有适量储存与调节容积的内藏式容积式水加热器。其基本构造如图4.10所示，由贮热水罐、内藏式快速换热器和内循环泵三个主要部分组成。其中贮热水罐与快速换热器隔离，被加热水在快速换热器内迅速加热后，通过热水配水管进入贮热水罐，当管网中热水用量低于设计用水量时，热水的一部分落到贮罐底部，与补充水（冷水）一道经内循环泵升压后再次进入快速换热器加热。内循环泵的作用有三个：提高被加热水的流速，以增大传热系数和换热能力；克服被加热水流经换热器时的阻力损失；形成被加热水的连续内循环，消除了冷水区或温水区，使贮罐容积的利用率达到100%。当管网中热水用量达到设计用水量时，贮罐内没有循环水，如图4.11所示，瞬间高峰流量过后又恢复到图4.10所示的工作状态。

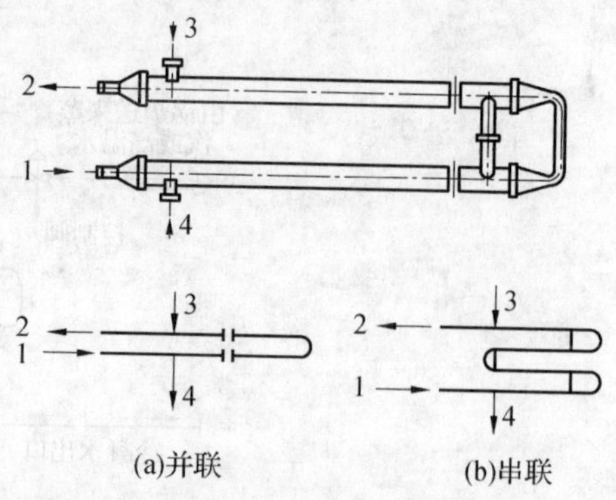

图4.9　单管式汽一水快速式水加热器

1—冷水；2—热水；3—蒸汽；4—冷凝水

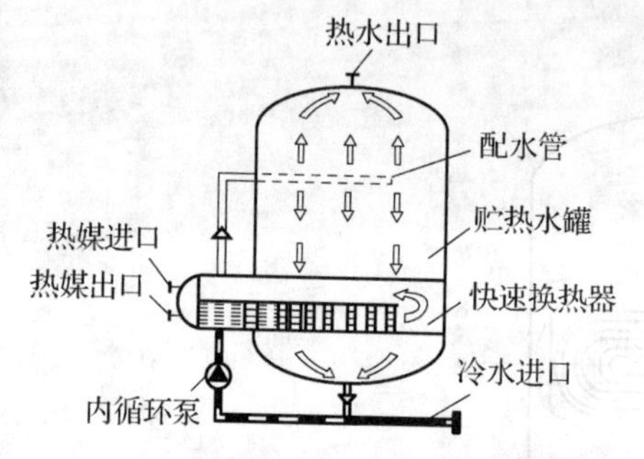

图4.10　半容积式水加热器构造示意图

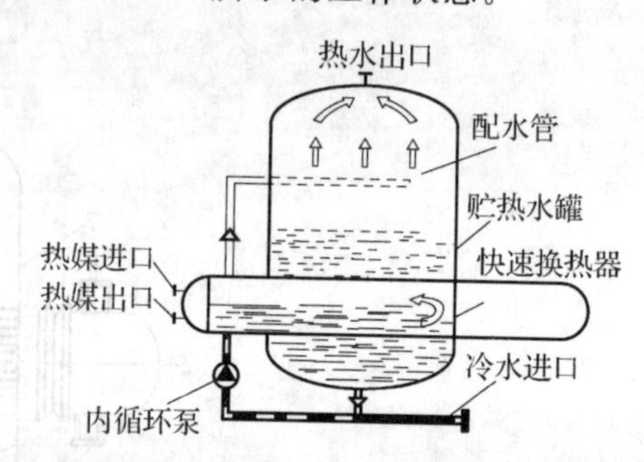

图4.11　高峰用水时工作状态

半容积式水加热器具有体型小、加热快、换热充分、供水温度稳定、节水节能的优点，但由于内循环泵不间断地运行，需要有极高的质量保证。

④半即热式水加热器。热媒蒸汽经控制阀和底部入口通过蒸汽立管进入各并联盘管，热交换后，冷凝水入冷凝水立管后由底部流出，冷水从底部经孔板入罐，同时有少量冷水进入分流管。入罐冷水经转向器均匀加热罐底并向上流过盘管得到加热，热水由上部出口流出。部分热水在顶部进入感温管开口端，冷水以与热水用水量成比例的流量由分流管同时入感温管，感温元件读出瞬时感温管内的冷、热水平均温度，即向控制阀发出信号，按需要调节控制阀，以保持所需的热水输出温度。只要一有热水需求，热水出口处的水温尚未下降，感温元件就能发出信号开启控制阀，具有预测性。加热盘管内的热媒由于不断改向，加热时盘管颤动，形成局部紊流区，属于"紊流加热"，故传热系数大，换热速度快，又具有预测温控装置，所以其热水储存容量小，仅为半容积式水加热器的1/3。同时，由于盘管内外温差的作用，盘管不断收缩、膨胀，可使传热面上的水垢自动脱落。

半即热式水加热器具有快速加热被加热水、浮动盘管自动除垢的优点，其热水出水温度一般能控制在±2.2 ℃内，且体积小，节省占地面积，适用于各种不同负荷需求的机械循环热水供应系统。

⑤加热水箱和热水贮水箱。加热水箱是一种简单的热交换设备，在水箱中安装蒸汽多孔管或蒸汽喷射器，可构成直接加热水箱。在水箱内安装排管或盘管即构成间接加热水箱。加热水箱适用于公共浴室等用水量大而均匀的定时热水供应系统。

热水贮水箱（罐）是一种专门调节热水量的容器。可在用水不均匀的热水供应系统中设置，以调节水量，稳定出水温度。

4.2.2 选择原则

选用局部热水供应设备时，应符合下列要求：需同时供给多个卫生器具或设备热水时，宜选用带贮热容积的加热设备；当地太阳能资源充足时，宜选用太阳能热水器或太阳能辅以电加热的热水器；热水器不应安装在易燃物堆放或对燃气管、表或电气设备产生影响及有腐蚀性气体和灰尘多的场所；燃气热水器、电热水器必须带有保证使用安全的装置；严禁在浴室内安装直接排气式燃气热水器等在使用空间内积聚有害气体的加热设备。

集中热水供应系统的加热设备选择，应符合下列要求：热效率高，换热效果好，节能，节省设备用房；生活热水侧阻力损失小，有利于整个系统冷、热水压力的平衡；安全可靠、构造简单、操作维修方便。

具体选择水加热设备时，应遵循下列原则：

当采用自备热源时，宜采用直接供应热水的燃气、燃油等燃料的热水机组，也可采用间接供应热水的自带换热器的热水机组或外配容积式、半容积式水加热器的热水机组。

热水机组除满足基本要求外，还应具备燃料燃烧完全、消烟除尘、自动控制水温、火焰传感、自动报警等功能。

当采用蒸汽、高温水为热源时，间接水加热设备的选型应结合热媒的供给能力、热水用途、用水均匀性及水加热设备本身的特点等因素，经技术经济比较后确定。

当热源为太阳能时，宜采用热管或真空管太阳能热水器。

在电源供应充沛的地方可采用电热水器。

4.2.3 加（贮）热设备的材质与布置

加（贮）热设备的材质包括碳钢制造，不锈钢碳钢复合材质，碳钢内衬铜或喷铜、喷铝材质。加热盘管有碳钢、铜质、不锈钢质等。在选择和设计加热设备时，应根据设计要求，参照各厂家生产的设备资料合理选择高效、节能、减少结垢和便于维修的加热设备。

（1）燃油燃煤热水锅炉。

锅炉应有消烟除尘措施；锅炉结构应符合压力容器安全监督暂行条例要求；锅炉应便于清除水垢；在燃料含硫量大于1%时，不宜选用钢质锅炉；热水贮罐底部应高于锅炉最高点的标高；在用水较均匀时可不设热水贮罐。

（2）燃气加热器。

加热应有一定的安全措施，防止煤气泄漏、过热、超压等事故，煤气加热器的设置应符合《城市煤气设计规定》的规定。工厂车间、疗养院、休养所、学校、幼儿园、锅炉房及旅馆的单间浴室，不得使用单个煤气热水。

（3）电加热器。

加热器应有一定的安全措施，防止加热元件干烧、漏电等事故。加热器应有功率调节装置，以适应不同用水温度和流量要求。

（4）汽一水混合加热。

应了解蒸汽品质是否满足用水要求；应采取必要的消音隔振措施；蒸汽管道应从被加热水位0.5 m以上接入，以防蒸汽凝缩时吸入热水；蒸汽管道的最低点应设有疏水装置，以免管道内积存凝结水造成水锤现象；当采用闭式水罐加热时，冷水应经冷水箱供给，蒸汽压力应保证经常大于罐内水压。

（5）容积式加热器加热。

宜装设自动温度调节器，以防出水温度过高和浪费热媒；加热器除设温度计、压力表外，对于闭式系统还应装安全阀；在经冷水箱供水时，冷水箱底标高应高于上行配水干管。

（6）快速加热器。

宜装设自动温度调节器；对于多行程快速加热器，宜采用偶数行程，以方便管道连接和检修；应注意复核供水压力，以满足最不利点的水压要求。加热器除装设温度计、压力表外，对于闭式系统还应装安全阀。

4.3 热水供应系统附件

保证系统在正常状态下运行，就需在系统中安装一系列附件。

1. 自动温度调节器

当加热器出口温度需要控制时，应设置直接式或间接式自动温度调节器。

直接式自动温度调节器由温包、感温元件和自动调压阀组成，安装在加热器出口处，必须垂直安装。温包内装有低沸点液体，当温包内水温度变化时，温包感受温度的变化，并产生压力升降，通过毛细导管传导到装设在蒸汽管上的调节阀，通过改变阀门开启度来调节进入加热器的热媒流量，达到控制温度的目的。

间接式自动温度调节器由温包、电触点温度计、电动调压阀组成，温包插装在水加热器出口的附近，感受热水温度的变化，产生压力升降，并传导到电触点压力式温度计。电触点压力式温度计内装有所需温度控制范围内的上下两个触点，例如 60～70 ℃。当加热器的出水温度过高，压力表指针与 70 ℃触点接通，电动调节阀门关小。当水温降低，压力表指针与 60 ℃触点接通，电动调节阀门开大。如果水温符合在规定范围内，压力表指针处于上下触点之间，电动调节阀门停止动作。

自动温度调节器有多种温度调节范围的产品，精确度可达±1 ℃。

2. 疏水器

热水供应系统以蒸汽作为热媒时，为保证凝结水及时排放，同时又防止蒸汽漏失，在用汽设备的凝结水回水管上应每台设备设疏水器。当水加热器的换热能确保凝结水回水温度不大于 80 ℃时，可不装疏水器。蒸汽立管最低处、蒸汽管下凹处的下部宜设疏水器。

3. 自动排气阀

排除管网中热水汽化产生的气体，以保证管网内热水通畅。若系统为下行上给式，则气体可通过最高处配水龙头直接排出；若系统为上行下给式，则应在配水干管的最高部位设置。在开式热水系统中，最简单且安全的排气措施是在管网最高处装置排气管，向上伸至超过屋顶冷水箱的最高水位以上一定距离排出。在闭式热水系统中，应在管网最高处安装自动排气阀来排气。

4. 自然补偿管道和伸缩器

热水供应系统中管道因受热膨胀而伸长，为保证使用安全，在热水管网上应采取补偿管道温度伸缩的措施，以避免管道因为承受了超过自身所许可的内应力而导致弯曲甚至破裂。

补偿管道热伸长技术措施有两种，即自然补偿和设置伸缩器补偿。

（1）自然补偿。

自然补偿即利用管道敷设自然形成的 L 形或 Z 形弯曲管段，来补偿管道的温度变形。通常的做法是在转弯前后的直线段上设置固定支架，让其伸缩在弯头处补偿。

（2）Ω 形伸缩器。

在较长的直线管道上，不能采用自然补偿方式，每隔一定距离设 Ω 形伸缩器。

（3）套管伸缩器。

套管伸缩器具有伸缩量大、占地小、安装简单等优点，但也存在易漏水、需要经常检修等缺点，适用于安装空间小且管径较大的直线管路。

(4) 球形伸缩器。

球形伸缩器具有伸长量大且占室内空间较Ω形小等优点，但造价较高。

5. 膨胀管、释压阀和闭式膨胀水箱

设置膨胀管、释压阀和闭式膨胀水箱，主要是解决由于水量膨胀而使管道设备破坏的方法。

(1) 膨胀管。

膨胀管用于高位冷水箱向水加热器供应冷水的开式热水系统。膨胀管应高出水箱最高水位有足够的高度，以免加热时热水从膨胀管中溢出。膨胀管可与排气管结合使用，称为膨胀泄气管。膨胀管上严禁装设阀门，冬季需要采取保温措施。

(2) 释压阀与膨胀水箱。

从室外给水管道直接进水的闭式热水系统，可在加热器上设置释压阀。在热水系统的压力超过释压阀设定压力时，释压阀开启，排出部分热水，使压力下降，而后再关闭，如此往复。安装释压阀简单，但灵敏度较低，可靠性差。

6. 减压阀与节流阀

若蒸汽压力大于加热器所需蒸汽压力，则不能保证设备安全运行，此时应在蒸汽管上设置减压阀，以降低蒸汽压力。减压阀应安装在水平管段上，并配有必要的附件。

节流阀用于热水供应系统回水管上，可粗略调节流量与压力，有直通式和角式两种，前者安装于直线管段上，后者安装于水平和垂直相交管段处。

4.4 热水供应系统计算

4.4.1 热水供应系统水温

1. 热水使用温度

生活用热水水温应满足生活使用的各种需要。各种卫生器具使用水温应根据气候条件、使用对象和使用习惯确定。在计算耗热量和热水用量时，一般按40 ℃计算。设有集中热水供应系统的住宅，配水点放水15 s的水温不应低于45 ℃。对养老院、幼儿园等建筑的淋浴器和浴盆设备的热水管道应有防烫伤措施。餐厅厨房用热水温度与水的用途有关，洗衣机用热水温度与洗涤衣物的材质有关。汽车冲洗用水，在寒冷地区，为防止车身结冰，宜采用20～25 ℃的热水。

2. 热水供水温度

热水供水温度，是指热水供应设备（如热水锅炉、水加热器等）的出口温度。最低供水温度，应保证热水管网最不利配水点的水温不低于使用水温要求。最高供水温度，应便于使用，过高的供水温度虽可增加蓄热量，较少热水供应量，但也会增大加热设备和管道的热损失，增加管道腐蚀和结垢的可能性，并易引发烫伤事故。考虑水质处理情况、病菌滋生温度情况等因素，加热设备出口的最高水温和配水点最低水温可按表4.1采用。

表4.1 直接供应热水的热水锅炉、热水机组或水加热器出口的最高水温和配水点的最低水温

水质处理情况	热水锅炉、热水机组或水加热器出口最高水温/℃	配水点最低水温/℃
原水水质无须软化处理，原水水质需水质处理且有水质处理	75	50
原水水质需水质处理但未进行水质处理	60	50

注：当热水供应系统只供淋浴和盥洗用水，不供洗涤盆（池）洗涤用水时，配水点最低水温不低于40 ℃

对于医院类建筑的集中热水供应系统加热设备的供水温度宜为60～65 ℃；其他建筑宜为55～60 ℃。局部热水供应系统加热设备的供水温度一般为50 ℃，个别要求水温较高的设备，如洗碗机、餐具过清、餐具消毒等，宜采用将热水供应系统一般水温的热水进一步加热或单独加热方式获得高水温。

3. 冷水计算温度

热水供应系统所用冷水的计算温度，应以当地最冷月平均水温确定。

4. 冷热水比例计算

在冷热水混合时，应以配水点要求的热水水温、当地冷水计算水温和冷热水混合后的使用水温求出所需热水量和冷水量的比例。

若以混合水量为100%，则所需热水量占混合水量的百分数，按下式计算：

$$K_l = \frac{t_h - t_l}{t_r - t_l} \times 100\% \tag{4.1}$$

式中 K_r——热水混合系数；

t_h——混合水水温，℃；

t_l——冷水水温，℃；

t_r——热水水温，℃。

所需冷水量占混合水量的百分数 K_l 按下式计算：

$$K_l = 1 - K_r \tag{4.2}$$

4.4.2 热水用水定额

生产用热水定额，应根据生产工艺要求确定。

生活用热水定额，应根据建筑的使用性质、热水水温、卫生设备完善程度、热水供应时间、当地气候条件和生活习惯等因素合理确定。集中供应热水时，各类建筑的热水用水定额应按表4.2确定。卫生器具的一次和小时热水用水定额及水温应按表4.3确定。

表4.2 热水用水定额

序号	建筑物名称	单位	最高日用水定额/L	使用时间/h
1	住宅		70	
	有自备热水供应和沐浴设备	每人每日	40～80	24
	有集中热水供应和沐浴设备	每人每日	60～100	24
2	别墅	每人每日	70～110	24
3	酒店式公寓	每人每日	80～100	24
4	宿舍	每人每日	40～80	24
	Ⅰ类、Ⅱ类、Ⅲ类、Ⅳ类	每人每日	70～100	
5	招待所、培训中心、普通旅馆			24或定时供应
	设公共盥洗室	每人每日	25～40	
	设公共盥洗室、淋浴室	每人每日	40～60	
	设公共盥洗室、淋浴室、洗衣室	每人每日	50～80	
	设单独卫生间、公共洗衣室	每人每日	60～100	
6	宾馆客房			
	旅客	每床位每日	120～160	24
	员工	每人每日	40～50	24

续表 4.2

序号	建筑物名称	单位	最高日用水定额/L	使用时间/h
7	医院住院部 设公共盥洗室 设公共盥洗室、淋浴室	 每床位每日 每床位每日	 60～100 70～130	24
8	设单独卫生间 医务人员 门诊部、诊疗所 疗养院、休养所住房部	每床位每日 每人每班 每病人每次 每床位每日	110～200 70～130 7～13 100～160	8 24
9	养老院	每床位每日	50～70	24
10	幼儿园、托儿所 有住宿 无住宿	 每儿童每日 每儿童每日	 20～40 10～15	 24 10
11	公共浴室 淋浴	每顾客每次	40～60	12
	淋浴、浴盆 桑拿浴（淋浴、按摩池）	每顾客每次 每顾客每次	60～80 70～100	
12	理发室、美容院	每顾客每次	10～15	12
13	洗衣房	每千克干衣	15～30	8
14	营业餐厅	每顾客每次	15～20	10～12
	快餐店、职工及学生食堂	每顾客每次	7～10	12～16
	酒吧、咖啡厅、茶座、卡拉 OK 房	每顾客每次	3～8	8～18
15	办公楼	每人每班	5～10	8
16	健身中心	每人每次	15～25	12
17	体育场（馆）运动员淋浴	每人每次	17～26	4
18	会议厅	每座位每次	2～3	4

注：1. 热水温度按 60 ℃计

2. 表内所列用水定额均已包括在给水用水定额中

3. 本表以 60 ℃热水水温为计算温度

表 4.3 卫生器具的一次和小时热水用水定额及水温

序号	卫生器具名称	一次用水量/L	小时用水量/L	使用水温/℃
1	住宅、旅馆、别墅、宾馆、酒店式公寓 带有淋浴器的浴盆 无淋浴器的浴盆 淋浴器 洗脸盆、盥洗槽水嘴 洗涤盆（池）	 150 125 70～100 3 —	 300 250 140～200 30 180	 40 40 37～40 30 50
2	宿舍、招待所、培训中心 淋浴器：有淋浴小间 无淋浴小间 盥洗槽水嘴	 70～100 — 3～5	 210～300 450 50～80	 37～40 37～40 30

续表 4.3

序号	卫生器具名称	一次用水量 /L	小时用水量 /L	使用水温 /℃
3	餐饮业		250	50
	洗涤盆（池）	3	60	30
	洗脸盆：工作人员用、顾客用	40	120	30
	淋浴器		400	37～40
4	幼儿园、托儿所			
	浴盆：幼儿园	100	400	35
	托儿所	30	120	35
	淋浴器：幼儿园	30	180	35
	托儿所	15	90	35
	盥洗槽水嘴	15	25	30
	洗涤盆（池）	—	180	50
5	医院、疗养院、休养所	—		
	洗手盆	—	15～25	35
	洗涤盆（池）	—	300	50
	浴盆	125～150	250～300	40
6	公共浴室			
	浴盆		250	40
	淋浴器：有淋浴小间	125	200～300	37～40
	无淋浴小间	100～150	450～540	37～40
	洗脸盆	5	50～80	35
7	办公楼洗手盆	—	50～100	35
8	理发室、美容院洗脸盆	—	35	35
9	实验室			
	洗脸盆	—	60	50
	洗手盆		15～25	30
10	剧场			
	淋浴器	60	200～400	37～40
	演员用洗脸盆	5	80	35
11	体育场馆淋浴器	30	300	35
12	工业企业生活间			
	淋浴器：一般车间	40	360～540	37～40
	脏车间	60	180～480	40
	洗脸盆或盥洗槽水嘴：			
	一般车间	3	90～120	30
	脏车间	5	100～150	35
13	净身器	10～15	120～180	30

注：一般车间是指现行国家标准《工业企业设计卫生标准》中规定的 3、4 级卫生特征的车间，脏车间指该标准中规定的 1、2 级卫生特征的车间

4.4.3 设计小时热水量及耗热量

1. 设计小时热水量计算

设计小时热水量，可按下式计算：

$$Q_r = \frac{Q_h}{(t_r - t_l)1.163\rho_r} \tag{4.3}$$

式中 Q_r——设计小时热水量，L/h；

Q_h——设计小时耗热量，kJ/h；

t_r——设计热水温度，℃；

t_l——设计冷水温度，℃；

ρ_r——热水密度，kg/L。

2. 耗热量

集中热水供应系统的设计小时耗热量，应根据用水情况和冷、热水温差计算。

(1) 全日供应热水的住宅、宿舍（Ⅰ、Ⅱ类)、别墅、酒店式公寓、办公楼、招待所、培训中心、旅馆、宾馆的客房（不含员工)、医院住院部、养老院、幼儿园、托儿所（有住宿）等建筑的集中热水供应系统的设计小时耗热量应按下式计算：

$$Q_h = K_h \frac{mq_r c(t_r - t_l)\rho_r}{86\ 400} \tag{4.4}$$

式中 Q_h——设计小时耗热量，kJ/h；

m——用水计算单位数，人数或床位数；

q_r——热水用水定额，L/（人·d）或 L/（床·d）等；

c——水的比热容，c=4.187 kJ/（kg·℃）；

t_r——热水温度，℃，t_r= 60 ℃；

t_l——冷水计算温度，℃；

ρ_r——热水密度，kg/L；

K_h——小时变化系数，见表 4.4。

表 4.4 热水小时变化系数 K_h 值

住宅、别墅的热水小时变化系数值

居住人数 m	≤100	150	200	250	300	500	1 000	3 000	6 000
	5.12	4.49	4.13	3.88	3.70	3.28	286	2.48	2.34

旅馆的热水小时变化系数值

床位数	≤150	300	450	600	900	1 200
	6.84	5.61	4.97	4.58	4.19	3.90

医院的热水小时变化系数值

床位数 m	≤50	75	100	200	300	500	1 000
	4.55	3.78	3.54	2.93	2.60	2.23	1.95

(2) 定时供应热水的住宅、旅馆、医院及工业企业生活间、公共浴室、宿舍（Ⅲ、Ⅳ类)、学校、剧院化妆间、体育馆（场）运动员休息室等建筑的集中热水供应系统的设计小时耗热量应按下式计算：

$$Q_h = \sum \frac{q_h(t_r - t_l)\rho_r N_0 bc}{3\ 600} \tag{4.5}$$

式中 Q_h——设计小时耗热量，kJ/h；

q_h——卫生器具热水的小时用水定额，L/h；

c——水的比热容，c=4.187 kJ/（kg·℃）；

t_r——热水温度,℃，t_r= 60 ℃；

t_l——冷水计算温度,℃；

ρ_r——热水密度，kg/L；

N_0——同类型卫生器具数；

b——卫生器具的同时使用百分数：住宅、旅馆，医院、疗养院病房，卫生间内浴盆或淋浴器可按70%～100%计，其他器具不计，但定时连续供水时间应大于等于2 h；工业企业生活间、公共浴室、学校、剧院、体育馆（场）等的浴室内的淋浴器和洗脸盆均按100%计；住宅一户带多个卫生间时，只按一个卫生间计算。

（3）设有集中热水供应系统的居住小区的设计小时耗热量，当公共建筑的最大用水时时段与住宅的最大用水时时段一致时，应按两者的设计小时耗热量叠加计算；当公共建筑的最大用水时时段与住宅的最大用水时时段不一致时，应按住宅的设计小时耗热量加公共建筑的平均小时耗热量叠加计算。

（4）具有多个不同使用热水部门的单一建筑（如旅馆内具有客房卫生间、职工公用淋浴间、洗衣房、厨房、游泳池及健身娱乐设施等多个热水用户）或多种使用功能的综合性建筑（如同一栋建筑内具有公寓、办公楼、商业用房、旅馆等多种用途），当其热水由同一热水系统供应时，设计小时耗热量，可按同一时间内出现用水高峰的主要用水部门的设计小时耗热量加其他用水部门的平均小时耗热量计算。

4.4.4 设计小时供热量、热媒耗量

1. 加热设备供热量的计算

集中热水供应系统中，水加热设备的设计小时供热量应根据日热水用量小时变化曲线、加热方式及水加热设备的工作制度经积分曲线计算后确定。当无上述资料时，可按下列方法确定。

①容积式水加热器或贮热容积与其相当的水加热器、热水机组的供热量，按下式计算：

$$Q_g = Q_h - \frac{\eta V_r}{T}(t_r - t_l)c\rho_r \tag{4.6}$$

式中 Q_g—容积式水加热器的设计小时供热量，kJ/h；

Q_h——设计小时耗热量，kJ/h；

η——有效贮热容积系数，容积式水加热器 η=0.7～0.8，导流型容积式水加热器 η=0.8～0.9；

V_r——总贮热容积，L；

T——设计小时耗热量持续时间，h，T=2～4 h；

t_r——热水温度,℃，按设计水加热器出水温度或贮水温度计算；

t_l——冷水温度,℃；

c——水的比热容，c=4.187 kJ/（kg·℃）；

ρ_r——热水密度，kg/L。

上式的意义：带有相当量贮热容积的水加热器供热时，系统的设计小时耗热量由两部分组成，一部分是设计小时耗热量时间段内热媒的供热量 Q_h；一部分是供给设计小时耗热量前水加热器内已储存好的热量，即

$$\frac{\eta V_r}{T}(t_r - t_l)c\rho_r$$

②半容积式水加热器或贮热容积与其相当的水加热器、热水机组的供热量按设计小时耗热量计算。

③半即热式、快速式水加热器及其他无贮热容积的水加热设备的供热量按设计秒流量计算。

2. 热媒耗热量

根据热水被加热方式的不同，热媒耗量应按下列方法计算。

①采用蒸汽直接加热时，蒸汽耗量按下式计算：

$$G=(1.10\sim1.20)\frac{3.6Q_h}{i_m-i_r} \tag{4.7}$$

式中 G——蒸汽耗量，kg/h；

Q_h——设计小时耗热量，kJ/h；

i_m——饱和水蒸气热焓，kJ/kg；

i_r——蒸汽与冷水混合后的热水热焓，kJ /kg，$i_r=4.187t_r$；

t_r——蒸汽与冷水混合后的热水温度，℃。

②采用蒸汽间接加热时，蒸汽耗量按下式计算：

$$G=(1.10-1.20)\frac{3.6Q_h}{\gamma_h} \tag{4.8}$$

式中 G——蒸汽耗量，kg/h；

Q_h——设计小时耗热量，kJ/h；

γ_h——蒸汽的汽化热，kJ/kg，按表 4.5 选用。

表 4.5 饱和蒸汽性质

绝对压力 /MPa	饱和蒸汽温度 /℃	热焓/（kJ·kg^{-1}）		蒸汽的汽化热 /（kJ·kg^{-1}）
		液体	蒸汽	
0.1	100	419	2 679	2 260
0.2	119.6	502	2 707	2 205
0.3	132.9	559	2 726	2 167
0.4	142.9	601	2 738	2 137
0.5	151.1	637	2 749	2 112
0.6	158.1	667	2 757	2 090
0.7	164.2	694	2 767	2 073
0.8	169.6	718	2 773	2 055
0.9	174.5	739	2 777	2 038

③采用高温热水间接加热时，高温热水耗量按下式计算：

$$G=(1.10\sim1.20)\frac{3.6Q_h}{c(t_{mc}-t_{mz})} \tag{4.9}$$

式中 G——高温热水耗量，kg/h；

Q_h——设计小时耗热量，kJ/h；

c——水的比热容，$c=4.187$ kJ/（kg·℃）；

t_{mc}——高温热水进口水温，℃；

t_{mz}——高温热水出口水温，℃。

热水管网的水力计算是在完成热水供应系统布置，绘出热水管网系统图及选定加热设备后进行的。水力计算的目的是：计算第一循环管网（热媒管网）的管径和相应的水头损失；计算第二循环管网（配水管网和回水管网）的设计秒流量、循环流量、管径和水头损失；确定循环方式，选用热水管网所需的各种设备及附件，如循环水泵、疏水器、膨胀设施等。

4.4.5 第一循环管网水力计算

1. 热媒为热水

以热水为热媒时，热媒流量 G 按式（4.9）计算。

热媒循环管路中的配、回水管道，其管径应根据热媒流量 G、热水管道允许流速，通过查热水管道水力计算表确定，并据此计算出管路的总水头损失 H_h。热水管道的流速，宜按表 4.6 选用。

表 4.6 热水管道的流速

公称直径/mm	15～20	25～40	>50
流速/（$m \cdot s^{-1}$）	<0.8	<1.0	<1.2

当锅炉与水加热器或贮水器连接时，如图 4.12 所示，热媒管网的热水自然循环压力值按下式计算：

$$H_{zr} = 9.8\Delta h(\rho_1 - \rho_2) \tag{4.10}$$

式中 H_{zr}——热水自然循环压力，Pa；

Δh——锅炉中心与水加热器内盘管中心或贮水器中心垂直高度，m；

ρ_1——锅炉出水的密度，kg/m^3；

ρ_2——水加热器或贮水器的出水密度，kg/m^3。

图 4.12（a）中热水锅炉与水加热器连接；图 4.12（b）中热水锅炉与贮水器连接。

当 $H_{zr} > H_h$ 时，可形成自然循环，为保证运行可靠一般

$$H_{zr} = (1.1 \sim 1.15)H_h \tag{4.11}$$

式中 H_h——管路的总水头损失。

当 H_h 不满足上式的要求时，则应采用机械循环方式，依靠循环水泵强制循环。循环水泵的流量和扬程应比理论计算值略大一些，以确保可靠循环。

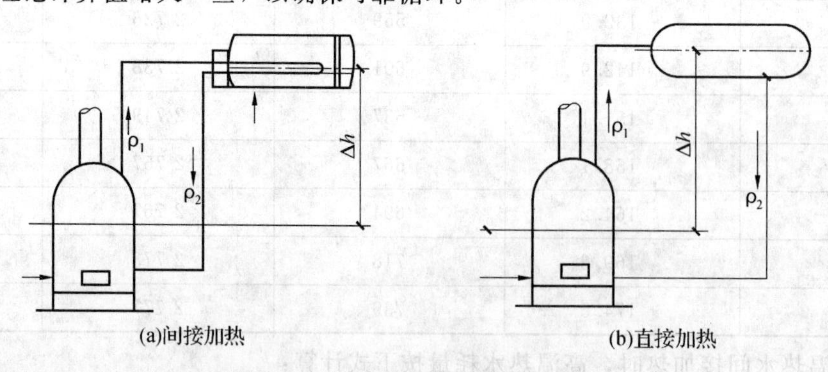

图 4.12 热媒管网自然循环压力

2. 热媒为高压蒸汽

以高压蒸汽为热媒时，热媒耗量 G 按式（4.7）或（4.8）确定。

热媒蒸汽管道一般按管道的允许流速和相应的比压降确定管径和水头损失。高压蒸汽管道的常用流速见表 4.7。

表 4.7　高压蒸汽管道的常用流速

管径/mm	15～20	25～32	40	50～80	100～150	>200
流速/（m·s^{-1}）	10～15	15～20	20～25	25～35	30～40	40～60

确定热媒蒸汽管道管径后，还应合理确定凝水管管径。

4.4.6 加热设备的加热面积

容积式水加热器、快速式水加热器和加热水箱中加热排管或盘管的传热面积应按下列方法计算。

根据热平衡原理，制备热水所需的热量应等于水加热器传递的热量，即

$$\varepsilon \cdot K \cdot \Delta t \cdot F_{jr} = C_r \cdot Q_z \tag{4.12}$$

则由上式导出水加热器加热面积的计算公式为

$$F_{jr} = \frac{C_r Q_z}{\varepsilon K \Delta t_j} \tag{4.13}$$

式中　F_{jr}——水加热器的加热面积，m^2；

Q_z——制备热水所需的热量，可按设计小时耗热量计算，kJ/h；

K——传热系数，kJ/（m^2·℃·h），K 值对加热器换热影响很大，主要取决于热媒种类和压力、热媒和热水流速、换热管材质和热媒出口凝结水水温等；K 值应按产品样本提供的参数选用，见表 4.8、4.9；

ε——由于传热表面结垢和热媒分布不均匀影响传热效率的系数，一般采用 0.6～0.8；

C_r——热水供应系统的热损失系数，设计值可根据设备的功率和系统的大小及保温效果选择，一般取 1.1～1.15；

Δt_j——热媒与被加热水的计算温度差，℃，应根据水加热器类型，按式（4.14）和式（4.15）计算。

表 4.8　普通容积式水加热器 *K* 值

热媒种类		热媒流速/（m·s^{-1}）	被加热水流速/（m·s^{-1}）	K/[kJ·（m^2·℃·h）$^{-1}$]	
				钢盘管	铜盘管
蒸汽压力/MPa	<0.07	—	<0.1	2 302～2 512	2 721～2 931
	>0.07	—	<0.1	2 512～2 721	2 931～3 140
热水温度 70～150 ℃		<0.5	<0.1	1 172～1 256	1 382～1 465

注：表中 *K* 值是按盘管内通过热媒和盘管外通过被加热水

表 4.9　快速式水加热器 *K* 值

被加热水的流速/（m·s^{-1}）	传热系数 K/（W·m^{-2}·℃$^{-1}$·h^{-1}）							
	热媒为热水时，热水流速/（m·s^{-1}）						热媒为蒸汽时，蒸汽压力/kPa	
	0.5	0.75	1.0	1.5	2.0	2.5	<100	>100
0.5	3 977	4 606	5 024	5 443	5 862	6 071	9 839/7 746	9 211/7 327
0.75	4 480	5 233	5 652	6 280	6 908	7 118	12 351/9 630	11 514/9 002
1.0	4 815	5 652	6 280	7 118	7 955	8 374	14 235/11 095	13 188/10 467
1.5	5 443	6 489	7 327	8 374	9 211	9 839	16 328/13 398	15 072/12 560
2.0	5 861	7 118	7 955	9 211	10 528	10 886	—/1 570	—/14 863
2.5	6 280	7 536	8 583	10 528	11 514	12 560	—	—

注：表中热媒为蒸汽时，分子为两回程汽－水快速式水加热器将被加热水温度升高 20～30 ℃时的传热系数，分母为四回程汽－水快速式水加热器将被加热水温度升高 60～65 ℃时的传热系数

1. 容积式水加热器、半容积式水加热器

$$\Delta t_j = \frac{t_{mc} + t_{mz}}{2} - \frac{t_c + t_z}{2} \tag{4.14}$$

式中 t_c，t_z——被加热水的初温和终温，℃。

t_{mc}——热媒的初温，℃。热媒为蒸汽时，若蒸汽压力大于 70 kPa，按饱和蒸汽温度计算，若蒸汽压力小于或等于 70 kPa，按 100 ℃计算。热媒为热水时，按热媒供水的最低温度计算。热媒为热力管网的热水时，按热力管网供水的最低温度计算，但热媒的初温与被加热水的终温的温度差，不得小于 10 ℃。对于太阳能集热水加热器的热媒与被加热水的计算温度差 Δt_j 可按 5～10 ℃取值；

t_{mz}——热媒的终温，℃。一般应由经热工性能测定的产品提供。热媒为蒸汽时，一般可按容积式水加热器 $t_{mz}=t_{mc}$，导流型容积式水加热器、半容积式水加热器、半即热式水加热器的 t_{mz}=50～90 ℃。热媒为热水时，当热媒初温 t_{mc}=70～100 ℃时，其终温一般可按：容积式水加热器的 t_{mz}=60～85 ℃，导流型容积式水加热器、半容积式水加热器、半即热式水加热器的 t_{mz}=50～80 ℃。热媒为热力管网的热水时，热媒的计算温度应按热力管网回水的最低温度计算。

2. 快速式水加热器、半即热式水加热器

$$\Delta t_j = \frac{\Delta t_{max} - \Delta t_{min}}{\ln \dfrac{\Delta t_{max}}{\Delta t_{min}}} \tag{4.15}$$

式中 Δt_{max}——热媒与被加热水在热水器一端的最大温度差，即热媒和被加热水逆向流动时，形成最大温度差一端的最大温度差，℃；

Δt_{min}——热媒与被加热水在热水器一端的最小温度差，热媒和被加热水逆向流动时，形成最小温度一端的最小温度差，℃；对于汽－水快速加热器，其值不得小于 5 ℃；对于水－水快速加热器，其值不得小于 10 ℃。

加热设备加热盘管的长度，按下式计算：

$$L = \frac{F_{jr}}{\pi D} \tag{4.16}$$

式中 L——盘管长度，m；

D——盘管外径，m；

F_{jr}——水加热器的传热面积，m²。

4.4.7 加热设备的贮热容积

集中热水供应系统中储存热水的设备有开式热水箱、闭式热水罐和兼有加热和储存热水功能的加热水箱、容积式水加热器等。

集中热水供应系统中储存一定容积的热水，其功能主要是调峰应用。储存的热水向配水管网供应，因为加热冷水方式和配水情况不同，存在着定温变容、定容变温和变容变温的工况，如图 4.13 所示。

图 4.13 (a_1) 为设于屋顶的混合加热开式水箱，若其加热和供应热水情况为预加热后供应管网，用完后再充水加热，再供使用，可认为水箱内热水处于定温变容工况。图 4.13 (a_2) 为快速加热，可保证水温，其热水箱连续供水也存在不均匀性，也可认为水箱处于定温变容工况。图 4.13 (b)为加热和供水系统处于定容变温工况。图 4.13 (c_1)、4.13 (c_2) 则是处于变容变温工况。

贮水器容积和多种因素有关，如：加热设备的类型、建筑物用水规律、热源和热媒的充沛程度、自动控制程度、管理情况等。集中热水供应系统中贮水器的容积，从理论上讲，应根据建筑物日用热水最小时变化曲线及加热设备的工作制度经计算确定。当缺少这方面的资料和数据时，可用经验法计算确定贮水器的容积。

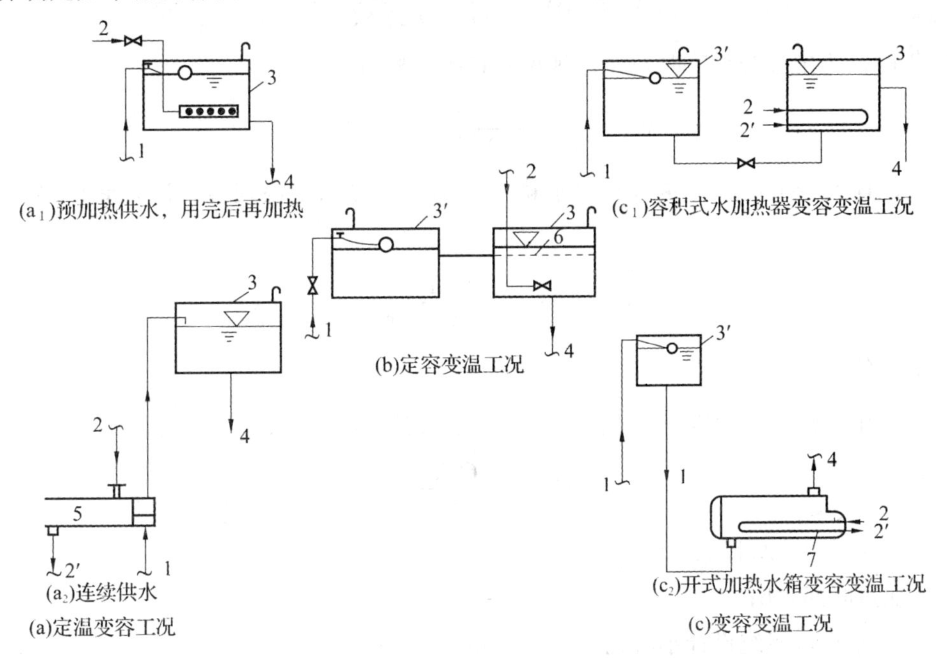

图 4.13 加热水箱和容积式水加热器工况

1—冷水；2—蒸汽；2′—凝结水；3—热水箱；3′—冷水箱；4—热水；5—快速式水加热器；6—穿孔进水管；7—容积式水加热器

1. 理论计算法

理论计算法即按贮水器变容变温供热工况的热平衡方程求解。

集中热水供应系统中全天供应热水的耗热量应等于贮水器中预热量与加热设备的供热量之和，并减去供水终止后贮水器中当天的剩余热量，即

$$Q_h T = V(t_r + t_l)C + Q_s T - \Delta V(t'_r - t_l)C \tag{4.17}$$

式中 Q_h——热水供应系统设计小时耗热量，kJ/h；

T——全天供应热水小时数，h；

V——热水贮水器容积，L；

t_r——贮水器中热水的计算温度,℃；

t_l——冷水计算温度,℃；

c——水的比热容，c=4.187 kJ/（kg·℃）；

Q_s——供应热水过程中加热设备的小时加热量，kJ/h；

ΔV——供水结束时，热水储存器中剩余热水容积，L；

t'_r——供水结束时，热水储存器中剩余热水水温,℃。

设 $K_1 = \dfrac{Q_s}{Q_h}$,$K_2 = \dfrac{\Delta V}{V}$，并取热水：1 L=1 kg，代入式（4.17）后化简得

$$V = \frac{1 - K_1}{(t_r - t_l) - K_2(t'_r - t_l)} \frac{Q_h T}{C} \tag{4.18a}$$

当 $K_2 \approx 0$ 时，则 $\Delta V \approx 0$，为变容变温工况，不考虑备用储存量时，加热储存器的有效储存容积为

$$V_1 = \frac{1 - K_1}{(t_r - t_l)} \frac{Q_h T}{C} \tag{4.18b}$$

当 $K_2 \approx 1$ 时，则 $\Delta V \approx V$，为定容变温工况，储存热水的有效容积为

$$V_2 = \Delta V = \frac{1-K_1}{(t_r - t'_r)} \frac{Q_h T}{C} \tag{4.18c}$$

当 $t_r \approx t'_r$ 时，为定温变容工况，储存热水的有效容积为

$$V_3 = \frac{1-K_1}{(t_r - t_l)(1-K_2)} \frac{Q_h T}{C} \tag{4.18d}$$

当 $t_r \approx t'_r$，且 $K_1 = 0$ 时，即热水在热水箱中全部预加热的定温变容工况，储存热水的有效容积为

$$V_4 = \frac{Q_h T}{(t_r - t_l)(1-K_2)C} \tag{4.18e}$$

2. 经验计算法

在实际工程中，贮水器的容积多用经验法，按下式计算确定：

$$V = \frac{Q_h T}{(t_r - t_l)C} \tag{4.19}$$

式中 V——贮水器的贮水容积，L；

T——加热时间，h；

Q_h——热水供应系统设计小时耗热量，kJ/h；

c——水的比热容，$c=4.187$ kJ/（kg·℃）；

t_r——贮水器中热水的计算温度,℃；

t_l——冷水计算温度,℃。

按式（4.19）计算确定出容积式水加热器或加热水箱的容积后，当冷水从下部进入，热水从上部送出，其计算容积宜附加 20%～25%；当采用有导流装置的容积式水加热器时，其计算容积应附加 10%～15%；当采用半容积式水加热器时，或带有强制罐内水循环装置的容积式水加热器，其计算容积可不附加。

3. 估算法

在初步设计或方案设计阶段，各种建筑水加热器或贮热容器的贮水容积（60 ℃热水）可按表 4.10、4.11 估算。

表 4.10　水加热器的贮热量

加热设备	以蒸汽或 95 ℃以上的热水为热媒时		以≤95 ℃的热水为热媒时	
	工业企业淋浴室	其他建筑	工业企业淋浴室	其他建筑
容积式水加热器或加热水箱	≥30 minQ_h	≥45 minQ_h	≥60 minQ_h	≥90 minQ_h
导流型容积式水加热器	≥20 minQ_h	≥30 minQ_h	≥30 minQ_h	≥40 minQ_h
半容积式水加热器	≥15 minQ_h	≥15 minQ_h	≥15 minQ_h	≥20 minQ_h

注：1. 半即热式、快速式水加热器的贮热容积应根据热媒的供给条件与安全、温控装置的完善程度等因素确定

①当热媒可按设计秒流量供应，且有完善可靠的温度自动调节和安全装置时，可不考虑贮热容积

②当热媒不能保证按设计秒流量供应，或无完善可靠的温度自动调节和安全装置时，则应考虑贮热容积，贮热量宜根据热媒供应情况按导流型容积式水加热器或半容积式水加热器确定

2. 热水机组所配贮热器，其贮热量宜根据热媒供应情况，按导流型容积式水加热器或半容积式水加热器确定

3. 表中 Q_h 为设计小时耗热量，kJ/h

表 4.11　贮水容积估算值

建筑类别	以蒸汽或 95 ℃以上的高温水为热媒时		以≤95 ℃的低温水为热媒时	
	导流型容积式水加热器	半容积式水加热器	导流型容积式水加热器	半容积式水加热器
有集中热水供应的住宅/[L/(人·d)]	5～8	3～4	6～10	3～5
设单独卫生间的集体宿舍、培训中心、旅馆/[L/(床·d)]	5～8	3～4	6～10	3～5
宾馆、客房/[L/(床·d)]	9～13	4～6	12～16	6～8
医院住院部/[L/(床·d)]				
设公用盥洗室	48	2～4	5～10	3～5
设单独卫生间	8～15	4～8	11～20	6～10
门诊部	0.5～1	0.3～0.6	0.8～1.5	0.4～0.8
有住宿的幼儿园、托儿所/[L/(床·d)]	2～4	1～2	2～5	1.5～2.5
办公楼/[L/(床·d)]	0.5～1	0.3～0.6	0.8～1.5	0.4～0.5

4.4.8 第二循环管网水力计算

1. 配水管网的水力计算

配水管网水力计算的目的主要是根据各配水管段的设计秒流量和允许流速值来确定配水管网的管径，并计算其水头损失值。

(1) 热水配水管网的设计秒流量可按生活给水（冷水系统）设计秒流量公式计算。

(2) 卫生器具热水给水额定流量、当量、支管管径和最低工作压力同给水规定。

(3) 热水管道的流速。

(4) 热水管网水头损失计算。

热水管网中单位长度水头损失和局部水头损失的计算，与冷水管道的计算方法和计算公式相同，但热水管道的计算内径应考虑结垢和腐蚀引起过水断面所需的因素。管道结垢造成的管径缩小量见表 4.12。

表 4.12　管道结垢造成的管径缩小量

管道公称直径/mm	15～40	50～100	125～200
直径缩小值/mm	2.5	3	4

热水管道的水力计算，应根据采用的热水材料，选用相应的热水管道水力计算图表或公式进行计算。使用时应注意水力计算图表的使用条件，当工程的使用条件与制表条件不相符时，应根据各种规定做相应修正。

①当热水采用交联聚乙烯（PE－X）管时，其管道水力坡降值可采用下式计算：

$$i = 0.000\,915\,\frac{q^{1.774}}{d_j^{4.774}} \tag{4.20}$$

式中　i——管道水力坡降，kPa/m 或 0.1 mH_2O/m；

q——管道内设计流量，m^3/s，

d_j——管道计算内径，m。

如水温为 60 ℃时，可以参照 PE－X 管水力计算图表选用管径（图 4.14）。

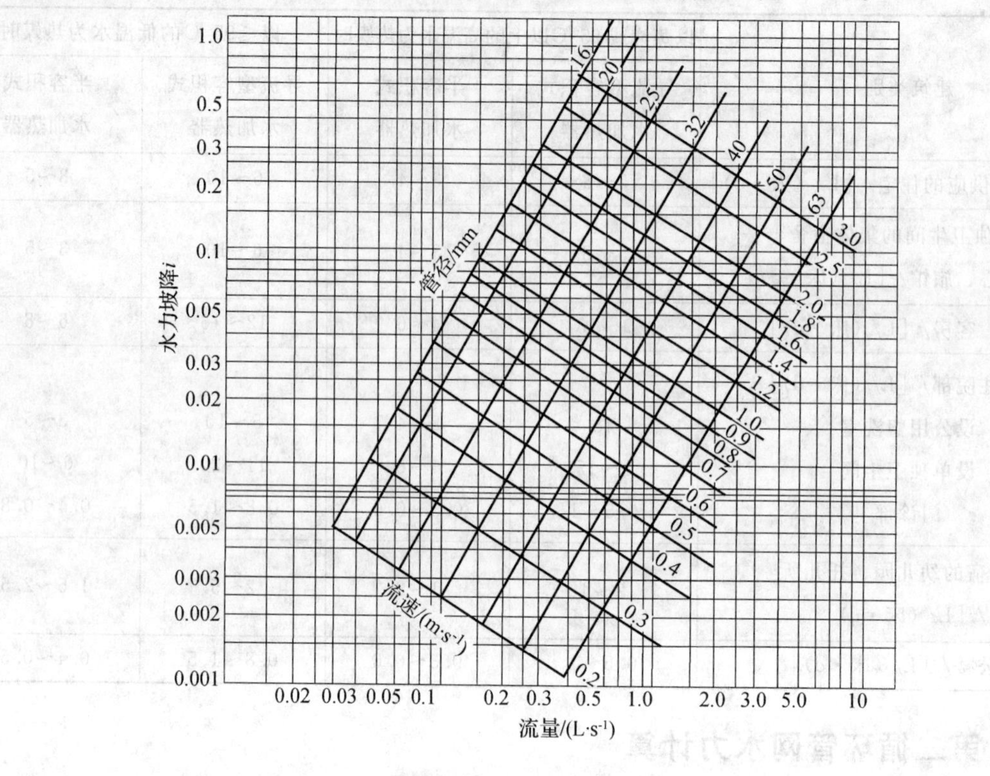

图 4.14　交联聚乙烯（PE－X）管水力计算（60 ℃）

如水温高于或低于 60 ℃时，可按表 4.13 修正。

表 4.13　水头损失温度修正系数

水温（60 ℃）	10	20	30	40	50	60	70	80	90	95
修正系数	1.23	1.18	1.12	1.08	1.03	1.00	0.98	0.96	0.93	0.90

②当热水管采用聚丙烯（PP－R）管时，水头损失计算公式如下：

$$H_f = \lambda \frac{Lv^2}{d_j 2g} \tag{4.21}$$

式中　H_f——管道沿程水头损失，mH_2O；

λ——沿程阻力系数；

L——管道长度，m；

v——水流平均速度，m/s；

g——重力加速度，m/s^2，一般取 9.81 m/s^2。

2. 回水管网的水力计算

回水管网水力计算的目的在于确定回水管网的管径。

回水管网不配水，仅通过用以补偿配水管热损失的循环流量。回水管网各管段管径，应按管中循环流量经计算确定。初步设计时，可参照表 4.14 选用。

表 4.14　热水管网回水管管径选用表

热水管网、配水管段管径 DN/mm	20～25	32	40	50	65	80	100	125	150	200
热水管网、回水管段管径 DN/mm	20	20	25	32	40	40	50	65	80	100

为保证各立管的循环效果，尽量减少干管的水头损失，热水配水干管和回水干管均不宜变径，可按其相应的最大管径确定。

3. 机械循环管网的计算

第二循环管网由于流程长，管网较大，为保证系统中热水循环效果，一般多采用机械循环方式。机械循环又分为全日热水供应系统和定时热水供应系统两类。机械循环管网水力计算的目的是在确定了最不利循环管路即计算循环管路和循环管网中配水管、回水管的管径后进行的，其主要目的是选择循环水泵。

(1) 全日热水供应系统热水管网计算。

①计算各管段终点水温，可按下述面积比温降方法计算：

$$\Delta t = \frac{\Delta T}{F} \tag{4.22}$$

$$t_z = t_c - \Delta t \sum f \tag{4.23}$$

式中 Δt——配水管网中计算管路的面积比温降，℃/m²；

ΔT——配水管网中计算管路起点和终点的水温差。按系统大小确定，单体建筑一般取 $\Delta T=5 \sim 10$ ℃，建筑小区 $\Delta T \leqslant 12$ ℃；

$\sum f$——计算管路配水管网的总外表面积，m²；

t_c——计算管道的起点水温，℃；

t_z——计算管道的终点水温，℃。

②计算配水管网各管段的热损失，公式如下：

$$q_s = \pi DLK(1-\eta)\left(\frac{t_c + t_z}{2} - t_j\right) \tag{4.24}$$

式中 q_s——计算管段热损失，kJ/h；

D——计算管段外径，m；

L——计算管段长度，m；

K——无保温时管道的传热系数，kJ/(mh²·℃)；

η——保温系数，无保温时 $\eta=0$，简单保温时 $\eta=0.6$，较好保温时 $\eta=0.7 \sim 0.8$；

t_c，t_z——同上式；

t_j——计算管段周围的空气温度，℃，可按表 4.15 确定。

表 4.15 管道周围的空气温度

管道敷设情况	t_j/℃	管道敷设情况	t_j/℃
采暖房间内明管敷设	18～20	敷设在不采暖的地下室内	5～10
采暖房间内暗管敷设	30	敷设在室内地下管沟内	35
敷设在不采暖房间的顶棚内	采用一月份室外平均温度		

③计算配水管网总的热损失。将各管段的热损失相加便得到配水管网总的热损失即 Q_s。即 $Q_s = \sum_{i=1}^{n} q_s$。初步设计时，Q_s 也可按设计小时耗热量的 3%～5%来估算，其上下限可视系统的大小而定：系统服务范围大，配水管线长，可取上限；反之，取下限。

④计算总循环流量。求解 Q_s 的目的在于计算管网的循环流量。循环流量是为了补偿配水管网在用水低峰时管道向周围散失的热量。保持循环流量在管网中循环流动，不断向管网补充热量，从而保证各配水点的水温。管网的热损失只计算配水管网散失的热量。

将 Q_s 代入下式求解全日供应热水系统的总循环流量 q_x：

$$q_x = \frac{Q_s}{C\Delta T\rho_r} \tag{4.25}$$

式中　q_x——全日供应热水系统的总循环流量，L/h；

Q_s——配水管网的热损失，kJ/h；

c——水的比热容，c=4.187 kJ/（kg・℃）；

ΔT——同式（4.22），其取值根据系统的大小而定；

ρ_r——热水密度，kg/L。

⑤计算循环管路各管段通过的循环流量。在确定 q_x 后，可从水加热器后第一个节点起依次进行循环流量分配，以图 4.15 为例，通过管段Ⅰ的循环流量 q_{1x} 即为 q_x，用以补偿整个配水管网的热损失，流入节点 1 的流量如用以补偿 1 点之后各管段的热损失，即 $q_{AS}+q_{BS}+q_{CS}+q_{ⅡS}+q_{ⅢS}$，$q_{1x}$ 又分流入 A 管段和Ⅱ管段，其循环流量分别为 q_{Ax} 和 $q_{Ⅱx}$，根据节点流量守恒原理：$q_{Ⅰx}=q_{1x}$，$q_{Ⅱx}=q_{Ⅲx}-q_{Ax}$ 补偿管段Ⅱ，Ⅲ，B，C 的热损失，即 $q_{ⅡS}+q_{ⅢS}+q_{BS}+q_{CS}$，$q_{Ax}$ 补偿管段 A 的热损失 q_{AS}。

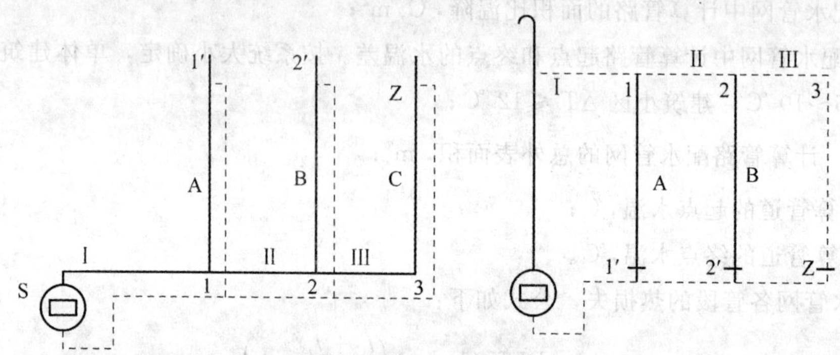

图 4.15　计算用图

按照循环流量与热损失成正比和热平衡关系，$q_{Ⅱx}$ 可按下式确定：

$$q_{Ⅱx} = q_{1x} \cdot \frac{q_{BS}+q_{CS}+q_{ⅡS}+q_{ⅢS}}{q_{AS}+q_{BS}+q_{CS}+q_{ⅡS}+q_{ⅢS}} \tag{4.26a}$$

流入节点 2 的流量 q_{2x} 用以补偿 2 点之后管段 C 的热损失，即 $q_{ⅢS}+q_{BS}+q_{CS}+q_{2S}$ 又分流入 B 管段和Ⅲ管段，其循环流量分别为 q_{Bx} 和 $q_{Ⅲx}$。根据节点流量守恒原理：$q_{2x}=q_{Ⅱx}$，$q_{Ⅲx}=q_{Ⅱx}-q_{Bx}$。$q_{Ⅲx}$ 补偿管段Ⅲ和 C 的热损失，即 $q_{ⅢS}+q_{CS}$，q_{Bx} 补偿管段 B 的热损失 q_{BS}。同理可得

$$q_{ⅢS} = q_{Ⅱx} \cdot \frac{q_{CS}+q_{ⅢS}}{q_{BS}+q_{CS}+q_{ⅢS}} \tag{4.26b}$$

流入节点 3 的流量 q_{3x} 用以补偿 3 点之后管段 C 的热损失 q_{CS}。根据节点流量守恒原理：$q_{3x}=q_{Ⅲx}$，$q_{Ⅲx}=q_{Cx}$，管道Ⅲ的循环流量即为管段 C 的循环流量。

将上式简化为通用计算式，即为

$$q_{(n+1)x} = q_{nx}\frac{\sum q_{(n+1)S}}{\sum q_{nS}} \tag{4.26c}$$

式中　q_{nx}，$q_{(n+1)x}$——n，$n+1$ 管段所通过的循环流量，L/h；

$\sum q_{(n+1)S}$—$n+1$ 管段及其后各管段的热损失之和，kJ/h；

$\sum 2q_{nS}$——n 管段及其后各管段的热损失之和，kJ/h。

n，$n+1$ 管段如图 4.16 所示。

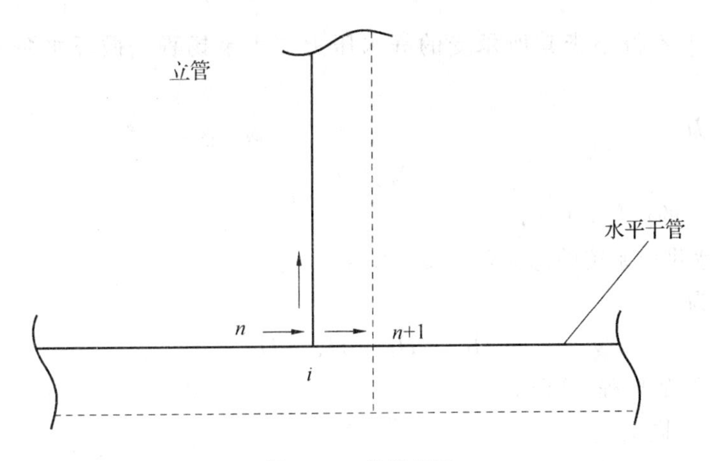

图 4.16 计算用图

⑥复核各管段的终点水温，计算公式如下：

$$t'_z = t_c - \frac{q_s}{Cq'_x \rho_r} \tag{4.27}$$

式中 t'_z——各管段终点水温，℃；

t_c——各管段起点水温，℃；

q_s——各管段的热损失，kJ/h；

q_x'——各管段的循环流量，L/h；

c——水的比热容，c=4.187 kJ/（kg·℃）；

ρ_r——热水密度，kg/L。

计算结果如与原来确定的温度相差较大，应以式（4.21）和式（4.25）的计算结果，作为各管段的终点水温，重新进行上述②～⑥的运算。

⑦计算循环管网的总水头损失，公式如下：

$$H = (H_p + H_x) + H_j \tag{4.28}$$

式中 H——循环管网的总水头损失，kPa；

H_p——循环流量通过配水计算管路的沿程和局部水头损失，kPa；

H_x——循环流量通过回水计算管路的沿程和局部水头损失，kPa；

H_j——循环流量通过水加热器的水头损失，kPa。

容积式水加热器、导流型容积式水加热器、半容积式水加热器和加热水箱，因容器内被加热水的流速较低（$v \leqslant 0.1$ m/s），其流程短，故水头损失很小，在热水系统中可忽略不计。

对于快速式水加热器，被加热水在其中流速较大，流程也长，水头损失应以沿程和局部水头损失之和计算，即

$$\Delta H = 10 \times \left(\lambda \frac{L}{d_j} + \sum \xi\right)\frac{v^2}{2g} \tag{4.29}$$

式中 ΔH——快速式水加热器中热水的水头损失，kPa；

λ——管道沿程阻力系数；

L——被加热水的流程长度，m；

d_j——传热管计算管径，m；

ξ——局部阻力系数；

v——被加热水的流速，m/s；

g——重力加速度，m/s²，一般取 9.81 m/s²。

计算循环管路配水管及回水管的局部水头损失可按沿程水头损失的 20%～30%估算。

⑧选择循环水泵。热水循环水泵通常安装在回水干管的末端，热水循环水泵宜选用热水泵，水

泵壳体承受的工作压力不得小于其所承受的静水压力加水泵扬程。循环水泵宜设备用泵，交替运行。

循环水泵的流量为

$$Q_b \geqslant q_x \tag{4.30}$$

式中 Q_b——循环水泵的流量，L/s；

q_x——全日热水供应系统的总循环流量，L/s。

循环水泵的扬程为

$$H_b \geqslant H_p + H_x + H_j \tag{4.31}$$

式中 H_b——循环水泵的扬程，kPa；

H_p，H_x，H_j——同上式。

(2) 定时热水供应系统机械循环管网计算。

定时热水供应系统的循环水泵大都在供应热水前半小时开始运转，直到把水加热至规定温度，循环水泵即停止工作。因定时供应热水时用水较集中，故不考虑热水循环。

定时热水供应系统中热水循环流量的计算，是按循环管网中的水每小时循环的次数来确定，一般按2～4次计算，系统较大时取下限，反之取上限。

循环水泵的出水量即为热水循环流量：

$$Q_b \geqslant (2 \sim 4)V \tag{4.32}$$

式中 Q_b——循环水泵的流量，L/h；

V——热水循环管网系统的水容积，不包括无回水管的管段和加热设备的容积，L。

循环水泵的扬程，计算公式同上。

4. 自然循环热水管网的计算

在小型或层数少的建筑中，有时也采用自然循环热水供应方式。

自然循环热水管网的计算方法和程序与机械循环方式大致相同，也要如前述先求出管网总热损失、总循环流量、各管段循环流量和循环水头损失。但应在求出循环管网的总水头损失之后，先校核一下系统的自然循环压力值是否满足要求。由于热水循环管网有上行下给式和下行上给式两种方式，因此，其自然循环压力值的计算公式也不同。

上行下给式管网（图4.17（a）），可按下式计算：

$$H_{zr} = 9.8\Delta h(\rho_3 - \rho_4) \tag{4.33}$$

式中 H_{zr}——上行下给式管网的自然循环压力，Pa；

Δh——锅炉或水加热器的中心与上行横干管中点的标高差，m；

ρ_3——最远处立管中热水的平均密度，kg/m³；

ρ_4——总配水立管中热水的平均密度，kg/m³。

下行上给式管网（图4.17（b）），可按下式计算：

$$H_{zr} = 9.8[(\Delta h' - \Delta h_1)(\rho_7 - \rho_8) + \Delta h_1(\rho_5 - \rho_6)] \tag{4.34}$$

式中 H_{zr}——下行上给式管网的自然循环压力，Pa；

$\Delta h'$——锅炉或水加热器的中心至立管顶部的标高差，m；

Δh_1——锅炉或水加热器的中心至配水横干管中心垂直距离，m；

ρ_5，ρ_6——最远处回水立管、配水立管管段中热水的平均密度，kg/m³；

ρ_7，ρ_8——水平干管回水立管、配水立管管段中热水的平均密度，kg/m³。

当管网循环水压大于1.35H时，管网才能安全可靠地自然循环，H为循环管网的总水头损失，可由式（4.28）计算确定。否则应采取机械强制循环。

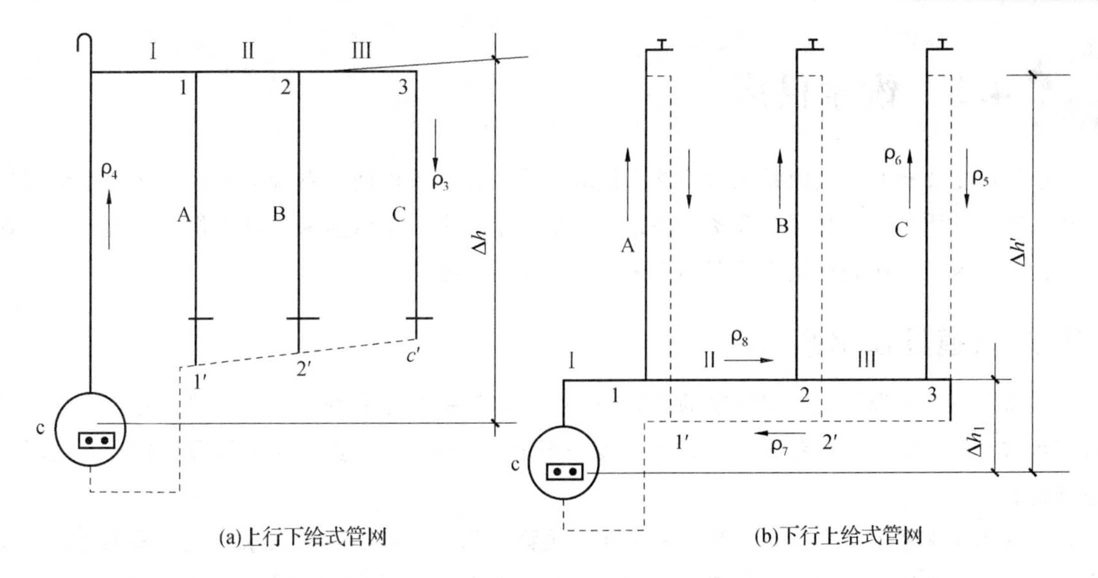

图 4.17　热水系统自然循环压力计算图

【例 4.1】 A宾馆有300张床位150套客房，客房均设专用卫生间，内有浴盆、脸盆各1件。宾馆全日集中供应热水，加热器出口热水温度为70 ℃，当地冷水温度10 ℃。采用容积式水加热器，以蒸汽为热媒，蒸汽压力0.2 MPa（表压）。

计算：设计小时耗热量，设计小时热水量、热媒耗量。

解　(1) 设计小时耗热量 Q_h

已知：$m=300$，$q_r=150$ L/（人·d）(60 ℃)，查表4.10可得：$K_h=5.61$；$t_r=60$ ℃，$t_l=10$ ℃，$\rho_r=0.983$ kg/L (60 ℃)

按式计算：

$$Q_h=K_h\frac{mq_rC(t_r-t_l)\rho_r}{86\,400}$$

$$=5.61\times\frac{300\times150\times4\,187\times(60-10)\times0.983}{86\,400}\ \text{W}$$

$$=601\,296\ \text{W}$$

(2) 设计小时热水量 Q_r

已知：$t_r=70$ ℃，$Q_h=601\,296$ W，$\rho_r=0.978$ kg/L (70 ℃)

按式计算：

$$Q_r=\frac{Q_h}{(t_r-t_l)1.163\rho_r}$$

$$=\frac{601\,296}{(70-10)\times1.163\times0.978}\ \text{L/h}$$

$$=8\,811\ \text{L/h}$$

(3) 热媒耗量 G

已知：$Q_h=601\,296$ kJ/h，查表4.10，在0.3 MPa绝对压力下，蒸汽的汽化热为2 167 kJ/kg。

按式计算：

$$G=(1.10-1.20)\frac{3.6Q_h}{\gamma_h}$$

$$=1.15\,\frac{3.6\times601\,296}{2\,167}\ \text{kg/h}$$

$$=1\,149\ \text{kg/h}$$

4.5 饮水供应

饮水供应主要有开水供应系统和冷饮水供应系统两类，采用何种系统应根据当地的生活习惯和建筑物的使用性质确定。我国办公楼、旅馆、大学学生宿舍、军营多采用开水供应系统；大型娱乐场所等公共建筑、工矿企业生产热车间多采用冷饮水供应系统。

4.5.1 管道直饮水系统

冷饮水的供应水温可根据建筑物的性质按需要确定。一般在夏季不启用加热设备，冷饮水温度与自来水水温相同即可。在冬季，冷饮水温度一般取 35～45 ℃，要求与人体温度接近，饮用后无不适感觉。

管道饮用净水系统（直饮水系统）是指在建筑物内部保持原有的自来水管道系统不变，供应人们生活清洁、洗涤用水，同时对自来水中只占 2%～5%用于直接饮用的水集中进行深度处理后，采用高质量无污染的管道材料和管道配件，设置独立于自来水管道系统的饮用净水管道系统至用户，用户打开水嘴即可直接饮用。如果配置专用的管道饮用净水机与饮用净水管道连接，可从饮用净水机中直接供应热饮水或冷饮水，非常方便。

1. 管道饮用净水的水质要求

直接饮用水应在符合国家《生活饮用水卫生标准》（GB 5749—2006）的基础上进行深度处理，系统中水嘴出水的水质指标不应低于建设部颁发的中华人民共和国城镇建设行业标准《饮用净水水质标准》（CJ 94—2005）。

2. 管道饮用净水供应方式和系统设置

（1）管道饮用净水供应方式。

管道饮用净水系统一般由供水水泵、循环水泵、供水管网、回水管网、消毒设备等组成。为了保证水质不受二次污染，饮用净水配水管网的设计应特别注意水力循环问题，配水管网应设计成密闭式，将循环管路设计成同程式，用循环水泵使管网中的水得以循环。常见的供水方式有：水泵和高位水罐（箱）供水方式、变频调速泵供水方式、屋顶水池重力流供水方式。

（2）管道饮用净水系统设置要求。

为保证管道饮用净水系统的正常工作，并有效地避免水质二次污染，饮用净水必须设循环管道，并应保证干管和立管中饮水的有效循环。其目的是防止管网中长时间滞留的饮水在管道接头、阀门等局部不光滑处由于细菌繁殖或微粒集聚等因素而产生水质污染。循环系统把系统中各种污染物及时去掉，控制水质的下降，同时又缩短了水在配水管网中的停留时间（规定循环管网内水的停留时间不宜超过 6 h），借以抑制水中微生物的繁殖。

饮用净水管道系统的设置一般应满足以下要求：

系统应设计成环状，循环管路应为同程式，进行循环消毒以保证足够的水量和水压和合格的水质；设计循环系统的运行时不得影响配水系统的正常工作压力和饮水嘴的出流率；饮用净水在供配水系统中各个部分的停留时间不应超过 4～6 h，供配水管路中不应产生滞水现象；各处的饮用净水嘴的自由水头应尽量相近，不宜小于 0.03 MPa；饮用净水管网系统应独立设置，不得与非饮用净水管网相连；一般应优先选用无高位水箱的供水系统，宜采用变频调速水泵供水系统；配水管网循环立管上、下端头部位设球阀；管网中应设置检修门；在管网最远端设排水阀门，管道最高处设置排气阀。排气阀处应有滤菌、防尘装置，排气阀处不得有死水存留现象，排水口应有防污染措施。

4.5.2 开水供应系统

开水供应系统分集中开水供应和管道输送开水两种方式。集中制备开水的加热方法一般采用间接加热方式，不宜采用蒸汽直接加热方式。

集中开水供应是在开水间集中制备开水，人们用容器取水饮用。这种方式适合于机关、学校等建筑，设开水点的开水间宜靠近锅炉房、食堂等有热源的地方。每个集中开水间的服务半径范围一般不宜大于 250 m，也可以在建筑内每层设开水间，集中制备开水，即把蒸汽热媒管道送到各层开水间，每层设间接加热开水器，其服务半径不宜大于 70 m。还可用燃气、燃油开水炉、电加热开水炉代替间接加热器。对于标准要求高的建筑物，可采用集中制备开水用管道输送到各开水供应点。

【重点串联】

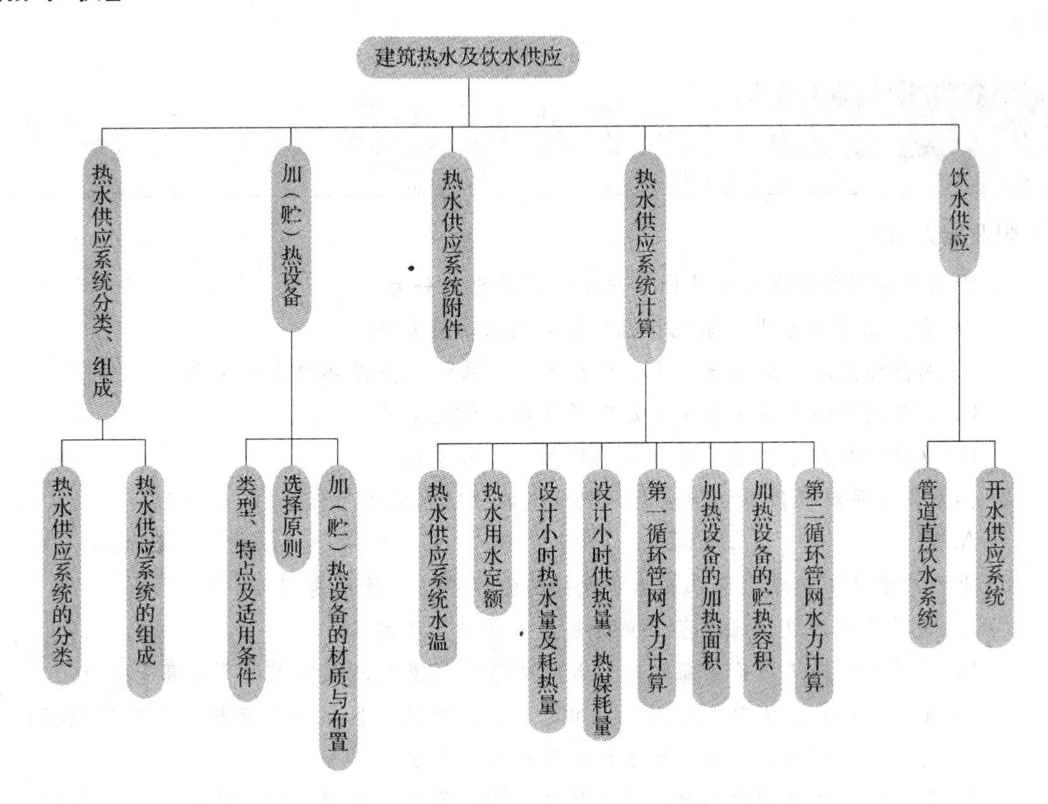

【知识链接】

相关知识可参见《建筑给水排水设备器材术语》（GB/T 16662—2008）；

01S122－1 标准图 RV 系列导流型容积式水加热器选用及安装

01S122－2 标准图 HRV 系列导流型容积式水加热器选用及安装

01S122－3 标准图 SV 系列导流型容积式水加热器选用及安装

01S122－4 标准图 SI 系列导流型容积式水加热器选用及安装

01S122－5 标准图 TBF 系列浮动盘管型半容积式水加热器选用及安装

01S122－6 标准图 SW，SWW 系列浮动盘管型半即热式水加热器选用及安装

01S122－7 标准图 BFG 系列浮动盘管型半容积式加热器选用及安装

01S122－8 标准图 TGT 系列浮动盘管型半即热式水加热器选用及安装

01S122－9 标准图 SS，MS 系列 U 形管型容积式水加热器选用及安装

01S122－10 标准图 DFHRV 系列导流浮动盘管型半容积式水加热器选用及安装

01S123 标准图贮水罐选用及安装

01S125 标准图开水器（炉）选用及安装

01SS126 标准图住宅用热水器选用及安装

S1 全国通用给水排水标准图集（合订本）给水附属构筑物等

S2 全国通用给水排水标准图集（合订本）排水附属构筑物等

S3 全国通用给水排水标准图集（合订本）给水排水零配件等

相关知识可参见《建筑给水排水有采暖工程施工质量验收规范》（GB 50242—2002）；05R410 标准图热水管道直埋敷设；《建筑给水排水及采暖工程施工工艺规程》（DB62/T 25－3029—2005）；《建筑给水聚丙烯管道工程技术规范》（GB/T 50349—2005）。

相关知识可参见《给水排水设计手册 第 2 册 建筑给水排水》（第二版），中国建筑设计研究院主编，2008，中国建筑工业出版社；《建筑给水排水工程设计计算》，李玉华主编，2006，中国建筑工业出版社。

拓展与实训

职业能力训练

1. 据热水管网循环方式的不同，热水供应系统可分为（　　）。
   A. 自然循环热水供应系统和机械循环热水供应系统
   B. 无循环热水供应系统、半循环热水供应系统和全循环热水供应系统
   C. 全日循环热水供应系统和定时循环热水供应系统
   D. 立管循环热水供应系统和无循环热水供应系统
2. 热水供应系统只供淋浴供水时，配水点的最低水温不可低于（　　）℃。
   A. 60　　B. 75　　C. 50　　D. 40
3. 下列关于集中热水供应系统热源选择的叙述中，正确的是（　　）。
   A. 宜首先利用能保证全年供热的热力管网作为热源
   B. 利用废热锅炉制备热媒时，引入废热锅炉的废气、烟气温度不宜高于 400 ℃
   C. 无工业余热、废热、地热、太阳能、热力管网、区域锅炉房提供的蒸汽或高温水时，可设置燃油、燃气热水机组直接供应热水
   D. 以太阳能为热源的加热设备宜独立工作，不宜设置辅助加热装置
4. 日热水量（按 60 ℃计）在 10 m^3 及以上，总硬度（以 $CaCO_3$ 计）大于（　　）mg/L 的洗衣房用水应进行水质软化处理。
   A. 300　　B. 150　　C. 100　　D. 200
5. 医院以外的其他建筑的热水供应系统的水加热设备（　　）台。
   A. 不得少于 2　　B. 不得多于 2　　C. 不宜少于 2　　D. 不宜多于 2
6. 经软化处理后，洗衣房以外的其他用水的水质总硬度宜为（　　）mg/L。
   A. 50～100　　B. 75～150　　C. 150～300　　D. 50～75
7. 冷水的计算温度，应以当地（　　）确定。
   A. 全年的平均水温　　B. 冬季的平均水温
   C. 最冷月的最低水温　　D. 最冷月的平均水温

8. 下列条件中不是选择半即热式加热器时需要注意的条件是（ ）。

A. 热媒供应能满足热水设计秒流量供热量的要求

B. 有灵敏、可靠的温度压力控制装置，保证安全供水

C. 有足够的热水储存容积，保证用水高峰时系统能够正常使用

D. 被加热水侧的阻力损失不影响系统冷热水压力的平衡和稳定

9. 根据热水供应范围不同，热水供应系统可分为（ ）。

A. 局部热水供应系统、集中热水供应系统和区域热水供应系统

B. 局部热水供应系统、集中热水供应系统和分散热水供应系统

C. 上行下给式热水供应系统、下行上给式热水供应系统和混合式热水供应系统

D. 上行下给式热水供应系统、下行上给式热水供应系统和分区供水式热水供应系统

10. 某居住小区中的住宅和公共建筑的热水皆由小区加热间集中供应，已知公共建筑的最大用水时发生在上午 9～11 点。则该小区的设计小时耗热量应按（ ）计算。

A. 住宅最大时耗热量＋公共建筑最大时耗热量

B. 住宅最大时耗热量＋公共建筑平均时耗热量

C. 住宅平均时耗热量＋公共建筑最大时耗热量

D. 住宅平均时耗热量＋公共建筑平均时耗热量

11. 下列关于热水配水管网水力计算的叙述中，错误的是（ ）。

A. 热水配水管网的设计秒流量公式与冷水系统相同

B. 计算热水管道中的设计流量时，其上设置的混合水嘴洗脸盆的热水用水定额应取 0.15 L/s

C. 应选取小于冷水管道系统的水流速度

D. 热水管网单位长度的水头损失，应按海澄—威廉公式确定，同时应考虑结垢、腐蚀等因素对管道计算内径的影响

12. 某 22 层住宅设置饮用净水供应系统，每层 8 户，每户按 3.5 人计，用水定额为 6 L/（人·d），若 α 取 0.8，每户设置饮用净水水嘴 2 个，则整个建筑饮用净水水嘴的使用概率为（ ）。

A. 0.010　　B. 0.015　　C. 0.020　　D. 0.038

13. 热水供应系统中，锅炉或水加热器的出水温度与配水点最低水温的温度差，不得大于（ ）℃。

A. 10　　B. 8　　C. 5　　D. 15

14. 某旅馆设有全日制热水供应系统，系统设计小时耗热量为 700 kW，配水管道的热水温度差为 5 ℃，若配水管道的热损失按设计小时耗热量的 5% 计，则系统的热水循环量为（ ）L/h。

A. 120　　B. 1 203　　C. 1 671　　D. 12 038

15. 热水管网应在下列管段上装设阀门，其中（ ）是错误的。

A. 具有 2 个配水点的配水支管上

B. 从立管接出的支管上

C. 配水立管和回水立管上

D. 与配水、回水干管连接的分干管上

16. 某工程采用半即热式加热器，热媒饱和蒸汽温度为132.9 ℃，凝结水温度为80 ℃，冷水的计算温度为10 ℃，水加热器出口温度为60 ℃。则热媒与被加热水的计算温差应为（　　）℃。

A. 44.8　　B. 71.4　　C. 52.7　　D. 50.6

17. 热媒为热力管网热水时，热媒的计算温度应按热力管网供回水的最低温度计算，但热媒的初温与被加热的终温的温度差，不得小于（　　）℃。

A. 5　　B. 10　　C. 15　　D. 20

18. 某建筑水加热器底部至生活饮用水高位水箱水面的高度为17.60 m，冷水的密度为0.999 7 kg/L，热水的密度为0.983 2 kg/L，则膨胀管高出生活饮用水高位水箱水面（　　）m。

A. 0.10　　B. 0.20　　C. 0.25　　D. 0.30

19. 某工程采用半容积式水加热器，热媒为热水，供回水温度分别为95 ℃、70 ℃，冷水的计算温度为10 ℃，水加热器出口温度为60 ℃。则热媒与被加热水的计算温差应为（　　）℃。

A. 47.5　　B. 35.0　　C. 40.5　　D. 46.4

20. 某建筑内设有全日制热水供应系统，若设计小时耗热量为1 500 000 W，设计热水温度为60 ℃（热水密度0.983 2 kg/L），设计冷水温度为10 ℃，则系统的设计小时热水量为（　　）L/h。

A. 4 686.30　　B. 5 159.10　　C. 26 236.1　　D. 6 859.60

模块 5

居住小区给水排水

【模块概述】

建筑内部的给水排水管线多数是从市政的给水排水管线引入或排出的，两者是通过居住小区给水排水完成连接的。居住小区给水排水起到了承上启下的作用，居住小区给水排水的布置、敷设、计算与市政给水排水管线类似，居住小区的给水排水管线在使用过程中出现工程质量问题较多，主要是施工验收方面没有得到重视。

本模块以居住小区给水系统、排水系统、集中热水和直饮水系统四个部分为主线，介绍居住小区给水排水系统的布置方式、设计水量、水力计算、施工图画法、相应的管材和管件。

【知识目标】

1. 掌握居住小区给水排水系统分类；
2. 掌握居住小区给水排水系统的组成；
3. 掌握居住小区给水排水系统设计计算方法；
4. 了解居住小区给水排水系统常用管材及附属构筑物；
5. 了解居住小区给水加压泵站及设施；
6. 了解居住小区污水排放要求及水处理技术；
7. 了解热水集中供应的方式、系统组成；
8. 了解直饮水系统的组成。

【技能目标】

1. 具备进行居住小区给水排水管道综合布置的能力；
2. 具备识读居住小区给水排水施工图的能力；
3. 具备进行污水提升泵站的运行操作和管理的能力；
4. 培养学生良好的自我学习能力、实践动手能力和耐心细致的能够分析和处理问题的能力。

【课时建议】

8～10 课时

工程导入

哈尔滨市松江小区共有14栋6层住宅楼，如图5.1所示，共住有6 100人，用水定额200 L/（人·d），小时变化系数$K_h=2.5$，户内的平均当量为8.30，对该小区进行给水排水管线布置及施工图设计。

根据设计资料，小区要布置给水管线，首先要确定供水量，供水量主要根据小区内人口、公共建筑的数量和相应建筑给水定额确定；其次进行管线布置，布置管线平直、路线最短，为保证供水安全，尽量成环；再次进行水力计算，环网管线要进行平差计算，枝状管线也要进行相应的水力计算，确定管径和供水所需压力；最后绘制工程施工图。

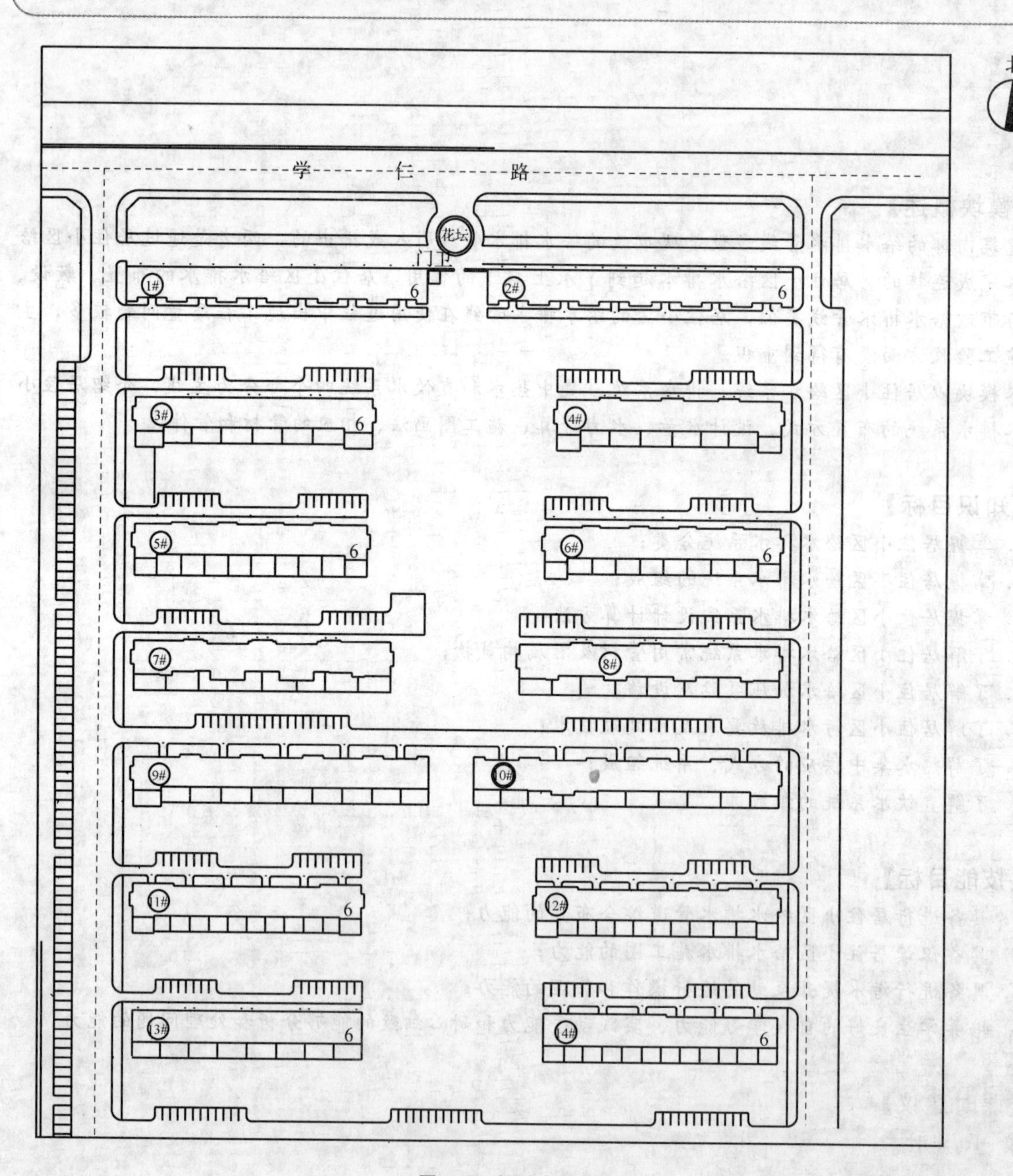

图5.1 松江小区平面图

5.1 小区给水系统

我国城镇居住用地按住户和人口数量分为居住区和居住小区。居住小区以下可分居住组团和街坊等次级居住地，划分界线如下。

(1) 居住组团。居住户数 300～800 户，居住人口 1 000～3 000 人。

(2) 居住小区。居住户数 2 000～3 500 户，居住人口 7 000～13 000 人。

(3) 居住区。居住户数 10 000～15 000 户，居住人口 30 000～50 000 人。

居住小区给水工程是指城镇中居住小区、居住组团、街坊和庭院范围内的建筑外部给水工程，不包括城镇工业区或中小工矿的厂区给水工程。居住小区给水系统是建筑给水系统和市政给水系统的过渡部分。

居住小区给水工程具有如下特点：

(1) 居住小区给水工程介于建筑内部给水和城镇给水工程之间。从某种意义上说，居住小区是单幢建筑的平面扩大，也是城镇的缩小，它与单幢建筑物、城镇都有相近、相通之处，但它们又有所区别。

(2) 居住小区给水工程中的给水流量计算和给水方式等方面和建筑内部给水工程有较多的共同点。以前由于居住小区给水套用室外给水规范而出现了与事实不符的现象，因此在 1988 年，我国将居住小区给水排水划归为建筑给水排水范畴，成为建筑给水排水工程的组成部分。

5.1.1 给水系统供水方式及组成

1. 居住小区给水系统分类

居住小区给水系统根据用水目的可分为生活给水系统和消防给水系统。生活给水系统供给小区的用户、商服、教育等公共建筑的生活用水，消防给水系统是保障小区消防用水的给水系统。

根据居住小区给水系统的供水方式，把居住小区给水系统分为直接给水系统、分压给水系统、分质给水系统和调蓄增压给水系统。

(1) 直接给水系统。

从城镇市政给水管网直接供水的给水方式如图 5.2 所示，包括高位水箱夜间进水，白天使用的给水方式称为直接给水。当城镇市政给水管网的水量、水压能够满足小区给水要求时，应该采用直接给水方式。低压统一给水系统：对于多层建筑群体，生活给水和消防给水都不需要过高的压力。

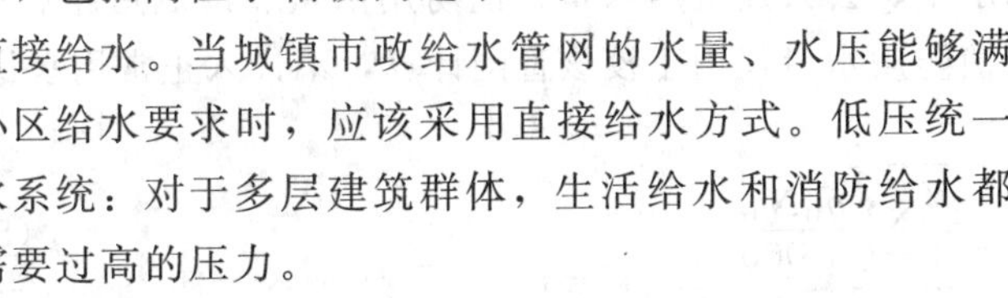

图 5.2 直接给水系统

(2) 分压给水系统。

分压给水系统用于高层建筑和多层建筑混合居住小区内。小区给水工程分压给水方式由于在高层、多层建筑混合的居住小区中，高层建筑的高层部分无论是生活给水还是消防给水都需要对给水系统增压，才能满足用户使用要求，所以应该采用分压给水系统。

(3) 分质给水系统。

分质给水系统适用于严重缺水或无合格原水地区。即将冲洗、绿化、浇洒道路等用水水质要求低的水量从生活水量中区分出来，确立分质给水系统，以充分利用当地的水资源。

分质供水就是将优质饮用水系统作为城市主体供水系统，只供市民饮用；而另设管网供应低品质水作为非饮用水系统，作为主体供水系统的补充。分质供水的水质一般分为三种：中水（杂用水）、自来水（原生活给水）、直饮水（饮用净水）。

（4）调蓄增压给水系统。

当城镇市政给水管网的水量、水压周期性不足时，可以设置高位水箱供水。调蓄增压给水系统对处于混合区的高层建筑的较高部分的系统均必须调蓄增压，即设有水池和水泵进行增压给水。调蓄增压给水系统又分为分散、分片和集中调蓄增压系统。

2. 居住小区给水系统的组成

居住小区给水系统主要由小区给水管网、调蓄增压设备、室外消火栓、给水附件、自备水源系统组成。

（1）小区给水管网。

①接户管布置在建筑物周围，直接与建筑物引入管相接的给水管道。

②给水支管布置在居住组团内道路下与接户管相接的给水管道。

③给水干管布置在小区道路或城市道路下与小区支管相接的管道。

（2）调蓄增压设备。

指贮水池、水箱、水泵、气压罐、水塔等储存水量、提升水压的设备。

（3）室外消火栓。

布置在小区道路两侧用来灭火的消防设施。

（4）给水附件。

保证给水系统正常工作所设置的各种调节水量、压力、控制水流方向、液位等的阀门和附件。

（5）自备水源系统。

对于严重缺水地区或离城镇给水管网较远的地区，可设有自备水源系统，一般由取水构筑物、水泵、净水构筑物、输水管网等组成。地下式取水构筑物以管井、大口井等为主，水泵根据取水构筑物常采用深井泵；主要去除的水质指标为铁锰，可经输水管网至小区。

5.1.2 设计用水量及给水系统设计流量

居住小区设计用水量是小区用水的总的需求量，表征小区从市政管线或自备水源需用水量。而给水系统的设计流量是在设计小区给水管段时，根据给水管段的设计流量确定给水管径。

1. 居住小区设计用水量计算

居住小区最高日用水量包括居民生活用水量、公共建筑用水量、消防用水量、浇洒道路和绿化用水量，以及管网漏失水量和未预见水量。消防用水量仅用于校核管网计算，不计入正常用水量。

（1）居民最高日生活用水量

$$Q_1 = \sum_{i=1}^{n} \frac{q_{1i} N_{1i}}{1\ 000} \tag{5.1}$$

式中 Q_1——居民最高日生活用水量，m^3/d；

q_{1i}——居住小区卫生器具设置不同而不同的生活用水定额（表 5.1），L/（人·d）；

N_{1i}——相同卫生器具设置的居住人数，人。

（2）公共建筑最高日生活用水量

$$Q_2 = \sum_{i=1}^{n} \frac{Q_{2i} N_{2i}}{1\ 000} \tag{5.2}$$

式中 Q_{2i}——某类公共建筑生活用水量定额，见表 5.1；

n_{2i}——同类建筑物用水单位数。

表 5.1　住宅最高日生活用水定额及小时变化系数

住宅类别		卫生器具设置标准	用水定额 /［L/（人·d)］	小时变化系数 K_h
普通住宅	Ⅰ	有大便器、洗涤盆	85～150	3.0～2.5
	Ⅱ	有大便器、洗脸盆、洗涤盆、洗衣机、热水器和沐浴设备	130～300	2.8～2.3
	Ⅲ	有大便器、洗脸盆、洗涤盆、洗衣机、集中热水供应（或家用热水机组）和沐浴设备	180～320	2.5～2.0
别墅		有大便器、洗脸盆、洗涤盆、洗衣机、洒水栓、家用热水机组和沐浴设备	200～350	2.3～1.8

注：1. 当地主管部门对住宅生活用水定额有具体规定时，应按当地规定执行

2. 别墅用水定额中含庭院绿化用水和汽车抹车用水

(3) 居住小区浇洒道路和绿地用水量

$$Q_3=\frac{q_3N_3K}{1\,000}+\frac{q'_3N'_3}{1\,000} \tag{5.3}$$

式中　q_3——浇洒道路用水定额，2.0～3.0 L/（m²·d)；

N_3——需浇洒的道路面积，m²；

K——1 天的浇洒次数，次；

q'_3——绿化用水定额，1.0～3.0 L/（m²·d)；

N'_3——需绿化的面积，m²。

(4) 居住小区管网漏失水量与未预见水量 Q。

居住小区管网漏失水量及未预见水量之和，可按小区最高日用水量的 10%～15% 计算。居住小区最高日用水量 Q 为

$$Q=(1.10\sim1.15)\times(Q_1+Q_2+Q_3) \tag{5.4}$$

【例 5.1】　北京某居住组团，共有 12 幢住宅楼 700 户，每户 3.5 人。其中 300 户住宅每户设有坐便器、洗脸盆、浴盆、洗涤盆、洗衣机水龙头各 1 个，另外 400 户每户卫生器具设置情况与前面相同，但有热水供应。居住组团内设有幼儿园，幼儿园床位 90 个。组团内车行道路面积 8 000 m²，绿化面积 5 000 m²，洒水栓 10 个。试计算该居住组团的最高日用水量。

解　(1) 居民生活用水量

根据表 5.1，300 户住宅为普通住宅Ⅰ型，最高日生活用水定额取 150 L/（人·d)，400 户住宅为普通住宅Ⅱ型，最高日生活用水定额取 300 L/（人·d)

$$Q_1=\sum_{i=1}^{n}\frac{q_{1i}N_{1i}}{1\,000}=\frac{150\times(200\times3.5)}{1\,000}+\frac{300\times(400\times3.5)}{1\,000}=525\ (\mathrm{m^3/d})$$

(2) 居住小区大型公共建筑物用水量

居住组团内大型公共建筑仅有幼儿园，按日托计，则计算如下：

$$Q_2=\frac{q_2N_2}{1\,000}=\frac{50\times90}{1\,000}=4.5\ (\mathrm{m^3/d})$$

(3) 浇洒绿化用水量

$$Q_3=\frac{q_3N_3K}{1\,000}+\frac{q'_3N'_3}{1\,000}=\frac{2\times8\,000}{1\,000}+\frac{1\times5\,000}{1\,000}=21\ (\mathrm{m^3/d})$$

(4) 管网漏水量与未预见水量取 $Q_1+Q_2+Q_3$ 的 15%，则该居住组团最高日用水量为

$$Q=1.15\times(Q_1+Q_2+Q_3)=1.15\times(525+4.5+21)=633.01\ (\mathrm{m^3/d})$$

居住区日用水量、小时用水量，随气候、生活习惯等因素的不同而不同，夏季比冬季用水多，假日比平时高，在一日之内又以早饭、晚饭前后用水最多。给水系统必须能适应这种变化，才能确保用户对水量的要求。为了反映用水量逐日、逐时的变化幅度大小，在给水工程中，引入了两个重要的特征系数——日变化系数和时变化系数。这两个特征系数在一定程度上反映了用水量的变化情况，在实际运用中，经常还应用用水量逐时变化曲线来详细反映用水量的变化情况。

2. 居住小区给水干管设计流量

居住小区的供水范围和服务人口数介于城市给水和建筑给水之间，有其独特的用水特点和规律。居住小区给水管道的设计流量既不同于建筑内部的设计秒流量，又不同于城市给水最大时流量，应根据《建筑给水排水设计规范》(GB 50015—2003) 进行计算。

(1) 居民生活用水量。

居住小区的室外给水管道的干管设计流量应根据管段服务人数、用水定额及卫生器具设置标准等因素确定，服务人数大于表 5.2 中数值的给水干管，采用最大时用水量为管段流量；服务人数小于等于表 5.2 中数值的室外给水管段，管段设计流量为住宅建筑的生活给水管道的设计秒流量。

表 5.2 居住小区室外给水管道设计流量计算人数

每户 N_g / q_0k_h	3	4	5	6	7	8	9	10
350	10 200	9 600	8 900	8 200	7 600	—	—	—
400	9 100	8 700	8 100	7 600	7 100	6 650	—	—
450	8 200	7 900	7 500	7 100	6 650	6 250	5 900	—
500	7 400	7 200	6 900	6 600	6 250	5 900	5 600	5 350
550	6 700	6 700	6 400	6 200	5 900	5 600	5 350	5 100
600	6 100	6 100	6 000	5 800	5 550	5 300	5 050	4 850
650	5 600	5 700	5 600	5 400	5 250	5 000	4 800	4 650
700	5 200	5 300	5 200	5 100	4 950	4 800	4 600	4 450

【例 5.2】 某居住小区均为普通住宅楼，有 1 920 户，用水定额 200 L/（人·d），小时变化系数 $K_h=2.5$，每户设计人数为 3.5 人，户内的平均当量为 6.70，求该小区引入管的设计流量。

解 (1) 小区人口为

$$1\ 920\times3.5=6\ 720\ (\text{人})$$

(2) 每人最大时用水量为

$$q_0\times K_h=200\ \text{L/（人·d）}\times2.5=500\ (\text{L/人})$$

(3) 设计流量计算人数

户内的平均当量为 6.70 时，根据表 5.2 内插值，当最大流量为 500 L/人，在 (6, 6 600)，(7, 6 250) 两点之间插值，平均当量 6.70 时，使用人数为 6 355。

(4) 最大时流量

本小区人数为 6 720 人，大于 6 355 人，因此计算流量采用最大时流量 $Q=2.5\times6\ 720$ 人 $\times$ $0.2\ \text{m}^3$/（人·d）$/24=140.0\ \text{m}^3/\text{h}$，考虑管网漏失及未预见水量，引入管的设计流量为 $1.1\times140.0=154\ (\text{m}^3/\text{h})$。

【例 5.3】 某居住小区均为普通住宅楼，设计人数为 5 300 人，每户设计人数为 3.5 人，用水定额 200 L/（人·d），小时变化系数 $K_h=2.0$，户内的平均当量为 4.5，求该小区引入管的设计流量。

解 （1）每人最大时用水量为

$$q_0 \times K_h = 200\ \text{L/（人·d）} \times 2.0 = 400\ \text{L/（人·d）}$$

（2）设计流量计算人数

根据表 5.2，第 2 行，每人最大时用水量为 400 L/（人·d），户内的平均当量为 4.5 时，在（4，8 700），（5，8 100）之间插值，使用人数为 8 400 人。

（3）出流概率

实际小区人口 5 300 人小于 8 400 人，因此设计流量按建筑给水进行计算，最大用水量为卫生器具给水当量平均出流概率

$$U_0 = \frac{100 q_0 m K_h}{0.2 N_g T 3\,600} = \frac{100 \times 200 \times 3.5 \times 2}{0.2 \times 4.5 \times 24 \times 3\,600} \times 100\% \approx 1.8\%$$

查附录 $U_0 \sim \alpha_c$ 值对应表，U_0 为 1.5%对应的 α_c 值为 0.006 97，U_0 为 2.0%对应的 α_c 值为 0.010 97，当 U_0 为 1.8%时，插值 $\alpha_c = 0.008\ 17$

总当量为 $N_g = 5\,300/3.5 \times 4.5 = 6\,814$

卫生器具给水当量的同时出流概率

$$U = 100\frac{1 + \alpha_c (N_g - 1)^{0.49}}{\sqrt{N_g}} = 100 \times \frac{1 + 0.081\,7\ (6\,814 - 1)^{0.49}}{\sqrt{6\,814}} \times 100\% \approx 1.96\%$$

（4）引入管流量

因此，小区生活用水量为

$$q = 0.2 \times U \times N_g = 0.2 \times 1.96\% \times 6\,814 = 26.7\ \text{L/s} = 96.13\ \text{m}^3/\text{h}$$

考虑管网漏失及未预见水量，引入管的设计流量为 $1.1 \times 96.13 = 105.74\ (\text{m}^3/\text{h})$。

以上引入管的设计流量为居民的生活用水量，在小区内还有公共建筑，其设计用水量根据服务人数计算。

（2）公共建筑用水量。

①当管网服务人数小于等于表 5.2 中数值的室外给水管段，居住小区内配套的文体、餐饮娱乐、商铺及市场等设施的流量可按生活给水秒流量计算。

②服务人数大于表 5.2 中数值的室外给水干管，居住小区内配套的文体、餐饮娱乐、商铺及市场等设施的节点流量可按生活最大时流量计算。

③居住小区内配套的文教、医疗保健、社区管理等设施，以及绿化和景观用水、道路及广场洒水、公共设施用水等，均以平均时用水量为计算流量。

5.1.3 管道水力计算

居住小区管道水力计算是在确定供水方式、布置定线后进行的，计算的目的是确定供水管段和水头损失，核算供水压力，校核消防和事故时的流量，选择升压贮水调节设备。

1. 管段设计流量计算

确定各管段的设计流量的目的，在于依此来选定管径，进行管网水力计算。但要确定各管段的计算流量，需首先确定各管段的沿线流量和节点流量。

（1）沿线流量。

为了计算方便，常采用简化法——比流量法，即假定小用水户的流量均匀分布在全部干管上。比流量法有长度比流量和面积比流量两种，常用算法为长度比流量。

所谓长度比流量法是假定沿线流量 q'_1，q'_2，…均匀分布在全部配水干管上，则管线单位长度上的配水流量称为长度比流量，记为 q s [L/（s·m）]。

q_s 可按下式计算：

$$q_s = \frac{Q - \sum Q_i}{\sum L} \tag{5.5}$$

式中　Q——管网总用水量，L/s；

$\sum Q_i$——工业企业及其他大用户的集中流量之和，L/s。

$\sum L$——管网配水干管总计算长度，m；单侧配水的管段（如沿河岸等地段敷设的只有一侧配水的管线）按实际长度的一半计入；双侧配水的管段，计算长度等于实际长度；两侧不配水的管线长度不计（即不计穿越广场、公园等无建筑物地区的管线长度）。

比流量的大小随用水量的变化而变化。因此，控制管网水力情况的不同供水条件下的比流量（如在最高用水时、消防时、最大转输时的比流量）是不同的，需分别计算。另外，若城市内各区人口密度相差较大时，也应根据各区的用水量和干管长度，分别计算其比流量。

沿线流量可按下式计算：

$$q_y = q_s L \tag{5.6}$$

式中　q_y——沿线流量，L/s；

L——管线长度，m；

（2）节点流量。

管网中任一管段的流量，包括两部分：一部分是沿本管段均匀泄出供给各用户的沿线流量 q_y，流量大小沿程直线减小，到管段末端等于零；另一部分是通过本管段流到下游管段的流量，沿程不发生变化，称为转输流量 q_{zs}。从管段起端 A 到末端 B 管段内流量由 $q_{zs}+q_y$ 变为 q_{zs}，流量是变化的。对于流量变化的管段，难以确定管径和水头损失，如图 5.3 所示。因此，需对其进一步简化。简化的方法是化渐变流为均匀流，即以变化的沿线流量折算为管段两端节点流出的流量，即节点流量。全管段引用一个不变的流量，称为折算流量，记为 q_{if}，使它产生的水头损失与实际上沿线变化的流量产生的水头损失完全相同，从而得出管线折算流量的计算公式为

$$q_{if} = q_{zs} + \alpha q_y \tag{5.7}$$

式中　α——折减系数，通常统一采用 0.5，即将管段沿线流量平分到管段两端的节点上。

因此管网任一节点的节点流量为

$$q_i = 0.5 \sum q_y \tag{5.8}$$

即管网中任一节点的节点流量 q_i 等于与该节点相连各管段的沿线流量总和的一半。

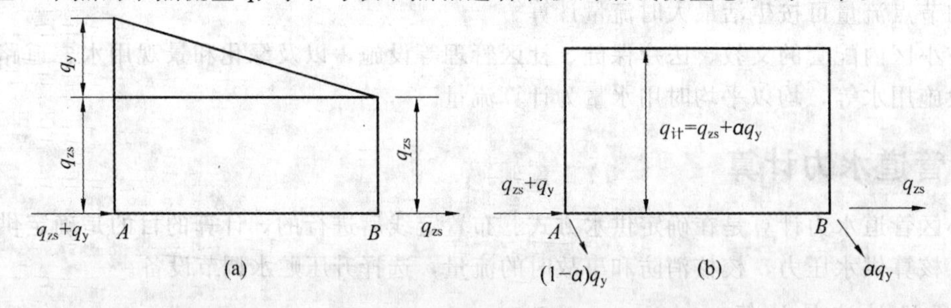

图 5.3　管段输配水情况

这样，管网图上各节点的流量包括由沿线流量折算的节点流量和大用户的集中流量。大用户的集中流量可以在管网图上单独注明，也可与节点流量加在一起，在相应节点上注出总流量。

在计算完节点设计流量后，应验证流量平衡，即

$$Q = \sum Q_i + \sum q_i \tag{5.9}$$

式中　Q——管网总用水量，L/s；

Q_i——各节点的集中流量，L/s；

q_i——各节点的节点流量，L/s。

如果有较大误差，则应检查计算过程中的错误，如误差较小，可能是计算精确度误差（小数尾数四舍五入造成），可以直接调整某些项集中流量和节点流量，使流量达到平衡。

(3) 管段流量。

管网各管段的沿线流量简化成各节点流量后，可求出各节点流量，并把大用水户的集中流量也加于相应的节点上，则所有节点流量的总和，便是由二级泵站送来的总流量（即总供水量）。按照质量守恒原理，每一节点必须满足节点流量平衡条件：流入任一节点的流量必须等于流出该节点的流量，即流进等于流出。

若规定流入节点的流量为负，流出节点为正，则上述平衡条件可表示为

$$q_i + \sum q_{ij} = 0 \tag{5.10}$$

式中 q_i——节点 i 的节点流量，L/s；

q_{ij}——连接在节点 i 上的各管段流量，L/s。

2. 管段管径计算

管段设计流量确定后，确定管道直径和压力损失，当给水外网为枝状管网时，其方法同建筑给水管道计算基本相同。

确定管网中每一管段的直径是小区供水管线设计计算的主要内容。管段的直径应按分配后的流量确定。

在设计中，各管段的管径按下式计算：

$$D = \sqrt{\frac{4q}{\pi v}} \tag{5.11}$$

式中 q——管段流量，m^3/s；

v——管内流速，m/s。

由上式可知，管径不但和管段流量有关，而且还与流速有关。因此，确定管径时必须先选定流速。

为了防止管网因水锤现象而损坏，在技术上最大设计流速限定在 2.5～3.0 m/s 范围内；在输送浑浊的原水时，为了避免水中悬浮物质在水管内沉积，最低流速通常应大于 0.60 m/s，由此可见，在技术上允许的流速范围是较大的。因此，还需在上述流速范围内，根据当地的经济条件，考虑管网的造价和经营管理费用，来选定合适的流速。

管网造价和经营管理费（主要指电费）这两项经济因素是决定流速的关键。求一定年限 t（称为投资偿还期）内，管网造价和经营管理费用之和为最小的流速，称为经济流速，以此来确定的管径，称为经济管径。

由于实际管网的复杂性，加上情况在不断变化，例如流量在不断增加，管网逐步扩展，诸多经济指标如水管价格、电费等也随时变化，要从理论上计算管网造价和年管理费用相当复杂且有一定难度。在条件不具备时，设计中也可采用由各地统计资料计算出的平均经济流速来确定管径，得出的是近似经济管径，见表 5.3。

表 5.3 平均经济流速

管径/mm	平均经济流速 v_e/ $(L \cdot s^{-1})$
D=100～400	0.6～0.9
D≥400	0.9～1.4

5.1.4 加压、贮水设施

居住小区给水加压泵站一般由加压与贮水设施、水泵间、配电室（较小的泵站不设）、控制值班室和附属房间组成。

1. 加压设施

由于居住小区建设的住宅大都是多层或高层建筑，市政供水管网为减少漏水率而压力较低，常

常不满足居住小区供水水量、压力要求。当市政管网的供水压力无法提高时，只有在小区设置给水加压泵站来满足小区供水压力要求。一般小区内选择半地下式、矩形、自灌式泵房。

(1) 泵站位置选择。

小区独立设置的水泵房，宜靠近用水大户。民用建筑物内设置的生活给水泵房不应毗邻居住用房或在其上层或下层，水泵机组宜设在水池的侧面、下方。贮水池应远离化粪池、排水检查井等污染源。对于室外没有空间的小区，也可考虑设在地下室设备间。

(2) 泵站设计。

①水泵的流量。根据小区最大时用水量及最不利点处住宅所需水压确定水泵的流量与扬程。小区的给水加压泵站，当给水管网无调节设施时，泵组的最大出水量不应小于小区生活给水设计流量；建筑物内采用高位水箱调节的生活给水系统时，水泵的最大出水量不应小于最大小时用水量；生活给水系统采用调速泵组供水时，应按系统最大设计流量选泵。

a. 水泵出水后无流量调节装置时，泵组的最大出水量不应小于小区生活给水设计流量。

b. 建筑物内采用高位水箱调节的生活给水系统时，水泵的最大出水量不应小于最大小时用水量。

c. 水泵出水后有流量调节装置（水泵连续运转）时，水泵出水量应按系统最大设计流量确定。

d. 水泵采用人工操作定时运行时，应根据水泵运行时间，按下式确定：

$$Q_b = \frac{Q_d}{T_b} \tag{5.12}$$

式中 Q_b——水泵出水量，m^3/h；

Q_d——最高日用水量，m^3/d；

T_b——水泵每天运行时间，h。

② 水泵的扬程。水泵扬程满足最不利配水点所需水压。水泵扬程根据最不利点水泵吸水井最低水位、最不利点标高、水头损失、流出水头等计算。

当水泵与水塔（高位水箱）联合供水时

$$H_b = H_Y + \sum h \tag{5.13}$$

式中 H_b——水泵扬程，m；

H_Y——贮水池最低水位与水塔（高位水箱）最高水位之间的水静压强差，m；如水泵直接从外网抽水，应减去外网水压；

$\sum h$——水泵管路总的能量损失，m。

当水泵单独供水时

$$H_b = H_Y + \sum h + H_c \tag{5.14}$$

式中 H_Y——贮水池最低水位与控制点所在接户管末端的水位静压强差，m；

$\sum h$——贮水池至控制点接户管末端之间管路总的能量损失，m；

H_c——控制点要求其接户管提供的水压，m。

居住小区的室外给水管网的水量、水压，在消防时应满足消防车从室外消火栓取水灭火的要求。以最大用水时的生活用水量叠加消防流量，复核管网末梢的室外消火栓的水压，其水压应达到以地面标高算起的流出水头不小于 10 m 水头的要求。

③水泵的选择。选择水泵时，根据用水需要的流量和扬程进行选型。要确认水泵的 $Q-H$ 特性曲线，所选水泵应是随流量的增大，扬程逐渐下降的曲线。如 $Q-H$ 特性曲线为抛物线，在运行中同一扬程对应两个流量，运行工况中会出现不稳定，所以应分析在运行工况中不会出现不稳定工作时方可采用具有 $Q-H$ 特性曲线上升的水泵。必须对水泵的 $Q-H$ 特性曲线进行分析，应选择特性

曲线为随流量增大其扬程逐渐下降的水泵，这样的泵工作稳定，并联使用时可靠。如工作点在上升段范围内，水泵并联工作不稳定，先启动的水泵工作正常，后启动的水泵往往出现有压无流的空转。

④泵站内管路布置。水泵宜自灌吸水，每台水泵宜设置单独从水池吸水的吸水管。吸水管内的流速宜采用1.0～1.2 m/s；吸水管口应设置喇叭口，喇叭口宜向下，低于水池最低水位不宜小于0.3 m，当达不到此要求时，应采取防止空气被吸入的措施。自灌吸水时，吸水管应设闸门，便于检修水泵。若水泵不是自灌，在吸水管底应设底阀，保证灌水正常，吸水管同时设真空表，确认吸水管内的水流状态。

水泵压水管内的流速宜采用1.5～2.0 m/s，压水管设阀门及缓闭式止回阀，防止出现突然停泵产生水锤。

⑤其他。泵房还需要加强细节设置，泵房内宜有检修水泵的场地，检修场地尺寸宜按水泵或电机外形尺寸四周有不小于0.7 m的通道确定。泵房内靠墙安装的落地式配电柜和控制柜前面通道宽度不宜小于1.5 m；挂墙式配电柜和控制柜前面通道宽度不宜小于1.0 m。泵房内宜设置手动起重设备。变频调速泵组电源应可靠，并宜采用双电源或双回路供电方式。泵站地面设坡至污水坑，或设排水沟至污水坑，污水坑尺寸为600 mm×600 mm×600 mm，坑内设自动排水的潜污泵。

2. 贮水设施

当城市给水管网供水不能满足居住小区要求时，小区要装水塔、水箱、水池等贮水设施以满足生活要求。水塔主要由水箱、塔体、管道、基础等组成，新建小区中应用较少。

水池、水箱等构筑物应设进水管、出水管、溢流管、泄水管和信号装置。一般小区给水加压泵站为避免水泵由市政管网上直接抽水加压，影响市政管网的供水压力，小区给水加压泵站均设有贮水池。

小区生活用贮水池的有效容积应根据生活用水调节量和安全贮水量等确定，生活用水调节量应按流入量和供出量的变化曲线经计算确定，资料不足时可按小区最高日生活用水量的15%～20%确定；贮水池宜分成容积基本相等的两格。

建筑物内的生活用水低位贮水池（箱）的有效容积应按进水量与用水量变化曲线经计算确定；当资料不足时，宜按建筑物最高日用水量的20%～25%确定；无调节要求的加压给水系统，可设置吸水井，吸水井的有效容积不应小于水泵3 min的设计流量。

生活用水高位水箱由城镇给水管网夜间直接进水的高位水箱的生活用水调节容积，宜按用水人数和最高日用水定额确定；由水泵联动提升进水的水箱的生活用水调节容积，不宜小于最大用水时水量的50%。

5.1.5 管材、管道附件与敷设

1. 给水管材

给水管材常可以分为金属管材料、非金属管材料和复合材料三大类。

(1) 金属管。

目前常用的金属管主要有钢管、铸铁管。

①钢管。钢管分为焊接钢管和无缝钢管两大类，焊接钢管有直缝钢管和螺旋卷焊钢管，钢管的优点是强度高、耐震动、质量轻、长度大、接头少和加工接口方便等。无缝钢管主要用在承受较大的输水管线上，其规格的表示方式用外径乘壁厚表示，如D108×4表示无缝钢管的外径为108 mm，壁厚为4 mm。

有缝钢管又称为焊接钢管，分为低压流体输送钢管与卷焊钢管。低压流体输送钢管应用于小直径低压管道上，如给水管道、煤气管道等。卷焊钢管由钢板卷制，采用直缝或螺旋缝焊制而成，主要用于大直径低压管道，用公称直径 DN 表示，如 $DN100$ 表示公称直径为 100 mm，但公称直径既不表示外径，也不是指的内径。

②铸铁管。铸铁管一般包括普通灰口铸铁管和球墨铸铁管。灰口铸铁管口径小、材质不稳定，发生爆管事故较多，在供水工程中基本不再采用。球墨（延性）铸铁管用低硫、低磷的优质铸铁熔炼后，经球化处理，使其中的碳以球状游离石墨的形式存在，消除了片状石墨引起的金属晶体连续性被割断的缺陷，既保留了铸铁的铸造性、耐腐蚀性，又增加了抗拉性、延伸性、弯曲性和耐冲击性。给水球墨铸铁管是居住小区给水系统中常采用的材料。

铸铁管由于使用要求不同，一般分两种连接形式。一种是承插式，一种是法兰盘式，如图 5.4 所示。

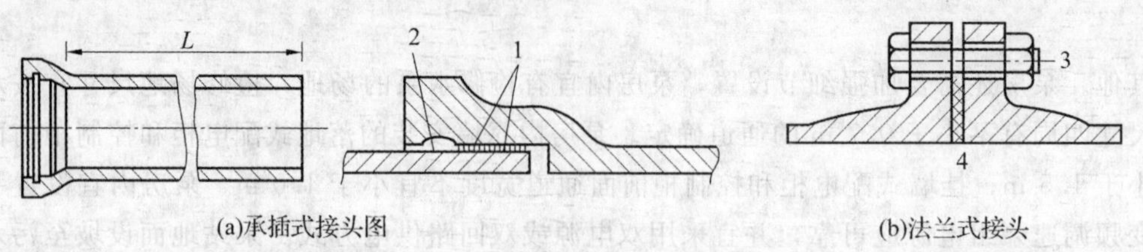

图 5.4 铸铁管的连接形式

1—麻丝；2—石棉水泥；3—螺栓；4—垫片

(2) 非金属管材料。

非金属管材料主要有塑料管道。塑料管道具有质量轻、便于运输及安装、管道内壁光滑阻力系数小、防腐性能良好、对水质不构成二次污染的特点。用于给水管道工程的塑料管材有 UPVC 管、PE 管、ABS 工程塑料管、PP—R 管。但塑料管材强度低、对基础及回填土要求较高、膨胀系数较大、需考虑温度补偿措施、抗紫外线能力较弱、存在应变腐蚀问题。

①硬聚氯乙烯管（UPVC）。硬聚氯乙烯管化学稳定性高、质量轻、耐腐蚀、安全方便；但强度低、线膨胀系数大、耐久性差，当温度高于 80 ℃时开始软化，130 ℃时柔软状态，到180 ℃后开始呈现出流动状态。另外作为输送生活饮用水的管道，此种管材的稳定剂中不宜含有氧化铅。

② 聚乙烯管（PE）。目前中国的市政管材市场，塑料管道正在稳步发展，其中 PE 管的发展势头最为强劲，PE 管的使用领域广泛。PE 树脂是由单体乙烯聚合而成，由于在聚合时因压力、温度等聚合反应条件不同，可得出不同密度的树脂，因而又有高密度聚乙烯、中密度聚乙烯和低密度聚乙烯之分。在加工不同类型 PE 管材时，根据其应用条件的不同，选用树脂牌号的不同，同时对挤出机和模具的要求也有所不同。

③ ABS 工程塑料管。ABS 工程塑料管是由丙烯腈－丁二烯－苯乙烯组成的三元共聚物，因而具有三种特性：耐化学腐蚀性，良好的机械强度，较高的冲击韧性。它的密度为 1.03～1.07 g/m^3，抗拉强度为 40～50 MPa，冲击强度高达 3 900 $N \cdot cm/cm^2$。ABS 工程塑料的抗老化性较差，当暴露在阳光下使用时应采取防护措施。

④三型聚丙烯管（PPR）。PPR 管正式名为无规共聚聚丙烯管，具有质量轻、耐腐蚀、不结垢、使用寿命长等特点。是目前家装工程中采用最多的一种供水管道。PPR 的原料分子只有碳、氢元素，无有害有毒的元素存在，卫生可靠，不仅用于冷热水管道，还可用于纯净饮用水系统。PPR 具有良好的焊接性能，管材、管件可采用热熔和电熔连接，安装方便，接头可靠，其连接部位的强度大于管材本身的强度。

(3) 复合管。

①玻璃钢管（FRP 管）。玻璃钢管以玻璃纤维及其制品为增强材料，以高分子成分的不饱和聚酯树脂、环氧树脂等为基体材料，以石英砂及碳酸钙等无机非金属颗粒材料为填料作为主要原料。管的标准有效长度为 6 m 和 12 m，其制作方法有定长缠绕工艺、离心浇铸工艺以及连续缠绕工艺三种。

②钢骨架塑复合管。钢骨架塑复合管是在管壁内用钢丝网或钢板孔网增强的塑料复合管的统称。以钢丝为增强体，塑料（高密度聚乙烯 HDPE）为基体，采用钢丝点焊成网和挤出塑料真空填注同步进行，在生产线上连续拉膜成型。钢骨架塑料复合管克服了钢管耐压不耐腐、塑料管耐腐不耐压、钢塑管易脱层等缺陷。

③铝塑复合管。铝塑复合管是以铝合金为骨架，铝管内外层都有一定厚度的塑料管。塑料管与铝管间有一层胶合层（亲和层），使得铝和塑料结合成一体不能剥离。铝塑复合管是最早替代铸铁管的供水管，其基本构成应为五层，即由内而外依次为塑料、热熔胶、铝合金、热熔胶、塑料。铝塑复合管有较好的保温性能，内外壁不易腐蚀，因内壁光滑，对流体阻力很小；又因为可随意弯曲，所以安装施工方便。作为供水管道，铝塑复合管有足够的强度，但如横向受力太大时，会影响强度，所以宜做明管施工或埋于墙体内，甚至可以埋入地下。铝塑管内外层均为特殊聚乙烯材料，清洁无毒。最重要的是铝塑管的中间层是铝，它不仅能够隔光，而且能够阻隔氧气。铝塑复合管适用于建筑物冷热水供应系统。

2. 给水管网附件

为了保证管网的正常运行，管网上必须装设一些附件，以调节小区给水管网的流量、压力，或者停止、恢复供水，常用的有阀门、排气阀、泄水阀、室外消火栓等。

（1）阀门。

阀门是控制水流、调节管道内的水量和水压、方便检修的重要附件，需在下列部位设置：小区干管从城镇给水管接出处；小区支管从小区干管接出处；接户管从小区支管接出处；环状管网需调节和检修处。阀门一般设置在阀门井内，常采用的阀门一般是闸阀和蝶阀。

闸阀是指关闭件（闸板）由阀杆带动，沿阀座密封面做升降运动的阀门。闸阀是作为截止介质使用，在全开时水流经直通流过，此时介质运行的压力损失最小。闸阀通常适用于不需要经常启闭，而且保持闸板全开或全闭的工况。闸阀外形及内部结构如图 5.5 所示。

蝶阀是指启闭件（蝶板）绕固定轴旋转的阀门。蝶阀处于完全开启位置时，蝶板厚度是介质流经阀体时唯一的阻力，因此通过该阀门所产生的阻力很小，故具有较好的流量控制特性，可以做调节用，其外形如图 5.6 所示。

(a)闸阀外形图

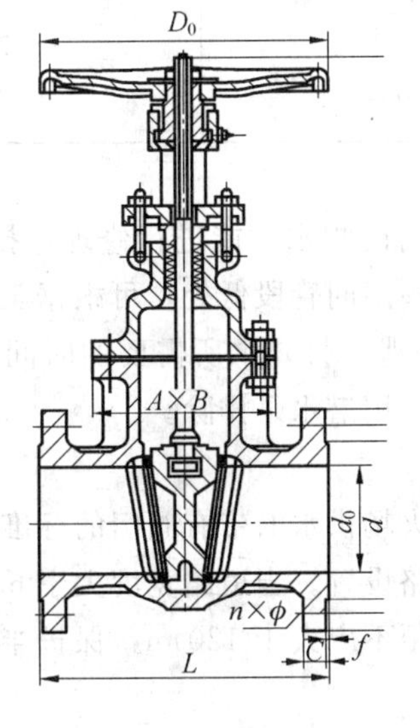

(b)明杆楔式单闸板闸阀

图 5.5 闸阀外形及内部结构图

图 5.6 蝶阀外形图

（2）排气阀。

配水管道在施工后，管道内存有空气，如不及时排出，会产生气囊或气堵，影响输水安全，需要进排气阀，在开始运行时排出空气，泄水时吸入空气，防止出现负压。

排气阀安装在管线的较高部位，用以在初次运行时或平时及检修后排出管内的空气；在产生水击时可自动进入空气，以免形成负压。排气阀分单口和双口两种，如图 5.7 所示。在间歇性使用的给水管网末端和最高点、给水管网有明显起伏可能积聚空气的管段的峰点应设置自动排气阀。由于地形变化，特别是长距离输水管的最高处或管件上，需要装置排气阀，以排除在管中的气体。排气阀分单口和双口两种。单口排气阀用在直径小于 300 mm 的水管上，口径为水管直径的 1/2～1/5。双口排气阀口径可按水管直径的 1/8～1/10 选用，装在直径 400 mm 以上的水管上，选用排气阀可参见表 5.4。地下管线的排气阀应安装在排气阀门井内。

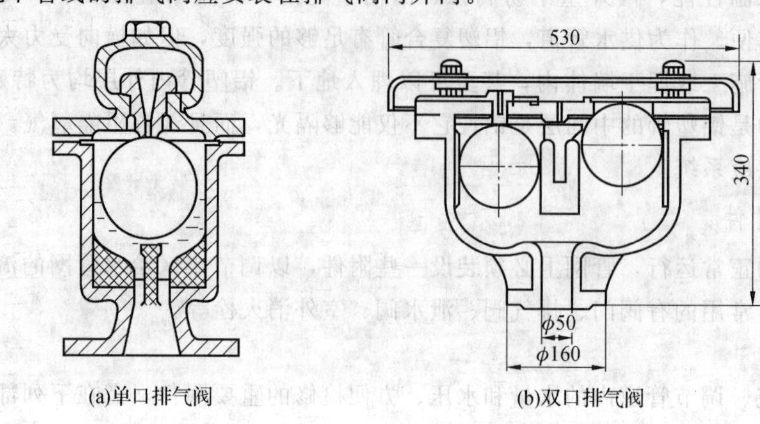

图 5.7 排气阀内部结构图

表 5.4 排气阀选用

干管直径 D/mm	丁字管直径 d/mm	排气阀直径/mm	备注
100～150	75	16	采用单口排气阀
200～250	75	20	
300～350	75	25	
400～500	75	50	采用双口排气阀
600～800	75	75	
900～1 200	100	100	

(3) 泄水阀。

给水管网在维修时，要放出管道内的积水才能进行修理，排出给水管网中的水，以利于维修。输水管（渠）道、配水管网低洼处及阀门间管段低处，可根据工程的需要设置泄（排）水阀井。泄（排）水阀的直径，可根据放空管道中泄（排）水所需要的时间计算确定。由管线放出的水可直接排入水体或沟管，或排入泄水湿井内，用潜水泵排除。

(4) 室外消火栓。

消火栓是安装在给水管网上，向火场供水的带有阀门的标准接口，是市政和建筑物内消防供水的主要水源之一。室外消火栓应沿道路设置。当道路宽度大于 60 m 时，宜在道路两边设置消火栓，并宜靠近十字路口。室外消火栓的间距不应大于 120 m，保护半径不应大于 150 m，寒冷地区设置的室外消火栓应有防冻措施。

(5) 止回阀。

止回阀又称单向阀，用来限制水流朝一个方向流动。止回阀一般安装在水泵出水管、用户接管和水塔进水管处，以防止水的倒流。该阀靠水流的压力达到自行关闭或开启的目的。当水倒流时，阀瓣自动关闭，截断水的流动，避免事故的发生。

（6）水锤消除设备。

水锤是供水装置中常见的一种物理现象，它在供水装置管路中的破坏力是惊人的，对管网的安全平稳运行是十分有害的，容易造成爆管事故。水锤消除的措施通常可以采用以下一些设备。

①泄压保护阀。该设备安装在管道的任何位置，和水锤消除器工作原理一样，只是设定的动作压力是高压，当管路中压力高于设定保护值时，排水口会自动打开泄压。

②缓闭式止回阀。采用水力控制阀，一种采用液压装置控制开关的阀门，一般安装于水泵出口，该阀利用机泵出口与管网的压力差实现自动启闭，阀门上一般装有活塞缸或膜片室控制阀板启闭速度，通过缓闭来减小停泵水锤冲击，从而有效消除水锤。

3. 给水管道敷设

小区的室外给水管道，宜沿小区内道路、平行于建筑物敷设，宜敷设在人行道、慢车道或草地下；管道外壁距建筑物外墙的净距不宜小于 1 m，且不得影响建筑物的基础。

室外给水管道与污水管道交叉时，给水管道敷设在上面，且接口不应重叠；如给水管道敷设在下面时，应设置钢套管，钢套管两端应用防水材料封闭。

敷设在室外综合管廊（沟）内的给水管道，宜在热水、热力管道下方，冷冻管和排水管的上方。给水管道与各种管道之间的净距，应满足安装操作的需要，且不宜小于 0.3 m。

生活给水管道不宜与输送易燃、可燃或有害的液体或气体的管道同管廊（沟）敷设。

室外给水管道的覆土深度，应根据土壤冰冻深度、车辆荷载、管道材质及管道交叉等因素确定。管顶最小覆土深度不得小于土壤冰冻线以下 0.15 m，行车道下的管线覆土深度不宜小于 0.7 m。

5.1.6 给水管网附属构筑物

给水管网中的调节、切断的附件主要是阀门，因给水管道敷设在地下，阀门安装在阀门井中，打开井盖，可进行调节管网或切断供水。阀门井作用是安装管网中的阀门及管道附件。

阀门井有圆形与方形两种，一般采用砖砌，也可用石砌或钢筋混凝土建造，同时应考虑地下水及寒冷地区的防冻因素。阀门井分地面操作和井下操作两种方式，如图 5.8、图 5.9 所示，地面操作是从井口插入专用工具与阀门上方头连接，启闭阀门，也有加长阀杆至地面用手轮操作，阀门井详细尺寸见表 5.5，适用于直径为 75～1 000 mm 的室外手动暗杆低压阀门，管道中心埋深在 6 m 以内的情况。

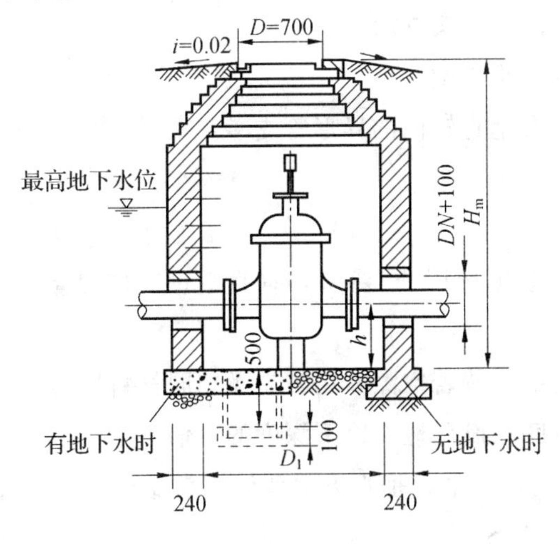

图 5.8 地面操作立式阀门井

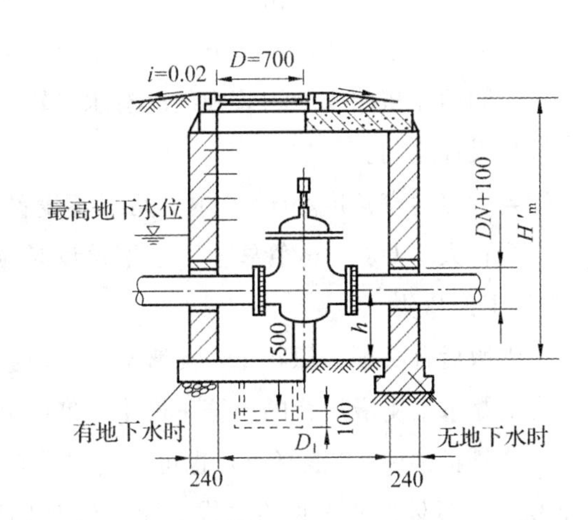

图 5.9 井下操作阀门井

表 5.5　阀门井尺寸

mm

阀门直径	阀门井内径 D_1	地面操作最小井深 H_m		井下操作最小井深 H'_m	管中心高于井底 h
		方头阀门	手轮阀门		
75（80）	1 000（1 200）	1 310	1 380	1 440	440
100	1 000（1 200）	1 380	1 440	1 500	450
150	1 200	1 560	1 630	1 630	475
200	1 400	1 690	1 800	1 750	500
250	1 400	1 800	1 940	1 880	525
300	1 600	1 940	2 130	2 050	550
350	1 800	2 160	2 350	2 300	675
400	1 800	2 350	2 540	2 430	700
450	2 000	2 480	2 850	2 680	725
500	2 000	2 660	2 980	2 740	750
600	2 200	3 100	3 480	3 180	800
700	2 400	—	3 660	3 430	850
800	2 400	—	4 230	3 990	900
900	2 800	—	4 230	4 120	950
1 000	2 800	—	4 850	4 620	1 000

注：1. 括号内为井内操作的阀门井内径

2. 当安装蝶阀时，阀门井尺寸需考虑短管、松套接头位置及拆装可能

（1）支墩的类型。

根据异形管在管网中布置的方式，支墩有以下几种常用类型：

①水平支墩又分为弯头处支墩、堵头处支墩、三通处支墩。

②上弯支墩。管中线由水平方向转入垂直向上方向的弯头支墩。

③下支墩。管中线由水平方向转入垂直向下向的弯头支墩。

④空间两相扭曲支墩。管中线既有水平转向又会有垂直转向的异形管支墩。

（2）设计原则。

①当管道转弯角度小于 10°时，可以不设置支墩。

②管径大于 600 mm 管线上，水平敷设时应尽量避免选用 90°弯头，垂直敷设时应尽量避免使用 45°以上的弯头。

③支墩后背必须为原状土，支墩与土体应紧密接触，倘若空隙需用与支墩相同材料填实。

④支撑水平支墩后背的土壤，最小厚度应大于墩底在设计地面以下深度的 3 倍。

墩体材料常用 C8 混凝土，也可采用砖、浆砌石块，水平、垂直方向弯管支墩做法如图 5.10～5.12 所示，具体做法参见给水排水标准图集 10S504、10S505。

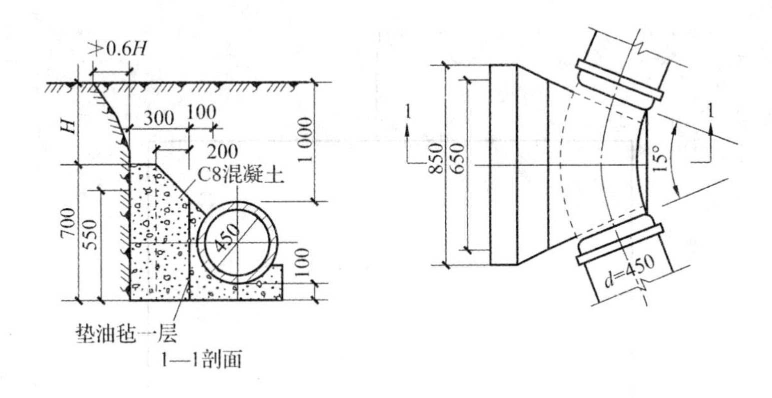

图 5.10 水平方向弯管支墩

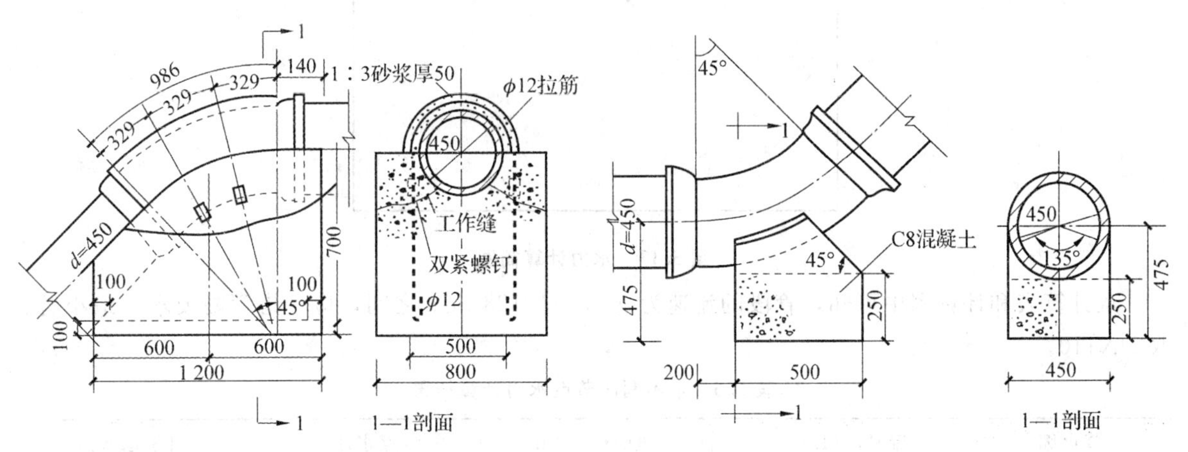

图 5.11 垂直向上弯管支墩

图 5.12 垂直向下弯管支墩

5.1.7 小区给水工程案例

哈尔滨市松江小区共有 14 栋 6 层住宅楼，共住有 6 100 人，用水定额 200 L/（人·d），小时变化系数 K_h=2.5，户内的平均当量为 8.30，对该小区进行给水排水管线布置及施工图设计。

1. 设计流量

（1）小区人口为 6 100 人。

（2）每人最大时用水量为 $q_0 \times K_h$=200 L/（人·d）×2.5=500 L/人。

（3）设计流量计算人数。

户内的平均当量为 8.30 时，根据 5.2 表内插值，当最大流量为 500 L/人时，在（8，5 900），（9，5 600）两点之间插值，平均当量为 8.30 时，使用人数为 5 810。

（4）最大时流量。

本小区人数为 6 100 人大于 5 810 人，因此计算流量采用最大时流量 Q=2.5×6 100 人×0.2 m^3/（人·d）/24=127.10 m^3/h，考虑管网漏失及未预见水量，引入管的设计流量为 1.1×127.10=139.80 m^3/h=38.8 L/s。

2. 布置管线

小区给水分为两个环布置，从小区入口引入给水管，沿小区四周布给水管，如图 5.1 所示。

3. 管网水力计算

根据管线布置，先绘制水力计算简图并编号，如图 5.13 所示。

根据管长进行分配沿线流量及节点，图中 J1—J2 不供水，J3—J4—J5 和 J6—J7—J8 单侧供水，水力计算结果见表 5.6、5.7 及图 5.14。

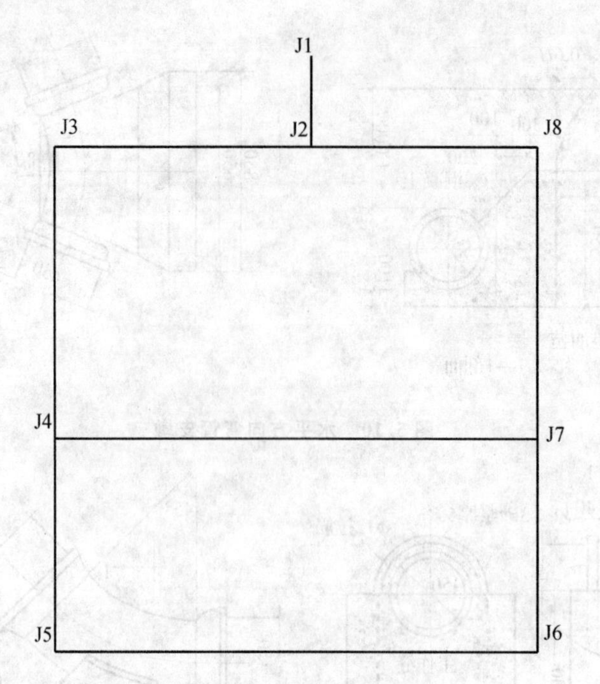

图 5.13 水力计算简图

从计算表和计算图中可知，管段的流速为 0.03～1.128 m/s 之间，应考虑消防要求，最小管径取 *DN*110。

表 5.6 最不利时节点水力计算结果

节点编号	流量/（L·s⁻¹）	地面标高/m	节点水压/m	自由水头/m
1	38.80	102.100	134.600	32.500
2	4.838	102.300	134.365	32.065
3	3.979	102.200	133.044	30.844
4	7.280	102.400	131.319	28.919
5	5.870	102.500	130.500	28.000
6	5.870	102.500	130.500	28.000
7	7.280	102.400	131.326	28.926
8	3.678	102.200	133.175	30.975

表 5.7 最不利时管段水力计算结果

管道编号	管径/mm	管长/m	流量/（L·s⁻¹）	流速/（m·s⁻¹）	千米水头损失/m	管道损失/m
2—3	160	140.100	16.887	1.081	9.427	1.321
2—1	250	47.600	38.800	1.021	4.940	0.235
3—4	140	153.800	12.903	1.086	11.219	1.725
4—5	110	112.600	5.857	0.746	7.273	0.819
5.6	110	263.800	0.013	0.002	0.000	0.000
6—7	110	112.600	5.883	0.749	7.333	0.826
7—8	140	153.800	13.397	1.128	12.023	1.849
7—4	110	263.800	0.234	0.030	0.026	0.007
8—2	160	123.700	17.075	1.094	9.622	1.190

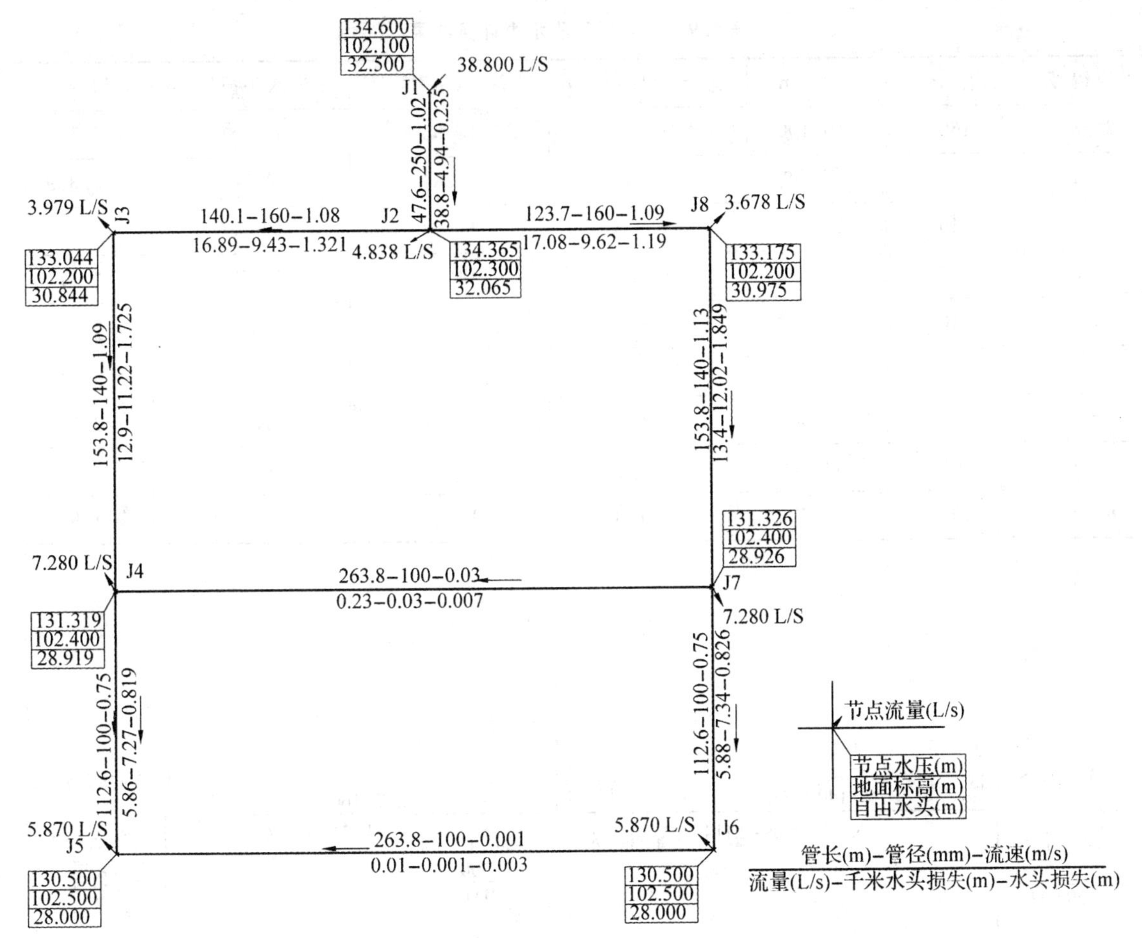

图 5.14　最不利时管网水力计算图

4. 消防校核

本小区人口小于 1 万人，根据《建筑设计防火规范》（GB 50016—2006）中规定，小区消防水量为10 L/s，小区最不利点为J6 点，在此处加入消防水量，进水区的供水压力保持不变，重新进行平差计算，平差结果见表 5.8、5.9 及图 5.15。

表 5.8　消防时节点水力计算结果

节点编号	流量/（$L \cdot s^{-1}$）	地面标高/m	节点水压/m	自由水头/m
1	48.800	102.100	134.600	32.500
2	4.838	102.300	134.241	31.941
3	3.979	102.200	132.127	29.927
4	7.280	102.400	129.000	26.600
5	5.870	102.500	126.887	24.387
6	15.870	102.500	125.942	23.442
7	7.280	102.400	128.956	26.556
8	3.678	102.200	132.312	30.112

表 5.9　消防时管段水力计算结果

管道编号	管径/mm	管长/m	流量/（L·s^{-1}）	流速/（m·s^{-1}）	千米水头损失/m	管道损失/m
2—3	160	140.100	21.784	1.395	15.086	2.114
2—1	250	47.600	48.795	1.284	7.545	0.359
3—4	140	153.800	17.805	1.498	20.336	3.128
4—5	110	112.600	9.829	1.251	18.766	2.113
5.6	110	263.800	3.959	0.504	3.581	0.945
6—7	110	112.600	11.911	1.517	26.767	3.014
7—8	140	153.800	18.495	1.557	21.824	3.357
7—4	100	263.800	0.696	0.089	0.166	0.044
8—2	160	123.700	22.173	1.420	15.590	1.929

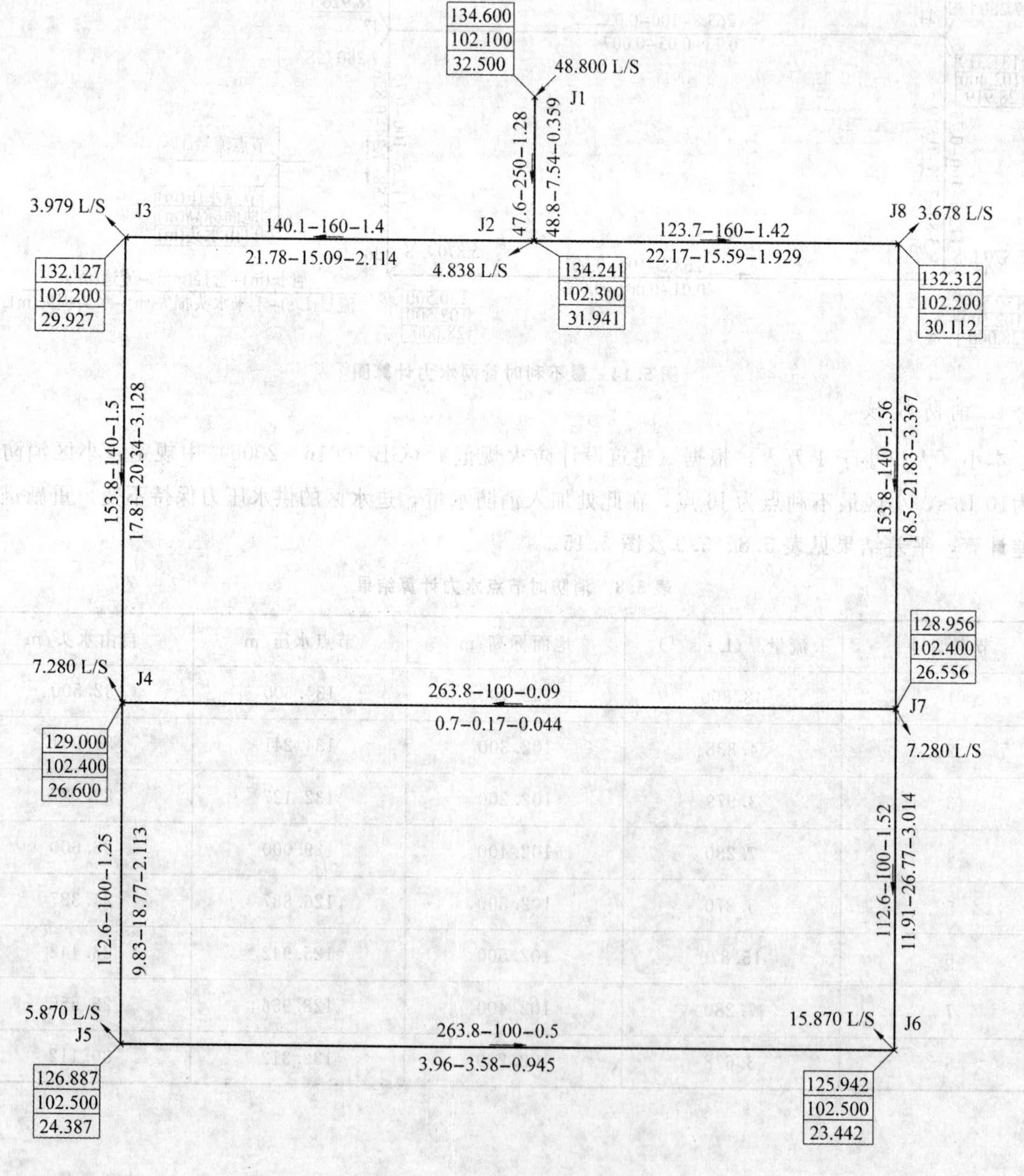

图 5.15　消防时水力计算图

5. 布置管件

平差结束后，进行相应的管件布置，因平差过程中，考虑局部水头损失为沿程水头损失的20%，所以在平差中没有加入相应的管件。但在实际设计中，小区供水管网要有相应的管道附件，如消火栓、阀门、泄水井或排气井。

(1) 消火栓。

根据《建筑设计防火规范》(GB 50016—2006) 中规定，室外消火栓最大间距为120 m，消火栓采用SX－100－1.0型号，公称压力为1.0 MPa，进水管径为*DN*100。

(2) 水表井及阀门井。

在进小区设水表井，计算小区用水量，水表井采用标准图集《室外给水管道附属构筑物》(05S502－136)，即第136页的作法，阀门井尺寸规格采用标准图集05S502－16中的做法。

(3) 排泥井及排气井。

排泥井安装按05S502－54，排气阀井按05S502－164施工。

6. 施工图绘制

根据平面布置和选择的附属构筑物绘制相应的平面布置图及纵断面、说明及材料表，如图5.16、图5.17所示。

【知识拓展】

在设计、施工过程中经常会使用规范和图集。规范和图集制定的目的是不同的，使用方法也不相同。

为了在一定的范围内获得最佳秩序，经协商一致制定并由公认机构批准．共同使用的和重复使用的一种规范性文件称为标准。当针对工程勘察、规划、设计、施工等通用的技术事项做出规定时，一般采用“规范”，如：《室外给水设计规范》《建设设计防火规范》《住宅建筑设计规范》《砌体工程施工及验收规范》《屋面工程技术规范》等。

规范分为国家标准（GB)、行业标准（ZB)、地方标准（DB)、企业标准（Q)，GB，ZB，DB，Q属强制性标准，GB/T，ZB/T，DB/T属国家推荐性标准、行业推荐性标准和地方推荐性标准，企业标准无推荐性标准、字母T是汉语拼音“推”的第一个字母。如《室外给水设计规范》(GB 50013—2006）表示国家强制性标准，发布顺序号为50013，标准发布或修订（定）后的年代为2006年，标准发布后标准顺序号不变，而修订后年代号改变，以区分以前版本的标准。

图集主要在图纸上表现为节点大样图或局部构造大样，图集上的大样都是经过技术人员设计、试验或在实践中操作出来的通行做法，所以在图纸上如果多次进行表达，就属于重复性劳动。图纸上的表示就将创造性劳动和非创造性劳动混在一起，这样就加大设计师的工作量，因此常规通用的阀门井的设计，从图纸上单独列出成图集就是必要的了，所以阀门井标准化后，施工公司的劳动量加大，很多东西就需要施工单位来自行翻阅图集，设计师主要工作重心是放在创造性的设计过程中。

5.2 排水系统

小区排水系统一般由建筑接户管、检查井、排水支管、排水干管和小型处理构筑物等组成。小区排水系统应采用生活排水与雨水分流制排水，即生活排水和雨水设独立的排水系统分别排水。

5.2.1 小区生活排水系统

1. 小区排水管道平面布置原则

小区排水管道的平面布置如图 5.18 所示，布置时应根据小区规划、地形标高、排水流向、各建筑物排出管及市政排水管接口的位置，按管线短、埋深小、尽可能自流排出的原则确定。

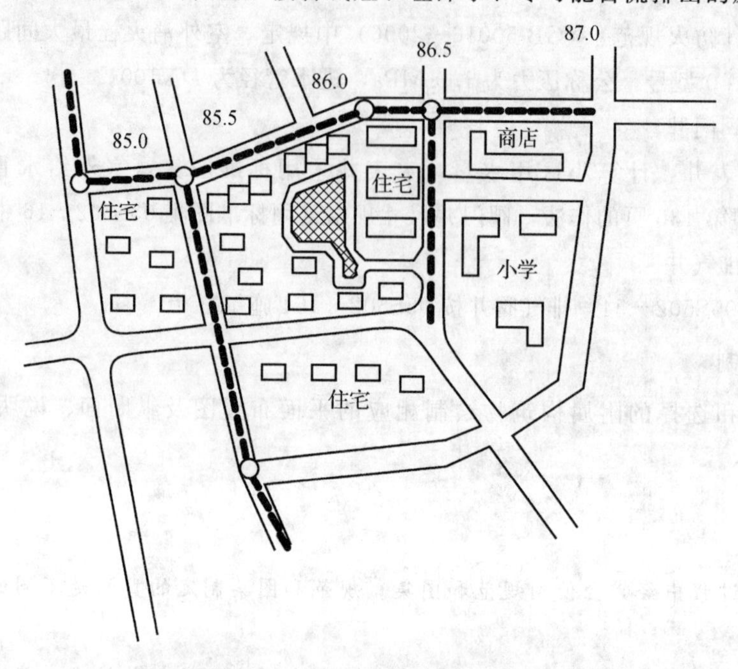

图 5.18 小区排水管道平面布置图

建筑物的排出管通常从室内设有卫生间或厨房的一侧引出，以减少建筑物排出管的长度。定线时还应考虑到小区的扩建发展情况，以免以后改拆管线、增加管径，及施工上的返工浪费。

排水管道布置应符合下列要求：

(1) 排水管道宜沿道路和建筑物的周边呈平行布置，路线最短，减少转弯，并尽量减少其他管线和河流、铁路间的交叉。检查井间的管段应为直线，在转弯、变径、变坡或一段距离设检查井。

(2) 管道与铁路、道路交叉时，应尽量垂直于路的中心线。

(3) 干管应靠近主要排水建筑物，并布置在连接支管较多的一侧。

(4) 管道应尽量布置在道路外侧的人行道或草地的下面。不允许布置在铁路和乔木的下面。

(5) 应尽量远离生活饮用水给水管道。

2. 管材

排水管道材料应就地取材，且具有一定的强度、抗渗性能，同时还应具有良好的水力条件。排水常用的管道有混凝土管、钢筋混凝土管、HDPE（高密度聚乙烯）管、陶土管、石棉水泥管。穿越管沟、河流等特殊地段或承压地段可采用钢管和铸铁管。

排水管渠的任务是及时并有效地收集、输送及排除城市污水和天然降雨，其材料对排水系统的正常运行起着重要作用。

(1) 排水管材要求。

选用管材时，首先应考虑就地取材，并考虑到预制管件和快速施工的方便，以及水质、水温、断面尺寸大小、土壤性质及管内外所受压力、施工条件等因素，尽量选择能就地取材、易于制造、便于供应和运输方便的材料，以降低工程造价。

(2) 钢管和铸铁管。

铸铁管和钢管一般用于排水管道承受较高的内外压力的场合，如排水泵站的进出水管，河道的倒虹吸管，在穿越铁路时，在地震地区，距给水管道或房屋基础较近时，压力管线上或施工特别困难的地点，外力很大或对渗漏要求特别高的条件下等。但采用钢管时必须涂刷耐腐蚀的涂料并注意绝缘，以防锈蚀。

(3) 混凝土管和预应力钢筋混凝土管。

混凝土管和预应力钢筋混凝土管按构造形式可分为承插式、企口式和平口式三种，如图 5.19 所示。混凝土管单根管长为 1 000 mm 或 2 000 mm；钢筋混凝土管又分为轻型和重型两种，其抗压能力比混凝土管大，直径可达 2 000 mm，管长可达 5 m。混凝土管造价低，可预制也可现场浇制，适用于排除雨水和污水。

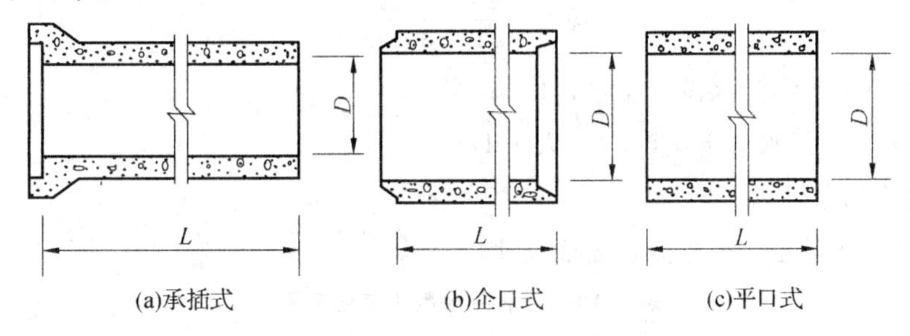

图 5.19 混凝土管和钢筋混凝土管

混凝土管一般用于管径小、外部荷载小的自流管、压力管或穿越铁路、河流、谷地等场合；钢筋混凝土管适用于大管径、大荷载的场合，但耐磨性差，多用于顶管施工中。

预应力管包括振动挤压预应力管（一阶段管）、管芯缠丝预应力管（三阶段管）、钢筒预应力管（PCCP）三种，相对于金属管而言工艺简单、造价低，使用比较普遍；但管道重量大、运输安装不方便。

(4) 埋地硬聚氯乙烯排水塑料管。

硬聚氯乙烯（UPVC）管具有质量轻、强度高、耐腐蚀、管壁光滑、水力阻力系数小、施工安装方便及水密性能好等特点。用于埋地排水管道不仅施工速度快、周期短，还能更好地适应管道的不均匀沉降，使用寿命长。但不抗撞击，耐久性差，接头黏合技术要求高，固化时间较长。

①双壁波纹管。双壁波纹管的管壁截面为双层结构，内壁的表面光滑、外壁为等距排列的空心封闭环肋结构。由于管壁截面中间是空心的，在相同的承载能力下可以比普通的直壁管节省 50%以上的材料，因此价格较低。管材的公称直径以管材外径表示，国内产品最大直径为 *DN*500 mm，环刚度多为8 kN/m^2，管长 6 m。采用承插式接口，橡胶圈密封，国内已有十余家生产厂生产。这种管材的价格低廉，施工安装非常方便。

②加筋管。加筋管是一种管壁光滑、外壁带有等距排列环肋的管材。这种管材既减小了管壁厚度又增大了管材的刚度，提高了管材承受外荷载的能力，可比普通直壁管节约 30%以上的材料。管材的公称直径以管内径表示，产品最大直径为 *DN*400 mm，管材长度 6 m，承插式接口，橡胶圈密封，环刚度为 8 kN/m^2。

③肋式卷绕管（也称螺旋管）。肋式卷绕管是新一代塑料管材，这种管材的特点是可以把带材运到管道施工现场，就地卷成所需直径的管材，大大简化了管材的运输，管材长度可以任意调整。管材的规格有四种，适用于不同直径不同要求的管材。管材质量仅为直壁管质量的 35%～50%，管材接口用特制的管接头粘接。用高密度聚乙烯（HDPE）制成的 140GB 型带材可用特殊构造的钢带加强，最大管径达 *DN*2 400 mm，管顶覆土可达 10 m。

总之，选择管材时，在满足技术要求的前提下，应尽可能降低运输费用。

5.2.2 小区排水管道水力计算

1. 小区排水量计算

污水管道水力计算的任务是合理地确定污水管道的管径、敷设坡度和埋设深度。因此，进行管道水力计算的首要任务，就是要合理地确定污水管道的设计流量。污水设计流量包括生活污水和工业用水两大类，生活污水中包括居民生活污水和公共建筑生活污水两部分；工业用水分为工业企业生活污水和工业废水两部分用水。

(1) 居住小区生活污水设计流量。

居住小区生活污水设计流量按下式计算

$$Q_1=\frac{n\cdot N\cdot K_z}{24\times 3\ 600} \tag{5.15}$$

式中 Q_1——居住小区生活污水设计流量，L/s；

n——居住区生活污水量定额，L/（人·d）；

N——设计人口数，人；

K_z——生活污水量总变化系数，见表 5.10。

表 5.10 生活污水量总变化系数

污水平均日流量/（$L\cdot s^{-1}$）	5	15	40	70	100	200	500	≥1 000
总变化系数 K_z	2.3	2.0	1.8	1.7	1.6	1.5	1.4	1.3

居住小区生活污水量定额应根据地区所处地理位置、气候条件、建筑内部卫生设备设置情况确定。根据《室外排水设计规范》规定，居住小区生活污水排水定额和小时变化系数可与小区生活给水定额和小时变化系数相同，见表 5.1。污水设计流量为最高日最高时污水流量，总变化系数也为最高日最高时污水流量与平均日平均时污水流量的比值。

(2) 居住小区公共建筑生活污水量。

居住小区内公共建筑生活污水量是指医院、中小学校、幼儿园、浴室、饭店、食堂、影剧院等排水量较大的公共建筑排出的生活污水量。在计算时，常将这些建筑的污水量作为集中流量单独计算。

公共建筑生活污水量 Q_2 的计算公式如下：

$$Q_2=\sum_{i=1}^{n}\frac{q_{2i}N_{2i}}{1\ 000} \tag{5.16}$$

(3) 小区内工业企业生活污水设计流量。

工业企业内生活污水是指来自工业生产区厕所、浴室、食堂、盥洗室等处的污水量。其设计流量按下式计算：

$$Q_3=\frac{A_1B_1K_1+A_2B_2K_2}{3\ 600\cdot T}+\frac{C_1D_1+C_2D_2}{3\ 600} \tag{5.17}$$

式中 Q_3——工业企业生活污水设计流量，L/s；

A_1——一般车间最大班职工人数，人；

A_2——热车间最大班职工人数，人；

B_2——一般车间职工生活污水量标准，以 25 L/（人·班）计；

B_1——热车间职工生活污水量标准，以 35 L/（人·班）计；

K_1——一般车间生活污水量时变化系数，以 3.0 计；

K_2——热车间生活污水量时变化系数，以 2.5 计；

C_1——一般车间最大班使用淋浴的职工数，人；

C_2——热车间最大班使用淋浴的职工数，人；

D_1——一般车间淋浴污水量标准，以 40 L/（人·班）计；

D_2——高温车间、污染严重车间的淋浴污水量标准，以 60 L/（人·班）计；

T——每班工作时数，h。

（4）小区工业废水设计流量。

工业废水设计流量一般按日产量和单位产品的排水量计算。设计流量与各种工业的生产性质、工艺流程、生产设备及给水排水系统的组成等条件有关。

工业废水设计流量可按下式计算：

$$Q_4 = \frac{m \cdot M \cdot K_z}{3\,600 \cdot T} \tag{5.18}$$

式中　Q——工业废水设计流量，L/s；

m——生产过程中每单位产品的废水量标准，L；

M——产品的平均日产量；

T——每日生产时数，h；

K_z——总变化系数。

除上述的计算方法外，工业废水设计流量也可以按工业设备数量和每台设备每日的排水量进行计算。

（5）小区污水总流量。

小区的污水包括居民生活污水、公共建筑生活污水、工业废水和工业企业生活污水四部分。因此，小区污水设计总流量为

$$Q = Q_1 + Q_2 + Q_3 + Q_4 \tag{5.19}$$

式中　Q——小区污水设计总流量，L/s；

其他符号意义同前。

上述污水设计流量的计算方法是假定排出的各类污水在同一时间内出现最大流量，根据这种假定计算的污水总设计流量偏大，在各类污水排水量逐时变化规律资料缺乏的情况下，采用上述计算方法简便可行，而且偏于安全。

2. 居住小区排水管网设计计算

污水管道的水力计算任务是在管段所承担的污水设计流量已定的条件下，合理地确定污水管道的断面尺寸（管径）、坡度和埋设深度。

（1）污水管道水力计算基本公式。

污水在管道内的流动属于无压流，污水管道的水力计算是按无压均匀流计算公式计算

$$Q = W \cdot v \tag{5.20}$$

$$v = C \cdot \sqrt{R \cdot i} \tag{5.21}$$

式中　Q——流量，m^3/s；

W——过水断面面积，m^2；

v——流速，m/s；

R——水力半径（过水断面面积与湿周的比值），m；

i——水力坡度（即水面坡度，等于管底坡度）；

C——流速系数或称谢才系数。

C值一般按曼宁公式计算，即

$$C=\frac{1}{n}\cdot R^{\frac{1}{6}} \tag{5.22}$$

将式（5.22）代入式（5.20）、(5.21)，得

$$v=\frac{1}{n}\cdot R^{\frac{2}{3}}i^{\frac{1}{2}} \tag{5.23}$$

$$Q=\frac{1}{n}\cdot W\cdot R^{\frac{2}{3}}\cdot i^{\frac{1}{2}} \tag{5.24}$$

式中　n——管壁粗糙系数，该值根据管渠材料而定，见表5.11。

表5.11　排水管渠粗糙系数表

管渠种类	n值
陶土管，铸铁管	0.013
混凝土和钢筋混凝土管，水泥砂浆抹面渠道	0.013～0.014
石棉水泥管，钢管	0.012
浆砌砖渠道	0.015
浆砌块石渠道	0.017
干砌块石渠道	0.020～0.025
土明渠（带或不带草皮）	0.025～0.030

在实际工程计算中，为简化计算，可根据上述公式制成“排水管渠水力计算表”。

(2) 污水管道水力计算的规定。

为了保证污水管道的正常运行，避免污水在管道内产生淤积和冲刷，在进行水力计算时，对采用的设计充满度、流速、坡度、最小管径和埋深等问题，做了如下规定：

①设计充满度是污水在管道中的水深h和管径D的比值，如图5.20所示。

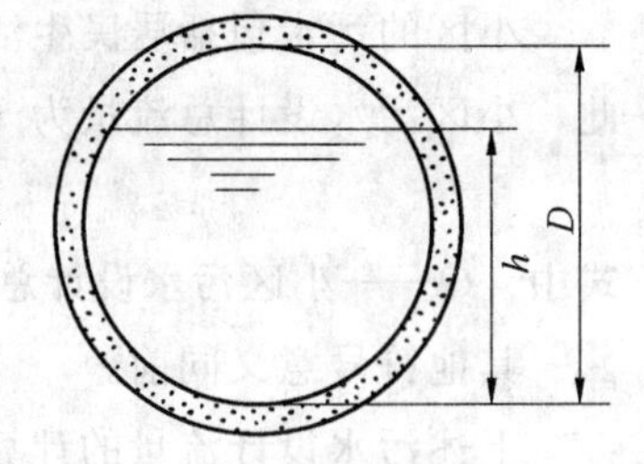

图5.20　充满度示意

当$h/D=1$时称为满流；当$h/D<1$时称为非满流。污水管道按非满流进行设计，其最大设计充满度的规定见表5.12。

表5.12　最大设计充满度

管径/mm	最大设计充满度
150～300	0.55
350～450	0.65
≥500	0.70

采用非满管规定有如下几个原因：

a. 污水流量时刻变化，难于精确计算。而且雨水或地下水可能渗入污水管道，因此，有必要保留一部分管道容积。

b. 污水管道内沉积的污泥可能分解出一些有毒气体，故需留出适当空间，以利管道通风，排除有害气体。

c. 当管道埋设于地下水位以下时，必须考虑地下水渗入污水管道的水量，因此需保留一定的容积。

②设计流速。与设计流量、设计充满度相应的水流平均流速称为设计流速。污水在管道内流动，如果流速太小，污水中的部分杂质可能下沉，产生淤积；如果流速过大，可能产生冲刷，甚至冲坏管道。为了防止管道中产生淤积或冲刷，设计流速不宜过小或过大，应在最大和最小流速范围之内。现行《室外排水设计规范》规定，污水管道的最小设计流速为0.6 m/s，明渠为0.4 m/s。最大设计流速根据管材确定。金属管材为10 m/s，非金属管材为5 m/s。

③最小管径。一般在污水管道的上游部分，设计污水量很小，若根据实际污水设计流量计算，则管径会很小。污水管道的养护管理经验证明，管径过小的污水管道极易堵塞，因此，为了污水管道养护管理的方便，规定了污水管道的最小管径。当按污水设计流量进行计算所求得的管径小于最小管径规定时，可以采用最小管径值。最小管径的规定见表5.13。

表5.13 最小管径和最小设计坡度

管别		位置	最小管径/mm	最小设计坡度
污水管道	接户管	建筑物周围	150	0.007
	支管	组团内道路下	200	0.004
	干管	小区道路、市政道路下	300	0.003
雨水管和合流管道	接户管	建筑物周围	200	0.004
	支管及干管	小区道路、市政道路下	300	0.003
雨水连接管		小区道路、市政道路下	200	0.01

注：①污水管道接户管最小管径150 mm，服务人口不宜超过250人（70户），超过250人（70户），最小管径宜用200 mm

②进化粪池前污水管最小设计坡度：管径150 mm为0.010～0.012；管径200 mm为0.010

④最小设计坡度。相应于管内流速为最小设计流速时的管道坡度称为最小设计坡度。最小设计坡度与水力半径和充满度有关，最小设计坡度的规定见表5.13。

(3) 小区污水管道埋设。

管道埋设深度将直接影响管道系统的造价和施工期。管道埋深越大，造价越高，施工期越长，因此合理地确定埋深是非常重要的。

管道的埋深分为管顶覆土厚度与管底埋设深度，如图5.21所示。

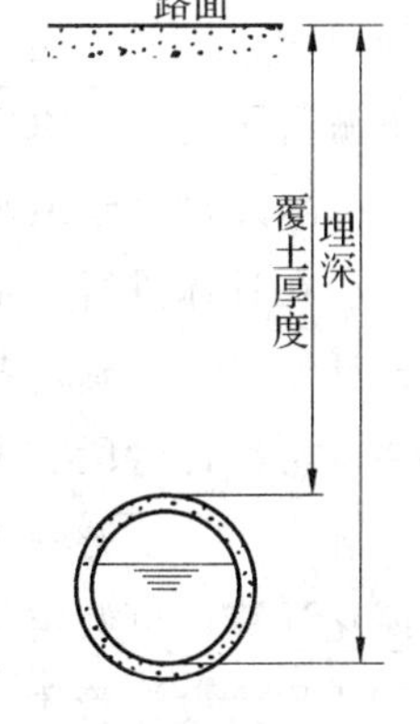

图5.21 管道埋深

为了降低工程造价，缩短施工期，管道埋设深度越小越好，但覆土厚度应有一个最小限值，否则就不能满足技术上的要求。这个最小限值称为最小覆土厚度。

污水管道的最小覆土厚度根据外部荷载、管材强度和土的冰冻等情况由以下因素确定。

①必须防止管道因污水结冰和因土壤冻胀而损坏。生活污水接户管道埋设深度不得高于土壤冰冻线以上0.15 m，且覆土深度不宜小于0.30 m，当采用埋地塑料管道时，排出管埋设深度可不高于土壤冰冻线以上0.50 m。有保温措施或水温较高的管道，管底在冰冻线以上的距离可以加大，其数值应根据该地区或条件相似地区的经验确定。

②必须防止管壁因地面荷载而受到破坏。为了防止车辆压坏管道，管顶要求有一定的覆土厚度，覆土厚度的大小与管道本身的强度、地面活荷载大小等因素有关。《建筑给水排水设计规范》规定：小区干道和小区组团道路下的管道，其覆土深度不宜小于0.70 m。

③必须满足管道在衔接上的要求。住宅、公共建筑内产生的污水要能顺畅排入街道污水管网，

就必须保证街道污水管网起点埋深大于或等于街道污水管网的终点埋深。而街坊污水管起点的埋深又必须等于或大于建筑物污水出户管的埋深。只满足安装要求时，污水出户管的最小埋深一般为0.5～0.6 m，街坊或庭院污水管道的起端最小埋深也相应为0.6～0.7 m，但在北方要考虑冻土深度。根据街坊污水管道起点的最小埋深，根据图5.22和下式计算出街道管网起点的最小埋设深度：

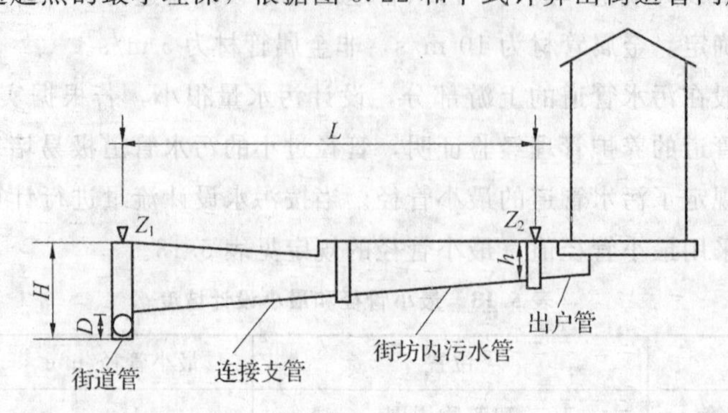

图5.22 街道污水管最小埋深示意

$$H = h + iL + Z_1 - Z_2 + \Delta h \tag{5.25}$$

式中 H——街道污水管网起点的最小埋深，m；

h——街坊污水管网起点的最小埋深，m；

Z_1——街道污水管起点检查井处地面标高，m；

Z_2——街坊污水管起点检查井处地面标高，m；

i——街坊污水管和连接支管的坡度；

L——街坊污水管及连接支管的总长度，m；

Δh——连接支管与街道污水管的管内底高差，m。

在计算时，按以上三个方面的因素，得到三个不同的管底埋深或管顶覆土厚度值，其中最大值就是这一管道系统起端的允许最小覆土厚度或最小埋设深度。

由于污水管道内的水是靠重力流动，当管道的敷设坡度大于地面坡度时，管道的埋深就会越来越大，尤其在地形平坦地区更为突出。管道的埋深越大，则造价越高，施工期越长。管道埋深允许的最大值称为最大允许埋深。一般在干燥土壤中，最大埋深不超过7～8 m；在多水、流沙、石灰岩地层中，一般不超过5 m。当管道埋深超过以上数值时，就得设置污水提升泵站抽升污水，以减少下游管段的埋设深度，降低工程造价。

(4) 污水管道水力计算的方法和步骤。

在具体进行污水管道水力计算时，首先应将管道系统划分出设计管段，确定各设计管段的污水设计流量，再确定各设计管段的管径、坡度和管底埋深。

①设计管段和设计流量的确定。小区内污水管道采用最大小时流量作为设计流量。在污水管道系统中，从上游管段到下游管段，污水设计流量越来越大，也就是说污水流量沿线是增加的。为了简化计算，可假定某两个检查井之间的管段采用的设计流量不变，且采用相同的管径和坡度，这种管段称为设计管段。因此，在进行整个污水系统设计时，应先把设计管段划分出来，然后对每个设计管段在流量不变的情况下，进行管径、坡度和埋深的计算。

每一个设计管段的污水设计流量（图5.23）可能包括以下几种流量：

a. 本段流量 q_1 是从管段沿线街坊流来的污水量。

b. 转输流量 q_2 是从上游管段或旁侧管段流来的污水量。

c. 集中流量 q_3 是从工业企业或其他大型公共建筑物流来的污水量。

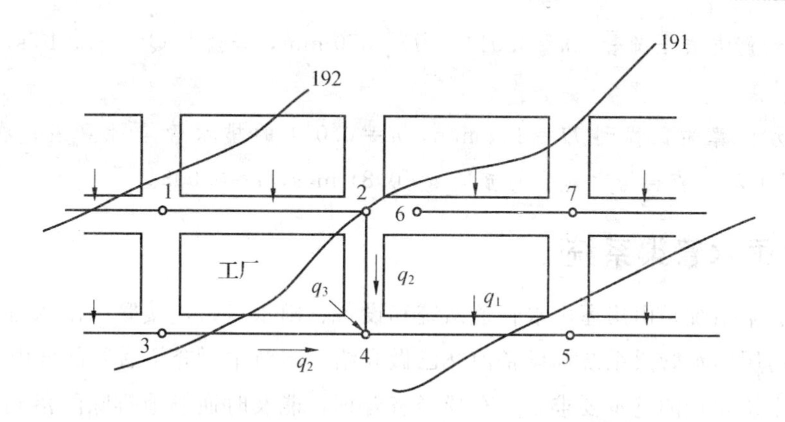

图 5.23 设计管段的设计流量

对某一设计管段而言，本段流量沿线是变化的，但为了计算的方便，通常假定本段流量集中在起点进入设计管段。

本段流量可用下式计算：

$$q_1 = F \cdot q_0 \cdot K_z \tag{5.26}$$

式中 q_1——设计管段的本段流量，L/s；

F——设计管段服务的街坊面积，$10^4\ m^2$；

K_z——生活污水量总变化系数；

q_0——单位面积的本段平均流量，即比流量，L/（s·$10^4\ m^2$）；$q_0 = \dfrac{n \cdot p}{86\ 400}$，其中，$n$ 为小区居民污水量定额，L/（人·d）；p 为人口密度，人/（$10^4\ m^2$）。

②污水管道的衔接。污水管道的管径、坡度、高程、方向发生变化及支管接入的地方都需设置检查井。在设计时必须考虑在检查井内上下游管道衔接时的高程关系问题。管道在衔接时要避免上游管段中形成回水而造成淤积，应尽量提高下游管段的高程，以减少管道埋深，降低造价。常用的衔接方法有水面平接和管顶平接两种，如图 5.24 所示。水面平接是指在水力计算中，使上游管段终端和下游管段起端在设计充满度下水面相平，即上游管段端与下游管段起端的水面标高相同；管顶平接是指在水力计算中，使上游管段终端和下游管段起端的管顶标高相同。

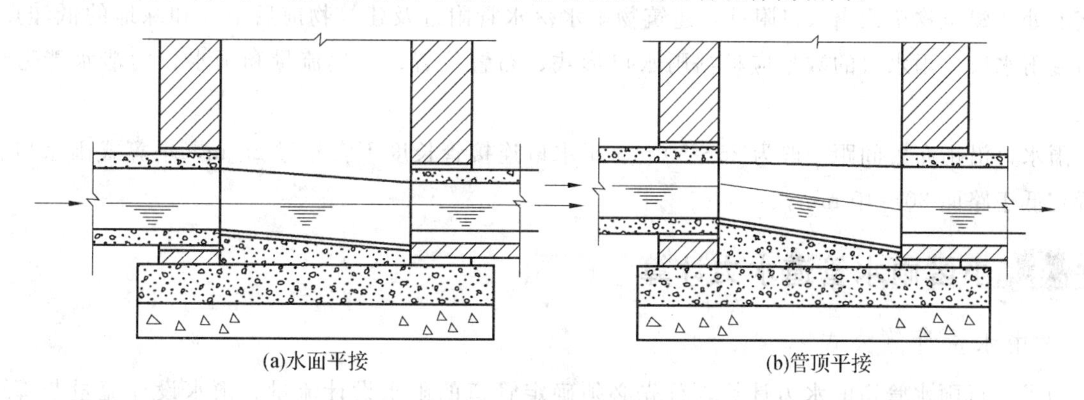

图 5.24 污水管道的衔接

无论采用哪种衔接方法，下游管段起端的水面和管底标高都不得高于上游管段终端的水面和管底标高。通常管径相同采用水面平接，管径不同采用管顶平接。

③水力计算图表。应用水力计算公式进行水力计算，比较复杂，为了简化计算，通常采用排水管渠水力计算表。对每一张表而言，管径 D 和粗糙系数是已知的，表中有流量 Q、流速 v、充满度 h/D、管道坡度 i 四个参数。在使用时，知道其中两个，便可以在表中查出另外两个参数。

【例 5.4】 钢筋混凝土圆管（$n=0.014$），$D=350$ mm，当流量 $Q=43.9$ L/s，$h/D=0.55$ 时，求流速 v 和管道坡度 i。

解 根据水力计算表，找到 $D=300$ mm，$n=0.014$ 的排水管渠计算表。在表中找到 $Q=43.9$ L/s，$h/D=0.55$，查得与之对应的流速 $v=0.81$ m/s，$i=0.003$。

5.2.3 小区雨水管渠系统

小区内雨水管渠系统是由房屋雨水管道系统和设备、雨水口、连接管、雨水管道和出水口等主要部分组成的，房屋雨水管道系统和设备前文已做介绍，本节主要介绍后四部分内容。

对雨水管渠系统布置的基本要求是，布局经济合理，能及时通畅地排除降落到地面的雨水。小区雨水管渠布置应遵循以下原则。

(1) 雨水管渠的布置应根据小区的总体规划、道路和建筑布置，充分利用地形，使雨水以最短距离靠重力排入城市雨水管渠。雨水管渠系统组成及平面布置如图 5.25、图 5.26 所示。

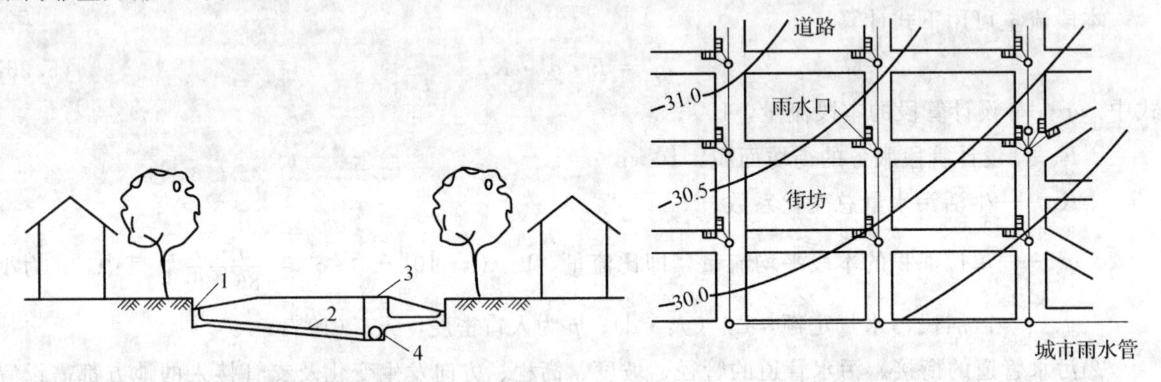

图 5.25 雨水管渠系统组成示意图

1—雨水口；2—连接管；3—检查井；4—干管

图 5.26 雨水管渠系统平面布置图

(2) 雨水管渠应平行道路敷设，宜布置在人行道或绿地下，而不宜布置在快车道路下。若道路宽度大于 40 m 时，可考虑在道路两侧分别设置雨水管道。

(3) 合理布置雨水口。小区雨水口的布置应根据地形、建筑物和道路的布置等因素确定。在道路交汇处，建筑物单元出入口附近，建筑物雨水落水管附近及建筑物前后空地和绿地的低洼点处，宜布置雨水口。雨水口的数量应根据雨水口形式、布置位置、汇集流量和雨水口的泄水能力计算确定。

雨水口沿街布置间距一般为 25～50 m。雨水口连接管长度不宜超过 25 m，平箅式雨水口箅口设置宜低于路面 30～40 mm。

5.2.4 小区雨水管道水力计算

1. 雨水量计算公式

为了进行雨水管道的水力计算，首先必须确定管道的雨水设计流量。雨水设计流量与降雨强度、汇水面积、地面覆盖情况等因素有关。图 5.27 是由三个街区组成的雨水排除情况示意图。图中箭头表示地面坡向，雨水管渠沿道路中心敷设。道路的断面形式一般呈拱形，中间高，两侧低。下雨时降落在街区地面和屋面上的雨水沿地面坡度流到道路两侧的边沟，道路边沟的坡度与道路的坡度一致，如图 5.27 所示。当雨水沿道路边沟流到道路交叉口时，便通过雨水口经检查井流入雨水管道。第Ⅰ街区的雨水在 1 号检查井集中，流入管段 1－2；第Ⅱ街区的雨水在 2 号检查井集中同第Ⅰ街区流来的雨水汇合流入管段2－3。其他管段的流量情况依此类推。

降雨量是指降雨的绝对量，即降雨深度，用 H 表示，单位以 mm 计。也可以用单位面积上的降雨体积表示，L/（$10^4 \cdot m^2$）。在研究降雨量时，一般不以一场降雨作为研究对象，而常以单位时间表示。例如，年平均降雨量是指多年观测得的各年降雨量的平均值；月平均降雨量是指多年观测得的各月降雨的平均值；年最大日降雨量是指多年观测得的一年中降雨量最大一日的绝对量。

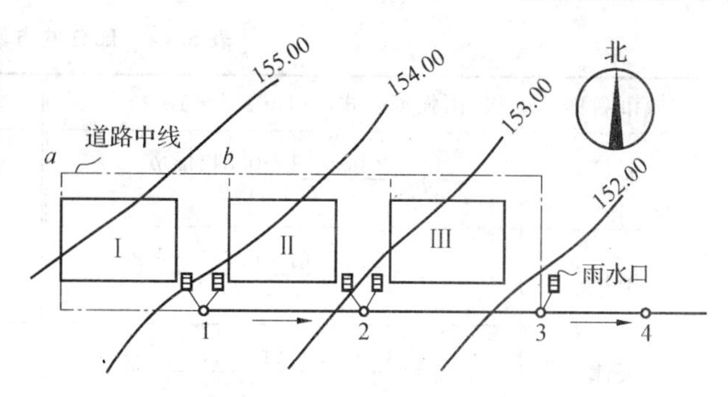

图 5.27　雨水排除情况示意图

暴雨强度用单位时间内的平均降雨深度来表示，即

$$i = \frac{H}{t} \tag{5.27}$$

式中　i——暴雨强度，mm/min；

H——降雨量，即降雨深度，mm；

t——降雨历时，指连续降雨的时段，min。

在工程上暴雨强度常用单位时间内单位面积上的降雨体积 q 来表示，q 是指在降雨历时为 t，降雨深度为 H 时的降雨量，折算成每 10 000 m^2 面积上每秒钟的降雨体积，即

$$q = \frac{10\ 000 \times 1\ 000}{1\ 000 \times 60} i = 167i \tag{5.28}$$

在已知设计降雨强度以后，就可以求得各个设计管段的雨水设计流量。如图 5.28 所示，如果降落到地面上的雨水量全部流入雨水管道，则流入 1 号检查井及管段 1—2 的设计流量为

$$Q_{1-2} = F_1 q_1 \tag{5.29}$$

流入 2 号、3 号、4 号检查井的设计流量分别为

$$Q_{2-3} = (F_1 + F_2) \cdot q_2$$

$$Q_{3-4} = (F_1 + F_2 + F_3) \cdot q_4$$

式中　Q_{1-2}，Q_{2-3}，Q_{3-4}——管段 1—2，2—3，3—4 的雨水设计流量，L/s；

F_1，F_2，F_3——第Ⅰ，Ⅱ，Ⅲ街面的面积，通常称为汇水面积，10^4 m^2；

q_1，q_2，q_3——雨水管渠 1—2，2—3，3—4 的设计降雨强度，L/（S·10^4 m^2）。

事实上，降落到地面的雨水量，并不是全部汇入雨水管渠，其中总有一部分雨水渗入地下，部分雨水被地面低洼处截流，部分雨水蒸发掉。因此，只有总降雨量的一部分雨水流入管道中去，流入雨水管道的这部分雨水量称为径流量。径流量与降雨量的比值称为径流系数，用 φ 表示，即 φ = 径流量/降雨量，因此，雨水设计流量公式应为

$$Q = \varphi \cdot q \cdot F \tag{5.30}$$

式中　Q——管段设计雨水流量，L/s；

F——设计管段汇水面积，10^4 m^2；

q——雨水管段设计降雨强度，L/（S·10^4 m^2）；

φ——径流系数。

2. 设计降雨强度的确定

要计算雨水设计流量，就必须先确定出 q,F 和 φ 的值。汇水面积 F 可以从雨水管道平面图中求得。下面介绍设计降雨强度 q 的确定方法。

我国各大中城市的暴雨强度公式可以在《给水排水设计手册》第 5 册中查得，表 5.14 为我国部分城市暴雨强度公式。

表 5.14　部分城市暴雨强度公式

城市名称	暴雨强度公式/（$L\cdot s^{-1}\cdot 10^{-4}m^{-2}$）	城市名称	暴雨强度公式/（$L\cdot s^{-1}\cdot 10^{-4}m^{-2}$）
北京	$q=\dfrac{2\,001\ (1+0.811\lg p)}{(t+8)^{0.711}}$	重庆	$q=\dfrac{2\,822\ (1+0.775\lg p)}{(t+12.8p^{0.076})^{0.77}}$
南京	$q=\dfrac{2\,989\ (1+0.671\lg p)}{(t+13.3)^{0.6}}$	哈尔滨	$q=\dfrac{4\,800\ (1+\lg p)}{(t+15)^{0.96}}$
天津	$q=\dfrac{3\,833.34\ (1+0.85\lg p)}{(t+17)^{0.85}}$	沈阳	$q=\dfrac{1\,984\ (1+0.77\lg p)}{(t+9)^{0.77}}$
南宁	$q=\dfrac{10\,500\ (1+0.707\lg p)}{(t+21.1p)^{0.119}}$	昆明	$q=\dfrac{700\ (1+0.775\lg p)}{t^{0.496}}$
成都	$q=\dfrac{2\,806\ (1+0.8031\lg p)}{(t+12.8p0.231)^{0.768}}$	银川	$q=\dfrac{242\ (1+0.83\lg p)}{t^{0.477}}$

从图 5.28 中可以看出，设计降雨强度 q 随降雨历时和重现期 p 而变化。同一重现期，降雨历时 t 越大，与其对应的 q 值越小；同一降雨历时，降雨重现期越大，相应的 q 值越大。应用暴雨强度公式或暴雨强度曲线确定设计降雨强度时，首先需确定设计降雨历时 t 和设计重现期 p。

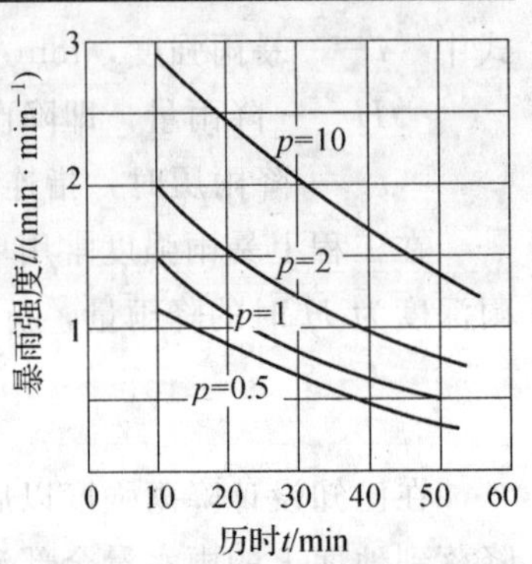

图 5.28　某区暴雨强度曲线

（1）暴雨强度重现期 p，是指等于或大于某一暴雨强度的暴雨出现一次的平均时间间隔，单位用年（a）表示。

在雨水管渠设计中，若选用较高的重现期，计算所得的设计暴雨强度大，管渠的断面相应大，对地面积水的排出有利，安全性高，但经济上则因管渠设计断面的增大而相应地增加了工程造价；若选用较小的重现期，管渠断面可相应减小，这样虽然造价可以降低，但可能发生排水不畅，地面积水。因此，必须结合我国的国情，从技术和经济方面统一考虑。

雨水管渠设计重现期的选用，应根据汇水面积的地区建设性质（广场、干道、工厂、居住区）、地形特点和气象特点因素确定，宜采用 0.5～1.0 a。

（2）雨水管渠设计降雨历时 t，按设计集水时间计算，就是汇水面积上最远点的雨水流到设计断面的时间。对某一管渠的设计断面来说，集水时间 t 由地面集水时间 t_1 和管内雨水流行时间 t_2 两部分组成。可用公式表述如下：

$$t=t_1+mt_2 \tag{5.31}$$

式中　t——设计降雨历时，min；

t_1——地面集水时间，min；

t_2——雨水在管渠内流行时间，min；

m——折减系数，小区支管和接户管 $m=1$；小区干管 $m=2$；明渠 $m=1.2$。

地面集水时间 t_1，是指雨水从汇水面积上最远点流到管道起端第一个雨水口的时间，可按地面集水距离、地面坡度、地面覆盖、暴雨强度等因素确定。《室外排水设计规范》规定一般采用 5～15 min。

管渠内雨水流行时间 t_2 指雨水在管渠内的流行时间，即

$$t_2=\sum\frac{l}{v\cdot 60} \tag{5.32}$$

式中 l——各管段的长度，m；

v——各管段满流时的水流速度，m/s。

3. 径流系数的确定

径流系数因汇水面积的地面覆盖情况、地面坡度、地貌、建筑密度的分布、路面铺砌等情况的不同而异。如屋面为不透水材料覆盖，φ 值大；地形坡度大，雨水流动较快，其 φ 值也大，但影响 φ 值的主要因素是地面覆盖物种类的透水性。此外，还与降雨历时、暴雨强度有关。如降雨历时长，强度大则其 φ 值也大。由于影响因素很多，要精确地求定 φ 值是很困难的。目前在雨水管渠设计中，小区内各种地面径流系数通常采用按覆盖地面种类确定的经验数值，见表 5.15。通常汇水面积是由各种性质的地面覆盖组成，随着它们占有的面积比例的变化，φ 值也各异，所以整个汇水面积上平均径流系数 φ_{av} 值是按各类地面面积用加权平均法计算而得到的，即

$$\varphi_{av} = \frac{\sum F_i \cdot \varphi_i}{F} \tag{5.33}$$

式中 φ_{av}——汇水面积平均径流系数；

F_i——汇水面积上各类地面的面积，$10^4\ m^2$；

φ_i——相应各类面积的径流系数；

F——全部汇水面积，$10^4\ m^2$。

表 5.15 径流系数 φ 值

地面种类	径流系数
各种屋面	0.9
混凝土和沥青路面	0.9
块石等铺砌路面	0.6
非铺砌路面	0.3
绿地	0.15

4. 小区雨水管渠水力计算过程

(1) 雨水管渠水力计算数据。

为了使雨水管渠正常工作，避免发生淤积、冲刷等现象，对雨水管渠水力计算的基本数据做如下的技术规定。

①设计充满度。雨水管渠按满流设计，即 $h/D=1.0$。明渠应有大于或等于 0.2 m 的超高。

②设计流速。为避免雨水所挟带的泥沙等无机物质在管渠内沉淀而堵塞管道，规定雨水管渠满流时最小设计流速为 0.75 m/s，明渠内最小设计流速为 0.4 m/s。

为防止管壁受冲刷而损坏，对雨水管渠的最大设计流速规定为：金属管最大流速为 10 m/s；非金属管最大流速为 5 m/s。

③最小管径和最小设计坡度。在小区建筑物周围的雨水接户管的最小管径为 $DN200$，铸铁管及钢管的最小设计坡度为 0.005，塑料管的最小设计坡度为 0.003；小区道路下干管、支管最小管径为 $DN300$，铸铁管、钢管的最小设计坡度为 0.003，塑料管的最小设计坡度为 0.001 5；雨水口的连接管最小管径为 $DN200$，最小设计坡度为 0.01，塑料管的最小设计坡度为 0.01。

④最小埋深与最大埋深。具体规定同污水管道。

⑤水力计算表。雨水管道水力计算按无压均匀流考虑，其计算公式同污水管道的水力计算公式，但 $h/D=1$。

(2) 雨水管渠水力计算方法与步骤。

雨水管渠水力计算方法的步骤如下：

①根据地形及管道布置情况，划分设计管段。在管道转弯处，管径或坡度改变处，有支管接入处或两条以上管道交汇处，以及超过一定距离的直线段上都设置检查井。把两个检查井之间流量没有变化且设计管径和坡度也没有变化的管段定为设计管段，并从管段上游往下游按顺序进行检查编号。

②划分并计算各设计管段的汇水面积。

③确定各平均径流系数值 φ。

④确定设计重现期 p、地面集水时间 t_1。

⑤求单位面积径流量 q_0。q_0 是暴雨强度 q 与径流系数 C 的乘积，称单位面积径流量，即

$$q_0 = q\varphi_{av} = \frac{167A_1(1+C\lg p)\cdot\varphi_{av}}{(t+b)^n}\cdot\frac{167A_1(1+C\lg p)\cdot\varphi_{av}}{(t_1+mt_2b)^n}$$

显然，对于具体的设计工程来说，式中的 φ_{av}，t_1，p，m，A_1，b，C，n 均为已知，因此，q_0 只是 t_2 的函数。只要求得各管段的管内雨水流行时间 t_2，就可求出相应于该管段的 q_0 值。

⑥列表进行雨水管渠的水力计算，以求得各管段的设计流量及管径、坡度、流速、管底标高及管道埋深等值。

⑦绘制雨水管道平面纵剖面图。

5.2.5 排水管道的接口和基础

排水管道的接口和基础是排水管道正常运行的基础，在实际运行管理中，排水管道渗漏原因常常是接口或基础没有处理好，所以排水管道的接口和基础是排水管道正常运行的重点。

1. 排水管道的接口

排水管道的接口是排水管道的重要环节，排水管道渗漏水部位大多存在于接口。接口形式按接口弹性要求可分为柔性接口、刚性接口两种。

(1) 柔性接口。

柔性接口允许管道纵向轴线交错 3～5 mm 或交错一个较小的角度，而不致引起渗漏。铸铁管常用有橡胶圈接口，如图 5.29 所示。柔性接口在土质较差、地基硬度不均匀或地震地区采用，具有独特的优越性。

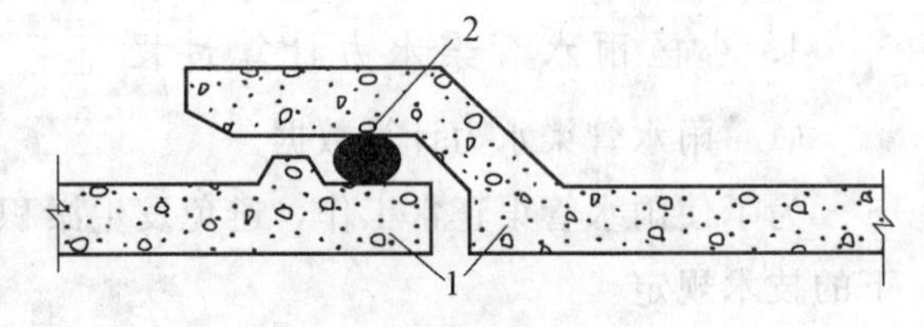

图 5.29 橡胶圈柔性接口

1—橡胶圈；2—管壁

预制套管接口用于地基较弱地段，在一定程度上可防止管道因纵向不均匀沉陷而产生的纵向弯曲或错口，一般常用于污水管。预制套管与管子间缝隙中用质量比 1∶3∶7（水∶石棉∶水泥）的石棉水泥打严，操作时应注意少填多打，也可用沥青砂浆填充，如图 5.30 所示。石棉沥青卷材接口适用于地基沿管道纵向沉陷不均匀的地区，方法是先将接口处管壁刷净烤干，涂上冷底子一层，再刷沥青玛蹄脂（温度控制在 160～180 ℃，配比为 7.5∶1.0∶1.5），厚 3～5 mm，再包上石棉沥青卷材，再涂 3 mm 厚沥青玛蹄脂，这称为“三层做法”。一般可以满足要求。必要时可以用“五层做法”，即再加卷材和沥青玛蹄脂各一层。平口管和企口管均可使用，如图 5.31 所示。

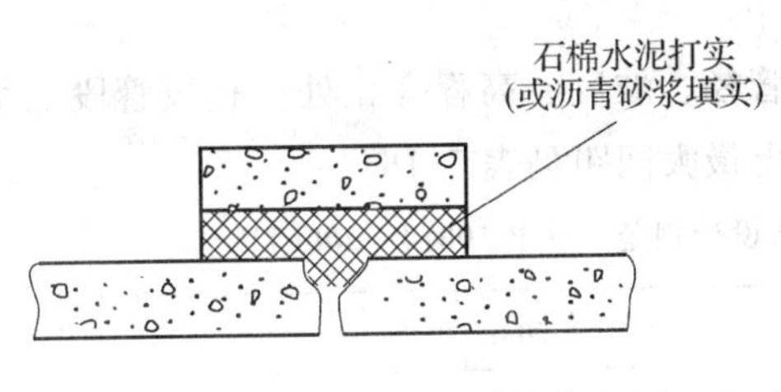

图 5.30 预制套环石棉水泥接口

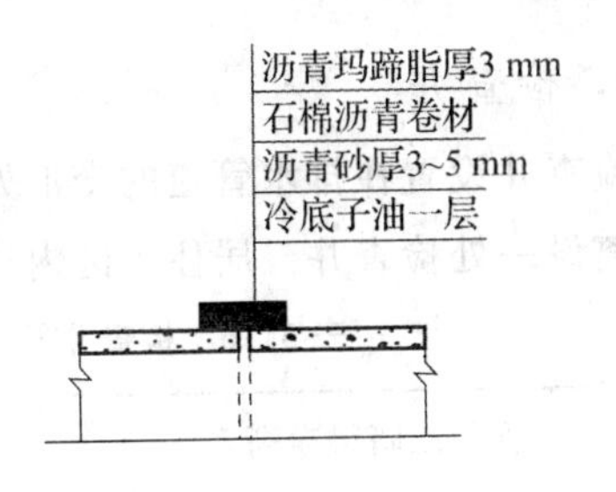

图 5.31 石棉沥青卷材接口

(2) 刚性接口。

刚性接口不允许管道有轴向的交错，但比柔性接口造价低，适于承插管、企口管及平口管的连接。刚性接口抗震性能差，用在地基比较良好、有带形基础的无压管道上。常用的有水泥砂浆抹带接口、钢丝网水泥砂浆抹带、油麻石棉水泥接口等方式。

水泥砂浆抹带接口适用于小管径雨水管，地基土质较好或地下水位以上的污水支管，平口管、企口管、承插管均可使用。基本方法是接口处用 1∶2.5 或 1∶3 水泥砂浆抹成半椭圆形的砂浆带，带宽 120～150 mm，中间厚30 mm，如图 5.32 所示。

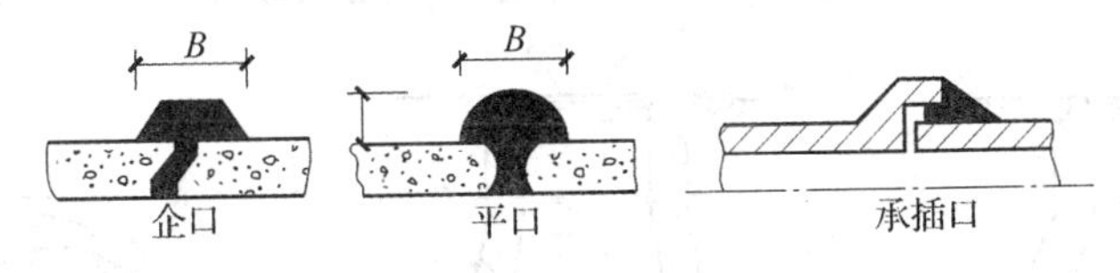

图 5.32 水泥砂浆抹带接口

钢丝网水泥砂浆抹带接口适用于地基土质较好的具有带形基础的雨水、污水管道，以及水头低于 5 m 的低压管。基本方法是将抹带范围（宽 200 mm）管外壁凿毛，抹 1∶2.5 或 1∶3 水泥砂浆一层，厚 15 mm，铺 10 mm×10 mm 钢丝网一层，两端插入基础混凝土中固定，上面再压砂浆一层，厚 10 mm，如图 5.33 所示。

承插式铸铁管也可采用油麻石棉水泥接口，先填入油麻，后填入石棉水泥，如图 5.34 所示。

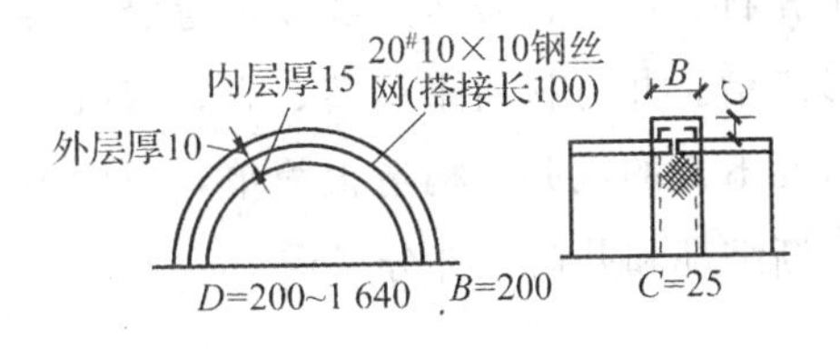

图 5.33 钢丝网水泥砂浆抹带接口（单位：mm）

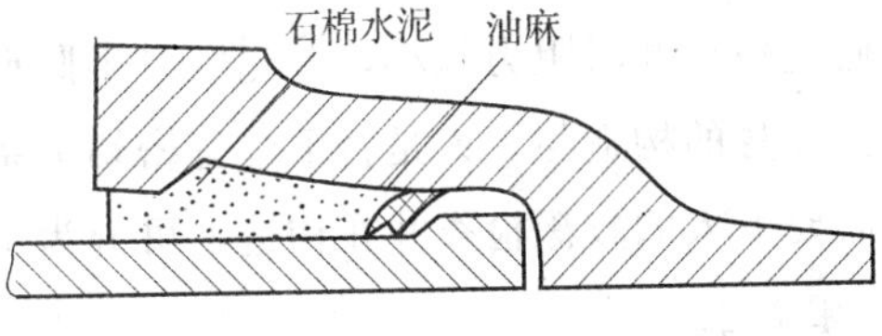

图 5.34 承插式铸铁管油麻石棉水泥接口

2. 排水管道的基础

为保证管道安全，必须做好对管道基础的处理，基础处理不好，管道可能因高低不平产生漏水。管道基础是由地基、基础、管座组成，如图 5.35 所示。

常见的管道基础有素土基础、砂石基础、混凝土基础和枕基四种形式，选择管道基础形式，主要取决于外部荷载、覆土深度、土壤性质及管材等因素。

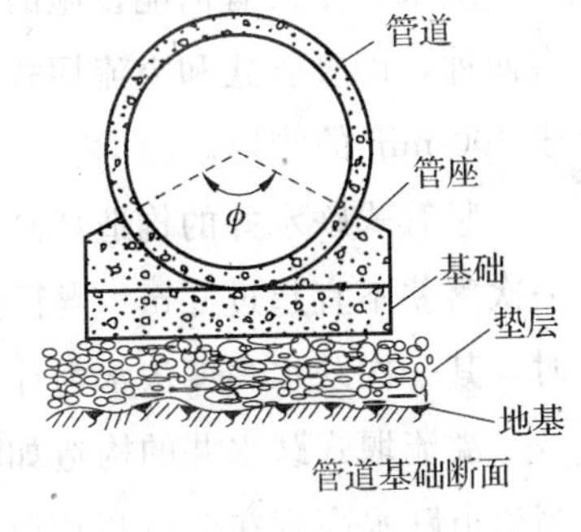

图 5.35 管道基础组成

5.2.6 排水管线附属构筑物

为了保证排水系统的正常工作，在系统中还要设置必要的附属构筑物，常设的附属构筑物有以下几种。

1. 检查井

检查井设置在排水管道的交汇处、转弯处，以及管径、坡度、高程变化处。直线管段上每隔一定距离设一处检查井。居住小区内检查井在直线管段上最大间距见表 5.16。

表 5.16　检查井最大间距（自《室外排水设计规范》（GB 50014—2006））

管径或暗渠净高/mm	最大间距/m	
	污水管道	雨水（合流）管道
200～400	40	50
500～700	60	70
800～1 000	80	90
1 100～1 500	100	120
1 600～2 000	120	120

检查井一般采用圆形，由井底（包括基础）、井身和井盖三部分组成，如图 5.36 所示。

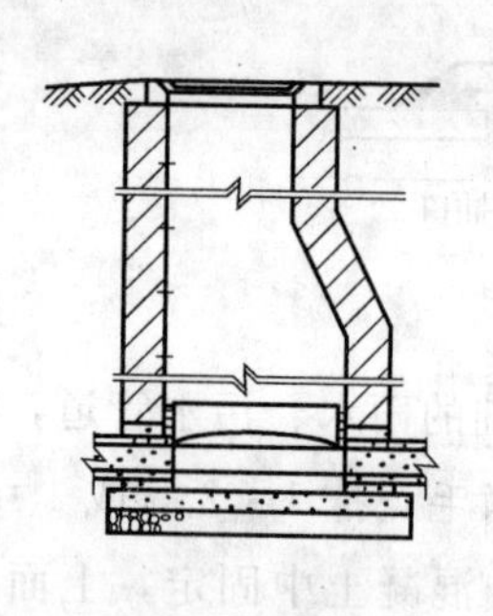

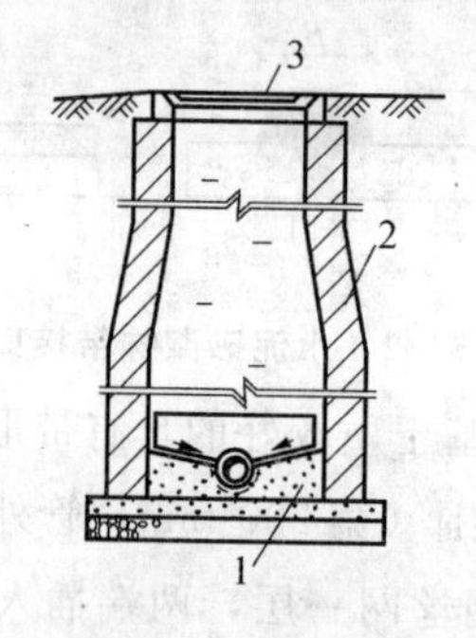

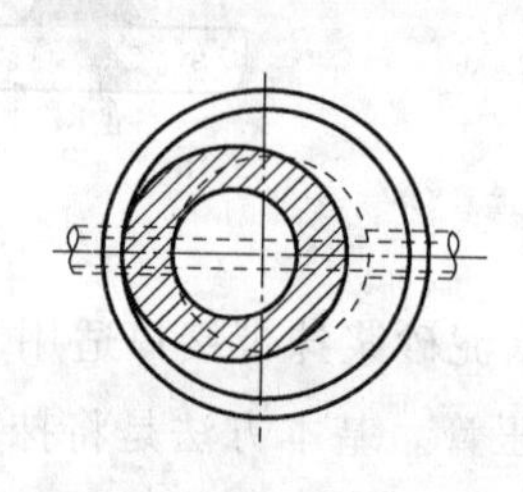

图 5.36　检查井

1—井底；2—井身；3—井盖

检查井井底材料一般采用低等级混凝土，基础采用碎石、卵石、碎砖夯实或低等级混凝土。为使水流通过检查井时阻力较小，井底宜设半圆形或弧形流槽。井身材料采用砖、石、混凝土或钢筋混凝土。井身的构造与工人是否下井有密切关系，不需要下人的浅井，构造很简单，一般为直壁圆筒形；需要下人的较深检查井在构造上可分为工作室、渐缩部和井筒三部分。

2. 跌水井

跌水井是设有消能设施的检查井。其作用是连接两段高程相差较大的管段。目前常用的跌水井有两种，即竖管式和溢流堰式。竖管式用于直径等于或小于 400 mm 的管道；溢流堰式用于直径大于 400 mm 的管道。

竖管式跌水井的构造如图 5.37 所示，这种跌水井一般不做水力计算。管径不大于 200 mm 时，一次落差不宜超过 6 m。当管径为 300～400 mm 时，一次落差不宜超过 4.0 m。管径大于 400 mm 时，其一次跌水高度按水力计算确定。

溢流堰式跌水井的构造如图 5.38 所示。它的主要尺寸及跌水方式一般应通过水力计算确定。当管道跌水高度在 1 m 以内时，可以不设跌水井，只要将检查井井底做成斜坡即可，不采取专门的跌水措施。

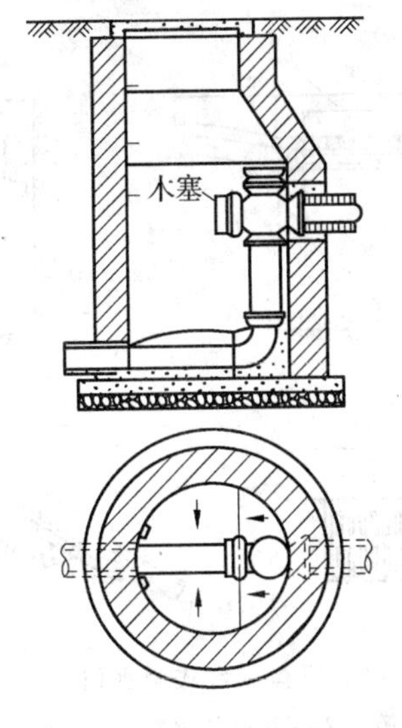

图 5.37 竖管式跌水井

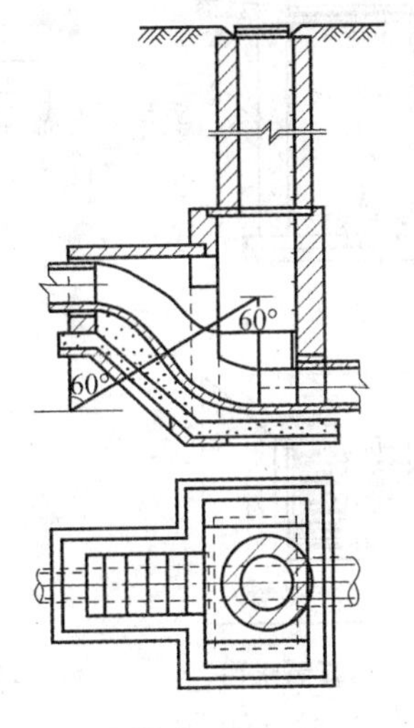

图 5.38 溢流堰式跌水井

3. 雨水口

(1) 雨水口。

雨水口是设在雨水管道或合流管道上，用来收集地面雨水径流的构筑物，地面上的雨水经过雨水口和连接管流入管道上的检查井后而进入排水管道。雨水口的设置，应根据道路（广场）情况、街坊以及建筑情况、地形、土壤条件、绿化情况、降雨强度、汇水面积的大小及雨水口的泄水能力等因素决定。

住宅小区内雨水口应根据地形、建筑物位置、绿化状况、道路坡度等沿道路布置，如图 5.39 所示。

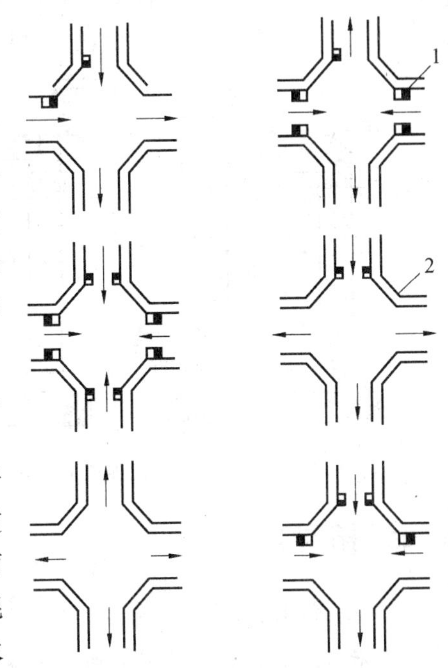

图 5.39 雨水口道路布置位置

1—雨水口；2—道牙

雨水口的构造形式常用的有平箅式和联合式。前者用于无道牙的道路和地面，如图 5.40 所示；后者用于有道牙的道路，汇水量较大且箅隙容易堵塞的地方，如图 5.41 所示。雨水口由井水箅、井筒及连接管组成。进水箅材料有铸钢、混凝土和塑料，井筒由砖砌筑而成或预制。连接管是连接雨水口与街道排水管渠检查井的管道，管径宜大于 200 mm，坡度宜为 0.01，管长宜控制在 25 m 以内。其安装可见 S235 国家标准图或地方标准图集。井底根据需要设置沉泥槽，如图 5.42 所示。雨水口的构造要求如下：

①平箅雨水口箅面一般宜低于附近路面 30～40 mm，设在土面上时宜低 50～60 mm，四周路面或地面应平顺坡向雨水口，不得形成陡坎。

②雨水口串联时一般不宜多于三个。

③雨水口要保证进水量大，进水效果好。

④易于施工养护，构造简单，尽可能设计选用装配式的雨水口。

⑤安全卫生，平箅栅条间隙不大于 30 mm。

(2) 连接暗井。

雨水口以连接管与街道排水管渠的检查井相连。当排水管直径大于 800 mm，也可将连接管与排水管连接不另设检查井，而设连接暗井，如图 5.43 所示。

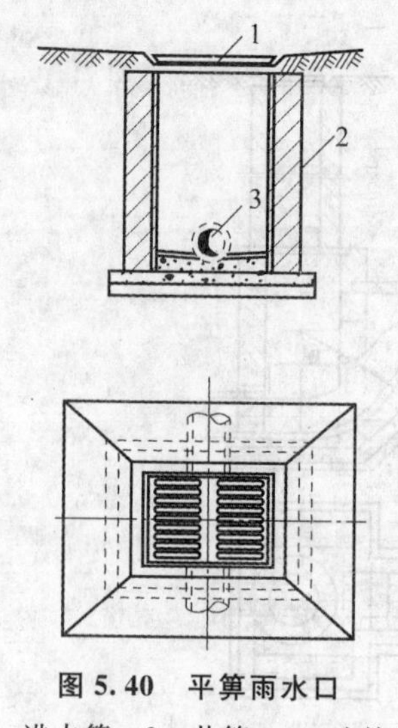

图 5.40　平箅雨水口

1—进水箅；2—井筒；3—连接管

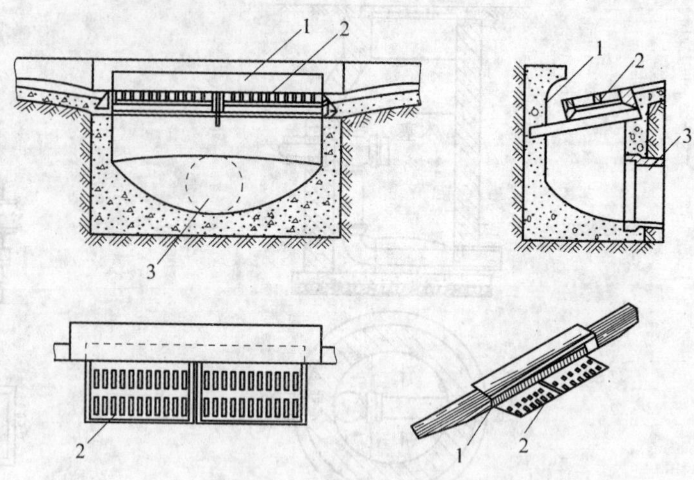

图 5.41　双箅联合式雨水口

1—边石进水箅；2—边沟进水箅；3—连接管

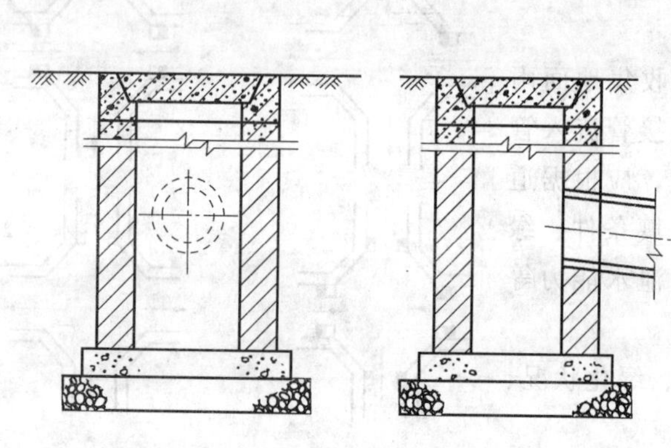

图 5.42　有沉泥槽的雨水口

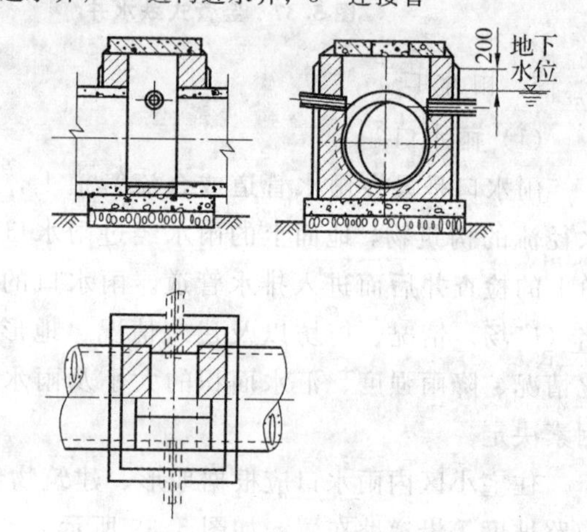

图 5.43　连接暗井

【知识拓展】

1. 污水的分类

在居住小区及工业企业内部，日常生活和生产过程中使用大量的水，水在使用过程中受到不同程度的污染，改变了原有的化学成分和物理性质，成为污水。污水按其来源不同可分为生活污水、工业废水和雨水三类。

2. 排水系统的体制

居住小区生活污水、工业废水和雨水是采用一个管渠系统来排除，还是采用两个及两个以上各自独立的管渠系统来排除，污水的这种不同的排除方式称为排水系统体制。建筑小区排水系统的体制主要分为分流制和合流制两种类型。

(1) 分流制。

居住小区分流制排水系统是指将生活污水、工业废水和雨水分别在两套或两套以上各自独立的管渠内排除，这种系统称为分流制排水系统，如图 5.44 所示。其中排出生活污水、工业废水的系统称为污水排水系统；排出雨水的系统，称为雨水排水系统。

(2) 合流制。

居住小区合流制排水系统是指将生活污水、工业废水和雨水混合在同一管渠内排出的排水系统，如图 5.45 所示。

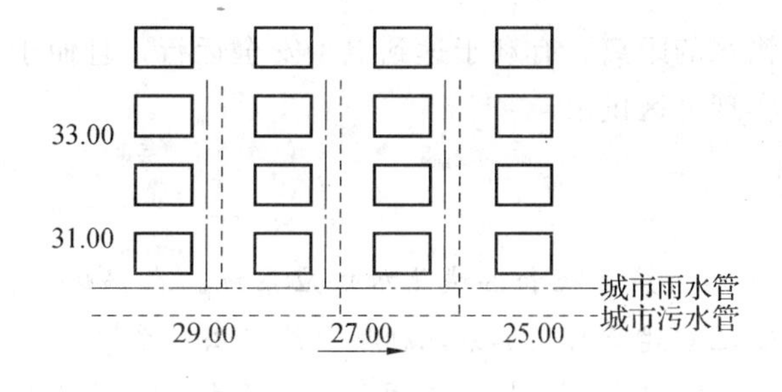

图 5.44 小区分流制排水系统示意图

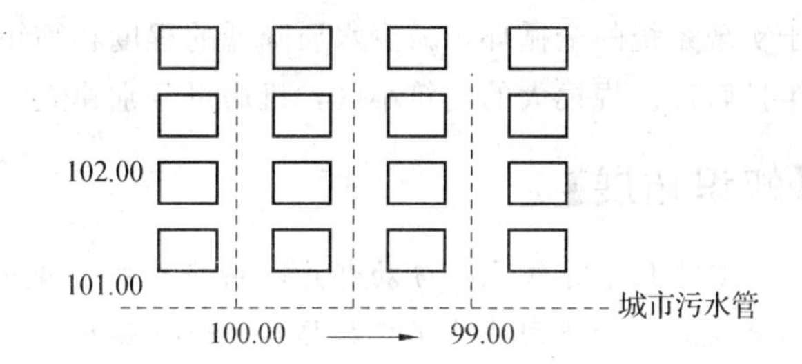

图 5.45 小区合流制排水系统示意图

居住小区排水系统体制的选择，应根据城镇排水体制、环境保护要求等因素综合比较确定。对于新建小区，若城镇排水体制为分流制，且当小区附近有合适的雨水排放水体或小区远离城镇为独立的排水体系等情况时，宜采用分流制。若居住小区的污水需要进行回用时，应设置分质、分流的排水体制。

根据我国目前加快城市污水集中处理工程建设的城建方针，居住小区的污水一般应排入城市排水管道系统，故居住小区排水体制一般与城镇排水体制相同。

5.3 热水及饮水供应

5.3.1 集中热水供应系统

小区集中热水供应系统主要是针对建筑物内热水供应的室外部分，保证热水在供水管道内循环。热水管道的布置要求在满足使用（水压、水量、水温）的情况下，力求管线最短，便于维修等。除满足冷水管网的布置敷设要求外，还应注意由水温带来的体积膨胀、管道伸缩补偿、保温和排气等问题。

居住小区的占地面积较大，集中热水供应系统应设采用机械循环的热水循环管道，并保证每栋建筑中热水在干管及立管中循环。为满足热水供水要求，确保良好的循环效果，可根据小区热水系统供水建筑的布置及其建筑内热水循环管道布置等情况，采用设监控阀、限流阀、导流三通和分设循环水泵等措施。

当同一供水系统所服务单体建筑内的热水供、回水管道布置相同或相似时，单体建筑的回水干管与小区热水回水总干管可采用导流三通连接。

5.3.2 管道直饮水系统

管道直饮水是以自来水或符合生活饮用水水源水质标准的水为原水，经深度净化后通过固定管道输送、供给用户直接饮用的纯净水。

不少地区对现有自来水完全满足安全健康饮水的要求提高，即使煮沸烧开也不能达到要求，而桶装水又严重存在二次污染问题。所以要实施分质供水的办法，强化对仅供居民生活饮用的自来水再做不同程度的深化处理，由此所得的“净化自来水”质量和品味更高，洁净透明、无臭无味、无毒无害，符合国家相应标准，可放心和满意地直接饮用。对于分质供水，可让用户放心满意，不仅有来自政府对此的高度重视和支持，以及人民群众热切的关注和追求；又有现代化高科技发展为此提供坚实的技术基础。

居住小区集中设置管道直饮水系统时，系统必须独立设置，不得与市政或建筑供水系统直接相连，以防止水质污染。室外的供、回水管网的形式应根据居住小区总体规划和建筑物性质、规模、高度以及系统维护管理和安全运行等条件确定。

为了小区供水系统的均衡性，应将净水机房设在距用水点较近的地点或在小区居中位置，有利于实现系统的全循环，减少水质降低的程度和缩短输水的距离，有利于达到卫生安全运行，且便于维护管理。规模大的建筑小区，机房可分别建立，实现分区供水。

【知识拓展】

热水供水系统主要分局部热水供应系统、集中热水供应系统和区域热水供应系统。在锅炉房、热交换站、加热间将热集中加热后，通过热水管网输送到建筑的热水系统称集中热水供应系统。

热水供应设备集中，便于管理；加热设备热效率高，热水成本低；占用总建筑面积小。热损失大，管线长，设备复杂，投资大，改扩建困难。适用于用水量大，用水集中的建筑。

热水供应系统由热媒系统、热水供应系统、附件组成。

热媒系统（第一循环系统）一般由热源、水加热器、热媒管网组成。

热水的热源较多，常用的有蒸汽直接加热和间接加热两种。

蒸汽直接加热是将锅炉产生的蒸汽主接通入水中进行加热。这种方法比较简单，热效率高，投资少，维护管理方便。其中的热的传递过程是由锅炉产生的蒸汽经蒸汽管送入水加热器内的盘管，蒸汽经过盘管向冷水散热，冷水被加热后由配水管送往各用水点。这种加热方法适用于耗热量较小的公共浴室、生活间和洗衣房等。

间接加热是热媒与冷水不接触，利用锅炉产生的蒸汽或高温水作为热媒，通过热交换器把水加热；热媒放出热量后，又返回锅炉内，重复循环。这种加热方式不易被污染，无噪声，热媒不必大量补充。这种加热方法适用于较大热水供应系统，如医院、饭店、宾馆。

热水供应系统（第二循环系统）由热水配水管网和回水管网组成。

水的循环流动过程是冷水被加热后由配水管送往各用水点之后，蒸汽放出热量后，凝结成水经凝结管排至凝结水池，锅炉用水由凝结水泵供给。冷水自高位水箱的给水管由水加热器下部进入。为了保证系统中要求的水温，设置了循环管路，以循环水泵为动力，使热水经常循环流动。

附件：包括蒸汽、热水的控制附件（如温度自动调节器、疏水器、减压阀、自动排气阀等）及管道的连接附件（如管道伸缩器、闸阀、水嘴等）。

【重点串联】

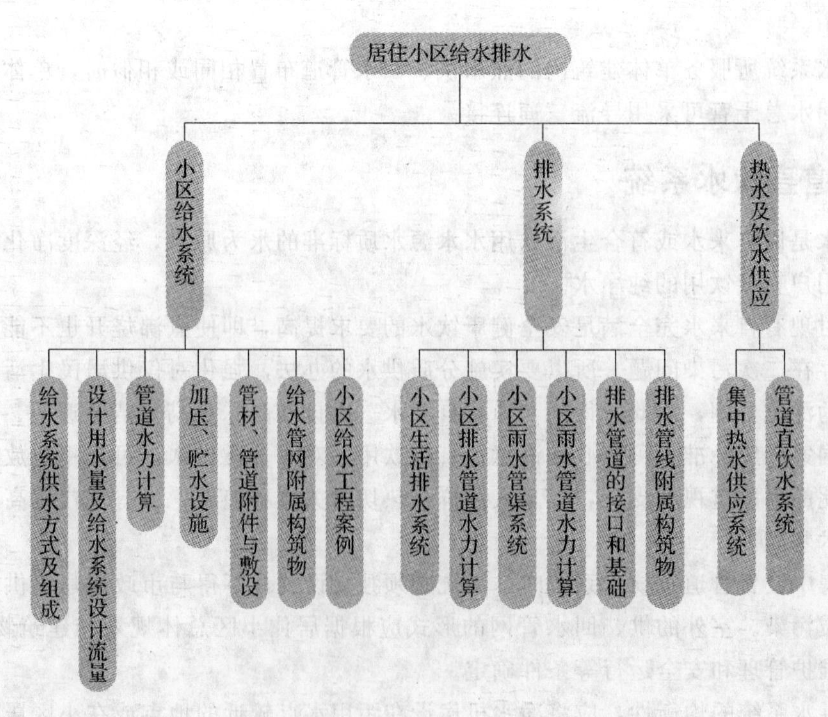

【知识链接】

质量标准与安全技术：
《建筑给水排水设计规范》（GB 50015—2003）；
《给水排水管道工程施工及验收规范》（GB 50268—2008）；
质量标准与安全技术：
中华人民共和国行业标准《管道直饮水系统技术规程》（CJJ 110—2006）；
中国工程建设标准化协会标准《小区集中生活热水供应设计规程》（CECS 222—2007）。

拓展与实训

职业能力训练

一、填空题

1. 居住小区给水加压泵站一般由加压与贮水设施、_________、配电室（较小的泵站不设）、_________、附属房间组成。

2. 水池、水箱等构筑物应设_________、_________、_________、_________和信号装置。

3. 给水管线上常用的附件有_________、_________、_________、_________。

4. 小区排水系统可分为两种系统，即_________和_________。

5. 污水设计流量包括_________和_________两大类。

6. 污水管道的检查井处的衔接方法有_________和_________两种。

7. 集中热水供应系统计算设计小时耗热量根据用户的_________、_________、_________来确定。

8. 热水系统的主要附件有_________、_________、_________、_________、膨胀管、膨胀水罐和安全阀等。

9. 居住小区集中设置管道直饮水系统时，系统必须_________，不得与市政或建筑供水系统直接相连，以防止水质污染。

二、选择题

1. 室外消火栓的间距不应大于（　　），保护半径不应大于150 m，寒冷地区设置的室外消火栓应有防冻措施。

A. 400 m　　B. 180 m　　C. 200 m　　D. 120 m

2. 建筑物内的生活用水低位贮水池（箱）的有效容积计算应按进水量与用水量（　　）确定。

A. 之和　　B. 之差　　C. 变化曲线　　D. 估计

3. 接口形式按接口弹性要求可分为柔性接口、（　　）两种。

A. 刚性接口　　B. 塑性接口　　C. 弹性接口　　D. 固化接口

4. 雨水口连接管长度不宜超过（　　）。

A. 15 m　　B. 25 m　　C. 30 m　　D. 35 m

5. 利用管路布置敷设的自然转向来补偿管道的伸缩变形是（　　）。

A. 伸缩器　　B. 自然补偿法　　C. 套管伸缩器　　D. 球形伸缩器

三、简答题

1. 居住小区给水与市政给水有什么联系和区别？
2. 给水管网中排气阀的作用是什么？
3. 止回阀的作用是什么？
4. 什么是设计充满度？
5. 需下人的较深检查井的构造是什么？
6. 雨水管渠系统由哪些部分组成？
7. 自动排气阀原理是什么？
8. 小区直饮水系统的供、回水管网采用全循环同程系统的原因是什么？

工程模拟训练

某居住小区均为普通住宅楼，设计人数为 7 400 人，每户设计人数为 3.5 人，最高日用水定额 250 L/（人·d），小时变化系数 K_h=2.0，户内的平均当量为 4.3，求该小区引入管的设计流量。

模块 6

建筑与小区中水系统与雨水利用

【模块概述】

建筑与小区中水系统是收集建筑和小区内排水，经处理后回用到小区及建筑的节水系统，包括收集、处理、回用等部分。因为水资源短缺，中水系统会建得越来越多，发展得越来越好。

本模块中水部分以中水的水源、水量、水质为主线，介绍了中水的水量平衡计算方法、水质处理达到使用要求的工艺和中水处理站设计案例。

本模块雨水利用部分以雨水的收集、处理、回用为主线，介绍了雨水利用的形式，及收集、储存、调蓄、水质处理、回用水量等内容。

【知识目标】

1. 掌握建筑中水系统的组成及作用；
2. 了解中水的水源、水量和水质标准；
3. 熟悉中水系统的分类及组成；
4. 掌握中水处理工艺流程的选择原则、中水的工艺流程；
5. 熟悉中水安全防护、控制与管理以及中水处理站及设施；
6. 掌握雨水利用的系统形式；
7. 了解雨水收集、储存、调蓄的方法；
8. 了解雨水利用计算的计算过程。

【技能目标】

通过本章的教学活动，培养学生具备建筑中水水量计算及水量平衡图确定的能力；具有中水管道布置与敷设的设计能力；具备识读建筑中水系统施工图的能力。培养学生良好的自我学习能力、实践动手能力和耐心细致的分析和处理问题的能力，以及诚实、守信、善于沟通和合作的专业素养。

【课时建议】

8～10 课时

工程导入

黑龙江省哈尔滨市某学院职业培训中心总用地 51 830 m²，总建筑面积 53 450 m²。该中心具有集培训、住宿、餐饮等于一体的教学设施。为节约水资源，建立中水系统，收集排水并处理，并进行回用。

该工程要做中水系统，设计的工作如下：

(1) 根据中水使用范围，确定中水的水量、水质。

(2) 确定中水的水源水量、水质。

(3) 进行中水的水量平衡计算。

(4) 根据中水原水水质、水量和使用中水水质、水量确定中水处理工艺。

(5) 确定原水及中水管道系统。

培训中心的中水处理间设在地下一层，其平面图如图 6.1 所示。

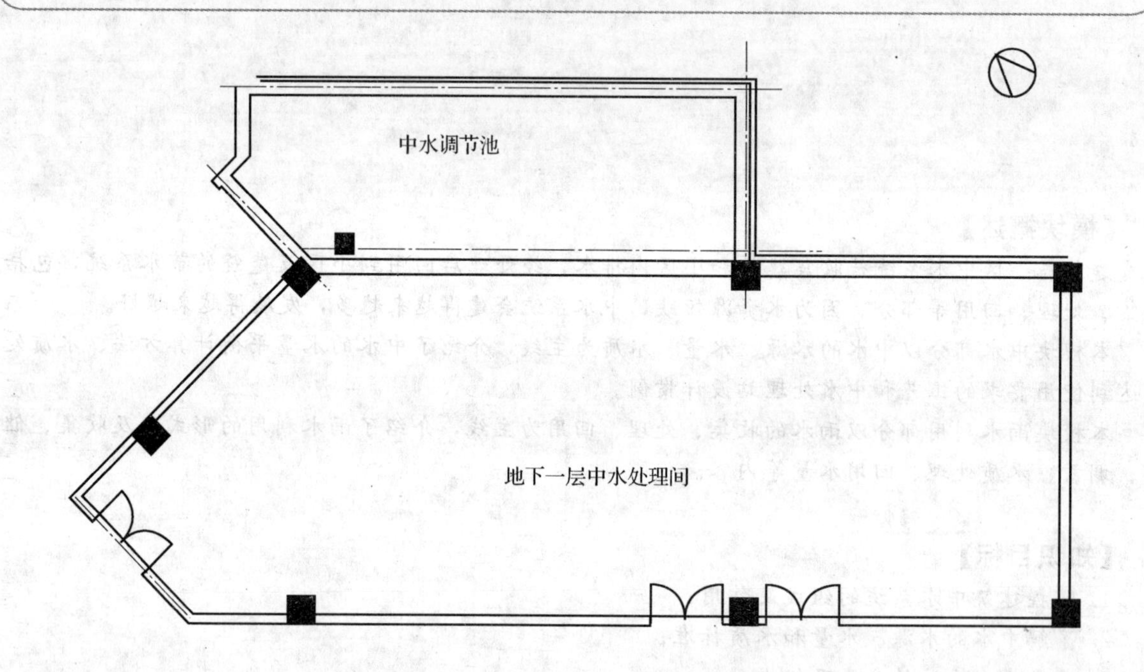

图 6.1　中水处理间

6.1　建筑中水

中水是指各种排水经处理后，达到规定的水质标准，可在生活、市政、环境等范围内杂用的非饮用水。建筑物中水指在一栋或几栋建筑物内建立的中水系统。中水系统是指在一栋或几栋建筑中的原水经过收集、储存、处理和供给等工程设施组成的有机结合体，是建筑物或建筑小区的功能配套设施之一。建筑中水是建筑物中水和小区中水的总称。

6.1.1 中水系统的任务与组成

1. 中水系统的任务

所谓“中水”，是相对于“上水（给水）”和“下水”（排水）而言的。建筑中水系统是指把民用建筑或建筑小区使用后的各种污、废水，经处理回用于建筑或建筑小区作为杂用水。如用于冲厕、绿化、洗车等。图6.2为小区中水系统框图，方框内为小区中水系统。

建筑中水系统是把人们生活（或生产）使用后的水（如盥洗、淋浴后水，洗涤水，厨厕水，冷却水和其他水）经过适当处理后，达到规定的水质标准，可在生活、市政、环境等范围内杂用的非饮用水，如用于冲厕、浇花绿化、洗刷汽车和道路、水景、消防，其水质介于饮用水水质和排放的污（废）水水质之间。中水再生利用类别见表6.1，中水主要应用到农、林、木、渔业用水，城市杂用水，工业用水，环境用水和补充用水。

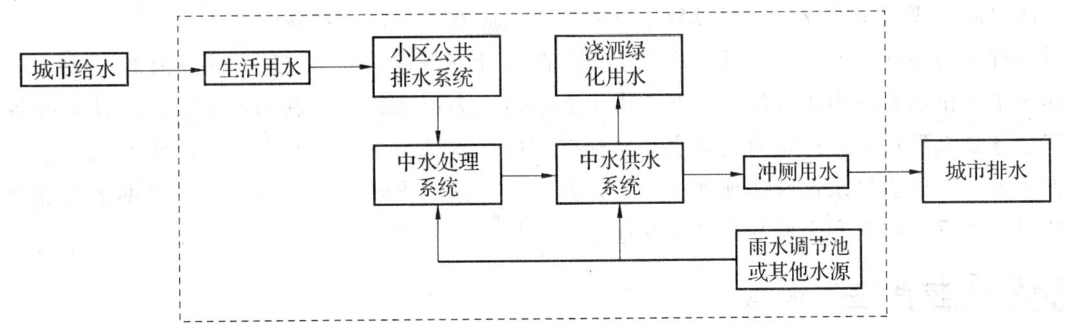

图6.2 小区中水系统框图

表6.1 中水再生利用类别

分类	范围	分类	范围
农、林、牧、渔业用水	农田灌溉 造林育苗 畜牧养殖 水产养殖	工业用水	冷却用水 洗涤用水 锅炉用水 工艺用水 产品用水
城市杂用水	城市绿化 冲厕 道路清扫 车辆清洗 建筑施工 消防	环境用水	娱乐性景观环境用水 观赏性景观环境用水 湿地环境用水
		补充用水	补充地表水 补充地下水

2. 建筑中水系统组成

建筑中水系统由原水系统、处理系统和供水系统三部分组成。

中水原水系统是指收集、输送中水原水到中水处理设施的管道系统和一些附属构筑物。根据中水原水的水质，可分为污、废水合流系统和污、废水分流系统两类。合流系统是指将生活污水和废水用一套管道排出，这种系统管道布置简单，水量充足稳定，但是其原水水质差，中水处理工艺复杂，处理站也易对周围环境造成污染。分流系统是指将生活污水和废水根据其水质情况的不同分别排出，该系统中水原水水质好，处理工艺简单，处理设施造价低，对周围环境影响小。所以一般情况下，为简化处理，保障中水水质，以及符合人们的习惯和心理要求，通常采用污、废水分流系统。

建筑中水处理系统由预处理、主要处理和后处理三部分组成。

预处理设施主要由化粪池、格栅、调节池等组成。以生活污水为原水的中水系统，必须在建筑物的粪便排水系统中设置化粪池，使污水得到初级处理。格栅的作用是截流中水原水中漂浮和悬浮的机械杂质，如毛发、布头和纸屑等。调节池的作用是对原水流量和水质具调节均化的作用，保证后续处理设备稳定和高效运行。

主要处理是去除水中的有机物、无机物等。其主要的处理设施有沉淀池、气浮池、生物接触氧化池、生物装盘等。沉淀池通过自然沉淀或投加混凝剂，使污水中悬浮物借重力沉降作用从水中分离。气浮池通过进入污水后的压缩空气在水中析出的微波气泡，将水中比重接近于水的微小颗粒粘附，并随气泡上升至水面，形成泡沫浮渣而去除。生物接触氧化池主要是在池内设置填料，填料上长满生物膜，污水与生物膜相接触，在生物膜上微生物的作用下，分解流经其表面的污水中的有机物，使污水得到净化。生物转盘的作用机理与生物接触氧化池基本相同，生物转盘每转动一周，即进行一次吸附—吸氧—氧化—分解过程，衰老的生物膜在二沉池中被截留。

后处理是对中水供水水质要求很高时进行的深度处理，常见的后处理方式有消毒、过滤等。

建筑中水供水系统由中水配水管网、中水贮水池、高位水箱、控制和配水附件、计量设备等组成，其任务是把经过处理的负荷杂用水水质标准的中水输送到各个用水点，其供水方式与生活给水供水方式类似。中水供水系统必须独立设置，其上应根据要求安装计量装置。中水供水系统管道宜采用塑料给水管、塑料和金属复合管或其他给水管材，不得采用非镀锌钢管。

6.1.2 水源选择与水质

中水回用必须满足三个标准，水质合格、水量足够、经济合算。工程导入中，飞达小区为居住小区，供水设备普及，污水收集系统完备，需要选择较可靠的水源。

1. 水源选择

中水水源应根据排水的性质、水量、排水状况和中水回用的水质水量来选定。建筑中水水源有冷凝水、沐浴排放水、盥洗排水、空调冷却水、游泳池排水、洗衣排水、厨房排水、厕所排水。屋面雨水可作为补充中水水源。小区中水可选择小区内建筑杂排水、相对洁净的工业废水、生活排水、小区内雨水以及可利用的天然水体。

建筑中水水源主要根据建筑物内部可作为中水原水的排水量和中水供水量来选择确定，通常有优质杂排水、杂排水和生活排水三种组合。

(1) 优质杂排水。

优质杂排水是杂排水中污染程度较低的排水，如冷却用水、游泳池排水、沐浴排水、盥洗排水、洗衣排水等。其特点是有机物浓度和悬浮物浓度低，水质好，容易处理，处理费用低，应优先选用。

(2) 杂排水。

民用建筑中除粪便外的各种排水为杂排水，含优质杂排水和厨房排水，其特点是有机物和悬浮物浓度都较高，水质较好，处理费用比优质杂排水高。

(3) 生活排水。

生活排水含杂排水和厕所排水，其特点是有机物浓度和悬浮物浓度都很高，水质差，处理工艺复杂，费用高。

2. 中水水质

中水水质是确定水处理工艺方案的重要因素，通过对中水原水水质和中水使用范围要求水质进行分析，确定中水处理工艺。

(1) 中水原水水质。

建筑中水的水源主要来自建筑排水，中水原水水质应以实测资料为准，在无实测资料时，其排水污染物浓度见表 6.2。

表 6.2 各类建筑物各种排水污染浓度表 mg/L

类别		冲厕	厨房	沐浴	盥洗	洗衣	综合
住宅	BOD_5	300～450	500～650	50～60	60～70	220～450	230～300
	COD_{Cr}	800～1 100	900～1 200	120～135	90～120	310～390	455～600
	SS	350～450	220～280	40～60	100～150	60～70	155～180
宾馆饭店	BOD_5	250～300	400～550	40～50	50～60	180～220	140～175
	COD_{Cr}	800～1 100	800～1 100	100～110	80～100	270～330	295～380
	SS	300～400	180～220	30～50	80～100	50～60	95～120
办公楼、教学楼	BOD_5	260～340	—	—	90～110	—	195～260
	COD_{Cr}	350～450	—	—	100～140	—	260～340
	SS	260～340	—	—	90～110	—	195～260
公共浴室	BOD_5	260～340	—	45～55	—	—	50～65
	COD_{Cr}	350～450	—	110～120	—	—	115～135
	SS	260～340	—	35～55	—	—	40～65
餐饮业、营业餐厅	BOD_5	260～340	500～600	—	—	—	190～590
	COD_{Cr}	350～450	900～1 100	—	—	—	890～1 075
	SS	260～340	250～280	—	—	—	255～285

(2) 中水使用所需水质。

建筑中水为了安全可靠，水质应满足其基本要求：

①卫生上安全可靠：无有害物质，其主要衡量指标是大肠菌群指数、细菌总数、余氯量、悬浮物量、生化需氧量及化学需氧量。

②外观上无使人不快的感觉：其主要衡量指标有浊度、色度、臭气、表面活性剂和油脂等。

③不引起设备、管道等的严重腐蚀、结垢和不造成维护管理困难：其主要衡量指标是 pH 值、硬度、蒸发残留物、溶解性物质等。

建筑中水的用途主要是城市污水再生利用分类中的城市杂用水类，城市杂用水包括绿化用水、冲厕、街道清扫、车辆冲洗、建筑施工、消防等。污水再生利用按用途分类，包括农林牧渔用水、城市杂用水、工业用水、景观环境用水、补充水源水等。当中水同时满足多种用途时，其水质应按最高水质标准确定。不同用途对中水水质的要求见表 6.3。

表 6.3 不同用途对中水水质的要求

中水用途	要求水质		中水用途	要求水质	
	卫生（人体、环境）	人的感觉		卫生（人体、环境）	人的感觉
冲洗厕所	对人体无影响、不影响环境卫生	不使人有不快感	清扫、冲洗用水	对人体及环境不产生影响	清洁
喷洒水（包括洒水、绿化）	不使人们误饮用或对人体皮肤有害	洁净	水景	不影响人体皮肤和环境	清洁

建筑中水的用途不同，对水质的要求也不同，选用的水质标准也不同。中水用作建筑杂用水和

城市杂用水，如冲厕、道路清扫、消防、城市绿化、车辆冲洗、建筑施工等杂用，其水质应符合国家标准《城市污水再生利用城市杂用水水质》（GB/T 18920—2002）的规定。若中水用于景观环境用水，其水质应符合国家标准《城市污水再生利用景观环境用水水质》（GB/T 18921—2002）的规定。中水用于食用作物、蔬菜浇灌用水时，应符合《农田灌溉水质标准》（GB 5084—2005）的要求。中水用于采暖系统补水等其他用途时，其水质应达到相应使用要求的水质标准。

6.1.3 水量与水量平衡

建筑中水水量分析包括原水水量和中水水量两部分内容，根据中水使用目的来确定中水的需水量，而原水水量是根据使用水源情况来确定的。原水水量与中水水量进行分析，即水量平衡计算，若原水量大于中水需水量则原水部分溢流，若中水需水量大于原水量，则需要补充原水的水源。

1．建筑中水的需水量

建筑中水需水量为回用到相应用途的水量，建筑中水的需水量有以下几种情况：

（1）仅用于建筑冲厕用水。

（2）用于建筑冲厕用水和建筑内汽车库汽车冲洗用水。

（3）用于建筑冲厕用水和建筑外绿地、树木、花草用水。

（4）用于建筑冲厕用水和建筑外绿地、树木、花草用水和景观补充用水。

（5）用于建筑冲厕用水，消防用水，汽车用水，建筑外绿地、树木、花草用水及水景补充用水等。

除以上用水外，还有其他组合的各种用水，依建筑本身的需要而定。

建筑中水需水量计算可表示为

$$Q_1 = q_1 + q_2 + q_3 + q_4 + q_5 + \cdots + q_n \tag{6.1}$$

式中 Q_1——建筑中水需水量，m^3/d；

q_1——冲厕用水量，m^3/d；

q_2——冲洗汽车用水量，m^3/d；

q_3——绿地、树木、花草浇灌用水量，m^3/d；

q_4——水景、空调冷却水补充水量，m^3/d；

q_5——消防用水量，m^3/d；

q_n——其他用水量，m^3/d。

各种用水量应根据用水的实际需要情况、各种用水的用水规律、水量、水质、水压等进行综合分析研究后确定。

中水处理水量按下式计算：

$$Q_2 = (1+n)\,Q_1 \tag{6.2}$$

式中 Q_2——中水日处理水量，m^3/d；

n——中水处理设施自耗水系数，一般取10%～15%；

Q_1——中水总用水量，m^3/d。

建筑中原水水量计算可用下式表示：

$$Q_3 = q_1' + q_2' + q_3' + q_4' + q_5' + q_6' + q_7' + \cdots + q_n' \tag{6.3}$$

式中 Q_3——中水原水量，m^3/d；

q_1'——盥洗淋浴后排出水量，m^3/d；

q_2'——冲厕排出水量，m^3/d；

q_3'——空调冷却水量，m^3/d；

q_4'——洗衣机排水量，m^3/d；

q_5'——厨房排水量，m^3/d；

q_6'——洗涤排水量，m^3/d；

q_7'——雨水量，m^3/d；

q_n'——其他中水原水量，m^3/d。

当无实测资料时，建筑物中水原水量可按与建筑物最高日生活用水量 Q_d、建筑物分项给水百分数 b 折减系数有关，也可按下式计算：

$$Q_3 = \sum \alpha \cdot \beta \cdot Q_d \cdot b \tag{6.4}$$

式中 Q_3——中水原水量，m^3/d；

α——最高日给水量折算成平均日给水量的折减系数，一般为 0.67～0.91；按《室外给水设计规范》中的用水定额分区和城市规模取值。城市规模按特大城市、大城市、中小城市，由低至高取值。

β——建筑物按给水量计算排水量的折减系数，一般取 0.8～0.9；

Q_d——建筑物最高日生活用水量，按《建筑给水排水设计规范》中的用水定额计算确定；

b——建筑物分项给水百分率，应以实测资料为准，在无实测资料时，可参照表 6.4 选取。

表 6.4　各类建筑物分项给水百分率 %

项目	住宅	宾馆、饭店	办公楼、教学楼	公共浴室	餐饮业、营业餐厅
冲厕	21.3～21.0	10.0～14.0	60.0～66.0	2.0～5.0	6.7～5.0
厨房	20.0～19.0	12.5～14.0	—	—	93.3～95.0
沐浴	29.3～32.0	50.0～40.0	—	98.0～95.0	—
盥洗	6.7～6.0	12.5～14.0	40.0～34.0	—	—
洗衣	22.7～22.0	15.0～18.0	—	—	—
总计	100.0	100.0	100.0	100.0	100.0

注：沐浴包括盆浴和淋浴

根据中水的实际用水量，选择中水原水量，使其“供大于求”，而中水原水量的确定，又可以选定中水原水来源，如选优质杂排水、杂排水或生活污水作为中水水源。

2. 水量平衡

水量平衡是指中水原水的集流量、处理量和中水用水量和生活补给量之间通过计算调整达到平衡一致，以合理确定中水处理系统的规模和处理方法，使原水收集、水质处理和中水供应几部分有机结合，保证中水系统能在中水原水和中水用水很不稳定的情况下协调运作。水量平衡应保证中水原水量大于中水用水量。水量平衡是系统设计和量化管理的一项工作，是合理设计中水处理设备、构筑物及管道的依据。水量平衡计算从两方面进行，一方面是作为中水水源的污废水可集流量，另一方面是确定中水用水量。

计算其溢流量或自来水补充水量按下式计算：

$$Q = |Q_3 - Q_2| \tag{6.5}$$

式中 Q_3——中水原水量，m^3/d；

Q_2——中水处理水量，m^3/d；

Q——当 $Q_3 > Q_2$ 时，Q 为溢流不处理的中水原水流量；当 $Q_3 < Q_2$ 时，Q 为自来水补水量，m^3/d。

然后根据水量平衡的结果绘制水量平衡图，如图 6.3 所示，水量平衡图中应用图线和数字直观地表示出中水原水的收集、储存、处理、使用、溢流以及补充水量之间的关系。水量平衡图主要包括：

①中水原水产生的部位以及原水量，建筑的原排水量、存储量、排放量。

②中水处理量及处理消耗量。

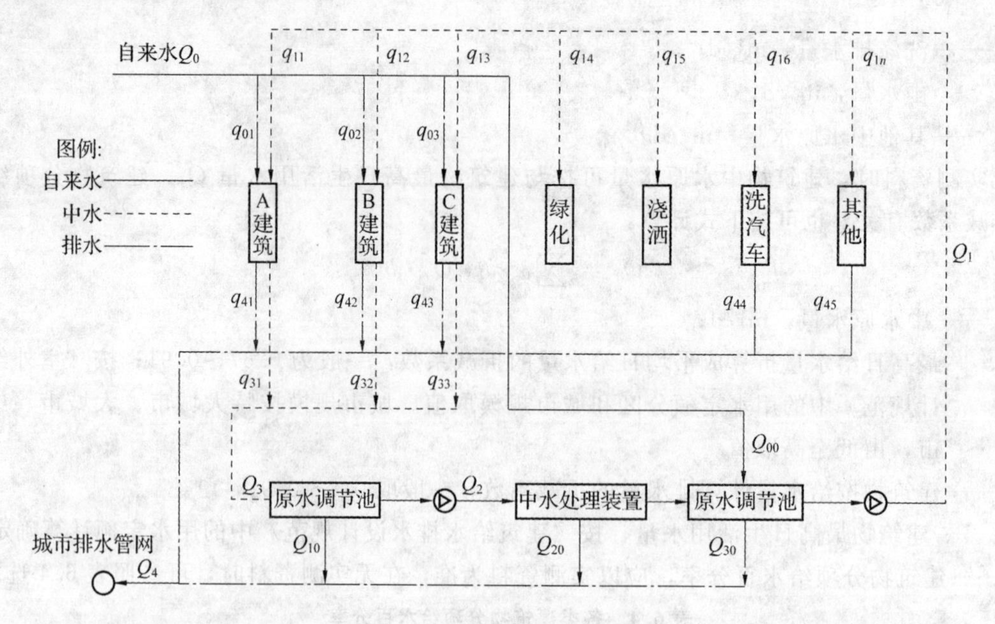

图 6.3　建筑中水水量平衡图

$q_0 \sim q_3$—自来水分项用水量；$q_{11} \sim q_{1n}$—中水分项用水量；$q_{31} \sim q_{3n3}$—中水原水分项水量；
$q_{41} \sim q_{45}$—污水排放分项水量；Q_0—自来水总供水量；Q_1—中水供水量；Q_2—中水处理量；
Q_3—中水原水总水量；$Q_{10} \sim Q_{30}$—溢流及排放水量；Q_{00}—中水补给水量；Q_4—污水总排放水量

③中水用水点的用量及总用量。

④中水损耗量、存储量。

⑤自来水对中水系统的补给量。

为使中水原水量与处理水量、中水产量与中水用量之间保持平衡，应采取以下一些水量平衡的调节措施：

(1) 溢流调节。

在原水管道进入处理站之前和中水处理设施之后分别设置分流井和溢流井，以适应原水量出现的瞬时高峰、设备故障检修等特殊情况。

(2) 储存调节。

设置原水调节池、中水调节池、中水高位水箱等进行水量调节，以控制原水量、处理水量、用水量之间的不均匀性。

(3) 运行调节。

利用水位信号控制处理设备自动运行，并合理调整运行班次，可有效调节水量平衡。

(4) 自来水调节。

在中水调节水池或高位水箱上设自来水补水管，当中水不足或集水系统出现故障时，自来水补充水量，以保障用户的正常使用。

在中水系统中应设调节池（箱），调节池（箱）的调节容积应按中水原水量及处理量的逐时变化曲线求算。在缺乏上述资料时，其调节容积可按下列方法计算：

(1) 连续运行时，调节池（箱）的调节容积可按日处理水量的 35%～50%计算。

(2) 间歇运行时，调节池（箱）的调节容积可按处理工艺运行周期计算。

处理设施后应设中水储存池（箱），中水储存池（箱）的调节容积应按处理量及中水用量的逐时变化曲线求算。在缺乏上述资料时，其调节容积可按下列方法计算：

(1) 连续运行时，中水储存池（箱）的调节容积可按中水系统日用水量的 25%～35%计算。

(2) 间歇运行时，中水储存池（箱）的调节容积可按处理设备运行周期计算。

(3) 当中水供水系统设置供水箱采用水泵—水箱联合供水时，其供水箱的调节容积不得小于中水系统最大小时用水量的 50%。

中水储存池或中水供水箱上应设自来水补水管，其管径按中水最大时供水量计算确定。自来水补水管上应安装水表。

【例 6.1】 某城镇新建 32 户住宅楼一幢，拟建中水工程用于冲洗便器、庭院绿化和道路洒水。每户平均按 4 人计算，每户有坐便器、浴盆、洗脸盆和厨房洗涤盆各一只，当地用水标准为 200 L/（人·d）。绿化和道路洒水按日用水量的 10%计。经调查，各项用水所占百分数和各项用水使用损失水量百分数见表 6.5，若集流数量和中水用水量不稳定的安全系数取 15%，试求中水系统的溢流量。

表 6.5 各项用水占日用水量百分数及水量百分数

	冲厕用水	厨房用水	沐浴用水	盥洗用水	洗衣用水
占日用水量百分数/%	21	20	30	7	22
损失水量百分数/%	0	20	10	10	15

解 （1）日用水量

$$Q_d = 32\times4\times200/1\,000 = 25.6\ (m^3/d)$$

（2）中水用水量

冲厕用水量 $q_{11}=Q_d\times0.21\approx5.38\ (m^3/d)$

绿化用水量 $q_{12}=Q_d\times0.1=2.56\ (m^3/d)$

中水用水量 $Q_1=q_{11}+q_{12}=7.94\ (m^3/d)$

（3）中水处理水量

$$Q_2 = Q_1\times(1+0.15) = 7.94\times1.15\approx9.13\ (m^3/d)$$

（4）中水原水量

沐浴排水量 $q_1'=Q_d\times0.30\times(1-10\%)\approx6.91\ (m^3/d)$

盥洗排水量 $q_2'=Q_d\times0.07\times(1-10\%)\approx1.61\ (m^3/d)$

洗衣排水量 $q_3'=Q_d\times0.22\times(1-15\%)\approx4.79\ (m^3/d)$

中水原水量 $Q_3=q_1'+q_2'+q_3'=13.31\ (m^3/d)$

（5）厨房用水量

厨房用水为自来水，排水因含油较多，不易处理，直接排入城市排水管网，不作为中水水源。

$$q_4 = Q_d\times0.20=5.12\ (m^3/d)$$

（6）中水系统溢流量

$$Q=Q_3-Q_2=13.31-9.13=4.18\ (m^3/d)$$

住宅楼水量平衡图如图 6.4 所示，自来水水量为 25.60 m³/d，中水处理水量为 9.13 m³/d，中水用水量为 7.94 m³/d，在原水调节池有 4.18 m³/d 溢流至城市排水管网。

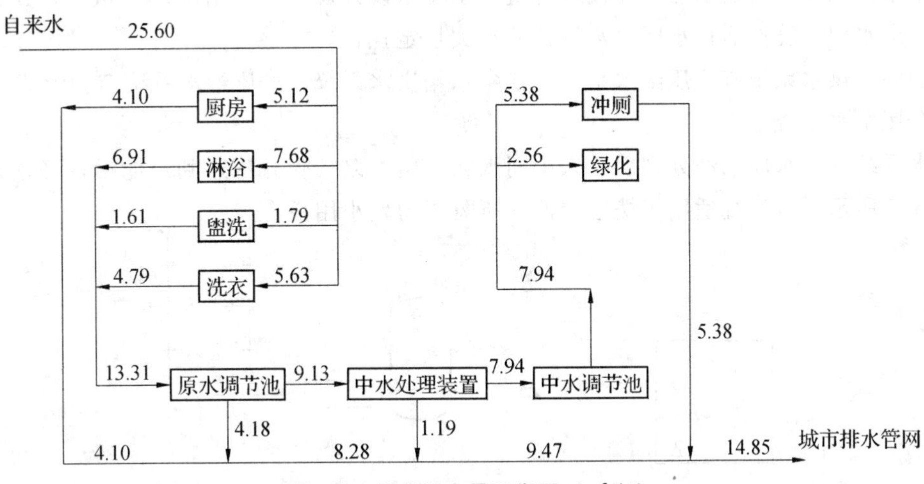

图 6.4 住宅楼水量平衡图（m³/d）

6.1.4 原水与供水系统

原水管网用于建筑排水、集流污废水并收集到中水处理站，即以中水处理站前的中水原水集流管网为中水原水管网系统，其布置、敷设、检查井设置、管网水力计算完全与建筑排水管网相同。中水供水管网系统即中水处理站后的小区内中水供应管道，用于小区建筑内中水设备及小区建筑外的中水用水，如绿化、洗车、水景等。小区内中水供水管道的布置和敷设，管材、闸阀的安装，建筑内供水方式完全同小区给水管网系统。

1. 原水系统

原水系统主要指中水的原水从卫生器具收集、排放污水的管道系统。原水管道系统主要分为两部分，室内排水和室外排水，排水系统的中水水源单独设计，与其他排水系统分离。如采用住宅优质杂排水的中水水源，其室内排水管线只收集沐浴排水、盥洗排水、洗衣排水，室外排水管线也独立排至中水处理站。建筑中水原水系统管道水力计算按《建筑给水排水设计规范》（GB 50015—2003）中排水部分执行，建筑小区中水排水系统管道水力计算按居住小区排水设计的有关规定执行。中水水源应使可利用的排水接入，靠重力流不能直接接入的排水可采取局部提升等措施接入，且应计算回用率，回用率不应低于可回收排水项目给水量的75%。

建筑中水回用率按下式计算：

$$h = \sum Q_P / \sum Q_J \times 100 \tag{6.6}$$

式中 h——建筑中水回用率，%；

$\sum Q_P$——中水系统可回收排水项目回收水量之和，m^3/d；

$\sum Q_J$——中水系统可回收排水项目的给水量之和，m^3/d。

室内外原水管道及附属构筑物均应采取防渗、防漏措施，并应有防止不符合水质要求的排水接入的措施。井盖应做“中”字标志。当有厨房排水进入原水系统时，应经过隔油处理后，方可进入原水集水系统。中水原水系统应设分流、溢流设施和超越管，流入处理站之前应能满足重力排放要求。中水原水应能够做到瞬时和累计流量的计量，当采用调节池容量法计量时应安装水位计和计量标尺。当采用雨水为中水水源或水源补充时，要有可靠的调储量和超量溢流排放设施。

2. 中水供水系统

中水供水系统是指中水从中水处理站至中水用水器具的贮水、加压及管道。中水供水必须独立设置，不能与生活给水系统相连。

建筑中水供水系统管道水力计算按《建筑给水排水设计规范》中给水部分执行，建筑小区中水供水系统管道水力计算按居住小区给水设计的有关规定执行。

常用的中水供水系统有余压给水系统、水泵水箱供水系统、气压给水系统三种形式。

（1）余压给水系统。

该给水系统为中水原水经处理后送入中间水箱，由水泵抽吸并压送到过滤罐，经消毒后送入管网，如图6.5所示，该系统适用于楼层较低、所需压力较小用户。

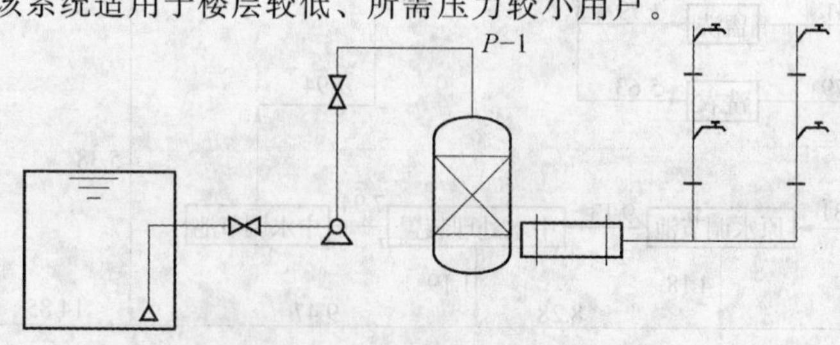

图6.5 余压给水系统

(2) 水泵水箱供水系统。

该给水系统为水泵由中水水箱抽吸并直接压送到管网，如图 6.6 所示，该系统供水安全性较高，可以实现不间断供水。

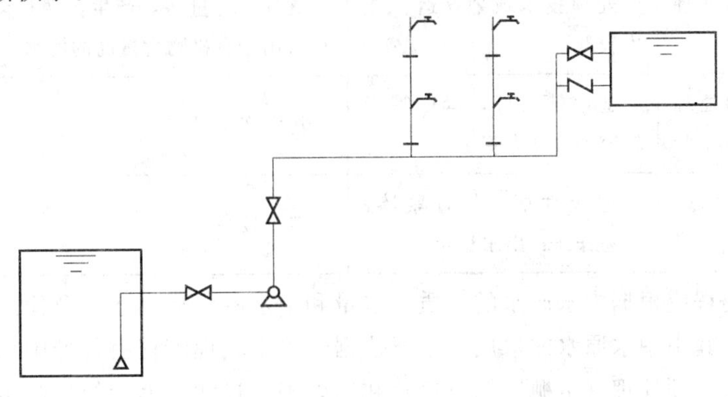

图 6.6　水泵水箱供水系统

(3) 气压给水系统。

该给水系统为水泵由中水水箱抽吸并压送到气压罐后由气压罐压送入管网，如图 6.7 所示，该系统供水安全性较高，可以实现不间断供水。

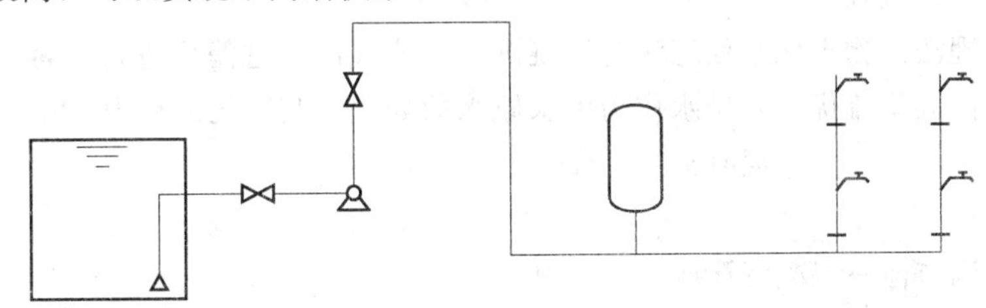

图 6.7　气压给水系统

中水供水系统管网的布置应遵循城市给水管网的规划设计原则。回用水管道的增加会造成管理的复杂，所以应注意管道的连接。回用水供水管道必须独立设置，采用耐腐蚀的给水管管材，与上、下水管道平行埋设时，水平净距应大于 0.5 m，交叉埋设时，回用水管道应位于上下水管道的中间且净距不小于 0.5 m，并涂上绿色标志。

中水供水系统必须独立设置，中水供水系统上，应根据使用要求安装计量装置，中水供水管道宜采用塑料给水管、塑料和金属复合管或其他给水管材，不得采用非镀锌钢管，中水储存池（箱）宜采用耐腐蚀、易清垢的材料制作。钢板池（箱）内、外壁及其附配件均应采取防腐蚀处理。中水管道上不得装设取水龙头。当装有取水接口时，必须采取严格的防止误饮、误用的措施。

6.1.5 中水处理工艺及设施

中水处理工艺及设施是中水处理的核心环节，只有把从建筑引来的中水水源进行中水处理后，达到中水回用水质，才能保证中水的回用安全。

1. 中水处理工艺

中水回用采用的方法分为预处理、主要处理和后处理。预处理包括格栅、调节池等，主要处理包括沉淀、活性污泥法、生物应器、气浮以及土壤处理等处理技术，后处理包括过滤、活性炭吸附、消毒等。按照主要处理阶段采用的方式不同分为物化法中水处理工艺、生化法中水处理工艺和膜生物反应器中水处理工艺，各种中水处理技术比较见表 6.6。

表 6.6 中水处理技术比较表

处理流程类型	优点	缺点	运行经验
以生物处理为主的处理流程	处理技术成熟，运行成本较低	臭气产生量多，产生污泥稍多，只适用于有机物含量高的污水	多
以物化处理为主的处理流程	适应性较好，运行管理较容易，动力费少	污泥产生量较多	少
以膜生物处理为主的处理流程	适应性好，装置紧凑，容易操作，出水稳定	造价较高	少

中水处理工艺流程应根据中水原水的水质、水量和中水的水质、水量及使用要求等因素，经技术经济比较后确定。其中中水原水的水质是主要依据。中水处理流程由各种中水处理单元优化组合而成。在各工艺流程中预处理（格栅、调节池）和后处理（过滤、消毒等）基本相同，主处理（絮凝沉淀或气浮、生物处理、膜分离等）则需要根据中水水源的类型和水质而定。

（1）当以优质杂排水或杂排水作为中水原水时，原水中有机物浓度低，主要是去除原水中的悬浮物和少量有机物，降低水的浊度和色度，可采用以物化处理为主的工艺流程，或采用生物处理和物化处理相结合的工艺流程。

①物理化学处理法。物理化学处理法为混凝沉淀（或气浮）过滤后进行消毒。适用于中水原水不集厨、厕排水，而只集流优质杂排水作为中水原水的处理。其工艺流程为：

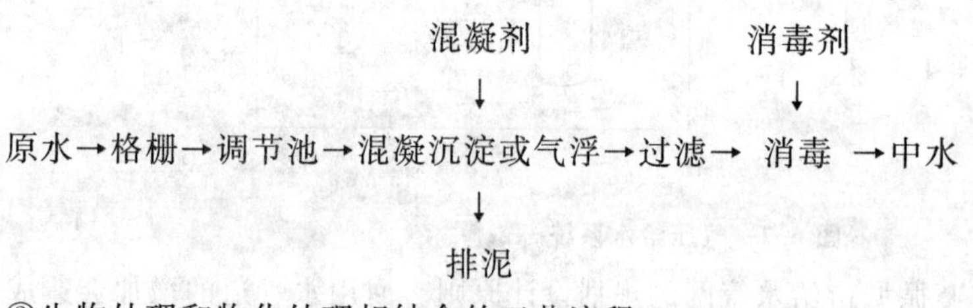

②生物处理和物化处理相结合的工艺流程：

消毒剂

↓

原水→格栅→调节池→一级生物处理→沉淀→过滤→ 消毒 →中水

↓

排泥

③预处理与膜分离相结合的处理工艺流程：

消毒剂

↓

原水→格栅→预处理→膜分离→消毒→中水

（2）当以含有粪便污水的排水作为中水原水时，宜采用二段生物处理与物化处理相结合的处理工艺流程。

①生物处理和深度处理相结合的工艺流程：

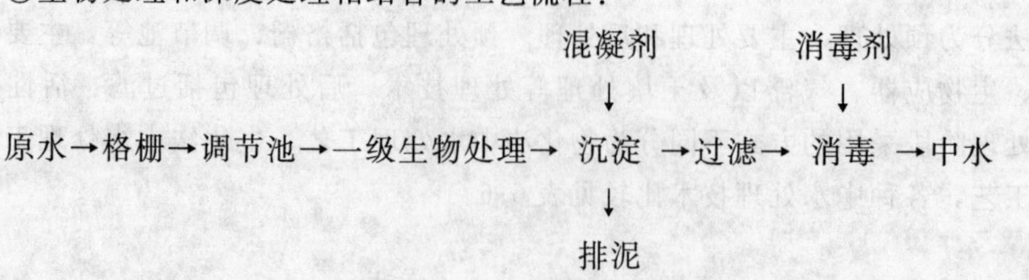

②生物处理和土地处理：

消毒剂
↓
原水→格栅→厌氧调节池→土地处理→消毒→中水

③曝气生物滤池处理工艺流程：

消毒剂
↓
原水→格栅→预处理→曝气生物滤池→消毒→中水

④膜生物反应器处理工艺流程：

消毒剂
↓
原水→调节池→生物反应器→消毒→中水

(3) 利用污水处理站二级处理出水作为中水水源时，宜选用物化处理或与生化处理结合的深度处理工艺流程。

①物化法深度处理工艺流程：

混凝剂　　消毒剂
↓　　↓
二级处理出水→调节池→混凝沉淀或气浮→过滤→ 消毒→中水
↓
排泥

②物化与生化结合的深度处理工艺流程：

混凝剂　　消毒剂
↓　　↓
二级处理出水→调节池→微絮凝过滤→生物活性炭→ 消毒 →中水
↓
排泥

③微孔过滤工艺流程：

消毒剂
↓
二级处理出水→调节池→微孔过滤→ 消毒 →中水

2. 中水处理设施

中水处理工艺中采用设施有格栅、毛发聚集器、隔油池、化粪池、调节池、滤池等，各处理设施作用见表 6.7。

表 6.7　中水处理设施的作用

序号	处理设施	作用
1	格栅	截阻大块的呈悬浮或漂浮状态的污物
2	毛发聚集器	滤掉废水中的毛发
3	隔油池	截流污水中油类物质
4	化粪池	储存并厌氧消化沉入池底的污泥
5	调节池	调节水量平衡
6	沉淀池	沉淀污泥
7	滤池	污泥过滤
8	消毒设施	杀菌消毒
9	生物膜反应器	生物反应去除有机物

（1）格栅、格网、毛发聚集器。

格栅、格网、毛发聚集器用来截留去除原水中较大的漂浮物、悬浮物和毛发等。中水处理系统的格栅宜采用机械格栅。

当以洗浴（涤）排水为原水的中水系统，污水泵吸水管上应设置毛发聚集器。毛发聚集器可按下列规定设计：

①过滤筒（网）的有效过水面积应大于连接管截面积的2倍。

②过滤筒（网）的孔径宜采用3 mm。

③具有反洗功能和便于清污的快开结构，过滤筒（网）应采用耐腐蚀材料制造。

（2）调节池。

调节池有曝气和不曝气两种形式。在调节池中曝气不但可以使池中颗粒状杂质保持悬浮状态，避免沉积在池底，还使原水保持有氧状态，防止原水腐败变质，产生臭味，还可以去除部分有机物。因此调节池通常采用预曝气。

（3）过滤设备。

过滤的主要设备的主要作用是去除水中残留的悬浮物和胶体物质，因此对水中的BOD，COD、铁等均有一定的去除作用。过滤是中水处理工艺中必不可少的后置工艺，是最常见的深度处理工艺单元，过滤宜采用过滤池或过滤器。

（4）消毒。

中水处理必须设有消毒设施，中水消毒应符合下列要求：

消毒剂宜采用次氯酸钠、二氧化氯、二氯异氰尿酸钠或其他消毒剂。当处理站规模较大并采取严格的安全措施时，可采用液氯作为消毒剂，但必须使用加氯机；投加消毒剂宜采用自动定比投加，与被消毒水充分混合接触；采用氯化消毒时，加氯量宜为有效氯5～8 mg/L，消毒接触时间应大于30 min，当中水水源为生活污水时，应适当增设加氯量。

氯化法消毒目前在中水消毒灭菌中被广泛使用，是一种非常成熟的消毒方法。液氯消毒，当氯气进入水中后能生成HOCl且分解成OCl^-，HOCl易透过细胞壁而使细菌死亡。氯化消毒系统可按其功能分为供氧系统、计量与投加系统、扩散与混合装置以及接触池。供氧系统主要包括氯容器、磅秤、自动转换装置、膨胀器、蒸发器、过滤器及相应的管道系统。氯的计量与投加装置主要包括加氯机、压力表及相应的阀门和管道。扩散与混合装置主要有水射器、管道扩散器、搅拌器等。

次氯酸钠消毒不仅具有液氯消毒的一般优点，而且不像分子氯那样，当溶液中氯浓度高时以氯气的形式扩散到空气中去。因此，选用次氯酸钠消毒可减少对环境的污染。其他的消毒剂还有漂白粉、氯片、臭氧等。

（5）生物膜反应器。

生物膜反应器即通常所说的MBR法，膜浸泡在污水中，泵抽吸膜，使污水经过膜滤，在膜外形成活性污泥环境，污水得到净化。膜分离法处理效果好、耐冲击负荷、产泥量小、装置紧凑、占地面积小。在以往中水处理系统中，多采用超滤膜组件，但其孔径较小，膜通量有限。近年来多采用膜通量大的微滤膜。膜生物反应器将膜分离与生物处理紧密结合，具有处理效率高、出水水质稳定、流程简化等优点，在中水处理系统中已经得到了广泛应用。

6.1.6 中水处理站设计

中水处理工艺流程应根据中水原水的水质、水量和中水的水质、水量及使用要求等因素，经技术经济比较后确定。工艺选定后，进行中水处理站设计，根据进出水流量确定管径、水池尺寸、设备型号等。

1. 中水处理站位置

中水处理站位置应根据建筑的总体规划、中水原水的产生、中水用水的位置、环境卫生和管理维护要求等因素确定。以生活污水为原水的地面处理站与公共建筑和住宅的距离不宜小于15 m，建筑物内的中水处理站宜设在建筑物的最底层，建筑群（组团）的中水处理站宜设在其中心建筑的地下室或裙房内，小区中水处理站按规划要求独立设置，处理构筑物宜为地下式或封闭式。

中水处理站是中水原水处理设备比较集中的地方，其任务是完成原水处理，使中水水质达到要求并加压输送至建筑内中水管网，满足中水管网所需的水量、水压要求。中水处理站的位置应有利于建筑中水的利用，原水的处理，以及污泥的处理；有利于中水处理设备的布置和安装，管理控制；有利于中水处理站污水的排放；有利于建筑内外环境的保护。中水处理站还应根据处理工艺以及处理设备情况采取有效的除臭措施、降声降噪和减震措施。中水处理站的隔音降噪及防臭主要措施：

（1）中水处理站设置在建筑内部地下室时，必须与主体建筑及相邻房间严密隔开并做建筑隔音处理以防空气传声；转动设备及其与转动设备相连的基座、管道均应做减震处理以防震动。

（2）中水处理中散发的臭气必须妥善处理，可以采取以下措施处理：

①防臭法：对产生臭气的设备加盖、加罩防止散发或收集处理。

②稀释法：把收集的臭气高空排放，在大气中稀释。

③化学法：采用水洗、碱洗及氧化除臭。

④燃烧法：将废气在高温下燃烧除掉臭味。

⑤吸附法：采用活性炭过滤吸附除臭。

⑥土壤除臭法：直接覆土或采用土壤除臭装置。

2. 中水处理工程案例

某职业教育培训中心优质杂排水水量为5 m^3/h，原水水质见表6.8，处理后的水由于冲洗厕所和绿化用途，出水水质达到《城市污水再生利用城市杂用水水质》（GB 18920—2002）的排放标准，见表6.8。

表6.8 原水水质指标表

序号	项目名称	水质指标
1	色度	50
2	浊度	30
3	BOD	80
4	COD	150
5	氨氮	25
6	pH值	6.5～8.0

中水处理间设在地下一层，中水处理主要工艺为缺氧一好氧内置式生物膜处理工艺，可达到出水水质。优质杂排水经毛发聚集器进入设在室外的中水调节池，原水由潜水泵输运至中水处理间厌氧池，再溢流至好氧池，由好氧池内的膜组件内的生物进行生化处理污水，由抽吸泵输送至中水储存池，其中水处理工艺系统、工艺平面布置及工艺管线系统图如图6.8～6.10所示。

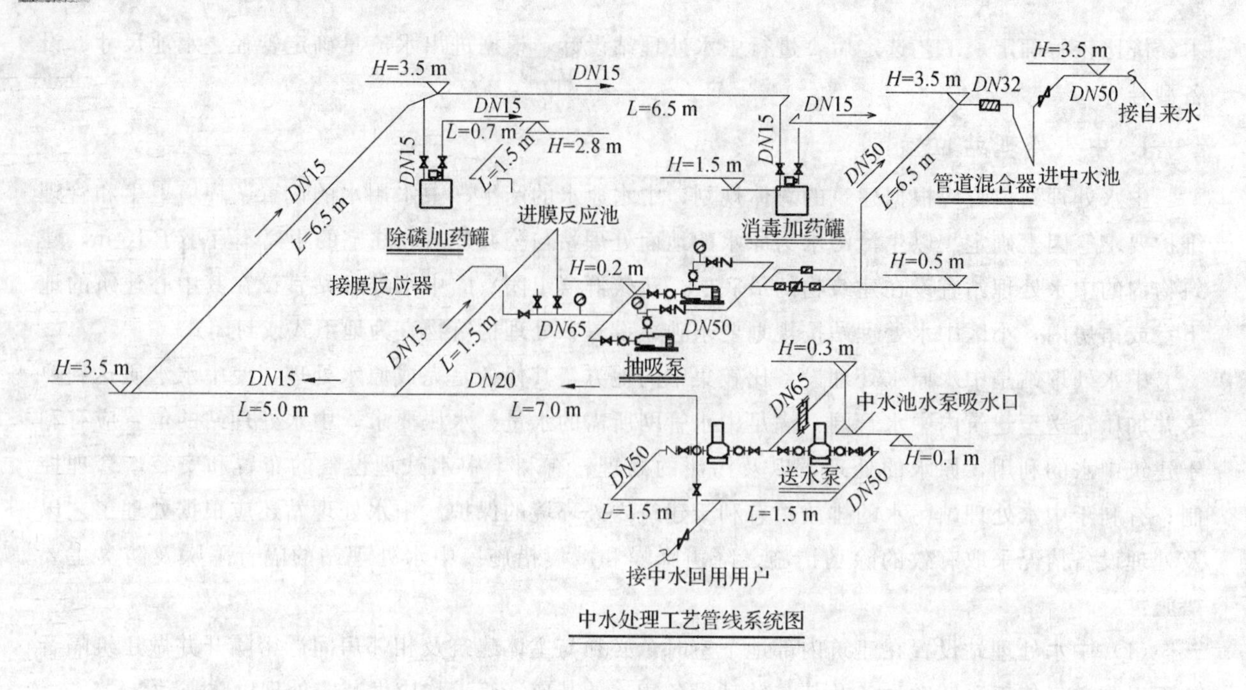

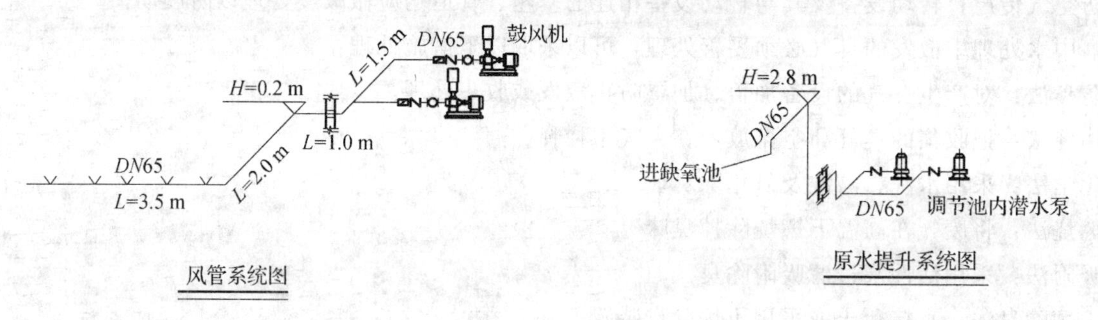

图 6.10　中水处理站工艺管线系统图

6.1.7 建筑中水系统安全防护

1. 安全防护

为了保证建筑中水系统安全稳定的运行和中水的正常使用，除了确保中水回用水质符合卫生学方面的要求外，还应当避免中水被当作饮用水或其他水误用，以免发生安全事故，因此对建筑中水供应应做好以下的安全防护：

(1) 中水管道严禁与生活饮用水给水管道连接，即不允许饮用水管道与中水管道直接连接，也不允许通过用水设备和其他装置相连接。

(2) 除卫生间外，中水管道不宜安装于墙体和墙面内，有要求时也可敷设在管井、吊顶内。

(3) 中水管道与生活饮用水给水管道、排水管道平行埋设时，其水平净距不得小于 0.5 m；交叉埋设时，中水管道应位于生活饮用水给水管道下面，排水管道的上面，其净距均不得小于 0.15 m。中水管道与其他专业管道的间距按《建筑给水排水设计规范》中给水管道要求执行。

(4) 中水管道应采用防止误接、误用、误饮的措施。

(5) 为保证中水处理系统发生故障或检修时不间断供水，应设有应急补水设施。

(6) 中水贮水池应设置溢流管、泄水管，不得直接与下水道连接，溢流管和泄水管均应采用间接排水方式，溢流管应设隔网，以防止下水道污染中水水质。

(7) 中水池（箱）内的自来水补水管应采取自来水防污染措施，补水管出水口应高于中水储存池（箱）内溢流水位，其间距不得小于 2.5 倍管径。严禁采用淹没式浮球阀补水。

中水管道应采取下列防止误接、误用、误饮的措施：

(1) 中水管道外壁应按有关标准的规定涂色和标志。

(2) 水池（箱）、阀门、水表及给水栓、取水口均应有明显的“中水”标志。

(3) 公共场所及绿化的中水取水口应设带锁装置。

(4) 工程验收时应逐段进行检查，防止误接。

为了防止中水停水，应采取自来水应急备用措施，一般将自来水直接补充到中水贮水池内或自饮用水贮水池内抽水补给中水管道系统。当中水贮水池内的水无法维持时，自动补给自来水，自来水补水管道出口应保证有不小于 2.5 倍管道直径的空气间隙。

2. 控制与管理

为了中水供水系统的安全可靠，除了工艺和设备的合理设计和布置外，还应做好必要的控制与维护管理工作。中水处理站的处理系统和供水系统应采用自动控制装置，并应同时设置手动控制，这有利于运行和处理质量的稳定可靠，同时也减少了夜间的管理工作量。

中水处理系统应对使用对象要求的主要水质指标定期检测，对常用控制指标（水量、主要水位、pH 值、浊度、余氯等）实现现场监测，有条件的可实现在线监测。

中水系统的自来水补水宜在中水池或供水箱处，采取最低报警水位控制的自动补给。

中水处理站管理人员需经过专门培训后再上岗，应严格控制中水的消毒过程，均匀投配，保证消毒剂与中水的接触时间，确保管网的余氯量。

为了监测水质和平衡水量，中水处理站应根据处理工艺要求和管理要求设置水量计量、水位观察、水质观测、取样监（检）测、药品计量的仪器、仪表。中水处理站应对耗用的水、电进行单独计量。中水水质应按现行的国家有关水质检验法进行定期监测。

小型处理站（日处理量≤200 m^3）可装设就地指示的监测仪表；中型处理站（＞200 m^3 而≤1 000 m^3）配置必要的自动记录仪表；大型处理站（＞1 000 m^3）应考虑设置生物检查的自动系统，当水质不合格时应发出报警信号。

【知识拓展】

水资源紧缺已经成为世界性问题，我国也同样面临水资源短缺的现实。我国目前人均年占有水资源 2 700 m^3，仅相当于世界平均水平的 1/4。我国的城市缺水现象更为严重，在 300 多个大中城市中有 180 个城市缺水，其中 50 多个城市严重缺水。以北京为例，全市水资源人均占有量仅为全国人均占有量的 1/6，而其年用水量已达 42 亿 m^3，每年缺水 7～10 亿 m^3。由于水资源的短缺，近年来城市供水水价持续上涨，小区污水经过适当处理后，用于小区绿化、厕所便器冲洗、洗车和清洁等有很好的社会效益和经济效益。

建筑中水工程回收利用建筑排水，就近开辟了稳定的新水源，既节省基建投资，又能降低供水成本，能取得一定的经济效益，节约水资源，又能达到十分显著的社会效益。

6.2 建筑与小区雨水利用

建筑与小区雨水利用是水资源综合利用中的一种新兴系统工程，对于实现雨水资源化、节约用水、修复水环境与生态环境、减轻城市洪涝有重要意义。在进行民用建筑、工业建筑与小区工程规划和设计时，应根据当地的水资源情况、经济发展水平、降雨量及其分布等因素，通过技术经济比较合理利用雨水资源。进行雨水利用系统设计时不应对土壤环境、植物生长、地下含水层的水质、室内环境卫生等造成危害。

6.2.1 系统形式及选择

1. 系统形式

雨水利用系统有雨水入渗、收集回用、调蓄排放三种形式。

雨水入渗系统对涵养地下水、抑制暴雨径流有非常明显的作用，它通过收集设施把雨水引至渗透设施，使雨水渗透到地下转化为土壤水，同时还削减了外排雨水的总流量及总量。雨水入渗系统包括收集设施和渗透设施，当具备自然入渗条件时无须设置专门的收集、渗透设施。

雨水收集回用系统的任务是将雨水收集后进行水质净化处理，达到相应的水质标准后可用作景观用水、绿化用水、循环冷却系统补水、汽车冲洗用水、路面或地面冲洗用水、冲厕用水、消防用水等，另外也有削减外排雨水总流量及总量的作用。雨水收集回用系统由收集、储存、水质处理设施及回用水管网等组成。

雨水调蓄排放系统的任务是通过雨水储存调节设施来减缓雨水排放的流量峰值、延长雨水排放时间，具有快速排出场地雨水、削减外排雨水高峰流量的作用（但没有削减外排雨水总量的作用）。调蓄排放系统由雨水收集、储存和排放管道等设施组成。可利用景观水体、天然洼地、池塘等作为调蓄池，把径流高峰流量暂存在内，待洪峰径流量下降后雨水从调蓄池缓慢排出，以削减洪峰、减小下游雨水管道的管径、节省工程造价。

2. 系统选择

在一个建设项目中，雨水利用可采用以上三种系统中的一种，也可以是其中两种系统的组合，如：雨水入渗、收集回用、调蓄排放、雨水入渗－收集回用、雨水入渗－调蓄排放等。

应用雨水利用技术首先考虑其条件适应性和经济可行性，以及对区域生态环境的影响，雨水利用系统的形式、各系统负担的雨水量，应根据当地降雨量、降雨时间分布、下垫面（降雨受水面的总称，包括屋面、地面、水面等）的入渗能力、供水和用水情况等工程项目具体特点经技术经济比较后确定。

(1) 入渗系统的适用条件。

年均降雨量小于 400 mm 的城市，雨水利用可采用雨水入渗系统，地面雨水宜采用雨水入渗。室外土壤在承担了室外各种地面的雨水入渗后，其入渗能力仍有足够的余量时，屋面雨水也可采用雨水入渗。

土壤的渗透系数对雨水入渗技术影响较大，场地的土壤渗透系数（即单位水力坡度下水的稳定渗透速度）宜为 $10^{-6}\sim10^{-3}$ m/s，且渗透面距地下水位（即最高地下水位以上的渗透区厚度）应大于 1.0 m；当渗透系数大于 10^{-3} m/s 时雨水入渗速度过大，且渗透区厚度小于 1.0 m 时，雨水不能保证足够的净化效果。当渗透区厚度小于 0.5 m 时，雨水会直接进入地下水中。

对化工厂、制药厂、传染病医院建筑区等特殊场地，如采用雨水入渗等利用系统时，需要进行特殊处置，水质较差的雨水不能采用渗井直接入渗，以防对地下水造成污染。

(2) 收集回用系统的适用条件。

收集回用系统适宜用于年均降雨量大于 400 mm 的地区，我国大多数地区都适合收集回用系统。

屋面雨水可采用雨水入渗、收集回用或两者相结合的方式，应根据当地缺水情况、雨水的需求量和水质要求、杂用水量和降雨量季节变化的吻合程度、室外土壤的入渗能力以及经济合用性等因素综合确定。因屋面雨水的污染程度较小，所以是雨水收集回用系统优先考虑的水源。当收集回用系统的回用水量或贮水能力小于屋面的收集雨量时，屋面雨水利用可采用回用－入渗相结合的方式。

(3) 调蓄排放系统的适用条件。

调蓄排放系统宜用于有削减城市洪峰和要求场地雨水迅速排出的场所。

6.2.2 雨水收集、入渗、储存与调蓄

为了利用雨水，雨水必须先收集起来，才能达到利用的目的，小区内雨水来源主要有屋面雨水、地面雨水，但初期雨水污染物过多，需要进行弃流，否则回用水质较差，若对初期雨水进行处理费用较高。

1．雨水收集

雨水利用系统的三种类型中均需设置雨水收集系统。

(1) 屋面雨水收集。

屋面表面应采用对雨水无污染或污染较小的材料，不宜采用沥青或沥青油毡，有条件时可采用种植屋面。屋面雨水收集系统的设置要求和设计计算等可参见前文关于雨水收集内容，在组成上增加了弃流设施。

(2) 地面雨水收集。

地面雨水收集系统主要是收集硬化地面上的雨水。当雨水排至地面雨水渗透设施（如：下凹绿地、浅沟洼地等）时，雨水经地面组织径流或明沟收集和输送；当雨水排至地下雨水渗透设施（如：渗透管渠、浅沟渗渠组合入渗）时，雨水经雨水口、雨水管道进行收集和输送。

(3) 弃流设施。

降雨的初期，雨滴对从云层到地表这个空间段的空气具有洗涤过程，另一方面初期雨水又冲刷了地表的各种污染物，因此其受污染程度很高，这种被污染的雨水称为初降雨水，应做严格截流并弃流或净化处理。

①设置场所。屋面和地面的初期雨水径流中，污染物浓度高而水量小，通过弃流设施舍弃这部分水量可有效降低收集雨水中污染物浓度。所以，当以回用为目的时，除种植屋面外的雨水收集回用系统均应设置初期径流雨水弃流设施，以减轻后续水质净化处理设施的负荷。雨水入渗收集系统宜设弃流设施。

②弃流雨水的处置。一般情况下将截流的初期径流排入市政雨水排水管道中，也可排至化粪池后的污水管道中，此时应复核污水管道的排水能力，且应确保污水不会倒灌至弃流装置内；如弃流雨水中污染物浓度不高，也可就近排入绿地。

③弃流装置的形式与选用。按安装方式，弃流装置有管道式、屋顶式和埋地式。管道安装式弃流装置主要分为累计雨量控制式和流量控制式等，屋顶安装式弃流装置有雨量计式等，埋地式弃流装置有弃流井、渗透弃流装置等。

满管压力流屋面雨水收集系统宜采用自控式弃流装置，重力流屋面雨水收集系统宜采用渗透弃流装置，地面雨水收集系统宜采用渗透弃流井或弃流池。

④设置要求。屋面雨水收集系统的弃流装置宜高于室外；如设在室内应采用密闭装置，以防装置堵塞后向室内灌水。

地面雨水收集系统设置雨水弃流设施时，可集中或分散设置。

雨水弃流池宜靠近雨水蓄水池，当雨水蓄水池设在室外时弃流池不应设在室内。当屋面雨水收集系统中设有弃流设施时，弃流设施所服务的各雨水斗至该装置的管道长度宜相近；设有集中式雨水弃流装置时，各雨水口至弃流装置的管道长度宜相近。弃流装置及其设置应便于清洗和运行管理。

初期径流弃流池如图 6.11 所示，应具有不小于 0.01 的底坡；截流的初期径流雨水宜通过自流排出；当弃流雨水采用水泵排水时，池内应设置将弃流雨水与后期雨水隔离开的分隔装置；雨水进水口应设置格栅，格栅应便于清理且不得影响雨水进水口通水能力；入口处设置可调节监测连续两场降雨间隔时间的雨停监测装置，与自动控制系统联动初期径流水泵的阀门应设置在弃流池外，应

有水位监测的措施，用水泵排水的弃流池内还应设置搅拌冲洗系统。

渗透弃流井的安装位置距建筑物基础不宜小于 3 m；井体和填料层有效容积之和不宜小于初期径流弃流量。

自动控制弃流装置应具有自动切换雨水弃流管道和收集管道的功能，并具有控制和调节弃流间隔时间的功能；电动阀、计量装置宜设在室外，控制箱宜在室内集中设置，流量控制式雨水弃流装置的流量计宜设在管径最小的管道上，雨量控制式雨水弃流装置的雨量计应有可靠的保护措施。

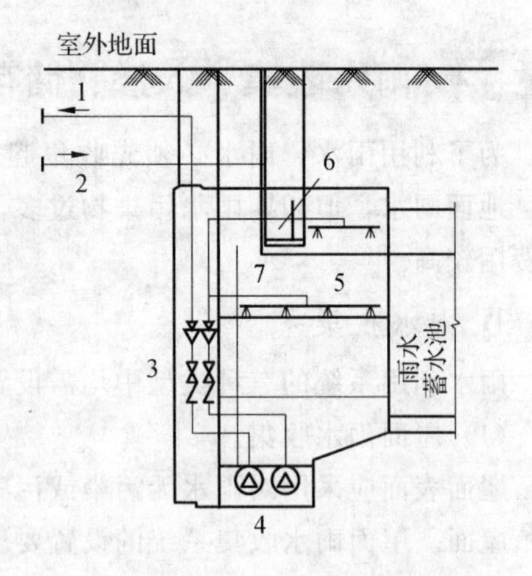

图 6.11　初期径流弃流池

1—弃流雨水排水管；2—进水管；3—阀门；4—弃流雨水排水泵；5—搅拌冲洗系统；6—雨停监测装置；7—液化控制器

(4) 雨水外排。

设有雨水利用系统的建筑和小区仍应设置雨水外排措施，当实际降雨量超过雨水利用设施的蓄水能力时，多余的雨水会形成径流或溢流，经雨水外排系统排至城市雨水排水管网。但在设有雨水利用设施的局部场所也可不再重复设置雨水排水支管，用渗透管加排放系统代替雨水排水支管将地面雨水排入雨水干管中，如图 6.12 所示，此时的渗透管加排放系统应满足排出雨水流量的要求。

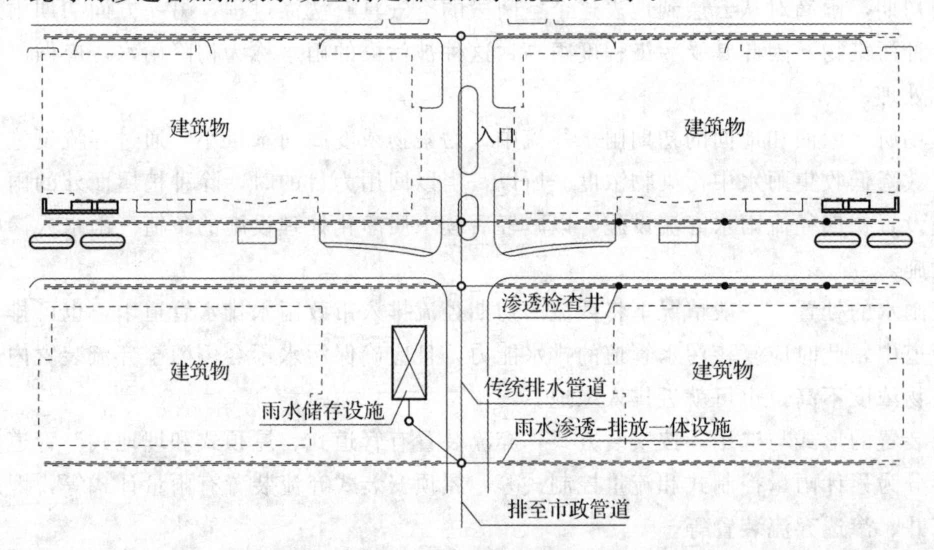

图 6.12　渗透管—排放系统接入雨水干管

渗透地面雨水径流量较小，可尽量沿地面的自然坡降在低洼处收集雨水，透水铺装地面的雨水排水设施宜采用明渠。设置了雨水入渗或回用设施后雨水外排径流量会有所减小。外排雨水管道可参照《室外排水设计规范》(CB 50014—2006) 的规定进行设计。

2. 雨水入渗

(1) 入渗设施的形式。

雨水入渗有地面渗透系统和地下渗透系统两类。

地面渗透设施有下凹绿地、浅沟与洼地、地向渗透池塘和透水铺装地面等多种，前三种设施的特点是蓄水空间敞开，可接纳地硬化面上雨水径流。下凹绿地、浅沟与洼地的投资费用省，维护方便，适用范围广；地面渗透池塘占地面积小，维护方便；透水铺装地面的特点是雨水就地入渗、在面层渗透、土壤渗透面之间蓄水，因路面硬化便于人通行。

地下渗透设施有埋地渗透管沟、埋地渗透渠和埋地渗透池等多种，由汇水面、雨水管道收集系统和固体分离、渗透设施组成，其土壤渗透面和蓄水空间均在地下。地下渗透系统可设于绿地和硬化地面下，但不宜设于行车路面下。

（2）入渗设施选用。

选择雨水渗透设施时宜优先采用绿地、透水铺装地面、渗透管沟、入渗井等入渗方式，人行、非机动车通行的硬质地面、广场等宜采用透水地面；屋面雨水的入渗方式应根据现场条件，经技术经济和环境效益比较确定。

埋地渗透渠和埋地渗透池设施由镂空塑料模块拼接而成，外壁包单向渗透土工布，其造价高但施工方便、快捷。埋地渗透渠距离建筑物或构筑物应不小于 3 m，埋地渗透池距离建筑物或构筑物应不小于 5 m。埋地渗透管沟的渗透设施由穿孔管道、外敷砾石层蓄水、砾石层外包渗透土工布构成，其距离建筑物或构筑物应不小于 3 m。其造价较低，施工复杂，有排水功能，储水量小。地面或屋面雨水在进入埋地设施之前，需要进行沉砂处理，去除树叶、泥沙等固体杂质。

3．雨水储存

雨水收集回用系统应设置雨水储存设施，应优先收集屋面雨水，不宜收集机动车道路等污染严重下垫面上的雨水。雨水储存设施可以是水面景观水体、钢筋混凝土水池、形状各异的成品水池或水罐等。

雨水蓄水池宜采用耐腐蚀、易清洁的环保材料，宜设在室外地下。室外地下蓄水池（罐）的人孔或检查口应设置防止人员落入水中的双层井盖。蓄水池应设检查口或人孔，池底宜设集泥坑和吸水坑，雨水蓄水池上的溢流管和通气管应设防虫措施。

雨水蓄水池应设溢流排水措施，且宜采用重力溢流。室内蓄水池的重力溢流管排水能力应大于进水设计流量。

蓄水池兼作为沉淀池时，还应满足进水端均匀布水、出水端避免扰动沉积物、不使水流短路的要求。当采用型材拼装的蓄水池，且内部构造具有集泥功能时，池底可不做坡度。当具备设置排泥设施或排泥确有困难时，排水设施应配有搅拌冲洗系统，应设搅拌冲洗管道，搅拌冲洗水源宜采用池水。

4．雨水调蓄

雨水调蓄排放系统由雨水收集管网、调蓄池及排水管道组成。调蓄设施宜布置在汇水面的下游。通常雨水调蓄的主体构筑物是雨水调蓄池（罐）。配套设施主要包括溢流设施、提升设施、水位报警设施等。雨水调蓄池可采用溢流堰式或底部流槽式。调蓄池的有效容积主要与满蓄次数、可收集雨量有关。

当水质等条件满足时，雨水调蓄池可以与消防水池合建。调蓄池应尽量利用天然洼地、池塘、景观水体等地面设施。条件不具备时可采用地下调蓄池，可采用溢流堰式和底部流槽式。调蓄设施宜布置在汇水面下游，降雨设计重现期宜取 2 a。

6.2.3 雨水水质、处理与回用

1．水质

（1）雨水原水水质。

建筑与小区的雨水径流水质的波动较大，受城市地理位置、下垫面性质、建筑材料、降雨量、降雨强度、降雨时间间隔、气温、日照等诸多因素的综合影响，应以实测资料为准。屋面雨水经初期径流弃流后的水质，无实测资料时可采用如下经验值：$COD_{cr}=70\sim100$ mg/L；$SS=20\sim40$ mg/L；色度 10～40 度。

(2) 回用雨水的水质。

回用雨水的水质应根据用途确定，COD_{cr}和SS指标应满足表6.9规定，其他指标应符合相关的现行国家标准的规定。当处理后的雨水有多种用途时，其水质应按最高的水质标准选择。

表6.9 回用雨水的COD_{cr}和SS指标

项目指标	循环冷却系统补水	观赏性水景	娱乐性水景	绿化	车辆冲洗	道路浇洒	冲厕
COD_{Cr}/ (mg·L^{-1}) ⩽	30	30	20	30	30	30	30
SS/ (mg·L^{-1}) ⩽	5	10	5	10	5	10	10

2. 水质处理

雨水处理是将雨水收集到蓄水池后集中进行物理、化学处理，以去除雨水中的污染物，给水、污水处理技术和工艺可用于雨水处理。影响雨水回用处理工艺的主要因素有雨水回用水量、雨水原水水质和回用水质，三者影响雨水水质处理成本和运行费用。在工艺流程选择中还应充分考虑降雨的随机性、雨水水源的不稳定性、雨水储存设施的闲置等因素。尽量简化处理工艺流程，用户对水质有较高的要求时，应增加相应的深度处理措施。雨水处理设施产生的污泥宜进行处理。

雨水原水的水质特点：可生化性很差；屋面雨水经初期径流弃流后水质比较洁净；降雨随机性较大，季节性强，原水水源不稳定；处理设施经常闲置。因此多采用物理、化学处理等适应间断运行的技术，屋面雨水水质处理工艺流程如图6.13所示。

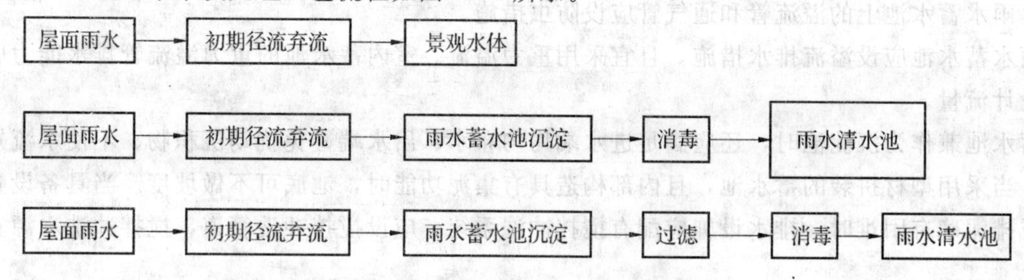

图6.13 屋面雨水水质处理工艺流程

当弃流装置出水水质好，个别水质指标达不到景观水体的水质要求而景观水体的容量较大时，也可考虑利用景观水体的自净能力对雨水产生净化作用。当雨水原水较清洁且用户对水质要求不高时，可采用沉淀消毒工艺，如沉淀池的出水不能满足用户对水质的要求时，应增设过滤单元，用户对水质有较高要求时应增加深度处理，如混凝—沉淀—过滤后加活性炭过滤或膜过滤等单元。

通过沉淀可以去除雨水中的悬浮污染物。雨水沉淀工艺的机理主要是自由沉淀，不发生絮凝，沉淀速率与雨水中颗粒物的密度、粒径有关。雨水沉淀过程需分为降雨期间、停雨期间两个阶段来考虑。雨水沉淀池可以采用平流式、竖流式、辐流式、旋流式等形式。一般以沉淀时间作为控制参数和设计参数即可。可以2 h为沉淀时间的参考设计基准。

通过过滤可以有效截留雨水中的细小悬浮物，以及部分有机物、病菌等微小污染物。雨水过滤常用的滤料为砂、碎石、无烟煤、纤维球，或采用土工布、网格布、多孔管等多孔介质。

其过滤机理主要是颗粒与滤层间的吸附作用以及筛滤作用，包括表面过滤、滤料过滤、生物过滤等多种类型。在过滤时，可辅助投加聚合氯化铝、硫酸铝、三氯化铁等混凝剂，增强出水效果。

当雨水需回用于对细菌指标要求严格的场合时，需对雨水进行消毒处理。雨水中的病原体主要包括细菌、病毒及原生动物胞囊、卵囊。消毒方法包括物理法与化学法。

雨水处理过程中产生的沉淀污泥多是无机物且污泥量较少，污泥脱水速度快，可采用堆积脱水后外运的方法，一般不需要单独设置污泥处理构筑物。

雨水过滤处理宜采用石英砂、无烟煤、重质矿石、硅藻土等滤料或其他滤料和新工艺。雨水回用时消毒雨水处理规模不大于 100 m^3/d 时，可用氯气作为消毒剂，规模大于 100 m^3/d 时可采用次氯酸钠或其他消毒剂，加氯量在 2～4 mg/L。

3. 雨水回用供水系统

对于居住小区而言，其雨水回用主要是指雨水的直接利用。即雨水经过收集、截污、调蓄、净化后用于建筑物内的生活杂用（冲洗厕所、洗衣）、作为中水的补充水、小区内的绿化浇灌用水、道路浇洒用水、洗车用水等，在条件允许的情况下，还可用于屋顶花园、太阳能、风能综合利用、水景利用等场合。

回用雨水严禁进入生活饮用水给水系统。雨水回用供水管网中低水质标准水不得进入高水质标准水系统。建筑或小区中的雨水与中水原水因污染物不同，宜分开蓄存和净化处理，出水可在中水池混合回用。

雨水供水系统应考虑自动补水，在雨水量不足时进行补水。补水水源可以是中水或生活饮用水等（景观用水系统除外）。补水的水质应满足雨水供水系统的水质要求。

6.2.4 回用水量与降雨量

1. 雨水回用水量

雨水经处理后用于绿化、道路及广场浇洒、车库地面冲洗、车辆冲洗、循环冷却水补水、景观水体补水量等用途时，各项最高日用水量按照现行国家标准《建筑给水排水设计规范》（GB 50015—2003）中的有关规定执行。景观水体补水量根据当地水面蒸发量和水体渗透量综合确定。

2. 雨水降雨量

雨水降雨量应根据当地近期 10 a 以上降雨量资料确定。

（1）雨水设计径流总量。

雨水设计径流总量为汇水面积上在设定的降雨时间段内收集的总径流量，应按下式计算：

$$W = 10\psi_c h_y F \tag{6.7}$$

式中 W——雨水设计径流总量，m^3；

ψ_c——雨量径流系数，是在设定时间内降雨产生的径流总量与总雨量之比；

h_y——设计降雨厚度，mm；

F——汇水面积，hm^2。

（2）雨水设计流量。

雨水设计流量为汇水面积上降雨高峰历时内汇集的径流流量，应按下式计算：

$$Q = q\psi_m F \tag{6.8}$$

式中 Q——雨水设计流量，L/s；

ψ_m——流量径流系数，是指形成高峰流量的降雨历时内产生的径流量与降雨量之比；

q——设计暴雨强度，$L/(s \cdot hm^2)$；

F——汇水面积，hm^2。

（3）径流系数。

径流系数与降雨强度或降雨重现期密切相关，随降雨重现期的增加而增大。由于降雨初期的水量损失对雨水量的折损较大，雨量径流系数比流量径流系数小，雨量径流系数和流量径流系数宜按表 6.10 采用。

表 6.10 径流系数

下垫面种类	雨量径流系数 ψ_c	流量径流系数 ψ_m
硬屋面、未铺石子的平屋面、沥青屋面	0.8～0.9	1
铺石子的平屋面	0.6～0.7	0.8
绿化屋面	0.3～0.4	0.4
混凝土和沥青路面	0.8～0.9	0.9
块石等铺砌路面	0.5～0.6	0.7
干砌砖、石及碎石路面	0.4	0.5
非铺砌的土路面	0.3	0.4
绿地	0.15	0.25
水面	1	1
地下建筑覆土绿地（覆土厚度≥500 mm）	0.15	0.25
地下建筑覆土绿地（覆土厚度<500 mm）	0.3～0.4	0.4

汇水面积的平均径流系数应按下垫面种类加权平均计算。建设用地雨水外排管渠流量径流系数宜按扣损法经计算确定，资料不足时可采用 0.25 ～0.40。

(4) 汇水面积。

汇水面积应按汇水面水平投影面积计算，有高出侧墙时汇水面积应附加，其计算方法同雨水部分内容，球形、抛物线形或斜坡较大的汇水面，其汇水面积应附加汇水面竖向投影面积的50%。

(5) 设计暴雨强度。

设计暴雨强度应按下式计算，当采用天沟集水且沟沿溢水会流入室内时，暴雨强度应乘以 1.5 的系数：

$$q=\frac{167A(1+c\lg p)}{(t+b)^n} \tag{6.9}$$

式中 p——设计重现期，a；

T——降雨历时，min；

A,b,c,n——当地降雨参数。

向各类雨水利用设施输水或集水的管渠设计重现期，不应小于该设施的雨水利用设计重现期，屋面雨水收集系统设计重现期不宜小于表 6.11 中规定的数值。满管有压流系统宜取高值，建设用地雨水外排管渠的设计重现期应大于雨水利用设施的雨量设计重现期，并不宜小于表 6.12 中规定的数值。

表 6.11 屋面雨水收集系统设计重现期

建筑类型	设计重现期/a
采用外檐沟排水的建筑	1～2
一般性建筑物	2～5
重要公共建筑	≥10

表 6.12 建设用地雨水外排管渠的设计重现期

汇水区域名称	设计重现期/a
车站、码头、机场等	2～5
民用公共建筑、居住区和工业区	1～3

6.2.5 雨水利用系统计算

1. 设计规模

建设用地在开发之前处于自然状态，其地面的径流系数较小，一般不超过0.2～0.3。经硬化、绿化后地面的径流系数会增大，雨水排放总量和高峰流量都大幅度增加。雨水利用系统的设计重现期不得小于1 a，宜按2 a确定，且应使建设用地外排雨水设计量不大于开发建设前的水平或规定值。

2. 收集系统

雨水收集的核心问题是根据不同的材料确定集水效率，从而确定集流面积、集流量和成本。集水效率与集雨面、材料、坡度、降雨雨量、降雨强度有关，集雨面一般分为自然集雨面和人工集雨面两种。

(1) 雨水收集与输送管道系统的设计降雨重现期应与入渗设施的取值一致，其他与雨水排水系统相同。

(2) 绿化地面雨水收集系统的雨水流量应按式(6.8)计算，其管道水力计算、设计和外排雨水管道的水力计算和设计应符合现行国家标准《室外排水设计规范》(GB 50014—2006)的相关规定。

(3) 初期径流弃流量应按下垫面实测收集雨水的COD_{cr}，SS、色度等污染物浓度确定。当无资料时，屋面弃流可采用2～3 mm径流厚度，地面弃流可采用3～5 mm径流厚度计算：

$$W_i = \delta \times F \tag{6.10}$$

式中 W_i——设计初期径流弃流量，m^3；

δ——初期径流厚度，m；

F——汇水面积，m^2。

3. 收集回用系统

(1) 雨水收集回用系统设计应进行水量平衡计算，雨水设计径流量按式(6.8)计算，降雨重现期宜取1～2 a，回用系统的最高日设计用水量不宜小于集水面日雨水设计径流总量的40%；雨水量足以满足需用量的地区或项目，集水面最高月雨水设计径流总量不宜小于回用管网该月用水量，雨水可回用量宜按雨水设计径流总量的90%计。

(2) 当雨水回用系统设有清水池时，其有效容积应根据产水曲线、供水曲线确定，并应满足消毒的接触时间要求。缺乏上述资料时可按雨水回用系统最高设计用水量的25%～35%计算。当采用中水清水池接纳处理后的雨水时，中水清水池应考虑容纳雨水的容积。

4. 储存设施

雨水储存设施的有效贮水容积不宜小于集水面重现期1～2 a的日雨水设计径流总量扣除设计初期径流弃流量。当资料具备时，储存设施的有效容积也可根据逐日降雨量和逐日用水量经模拟计算确定。

以景观水体作为雨水储存设施时，其水面和水体溢流水位之间的容量可作为储存容积。

5. 渗透设施

(1) 渗透量。

渗透设施的渗透量，应按下式计算：

$$W_s = \alpha K J A_s t_s \tag{6.11}$$

式中 W_s——渗透量，m^3；

α——综合安全系数，一般可取0.5～0.8；

K——土壤渗透系数，m/s；

J——水力坡降，一般可取 1.0；

A_s—— 有效渗透面积，m^2；

t_s——渗透时间，s。

(2) 土壤渗透系数。

土壤渗透系数应以实测资料为准，在无实测资料时可参照表 6.13 选用。

表 6.13 土壤渗透系数

地层	地层粒径		渗透系数 K/ (m/s^{-1})
	粒径/mm	所占质量比例/%	
黏土	—	—	$<5.7\times10^{-8}$
粉质黏土	—	—	$5.7\times10^{6}\sim1.16\times10^{-6}$
粉土	—	—	$1.16\times10^{-6}\sim5.79\times10^{-6}$
粉砂	>0.075	>50	$5.79\times10^{-6}\sim1.16\times10^{-5}$
细砂	>0.075	>85	$1.16\times10^{-5}\sim5.79\times10^{-5}$
中砂	>0.25	>50	$5.79\times10^{-5}\sim2.23\times10^{-4}$
均质中砂	—	—	$4.05\times10^{-4}\sim5.79\times10^{-4}$
粗砂	>0.50	>50	$2.31\times10^{-4}\sim5.79\times10^{-4}$
圆砾	>2.00	>50	$5.79\times10^{-4}\sim1.16\times10^{-3}$
卵石	>2.00	>50	$1.16\times10^{-3}\sim5.79\times10^{-3}$
稍有裂隙的岩石	—	—	$2.31\times10^{-4}\sim6.94\times10^{-4}$
裂隙多的岩石	—	—	$>6.94\times10^{-4}$

(3) 有效渗透面积。

渗透设施的有效渗透面积应按水平渗透面投影面积计算，竖直渗透面按有效水位高度的 1/2 计算，斜渗透面按有效水位高度的 1/2 所对应的斜截面实际面积计算，地下渗透设施的顶面积不计。

(4) 蓄积雨水量。

渗透设施弃流历时内的蓄积雨水量，应按下式计算：

$$W_p = \max(W_c - W_s) \tag{6.12}$$

式中 W_p—弃流历时内的蓄积水量，m^3，产流历时经计算确定，宜小于 120 min；

W_c——渗透设施进水量，m^3。

(5) 渗透设施进水量。

渗透设施进水量不宜大于日雨水设计径流总量，应按下式计算：

$$W_c = 1.25\left[60\times\frac{q_c}{1\,000}\times(F_y\psi_m + F_0)\right]t_c \tag{6.13}$$

式中 F_y——渗透设施受纳的集水面积，hm^2；

F_0——渗透设施的直接受水面积，hm^2，埋地渗透设施为 0；

t_c——渗透设施产流历时，min；

q_c——渗透设施产流历时对应的暴雨强度，L/hm^2。

(6) 渗透设施的储存容积。

渗透设施的储存容积，可按下式计算：

$$V_s \geqslant \frac{W_p}{n_k} \tag{6.14}$$

式中 V_s—渗透设施的储存容积，m^3；

n_k——填料的孔隙率，不应小于30%，无填料者取1。

下凹绿地受纳的雨水汇水面积不超过该绿地面积2倍时，可不进行入渗能力计算。

(7) 渗透弃流井的渗透排空时间应经计算，且不宜超过24 h。

6. 调蓄排放

(1) 调蓄池容积。

调蓄池容积宜根据设计降雨过程变化曲线和设计出水流量变化曲线经模拟计算确定，资料不足时可采用下式计算：

$$V = \max\left[\frac{60}{1\,000}(Q - Q')t_m\right] \tag{6.15}$$

式中 V——调蓄池容积，m^3；

t_m——调蓄池蓄水时间，min，不大于120 min；

Q——雨水设计流量，L/s；

Q'——设计排水流量，L/s，按下式计算：

$$Q' = \frac{1\,000W}{t'}$$

式中 t'——排空时间，s，宜按6～12 h计。

(2) 调蓄池出水管管径。

调蓄池中雨水达到最高水位时排水量最大，因此可根据设计排水流量和设计水位确定出水管管径，也可按调蓄池容积进行估算，见表6.14。

表6.14 调蓄池容积估算表

调蓄池容积/m^3	出水管管径/mm
500～1 000	200～250
1 000～2 000	200～300

7. 净化处理设施

雨水净化处理装置的处理水量，按下式计算：

$$Q_y = \frac{W_y}{T} \tag{6.16}$$

式中 Q_y——设施处理能力，m^3/h；

W_y——经水量平衡计算后的雨水供应系统的最高日用雨水量，m^3；

T——雨水处理设施的日运行时间，h，可取24 h。

当不设雨水清水池或高位水箱时，Q_y按回用雨水管网的设计秒流量计算。

【知识拓展】

目前，在世界各大洲，都有收集雨水解决生活和生产用水的成功做法。国外一些发达国家在城市雨水资源化和雨水的收集利用方面的经验和方法，对解决我国缺水问题很有借鉴意义。

(1) 美国的雨水利用。美国的雨水利用常以提高天然入渗能力为目的。1993年大水之后，美国新建地下隧道蓄水系统，建立屋顶蓄水和入渗池、井、草地、透水地面组成的地表回灌系统，让洪水迂回滞留于曾经被堤防保护的土地中，既利用了洪水的生态环境能力，同时减轻了其他地区的防洪压力。美国的关岛、威尔金岛广泛利用雨水进行草地灌溉和冲洗。

(2) 德国的雨水利用。德国的雨水收集利用技术是最先进的，基本形成了一套完整、实用的理论和技术体系。利用公共雨水管道收集雨水，采用简单的处理后，达到杂用用水水质标准，便可用于街区公寓的厕所清洗和庭院浇洒。另外德国还制定了一系列有关雨水利用的法律法规。如目前德国的新建小区之前，无论是工业、商业还是居民小区，均要设计雨水利用设施，若无雨水利用设施，政府将征收雨水排放设施费和雨水排放费。

【重点串联】

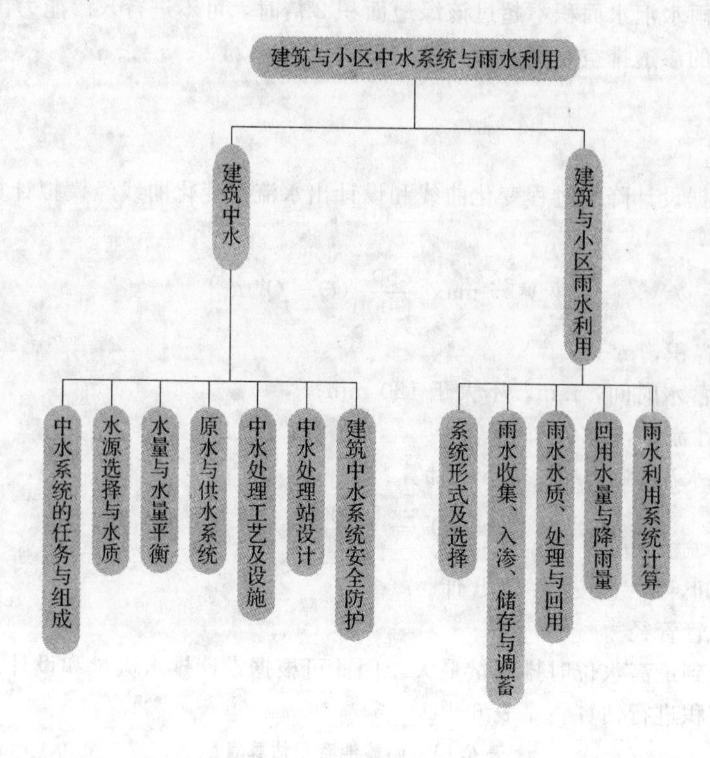

【知识链接】

1.《建筑中水设计规范》(GB 50336—2002)；

2.《城市污水再生利用城市杂用水水质》(GB/T 18920—2002)；

3.《城市污水再生利用景观环境用水水质》(GB/T 18921—2002)；

4.《农田灌溉水质标准》(GB 5084—2005)。

拓展与实训

职业能力训练

一、填空题

1. 建筑中水处理系统由________、________和________三个部分组成。

2. 以洗浴废水为原水的中水系统，污水泵吸水管上应设________。

3. 中水系统的水量平衡是指________、________和________之间通过计算调整达到平衡一致。

4. 中水管道与生活饮用水给水管道、排水管道平行敷设时，其水平净距不得小于________。

5. 水利用系统有________、________、________三种形式。

6. 雨水调蓄配套设施主要有________、________、________等。

7. 雨水收集回用系统由________、________、________及________等组成。

8. 地下渗透设施有埋地渗透管沟、________和________等多种。

二、选择题

1. 关于中水处理站的设计，下列叙述错误的是（　　）。

   A. 建筑物内的中水处理站宜设在建筑物的最底层

   B. 建筑物内的中水处理站应设置药剂储存间

   C. 以生活污水为水源的地面处理站与公共建筑和住宅的距离不小于 10 m

   D. 对中水处理中产生的臭味应采取有效的除臭措施

2. 中水系统不包括（　　）。

   A. 原水系统　　B. 处理系统　　C. 供水系统　　D. 排水系统

3. 中水供水管道不得采用（　　）。

   A. 塑料给水管　　B. 铝塑管　　C. 镀锌钢管　　D. 非镀锌钢管

4. 厨房排水应经过（　　）后，方可进入中水原水系统。

   A. 化粪池　　B. 隔油处理　　C. 沉淀　　D. 过滤

5. 中水管道上不得装设（　　）。

   A. 阀门　　B. 水表　　C. 取水龙头　　D. 取水接口

6. 雨水入渗系统的适用条件：年均降雨量小于（　　）的城市，雨水利用可采用雨水入渗系统。

   A. 600 mm　　B. 500 mm　　C. 400　　D. 700 mm

7. 地面渗透设施有下凹绿地、浅沟与洼地、地向渗透池塘和透水铺装地面等多种雨水利用系统的设计重现期不得小于 1 a，宜按（　　）确定。

   A. 2 a　　B. 3 a　　C. 4 a　　D. 5 a

三、问答题

1. 建筑物中水水源有哪些？建筑中水水源主要有几种组合？
2. 简述中水工程水量平衡的意义何在？
3. 径流系数的定义是什么？
4. 雨水原水的水质特点是什么？

工程模拟训练

哈尔滨某小区有 1 000 m^2 的屋面雨水需要采用地下渗透，哈尔滨地区降雨强度公式为 $q_c=\frac{4\,800(1+\lg p)}{(t+15)^{0.96}}$，渗透设施为镂空塑料模块渗透渠，孔隙率 n_k 为 90%，土壤为粉土，试计算所需的渗透面积和储存容积。

模块 7 专用建筑给水排水工程

【模块概述】

专用建筑给水排水工程主要包括游泳池、水上游乐池和水景给水排水，游泳池、水上游乐池和水景的给水排水与建筑给水排水要求不同，其给水排水有独特的特点。

本模块主要介绍游泳池的水质、水温要求，水处理常用工艺，循环系统，水景的给水及排水主要组成。

【知识目标】

1. 了解游泳池的类型和规格、水质和水温、给水系统；
2. 掌握游泳池水的循环、水的净化、水的消毒和水的加热；
3. 掌握游泳池附属装置和洗净设施；
4. 了解游泳池的排水；
5. 了解水景的作用和组成；
6. 掌握水景的造型和控制方式；
7. 掌握水景的给水排水系统。

【技能目标】

1. 具备泳池运行管理的能力；
2. 能进行简单水景的布置。

【课时建议】

4～8 课时

工程导入

游泳是一项借助水体进行运动的体育项目，对水质有严格的要求。如果游泳场所的水质不好，不但达不到锻炼的目的，而且会成为传播疾病、危害游泳者身体健康的场所。游泳池、水上游乐池和景观的给水、排水是怎样设置的，对水质有何要求，需要根据用户的需求进行设置。

7.1 游泳池、 水上游乐池给水排水

游泳是一项借助水体进行运动的体育项目，对水质有严格的要求。如果游泳场所的水质不好，不但达不到锻炼的目的，而且会成为传播疾病、危害游泳者身体健康的场所。

游泳池是人工建造的供人们在水中进行游泳、健身、训练、比赛、戏水、休闲等各种活动的不同形状、不同水深的水池，是竞赛游泳池、公共游泳池、专用游泳池、私人游泳池及休闲游乐池的总称。水上游乐池是人工建造的，供人们在水上或水中娱乐、休闲和健身的各种游乐设施和水池。

7.1.1 游泳池水质、水温和原水水质

根据游泳池用途不用，其对水质、水温的要求也各不相同。

1. 游泳池水质

游泳池水质应符合国家现行行业标准《游泳池水质标准》（CJ 244—2007）中的规定；举办重要国际竞赛和有特殊要求的游泳池池水水质，应符合国际游泳联合会（FINA）的相关要求，及国家级竞赛用游泳池和宾馆内附建的游泳池的池水水质卫生标准，其他游泳池和水上游乐池正常使用过程中的池水水质卫生标准。

游泳池和水上游乐池初次充水和使用过程中补充水的水质，以及饮水、淋浴等生活用水的水质应符合现行国家标准《生活饮用水卫生标准》(GB 5749—2006）的要求。

2. 游泳池水温

游泳池和水上游乐池的池水设计水温，应根据使用性质、使用对象、用途等因素确定，室内及露天池水设计温度及池水使用温度，竞赛类游泳池的水温稍低有利于出好成绩（25～27 ℃)，公共类游泳池的水温宜稍高（26～28 ℃)。

7.1.2 给水系统

人工游泳池的给水系统有三种方式：定期换水供水方式、直接供水方式和循环供水方式。

1. 定期换水供水方式

将水质较差的池水全部排出，即每隔一定时期，例如 1～3 d，根据水质情况将池水放空后再注入新水，除定期换水时间外，每天应清除池底和表面脏物，并用消毒剂进行消毒。该系统简单、投资省、维护管理简便，缺点是浪费水量、换水停用利用率低，我国不推荐采用此种供水方式。

2. 直接供水方式

通过管道供水口连续不断将新水送入游泳池，使池水连续不断进入与排出的供水方式为直接供水方式。为保证水质，同时又连续不断地按此比例向池内供给洁净卫生的新鲜水的方式，每小时补充水量一般不小于游泳池池水容积的 15%。此外每天还要清除池底和水面污物，并用消毒剂进行消毒，该系统简单、投资省、维护管理简单，但水量浪费很大，宜在水源充足的条件下，经技术经济分析后采用。

3. 循环供水方式

循环供水方式即将池水按一定比例用水泵抽吸送入过滤器，去除水中的污物，并进行杀菌消毒处理后，再送入池内继续使用的方式。设专用水净化系统，将使用后水质差的池水抽出，经净化、消毒、加热等处理后，再送至游泳池重复使用，该系统运行费用较高，耗水量少，系统复杂、投资大、维护管理水平要求高，是国内外普遍采用的供水方式。

在实际的游泳池供水方式中，水源充足的条件下，可采用直流供水方式，一般常用的供水方式是循环供水方式，如国内典型工程水立方的游泳比赛场馆。

7.1.3 游泳池水循环系统

游泳池循环净化给水系统，简称循环系统。循环系统由游泳池附件、管道、水泵、净化处理设备、附属构筑物等组成，如图 7.1 所示，游泳池给水由循环水泵从平衡水池吸水，平衡水池由补充水管补水，平衡水池内水经毛发聚集器、加药、水泵、过滤、加热、消毒工艺经游泳池底部回水口流入游泳池，游泳池水溢流至回水槽，流入平衡水池；当游泳池泄水清洗时，由池底部泄水口经泄水管流出至平衡水池，经水泵抽出系统；需要注意的反冲洗水的加压泵也得考虑在内。

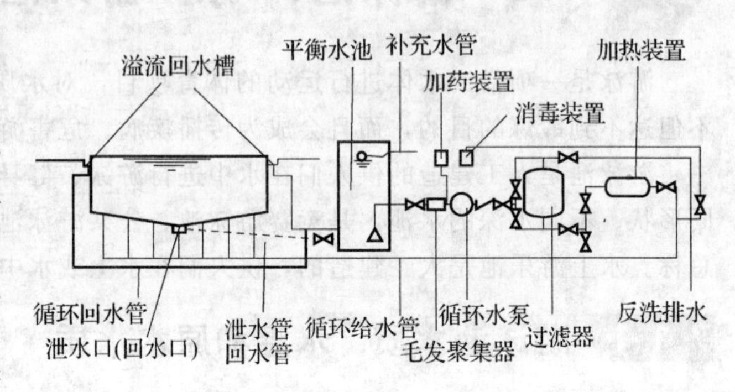

图 7.1 游泳池循环净化给水系统

水上游乐设施功能性循环给水系统的设置应符合下列规定：

(1) 滑道润滑水和环流河的水推流系统应采用独立的循环给水系统。

(2) 瀑布和喷泉宜采用独立的循环给水系统。

(3) 根据数量、水量、水压和分布地点等因素，一般水景宜组合成若干组循环给水系统。

循环供水循环系统应满足水流分布均匀，宜用可调式给水口或对称式给水管布置；全部池水能及时地、持续不断地更新交换，池内不产生涡流和短流；管道安装、敷设和维修均应方便。

(1) 循环方式。

循环方式有顺流式循环、逆流式循环和混合流式循环三种方式。

①顺流式循环方式。池中的全部循环水量，经设在池子端壁或侧壁水面以下的给水口送入池内，由设在池底的回水口取回，进行处理后再送回到池内继续使用的水流组织方式为顺流式循环方式，如图 7.2 所示。该循环方式投资少，运行简单、维护方便，但池水表面水质差。适用于公共游泳池、露天游泳池或水上游乐池。

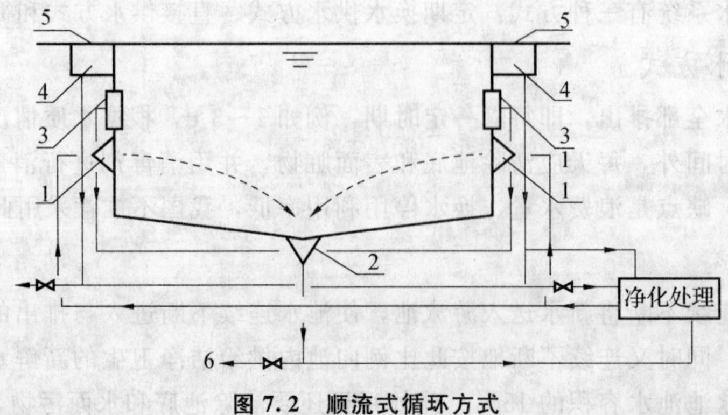

图 7.2 顺流式循环方式

1—给水口；2—回水口；3—吸污接口；4—溢流水槽；5—溢流水槽格栅盖板；6—泄水口

②逆流式循环方式。池中的全部循环水量，经设在池底的给水口或给水槽送入池内，经设在池壁外侧的溢流回水槽取回，进行处理后再送回池内继续使用的水流组织方式为逆流式循环方式，如图 7.3 所示。该循环方式能有效去除池水表面污物和池底沉积物，水流均匀，避免产生涡流。多用于竞赛游泳池、训练游泳池。

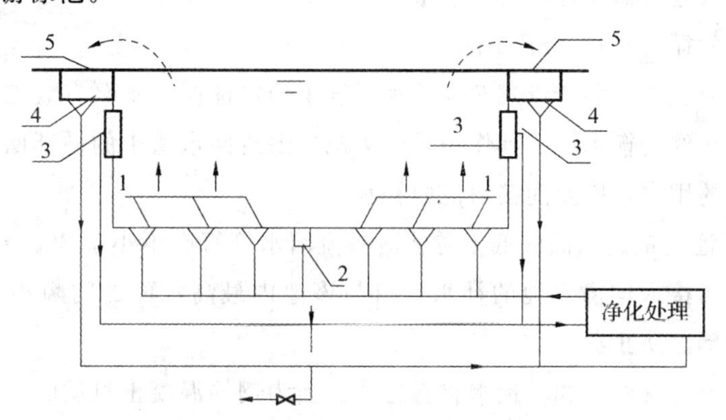

图 7.3　逆流式循环方式

1—给水口；2—泄水口；3—吸污接口；4—溢流水槽；5—溢流水槽格栅盖板

③混合流式循环方式。池中全部循环水 60%～70%的水量，由设在池壁外侧的溢流回水槽取回；另外 30%～40%的水量，由设池底的回水口取回。将这两部分循环水量合并进行处理后，经池底送回池内继续使用的水流组织方式为混合流式循环方式，如图 7.4 所示。该循环方式兼顾了顺流式循环方式和逆流式循环方式各自的优点，要求较高的游泳竞赛池、训练池或水上游乐池应采用这种形式。

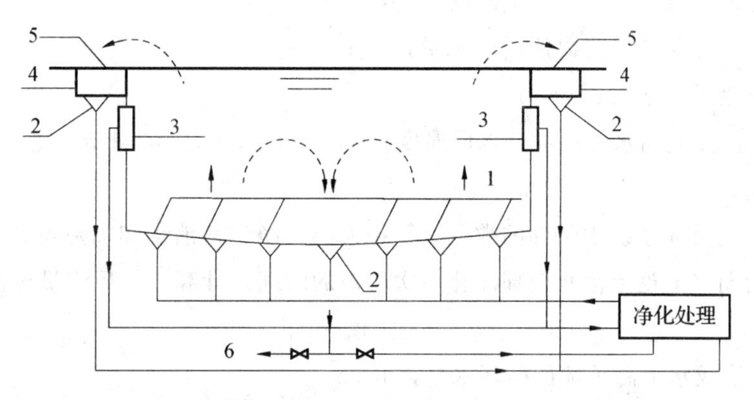

图 7.4　混合流式循环方式

1—给水口；2—回水口；3—吸污接口；4—溢流水槽；5—溢流水槽格栅盖板；6—泄水口

（2）循环系统。

①平衡水池。在顺流式循环给水系统中循环水泵从池底直接吸水，吸水管过长会影响水泵吸水高度时，为保证池水有效循环，平衡泳池面、调节水量变化、便于安装水泵吸水口（阀）及实现间接向泳池补水，应设置水面与游泳池水面相平的平衡水池。

a. 设计要求。平衡水池的最高水面与游泳池的水面应保持一致；平衡水池内底表面宜低于游泳池回水管以下 700 mm。游泳池采用城市给水补水时，补水管应接入该池；当补水管口与该池内最高水面的间隙小于 2.5 倍补水管管径时，补水管上应安装倒流防止器。

水池应采用表面光滑、耐腐蚀、不污染水质、不变形和不透水的材料建造。当采用钢筋混凝土材质时，其内壁应涂刷或衬贴不污染水质的防腐涂料和材料。水池应设检修人孔、水泵吸水坑和有防虫网的溢水管、泄水管；水池有效尺寸应满足施工、安装和检修等要求。

b. 有效容积。平衡水池的有效容积按下式计算：

$$V_p = V_f + 0.08q_c \tag{7.1}$$

式中 V_p——平衡水池的有效容积，m^3；

V_f——单个最大过滤器反冲洗所需水量，m^3；

Q_c——游泳池的循环水量，m^3/h；

②均衡水池。在逆流式、混合流式循环给水系统中为保证循环水泵有效工作，应设置低于池水水面的供循环水泵吸水的均衡水池。其作用是收集池岸溢流回水槽中的循环回水、均衡水量浮动和储存过滤器反冲洗时的用水，以及间接向池内补水。

a. 设计要求。水池内最高水面应低于游泳池溢流回水管管底不小于 300 mm。水池内应设置程控电磁阀补水装置，当接入均衡水池的补水管口与该池内最高水面的间隙小于 2.5 倍补水管管径时，补水管上应装设倒流防止器。

水池应采用不变形、耐腐蚀和不透水材料建造。当为钢筋混凝土材质时，池内壁应衬贴或涂刷防腐材料，水池应设检修人孔、进水管、水位计、水泵吸水坑和有防虫网的溢水管、泄水管。

b. 有效容积。均衡水池的有效容积按下式计算：

$$V_j = V_a + V_f + V_c + V_s \tag{7.2}$$

$$V_s = A_s \cdot h_s$$

式中 V_j——均衡水池的有效容积，m^3；

V_a——游泳者入池后所排出水量，m^3，每位游泳者按 0.056 m^3 计；

V_f——单个最大过滤器反冲洗所需的水量，m^3；

V_s——池水循环系统运行时所需的水量，m^3；

A_s——游泳池的水表面面积，m^2；

h_s——游泳池溢流回水时的溢流水层厚度，m，可取 0.005～0.01 m。

(3) 循环流量。

循环流量是确定循环系统中附件的数量、管径大小、净化、消毒和加热设备等的基本参数，一般根据池水循环周期（理论上池水全部净化一次所需的时间）计算。循环流量应按下式计算：

$$q_c = \alpha_p \cdot V_p \cdot T_p^{-1} \tag{7.3}$$

式中 q_c——游泳池或水上游乐池的循环水量，m^3/h；

α_p——游泳池或水上游乐池管道和设备的水容积附加系数，1.05～1.10；

V_p——游泳池或水上游乐池的池水容积，m^3；

T_p——游泳池或水上游乐池的池水循环周期，h，按表 7.1 的规定选用。

(4) 循环水泵。

水泵的额定流量不得小于循环流量，扬程不得小于送水几何高度和循环系统设备、管道阻力及流出水头之和，一般水泵的扬程宜以计算扬程乘以 1.100 系数作为选泵扬程。不同用途游泳池、水上游乐池的循环水泵应分别设置，且宜设置备用水泵。

循环水泵装置应符合下列规定：

①应设计成自灌式，且每台水泵宜设独立的吸水管。

②宜置于靠近平衡水池、均衡水池或顺流式循环方式游泳池的回水口处。

表 7.1　游泳池的池水循环周期

<table>
<tr><th colspan="2">游泳池分类</th><th>池水深度/m</th><th>循环次数/（次/d）</th><th>循环周期/h</th></tr>
<tr><td rowspan="4">竞赛类</td><td>竞赛游泳池</td><td>2.0</td><td>6～4.5</td><td>4～5</td></tr>
<tr><td>花样游泳池</td><td>3.0</td><td>4～3</td><td>6～8</td></tr>
<tr><td>水球池</td><td>1.8～2.0</td><td>6～4</td><td>4～6</td></tr>
<tr><td>跳水池</td><td>5.5～6.0</td><td>3～2.4</td><td>8～10</td></tr>
<tr><td rowspan="5">专用类</td><td>教学池</td><td rowspan="2">1.4～2.0</td><td rowspan="4">6～4</td><td rowspan="4">4～6</td></tr>
<tr><td>训练池</td></tr>
<tr><td>热身池</td><td rowspan="2">1.35～1.60</td></tr>
<tr><td>残疾人池</td></tr>
<tr><td>冷水池</td><td>1.8～2.0</td><td>6～4.5</td><td>4～6</td></tr>
<tr><td rowspan="6">公共游泳池</td><td>社团池</td><td>1.35～1.60</td><td>6～4</td><td>4～6</td></tr>
<tr><td>成人游泳池</td><td rowspan="2">1.35～2.00</td><td rowspan="2">6～4.5</td><td rowspan="2">4～6</td></tr>
<tr><td>大学校池</td></tr>
<tr><td>成人初学池</td><td rowspan="2">1.2～1.6</td><td rowspan="2">6～4</td><td rowspan="2">4～6</td></tr>
<tr><td>中学校池</td></tr>
<tr><td>儿童池</td><td>0.6～1.0</td><td>24～12</td><td>1～2</td></tr>
<tr><td rowspan="6">水上游乐池</td><td>成人戏水池</td><td>1.0～1.2</td><td>6</td><td>4</td></tr>
<tr><td>幼儿戏水池</td><td>0.3～0.4</td><td>>24</td><td><1</td></tr>
<tr><td>造浪池</td><td>2.0～0</td><td>12</td><td>2</td></tr>
<tr><td>环流河</td><td>0.9～1.0</td><td>12～6</td><td>2～4</td></tr>
<tr><td>滑道跌落池</td><td>1.0</td><td>4</td><td>6</td></tr>
<tr><td>放松池</td><td>0.9～1.0</td><td>80～48</td><td>0.3～0.5</td></tr>
<tr><td colspan="2">多用途池</td><td>2.0～3.0</td><td>6～4.5</td><td>4～5</td></tr>
<tr><td colspan="2">多功能池</td><td>2.0～3.0</td><td>6～4.5</td><td>4～5</td></tr>
<tr><td colspan="2">私人游泳池</td><td>1.2～1.4</td><td>4～3</td><td>6～8</td></tr>
</table>

注：1. 池水的循环次数可按每日使用时间与循环周期的比值确定

2. 社团池是指俱乐部、会所、酒店、企业、机关单位等特定使用人群使用的游泳池

③水泵吸水管内的水流速度宜采用 1.0～1.2 m/s；水泵出水管内的水流速度宜采用 1.5～2.0 m/s。

④每台水泵的吸水管上应装设可曲挠橡胶接头、阀门、毛发聚集器和压力真空表，其出水管上应装设可曲挠橡胶接头、止回阀、阀门和压力表。

⑤水泵机组和管道应采取减震和降低噪声的措施。

过滤器反冲洗水泵，宜采用循环水泵的工作水泵与备用水泵并联的工况设计并应按反冲洗所需的流量和扬程校核、调整循环水泵的工况参数。

（5）循环管道。

循环给水管道内的水流速度不宜超过 2.0 m/s，循环回水管道内的水流速度宜采用 0.7～1.0 m/s。管材可选用丙烯腈－丁二烯－苯乙烯共聚管（ABS）、氯化聚氯乙烯管（CPVC）、硬聚氯乙烯管（UPVC），如有特殊要求时可选用铜管或不锈钢管等给水管，管道公称压力不宜小于 1.0 MPa。

逆流式池水循环系统的池岸溢流回水槽的回水管，宜采用等流程或分路回水管分别接入均衡水池，

回水管应有不小于 0.5%的坡度坡向均衡水池，回水管管底应高出均衡水池最高水位 300 mm 以上。

（6）给水口、回水口和泄水口。

给水口及回水口的布置应使水流均匀、不短流和不出现涡流及死水区。

给水口：应有流量调节装置井，应设置格栅护盖，且格栅空隙的水流速度应满足：池端壁给水时采用 1.0 m/；池侧壁给水时不应大于 1.0 m/s；儿童池、幼儿戏水池以及台阶处、教学区不宜大于 0.5 m/s；池底给水时不宜小于 0.5 m/s，不可调节给水口如图 7.5 所示。

回水口：池底回水口数量不应少于 2 个，格栅盖板开口孔隙的宽度不应大于 8 mm 且孔隙的水流速度不应大于 0.2 m/s；溢流回水槽内回水口数量应满足池水循环水流量的要求且间距不宜大于 3.0 m；跳水池采用溢流回水时，回水口的数量还应考虑安全保护气浪运行时增加的瞬间溢水量，回水口应采用 ABS 及铜质材料如图 7.6 所示，池岸式、池壁式回水槽如图 7.7 所示。

泄水口：池底回水口可兼作泄水口，设在游泳池最低标高处。重力式泄水时，泄水管不得与排水管道直接连接。

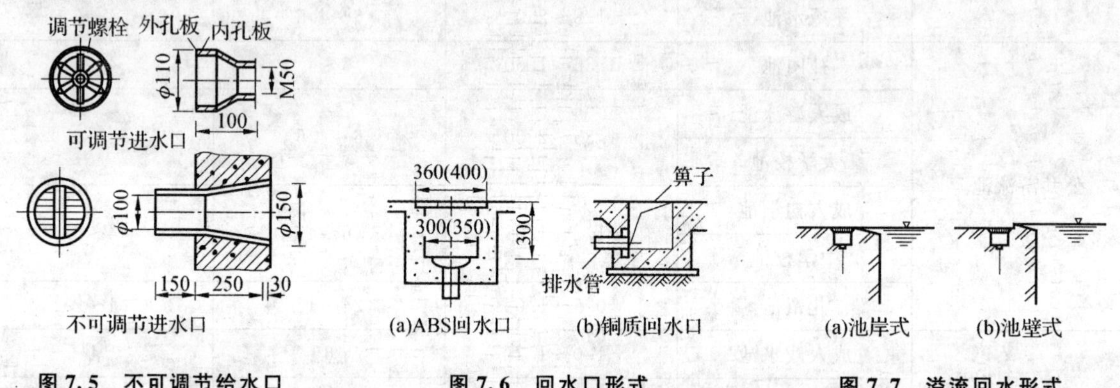

图 7.5　不可调节给水口　　图 7.6　回水口形式　　图 7.7　溢流回水形式

（7）补水水箱。

当循环水泵直接从池底回水口吸水、无平衡水池和均衡水池时，应设置补水水箱。补水水箱的有效容积应按下列要求确定：仅作为补水使用时，不宜小于游泳池或水上游乐池的小时补水量，同时不得小于 2.0 m^3；兼作为回收游泳池或水上游乐池的溢水时，应按循环流量的 5% ～10%计算确定，补水水箱的进水管应有高出箱内最高水面 2.5 倍进水管管径的空隙，并应装设水位控制阀门；补水水箱出水管管径宜按小时补水量或小时溢流水量确定，并应装设阀门，如补水水箱低于游泳池水面时，出水管还应装设止回阀；补水水箱兼作为游泳池初次充水的隔断水箱时，应另行配置进水管和出水管，并应装设阀门。

7.1.4 循环水净化处理工艺

游泳池的池水使用有定期换水、定期补水、直流供水、定期循环供水、连续循环供水等多种方式。为了保证游泳者的健康，池水的水质必须达到相应的水质标准，游泳池水需经过预净化、过滤、加药和消毒处理，必要时还需进行加热等过程后循环使用，以节约用水，处理工艺如图 7.8、图 7.9 所示。

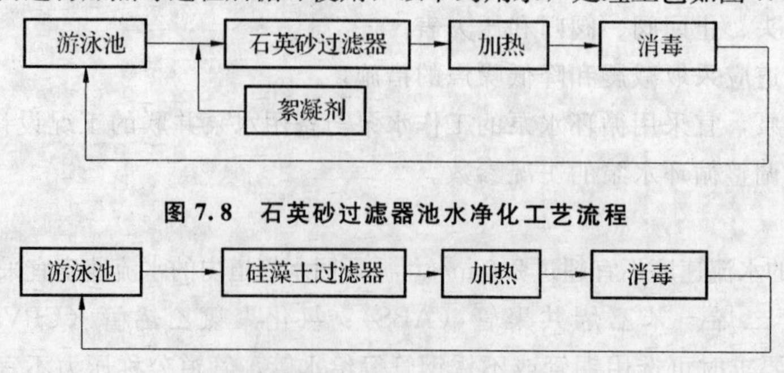

图 7.8　石英砂过滤器池水净化工艺流程

图 7.9　硅藻土过滤器池水净化工艺流程

1. 预净化

游泳池水在进行过滤净化之前，应先经过毛发聚集器进行预净化，主要是拦阻水中固体杂质，如毛发、纤维、树叶等。一般毛发聚集器可为铸铁或钢质，设置在循环水泵的吸水管上。

预净化主要设备为毛发聚集器，其作用主要是滤出毛发、纤维、树叶等杂质。管道毛发聚集器从外形和特点上分，有快开式、Y形等区分。快开式毛发聚集器有开启快、清洗方便、有的顶部带有观察窗和排气阀等特点；Y形毛发聚集器有成本低、安装方便、体积小、滤眼细、阻力小、排污方便等特点。滤芯一般用不锈钢、铜质或塑料制成，与高分子防腐筒体内衬一起，使用寿命有的可达10 a以上。

2. 过滤

过滤主要是去除水中的浊度，过滤器是池水净化系统中保证池水浊度符合卫生标准的关键设备，一般采用压力式过滤器。季节性使用的露天游泳池及中小型水上游乐场所，可以使用重力式过滤器。过滤器的形式，应根据游泳池的使用规模、性质、人数负荷、环境条件等因素确定，滤速是保证过滤效果的一个重要参数，主要决定于滤料以及原水水质，我国游泳池过滤采用的滤料主要是石英砂。压力式过滤器一般应符合以下要求：

(1) 过滤器的滤速应根据游泳池类别、滤料种类确定，低速过滤器的滤速不宜大于10 m/h，中速过滤器的滤速宜为10～25 m/h，多层滤料过滤器的滤速宜为20～30 m/h。

(2) 过滤器的个数及单个过滤器的面积，应根据循环流量的大小、运行维护等情况，通过技术经济比较确定，且不宜少于2个。

(3) 过滤器宜采用水进行反冲洗，冲洗管道不得与市政给水管道直接连接。

一般重力式过滤器和对池水浑浊度有严格要求的压力式过滤器，宜选用低速过滤速度；竞赛池、训练池、公共池、学校用游泳池和水上游乐池等，宜采用中速过滤速度；宾馆游泳池、家庭游泳池和水力按摩池等，可采用高速过滤速度。

过滤器的数量和单个过滤器的过滤面积，应根据循环水量、出水水质要求、运行管理条件等经技术经济比较后确定，但每一个循环系统不宜少于2台，可以不设置备用。不同用途的游泳池和水上游乐池，应各自分开设置；过滤器宜按24 h连续运行设计。过滤器宜采用水进行反冲洗，冲洗管道不得与市政给水管道直接连接。

3. 加药

为保证游泳池和水上游乐池池水的过滤和消毒效果，如采用石英砂或无烟煤过滤器，对池水进行循环过滤处理时，在净化过程中应投加药剂。

(1) 过滤前投加混凝剂。

(2) 根据消毒剂品种，宜在消毒前投加pH值调节剂。

(3) 根据气候条件和池水水质变比，不定期地间断式投加除藻剂。

(4) 根据池水的pH值、总碱度、钙硬度、总溶解固体等水质参数，投加水质平衡药剂（水质平衡应保证池水的水质符合卫生标准要求）。

投加药剂的方式有压力式投加，计量泵宜按最大投药量选定，并应设置根据探测器反馈自动调整投加量的装置；重力式投加，应设置能人工调整投加量的计量装置；药剂应湿式投加，药剂的溶解宜采用水力或机械等搅拌方式；溶药池、药液池的容积宜按每日一次投加量确定，有困难时，应能满足每场次用量一次调配完成。

溶药池、药液池，定量投加装置和溶液管道，应采用不透水、耐腐蚀材料制成，计量泵吸液管宜采用透明聚乙烯塑料管。

4. 消毒

游泳池和水上游乐池的池水必须进行消毒杀菌处理。消毒杀菌是游泳池水处理中极重要的步骤。游泳池池水因循环使用，水中细菌会不断增加，为保证池水的卫生与安全，必须投加消毒剂以减少水中细菌数量，使水质符合卫生要求。

消毒剂应选择具有以下特点的产品：杀菌消毒能力强，并有持续杀菌功能；不造成水和环境污染，不改变池水水质；对人体无刺激或刺激性很小；对建筑结构、设备和管道无腐蚀或腐蚀轻微；费用低，且能就地取材。

消毒剂选择、消毒方法、投加量等应根据游泳池和水上游乐池的使用性质确定。竞赛用游泳池一般采用臭氧并辅以氯消毒；公共游泳池、滑道池等宜采用氯消毒；家庭、宾馆等小型专用池宜采用氯片消毒。游泳池和水上游乐池如采用氯消毒时，室内池一般优先选用成品异次氯酸钠消毒剂，氯消毒剂的投加量一般应按有效氯为 1～3 mg/L 进行设计，并根据池水中的余氯量调整氯的投加量。

采用臭氧消毒，应该采用负压投加，臭氧投加量应根据水温确定。池水温度低于 28 ℃时，宜为 0.6～0.8 mg/L；池水温度等于 28 ℃时，宜为 1.0 mg/L。

采用紫外线照射消毒，紫外线光谱应为 253.7 nm，进入消毒器的池水浊度不大于 3 NTU，而且必须辅有长效消毒剂（如氯气或氯制品）消毒，紫外线消毒器的工作压力不得小于循环水泵最高扬程的 2 倍。紫外线消毒器如图 7.10 所示。

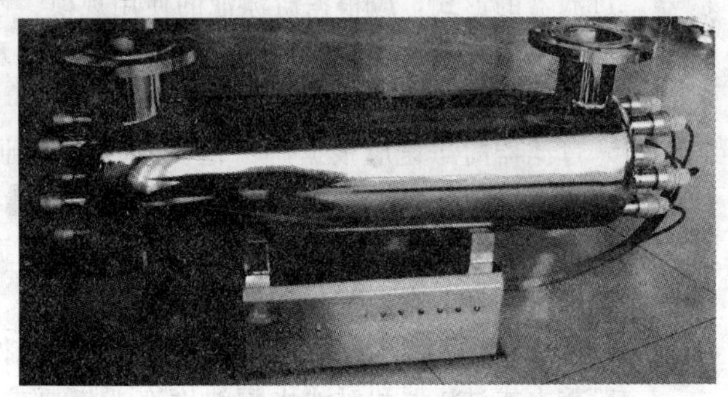

图 7.10　紫外线消毒器

5. 加热

为适应各类游泳池对池水温度的要求，提高游泳池的利用率，游泳池的补充水和循环水都需要进行加热处理。池水加热所需的热量为：池水表面蒸发损失的热量、池壁池底传导损失的热量、管道和净化水设备损失的热量以及补充新鲜水加热所需的热量等的总和，应经计算确定，加热方式宜采用间接式。

(1) 游泳池水表面蒸发损失的热量

$$Q_z = \frac{1}{\beta} \cdot \gamma(p_b - p_g)(0.0174v_f + 0.0229)AB \tag{7.4}$$

式中　Q_z——池面水蒸发散热量，kJ/h；

β——压力换算系数，β= 133.322 Pa（即 1 mmHg=133 322 Pa）；

γ——与游泳池水温相等的饱和蒸汽的蒸发汽化潜能，W；

A——池水表面积，m^2；

p_b——与游泳池水温相等的饱和空气的水蒸气分压，Pa；

p_g——游泳池环境空气的水蒸气分压，Pa；

v_f——池水面上的风速，室内：v_f=0.2～0.5 m/s，室外：v_f=2～3 m/s；

B——一个标准大气压与当地大气压力的比值。

(2) 游泳池的水表面、池底、池壁、管道和设备等传导热损失

一般按表面蒸发损失的 20%计算确定。

(3) 计算水加热所需热量

$$Q_b = \frac{\alpha \cdot q_b \cdot \rho \cdot (t_y - t_b)}{t} \tag{7.5}$$

式中　Q_b——补充水加热所需热量，W；

α——热量换算系数，α=1.163；

ρ——水的密度，kg/L；

q_b——新鲜水的补充水量，L/d；

t_y——池水设计温度，℃；

t_b——补充水温度，℃；

t——加热时间，h。

7.1.5 游泳池水的排水及回收利用

游泳池水的排水分为池岸排水和池子泄水两种方式。池岸排水主要是清洗时的排水，池子泄水是排出游泳池内的水。游泳池排水受到污染较小，简单处理就可以回收利用。

1. 池岸排水

游泳池应该设池岸排水装置。在池岸外侧沿看台或建筑墙，应设清洗池岸的排水槽。如有困难时，可设置地漏排水，但不得使清洗池岸排水流入游泳池。如果游泳池溢流为中水水源，池岸排水槽可与池子溢流水槽合用，但溢流水槽应为非淹没型。

2. 池子泄水

泄水时间参照国外资料确定，考虑到池水突然受传染病菌污染时，不使污染扩大而能迅速排空，我国卫生防疫部门对此无明确规定。如按本规定执行有困难时，宜按所选循环周期确定。

泄水口应与池底回水口合并设置在游泳池底的最低处；泄水管按 4～6 h 将全部池水泄空计算管径。

3. 回收利用

游泳池排水污染较小，可以回收利用。当游泳池为顺流式池水循环系统的溢流水应回收利用，游泳池池岸冲洗排水、过滤设备反冲洗排水和初滤水应优先回收作为建筑中水的原水，经处理后可用于建筑内冲厕及绿化等用水水源。

7.2 水景给水排水

水景是指人工建造的水上景观，是利用各种处于人工控制条件下的水流形态，辅之以各种灯光、声音效果，形成的强化人工环境。利用水流的形式、姿态、声音美化环境、装饰厅堂，还可以增加空气湿度、降低温度、净化空气，也能作为消防、冷却喷水的水源。

7.2.1 水景类型与组成

水景主要包括喷泉、壁泉、涌水、水平流水、跌水、静态池水等类型。特定情况下，还包括冰、雪、雾、霜等形态内容。根据水流的基本形态可以分为以下几种类型：

(1) 池水型：水面开阔、流动性小的镜池和浪池等。

(2) 流水型：沿水平方向流动的溪渠等。

(3) 跌水型：突然下落的水流，如瀑布、水帘、壁流等。

(4) 喷水型：在一定压力下从孔口喷射出水流，喷水水柱有多种形式。

水景最常见的形式是喷水型（喷泉），造型多样、可大可小。水景工程根据要求可以建造成固定式、半移动式、移动式等。

固定式水景中的构筑物、设备及管道固定安装，不能移动，常用的有水池式、浅碟式和楼板式。图 7.11 水池式是广场和庭院常用水景形式，将喷头、管道、阀门等固定安装在水池内部。图 7.12 是浅碟式水景工程的示意图，水池减小深度，管道和喷头被池内布置的踏石、假山、水草等掩盖，水泵从集水池吸水。图 7.13 为适合在室内的楼板式水景，喷头和地漏暗装在地板内，管道、水泵及集水池等布置在附近的设备间。楼板地面上的地漏和管道将喷出的水汇集到集水池中。

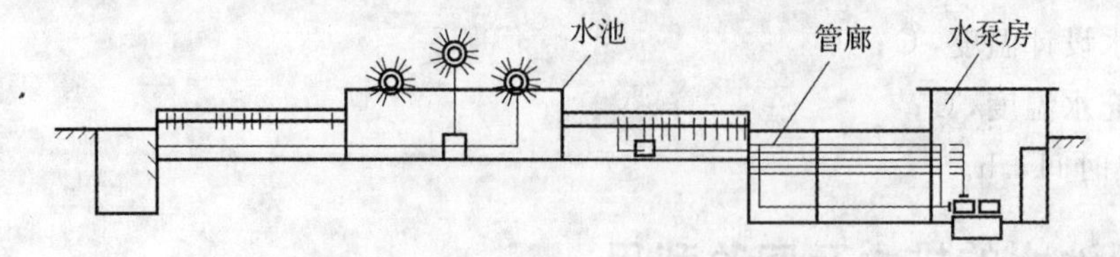

图 7.11　水池式水景工程示意图

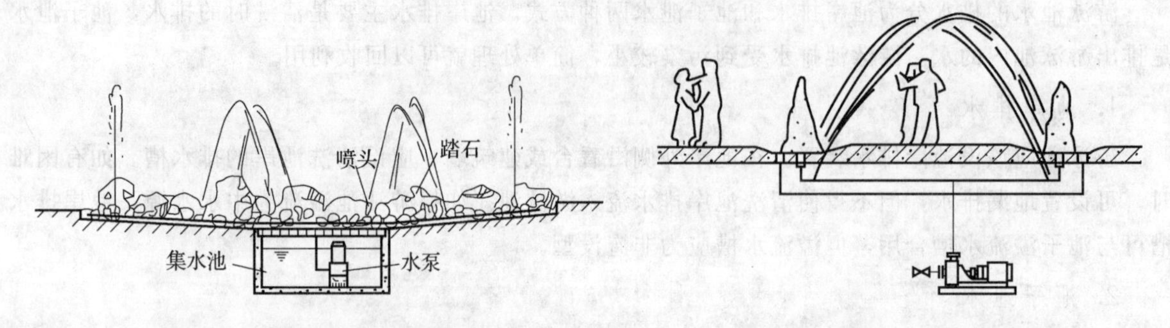

图 7.12　浅碟式水景工程示意图　　图 7.13　楼板式水景工程示意图

小型水景工程中还有半移动式和移动式水景工程，半移动式是水池等土建结构固定不动，而主要设备中将喷头、配水器、管道、潜水泵和灯具成套组装后可以随意移动，如图 7.14 所示。移动式将包括水池在内的全部水景设备一体化，可以任意整体搬动，如图 7.15 所示。

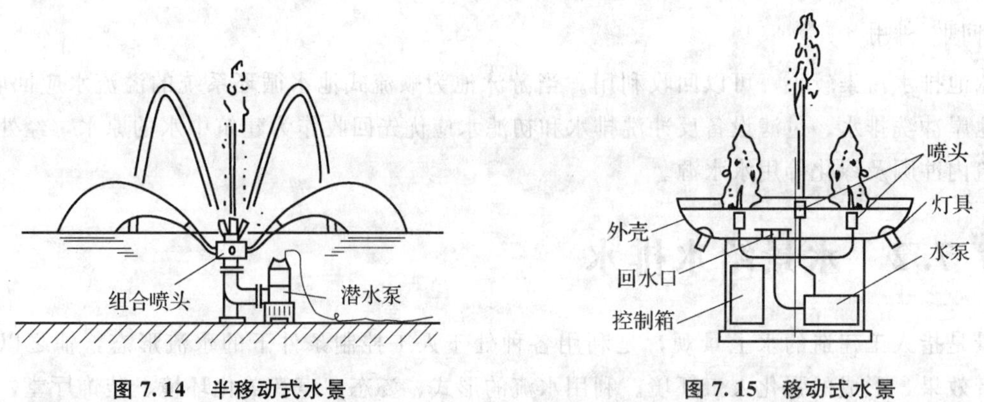

图 7.14　半移动式水景　　图 7.15　移动式水景

常见的水景由水泵、水箱、管道、水池、喷头、泄水井、溢水口、泄水口等组成，如图 7.16 所示。

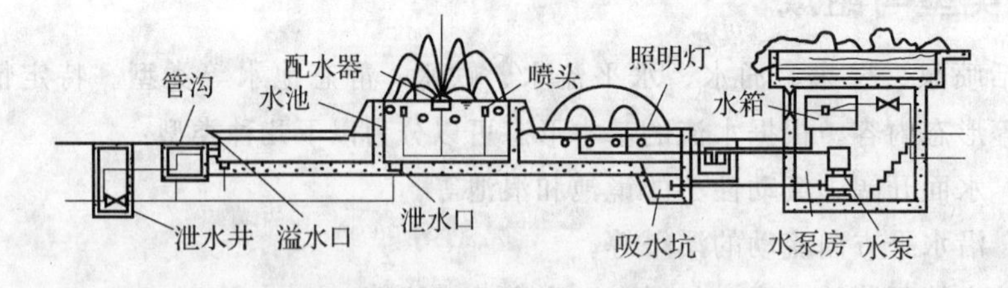

图 7.16　水景组成图

7.2.2 水景给水

水景的给水系统分为直流式和循环式两种，直流式给水系统是将水源通过管道和喷头连续不断地喷水，收集后直接排出系统，这种方式浪费水量较多，适用场合较少。循环式主要包括陆上水泵循环给水系统和潜水泵循环给水系统。陆上水泵循环给水系统是水泵不在水池内，而潜水泵循环给水系统相反，水泵放在水池内。

1. 水源及水质

水景工程的水源可以是城市给水、天然水体或再生水等，如天然河、湖泊、水库水、雨水、雪水、工业循环水、再生水、地下水、海水等。水质应满足相关的水景水质标准，不能满足要求时，应进行水质净化处理。

水景用水循环系统的补充水景应根据蒸发、飘失、渗漏、排污等损失确定，室内水景补水量按循环流量的1%～3%计算，室外水景补水量按循环流量的3%～5%计算，设计循环流量取理论计算流量的1.2倍。

2. 循环给水系统

循环给水系统是利用循环水泵、管道和贮水池将水收集后反复使用，是最常用的供水方式。循环给水系统由循环水泵、管道、阀网、喷头、水池、过滤器等组成。

(1) 循环水泵。

循环水泵根据所在位置，分陆地用泵和水下用泵，一般宜选用潜水泵，可直接设置于水池底部或更深的吸水坑内。如水深不能保证，可在吸水口上边设挡水板，潜水泵卧式安装应保证水泵吸水口处的淹没深度不小于0.5 m。娱乐性水景供人涉水的区域，不应设置水泵。喷头喷嘴口径及整流器内间隙小于水泵进水滤网孔径时，泵前吸水口外需增设细滤网，网眼直径不大于5 mm。

(2) 管网。

水景管网的基本形式可分树枝式管网、环状管网、组合管网（即将树枝式管网及环状管网组合成混合式管网）。

配水管宜环状布置，宜采用不锈钢管、铜管和塑料管等耐腐蚀管材。水力计算同小区给水管网的水力计算，可按表7.2中流速控制要求确定管径，管网的水力计算同小区给水管网的枝状及环状管网。

表7.2 管道设计流速 m/s

管径	≤25	32～50	70～100	>100
钢管和不锈钢管	≤1.5	≤2.0	≤2.5	3.0
钢管和塑料管	≤1.0	≤1.2	≤1.5	≤2.0

(3) 阀门。

喷头支管上的调节阀可用不锈钢或铜球阀，水泵出水管上或干管上可用与管材相同的蝶阀，两台水泵并联时每台水泵出水管上应装止回阀，一般选用蝶式止回阀。程控、声控水景需设自动控制阀门，如电磁阀、调节阀等。

(4) 喷头。

根据设计的水景造型选择不同功能的喷头，一般选用铜或不锈钢材质的喷头；喷头前的直管段小于10倍喷口公称直径时，应装整流器。喷头的形式较多，有直流式喷头、吸气（水）式喷头、旋流式喷头、缝隙式喷头、环隙式喷头、折射式喷头、组合喷头等，如图7.17所示。

喷嘴的流量计算表示式为

$$q = \mu f \sqrt{2gh} \tag{7.6}$$

式中 q ——喷头流量，m^3/s；

μ ——喷头流量系数，$\mu = \varepsilon\varphi$，ε 为水流断面收缩系数，φ 为喷嘴流速系数，见表7.3；

f ——喷头面积，m^2；

h ——喷头处水压，m。

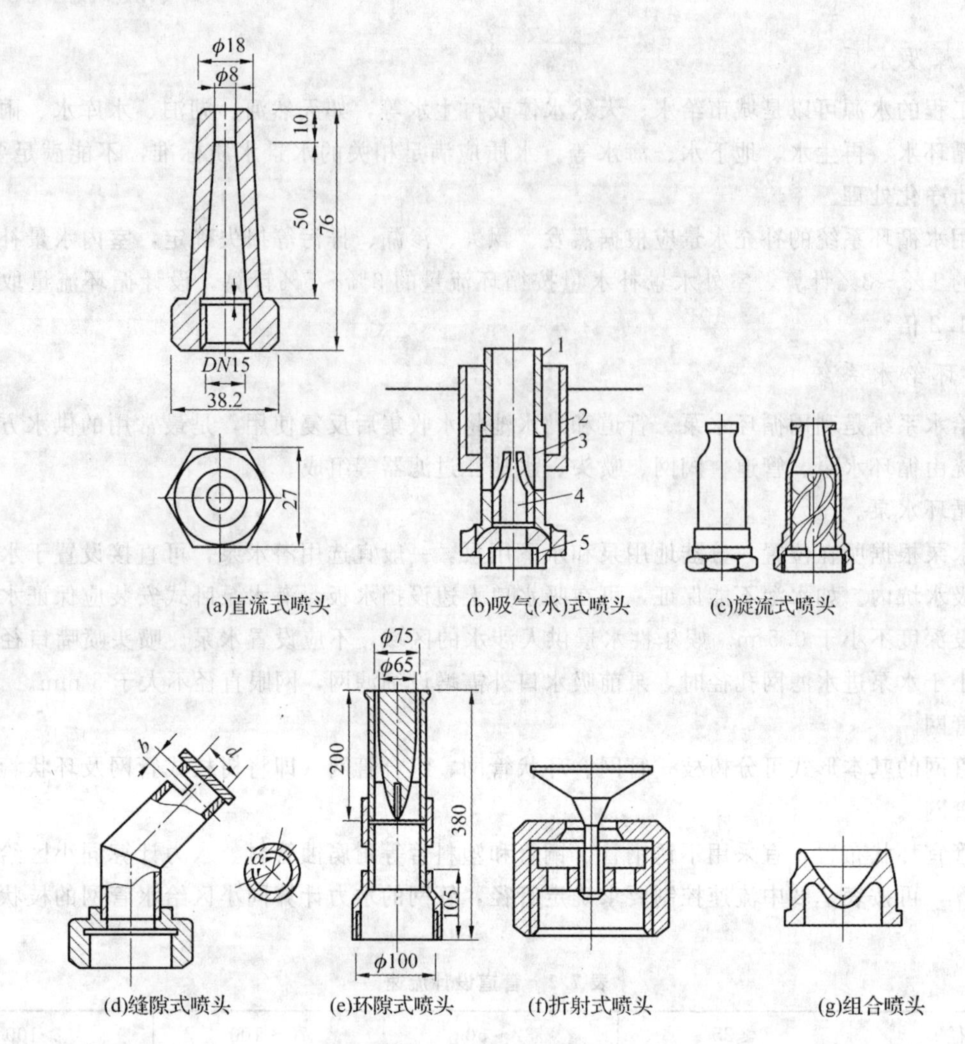

(a)直流式喷头　(b)吸气(水)式喷头　(c)旋流式喷头

(d)缝隙式喷头　(e)环隙式喷头　(f)折射式喷头　(g)组合喷头

图 7.17　水景组成图

1—内筒；2—外筒；3—吸水吸气口；4—喷嘴；5—球形接头

表 7.3　喷头形式及喷嘴流量系数、流速系数、水流断面收缩系数表

喷头形式	略图	μ	φ	ε	备注
薄壁孔	H d S	0.60～0.61	0.97	0.64	H—喷头工作压力
外管嘴	H d t	0.82	0.82	1.00	l=（2～5）d
流线型喷头	H d t	0.97	0.98	1.00	
渐缩形喷头	H θ	0.91	0.96	0.98	收缩角 θ12～15°
渐扩形喷头	H θ	0.45～0.50	0.45～0.50	1.00	θ5～7°

由于喷头需要长期浸泡在水中或暴露于大气中，并喷射出高压水柱，因此选用的材料应满足摩擦阻力小、能量损耗低、噪音低、耐磨耐久、不生锈、质量较轻、易于加工制造、表面光洁美观、市场供应充足、价格比较便宜、便于维修更换等要求。

首选的喷头材料是铜材。特殊喷头如高喷、超高喷泉的喷头、水幕电影的水幕喷头等，由于喷头尺寸大、强度要求高，一般可采用不锈钢或铝合金材料。喷射高度低、规模较小的喷泉，可采用陶瓷、玻璃、工程塑料或尼龙等材料制作的喷头。

3. 水池

水池可分为利用天然水体水池、水景专用水池、旱喷喷泉的水池。水池的水深应满足管道、设备等要求，其有效容积（水泵吸水口以上的水容积）应不小于 5～10 min 的最大循环流量，在水流回流管路较长时采用较大值，水流直接回落水池时，采用最小值。池底有不小于 0.005 的坡度坡向集水沟、泄水口或集水井。若用潜水泵作为循环供水水泵，循环水池即水景的承接水池；若用离心泵作为循环水泵时，水景的承接水池可兼作为离心泵的吸水井，离心泵房应另建。

4. 过滤

小型水景可在水泵前加过滤网；大型水景、在空气中暴露时间长或水的流程很长时，往往需要设单独的过滤器，同时还要有加药设备。大型水景的过滤设备有泵前过滤器、过滤罐。泵前过滤器主要去除较粗大的无机杂质与毛发纤维等，避免对水泵叶轮造成磨损与堵塞。这种过滤器直接安装在水泵的吸水管上，水处理流程如图 7.18 所示。高速过滤罐的滤料有两种：石英砂、硅藻土。

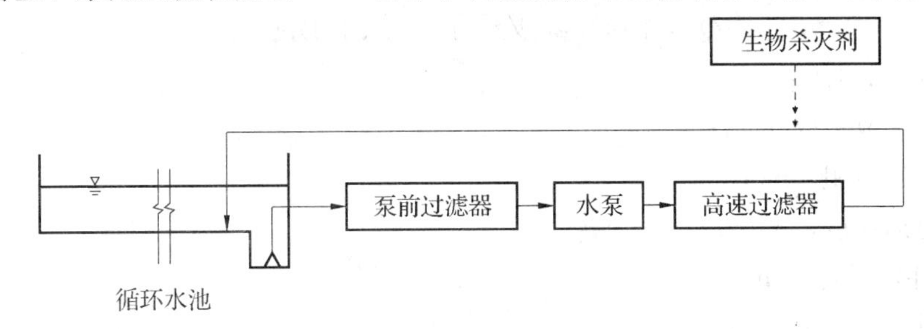

图 7.18　水处理流程图

5. 消毒

消毒的目的在于杀灭水中的细菌，控制藻类生长及氧化有机物。水景水的消毒方法主要有氯与臭氧消毒两种方法。室外水景水用氯消毒比较经济。室内水景水因与人们接触距离较近，空气较少流通，为了避免对人们的嗅觉刺激及对设备、管道的腐蚀，宜选择臭氧消毒。

（1）臭氧消毒。

臭氧的投加量一般为 0.6～0.8 mg/L。根据此投加量与循环水量，可计算出所需臭氧发生器的容量。若循环水流量 $Q=300\ m^3/h$，则需臭氧发生器容量为 300×0.6＝180（g/h）。

臭氧发生器的气源有两种：以氧气为气源，以空气为气源。前者产生的臭氧浓度可达 5%，即 70 mg/L 以上。

臭氧投加的方法有全流投加与半流投加两种，必须使水景水与臭氧充分混合反应，才能有效消毒。半流式臭氧投加系统投加在部分水景水中，经臭氧反应罐反应后再与另一部分水景水混合，达到消毒目的。

（2）氯气消毒。

氯气消毒的方法有次氯酸钠发生器、液氯及氯片。氯消毒剂的投加量宜为 1.0～3.0 mg/L（以有效氯计）。如采用硅藻土过滤罐，氯消毒剂投加量可按 1.0 mg/L 计算。

7.2.3 水景排水

在水池的周围应设排水设施，维修、停用时可将池水排至雨水管道或天然水体，排至污水管道时应有可靠的防倒流措施。

水池排水主要有水池溢流管和排空管两套体系。溢流管是循环补水时，水池溢出水的收集，排空管是在清洗时排出池内水的设施。

1. 水池溢流管

为了保持水池的水位恒定和避免池水从池壁顶面溢出池外，必须采用溢流管，溢流管的形式有堰口式、漏斗式、管口式、联通管式。

堰口式溢流管设在池壁上的溢流堰，这种形式的溢流设备比较隐蔽，也便于撇除水面上的漂浮物，如图 7.19（a）所示。漏斗式的溢流设备由喇叭口、滤网及溢流管组成，滤网的作用是撇除水面漂浮物，如图 7.19（b）所示。管口式溢流管埋于池壁内，进水口前安装滤网，以便撇除水面的漂浮物，如图 7.19（c）所示。联通管式溢流管是把水池的溢流管与放空管安装在一起，通过闸门及通气孔的作用，既可放空池水又可起溢流作用，其建造比较复杂，由放空管、阀门、联通管、通气孔及窨井组成。打开阀门即可放空池水，关闭阀门，即起溢流管的作用，如图 7.19（d）所示。

溢流管直径为供水管直径的 1.5 倍，漏斗口的直径 D 为溢流管直径的 1.5 倍。各种溢流形式的溢流管溢流量用下式计算：

$$Q = 1\,000\mu\omega\sqrt{2gH} = 6\,815DH^{3/2} \tag{7.7}$$

式中 Q——溢流量，L/s；

μ——溢流系数，取 0.49；

ω——漏斗的面积，m^2；

g——重力加速度，$g=9.81\ m/s^2$；

H——漏斗淹没深，m；

D——漏斗上口直径，m。

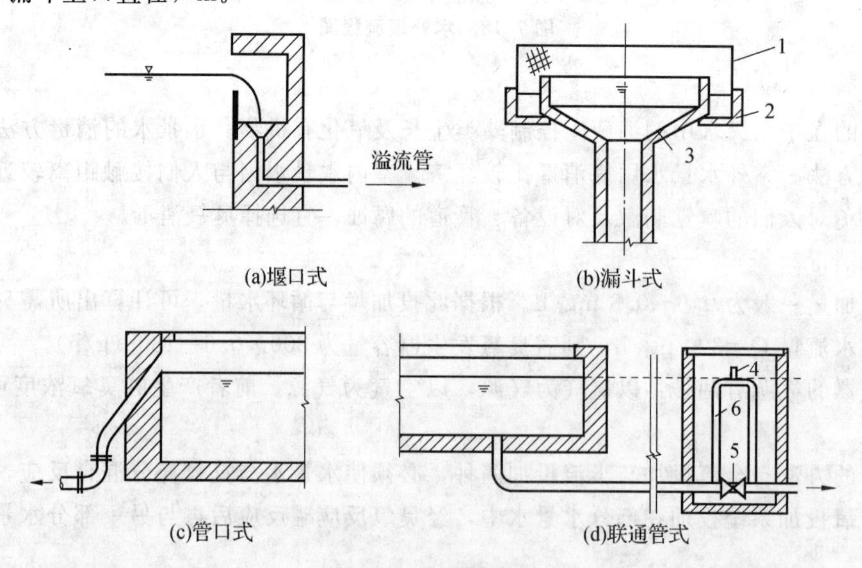

图 7.19 溢流管图

1—滤网；2—滤网托盘；3—漏斗；4—通气孔；5—阀门；6—联通管

2. 放空管

为了维修、清洗、防止水景暂停使用时水质受污染以及防止冬季结冰，水池需放空，故应设水池放空管。

水池应尽量采用重力放空，大型水池应设置放空管与阀门，小型水池可设泄水塞；为防止放空管堵塞，放空管的进水口应设置格栅或滤网。

放空管的水力计算主要是根据水景规模，选定合适的放空时间，然后确定放空管直径。放空时间表示为

$$T = 0.56 \frac{A}{\varepsilon\omega}\sqrt{\frac{H}{2g}} = 0.26 \frac{A}{d^2}\sqrt{H} \tag{7.8}$$

式中 T——放空时间，取 8～24 h，计算时单位用 s；

A——水池面积，m^2；

ε——放空口断面收缩系数，可取 0.62；

ω——放空管断面积，m^2；

H——开始放空时的平均水深，m；

d——放空管直径，m；

g——重力加速度，m/s^2。

一般先选择放空时间 T（单位为 s），用式（7.8）计算放空管直径 d，如水池面积为 700 m^2，水深 1 m，拟 8 h 将池水放空，求放空管直径方法如下：

$$d = \sqrt{\frac{0.26 \times 700}{8 \times 3\ 600}} \sqrt[4]{1}\ \text{m} \approx 0.795\ \text{m}$$

因此，放空管直径选 $DN80$。

【知识拓展】

水景的发展规模兴起于工业企业、公共建筑的点缀，然后渐成为大、中、小城市的标志，风景区的品牌，旅游区的主题，纪念性设施等，再向和人们生活息息相关的居住小区、所谓“水景住宅”普及与渗透。我国房地产企业家诠释现代人的这种择居心理，千方百计以水作为要素，引水、“借水”，或人造水景，以满足“智者乐水，仁者乐山”，择水而居的趋势，提高住宅区的品牌与价值。

水景艺术在发展的初期，主要以观赏性为主。参与性与趣味性的水景艺术如跳泉、踩泉、光亮泉、马蹄形水道、旱式喷泉、会唱歌的喷泉，使人既得到艺术享受又能与水融合一起，尽情嬉戏。

水景艺术的控制方式，由开始时的小型人工控制水景发展到程序控制、外接音乐控制、电脑音乐控制，使人造水景艺术成为变幻的雕像，有形的音乐，壮丽的舞台，缥缈的幽境，使人造水景成为独立的艺术门类。

【重点串联】

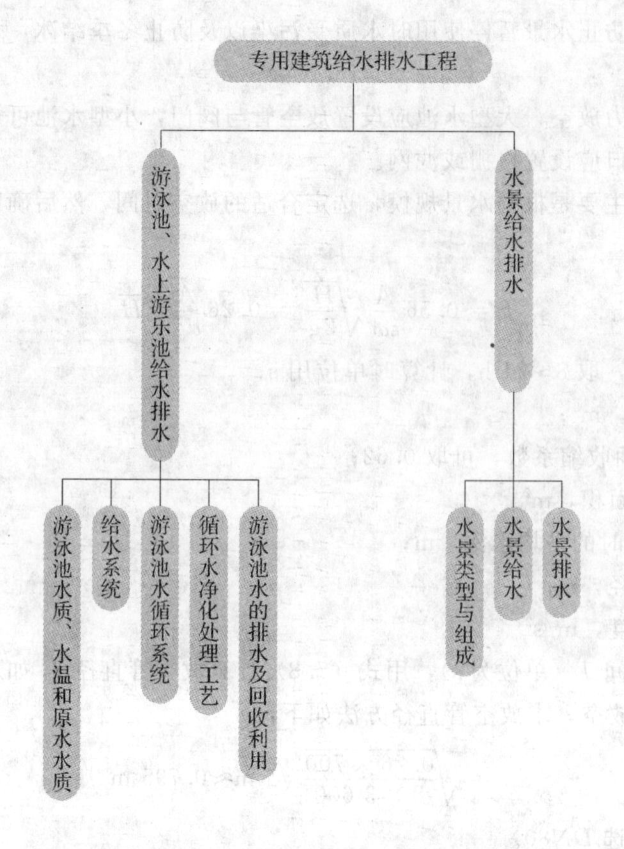

【知识链接】

质量标准与安全技术：

1. 游泳池给水排水设计可参见中华人民共和国行业标准《游泳池给水排水技术规程》（CJJ 122—2008）。

2. 水景喷泉的设计可参见中国工程建设标准化协会标准《水景喷泉工程技术规程》(CECS 218)。

拓展与实训

职业能力训练

一、填空题

1. 竞赛类游泳池的水温稍低有利于出好成绩，温度应为________℃。

2. 人工游泳池的给水系统有三种方式，有________、________和循环供水方式。

3. 游泳池循环系统由________、________、________、净化处理设备、附属构筑物等组成。

4. 根据水流的基本形态，水景可以分为________、________、________、________等多种形式。

5. 水景循环给水系统由________、________、________、________、水池、过滤器等组成。

二、选择题

1. 游泳池水的排水分为池岸排水和（　　）两种方式。

A. 池水泄水　　B. 溢流　　C. 压力排水　　D. 重力排水

2. 循环给水管道内的水流速度不宜超过（　　）m/s，循环回水管道内的水流速度宜采用 0.7～1.0 m/s。

A. 1.0 m/s　　B. 1.5 m/s　　C. 2.0 m/s　　D. 2.5 m/s

3. 水景的给水系统分为（　　）和循环式两种。

A. 重力给水　　B. 压力给水　　C. 直流式　　D. 分流式

4. 水景工程的水源不可以用（　　）。

A. 城市给水　　B. 天然水体　　C. 再生水　　D. 生活排水

三、简答题

1. 游泳池水处理工艺主要有哪些？
2. 游泳池排水回收利用的去处有哪些？
3. 设置放空管的目的是什么？
4. 什么是水景？

模块 8

建筑给水排水设计程序、竣工验收及运行管理

【模块概述】

本模块系统地介绍了建筑给水排水工程的设计程序，包括方案设计、初步设计和施工图设计，以及设计的深度和内容；同时应注意与相关专业设计人员的协调与配合也显得更加重要，应具有综合专业能力。

建筑给水排水工程竣工验收，包括生活给水系统、热水供应系统、管道直饮水系统、消防给水系统和排水系统；本模块系统地介绍了工程验收的标准、程序和应准备的资料。

建筑给水排水系统的运行管理，包括日常保养、维护和运行管理；本模块系统地介绍了管理方式、管理内容以及系统常见故障的处理方法。

【知识目标】

1. 熟悉建筑给水排水工程设计的程序和内容及综合布线的原则；
2. 掌握建筑给水排水工程竣工验收的程序和内容；
3. 掌握系统维护管理和日常运行管理的方式及要求。

【技能目标】

1. 能进行一般建筑给水排水工程施工图设计；
2. 具有与其他专业协调配合的能力；
3. 能运用建筑给水排水工程验收的评定标准及处理工程中问题；
4. 具备给水排水系统日常维护及运行管理的能力；
5. 具有排除给水排水系统常见故障的能力。

【课时建议】

3～4 课时

工程导入

1. 设计任务

根据上级有关部门批准的任务书，拟在哈尔滨某大学建一栋普通8层住宅，总面积近4 800 m^2，每个单元均为2户，每户厨房内设洗涤盆1个，卫生间内设浴盆、洗脸盆、大便器（坐式）及地漏各1个。本设计任务是建筑单位工程中的给水（包括消防给水）、排水和热水供应等工程项目。

2. 设计资料

(1) 建筑设计资料。

建筑设计资料包括建筑物所在地的总平面图、建筑剖面图、单元平面图和建筑各层平面图。

本建筑物为8层，除顶层层高为3.0 m以外，其余各层层高均为2.8 m，室内、室外高差为0.9 m，哈尔滨地区冬季冻土深度为2.0 m。

(2) 小区给水排水资料。

建筑南侧的道路旁有市政给水干管作为该建筑物的水源，其口径为*DN*300 mm，常年可提供的工作压力为150 kPa，管顶埋深为地面以下2.20 m。

城市排水管道在该建筑物的北侧，其管径为*DN*400 mm，管内底距室外地坪2.20 m。

3. 系统选择

(1) 建筑给水系统选择。

该建筑室内给水系统的供水应采用水泵和贮水池联合工作的方式。即把室外给水管网所提供的满足《饮用水卫生标准》的自来水送至贮水池，再通过水泵加压送到各用户。

(2) 建筑消防给水系统选择。

该建筑室内消防给水系统按建筑消防规范的规定，采用单独的消火栓给水系统。10 min室内消防用水由设于泵房内的消防气压罐满足，设两台专用消防水泵满足室内消防用水的水量和水压要求，并通过两条引入管送入室内。每个消火栓口径为50 mm，水枪喷嘴直径为13 mm，充实水柱长度为10 m，水龙带长度为25 m，消防泵直接从消防水池抽水。

(3) 建筑热水系统选择。

室内热水采用集中热水供应系统，即冷水经设于该建筑附近泵房中的容积式加热器加热后，经室内热水管网输送到用水点。蒸汽来自锅炉房，凝结水采用余压回水系统流回锅炉房的凝结水池。热水管网采用下行上给式半循环的供水方式，每日全天24 h供应热水。加热器热水出水温度为70 ℃，冷水计算温度为8 ℃。

(4) 建筑排水系统选择。

该建筑排水系统采用合流制排放，即生活污水和生活废水通过一根排出管排向室外，经化粪池处理后排入城市排水管网。

排水系统由卫生器具、排水管道、通气管道、检查口、清扫口、室外检查井、化粪池等组成。排水管道的室外部分采用混凝土管，室内部分采用建筑排水硬聚氯乙烯（UPVC）管，粘接。

通过上面的设计实例，你能完成该建筑给水排水的设计内容吗？当设计完成后，你可以进行竣工验收吗？当该建筑投入使用后，怎样才能保证给水排水系统的正常稳定运行？

8.1 设计程序和设计内容

8.1.1 设计程序

建筑给水排水工程是建筑物整体工程设计的一部分，其程序与整体工程设计是一致的。

一般建筑物的兴建，通常是先由建设单位（甲方）根据建筑工程要求，提出申请报告（工程计划任务书），说明建设用途、规模、标准、投资估算和工程建设年限，并申报政府建设主管部门批准，列入年度基建计划。经建设主管部门批准后，由建设单位委托设计单位（乙方）进行工程设计。

在上级批准的设计任务书及有关文件（包括建设单位的申请报告、上级批文、上级下达的文件等）齐备的条件下，设计单位才可接受设计任务，开始组织设计工作。

8.1.2 设计内容

1. 设计阶段的划分

一般的工程设计项目可划分为两个阶段：初步设计阶段和施工图设计阶段。

规模较大或较重要的工程项目，可分为三个阶段：方案设计阶段、初步设计阶段和施工图设计阶段。

2. 设计内容和要求

（1）方案设计。

进行方案设计时，应先从建筑总图上了解建筑平面位置、建筑外形特点、建筑层数及用途、建筑物周围地形和道路情况。还需要了解市政给水管道的具体位置和允许连接引入管处管段的管径、埋深、水压、水量及管材；了解排水管道的具体位置、出户管接入点的检查井标高、排水管径、管材、排水方向和坡度，以及排水体制。掌握当地政府及相关主管部门对供水、排水的规定，以及对中水回用、节能等方面的政策要求。兼顾业主对建筑给水排水的切合实际的具体要求。必要时，应到现场踏勘，落实上述数据是否与实际相符。

方案设计的具体工作如下：

① 根据建筑使用性质，计算总用水量，并确定给水、排水设计方案。

② 向建筑专业设计人员提供给水排水设备（如水泵房、锅炉房、水池、水箱等）的安装位置、占地面积等。

③ 编写方案设计说明书。

（2）初步设计。

初步设计是将方案设计确定的系统和设施，用图纸和说明书完整地表达出来。

① 图纸内容。

a. 给水排水总平面图：应反映出室内管网与室外管网的连接方式。内容有室外给水、排水及热水管网的具体平面位置和走向。图上应标注管径、地面标高、管道埋深和坡度（排水管）、控制点坐标，以及管道布置间距等。

b. 平面布置图：表达各系统管道和设备的平面位置。通常采用的比例尺为1：100，如管线复杂时可放大至1：50～1：20。图中应标注各种管道、附件、卫生器具、用水设备和立管（立管应进行编号）的平面位置，以及管径和排水管道的坡度等。通常是把各系统的管道绘制在同一张平面布置图上，当管线错综复杂，在同一张平面图上表达不清时，也可分别绘制各类管道的平面布置图。

c. 系统布置图（简称系统图）：表达管道、设备的空间位置和相互关系。各类管道的系统图要分别绘制。图中应标注管径、立管编号（与平面布置图一致）、管道和附件的标高，排水管道还应标注管道的坡度。

d. 设备材料表：列出各种设备、附件、管道配件和管材的型号、规格、材质、尺寸和数量，供概、预算和材料统计使用。

e. 图纸目录：列出编有图纸序号的所有图纸和说明。

② 初步设计说明书，内容主要包括：

a. 计算书：各个系统的水力计算、设备选型计算。

b. 设计说明：主要说明各种系统的设计特点和技术性能，各种设备、附件、管材的选用要求及所需采取的技术措施（如水泵房的防震、防噪声技术要求等）。

（3）施工图设计。

施工图设计应形成所有专业的设计图纸：含图纸目录，说明和必要的设备、材料表，并按照要求编制工程预算书。施工图设计文件，应满足设备材料采购，非标准设备制作和施工的需要。

① 图纸内容。在初步设计图纸的基础上，补充表达不完善和施工过程中必须绘出的施工详图，保证审图与施工的正常进行。施工图图纸内容主要包括：

a. 卫生间大样图（平面图和管线透视图）。

b. 地下贮水池和高位水箱的工艺尺寸和接管详图。

c. 泵房机组及管路平面布置图、剖面图。

d. 管井的管线布置图。

e. 设备基础留洞位置及详细尺寸图。

f. 某些管道节点大样图。

g. 某些非标准设备或零件详图。

② 施工说明。施工说明是用文字表达工程绘图中无法表示清楚的技术要求，要求写在图纸上作为施工图纸发出。编写施工说明时应注意：一定要引用最新版本的相关技术规范以及新版标准图，避免使用旧版资料；设计说明必须与图纸一致，说明文字的针对性要强。施工说明主要内容包括：

a. 说明管材的防腐、防冻、防结露技术措施和方法，管道的固定、连接方法，管道试压、竣工验收要求及一些施工中特殊技术处理措施。

b. 说明施工中所要求采用的技术规程、规范和采用的标准图号等一些文件的出处。

c. 说明（绘出）工程图中所采用的图例。所有图纸和说明应编有图纸序号，写出图纸目录。

③ 施工图变更。在施工图已交付施工后，往往会遇到施工图变更的问题，在特定情况下，甚至会有较多的变更。这不仅发生在规范性较差的建设场合，也经常发生在诸如奥运会、世博会场馆建设这样的国际级大项目中。一方面设计单位会对原设计本身存在的缺陷进行加工修改，另一方面施工单位为适应现场条件变化而提出设计变更，还有时是因为业主投资额发生重大变化而提出变更。

由于施工图变更，会导致工程材料种类数量、建筑功能、结构、技术指标、施工方法等都发生改变，因此施工图变更必须谨慎实施。必须先确定变更的必要性，必须严格按照国家相关建设程序及监理规范进行变更。在变更中严格控制投资，保证变更后的高质量、快进度、低投资。

8.1.3 与其他有关专业的相互配合

给水排水专业在设计中与各专业之间的配合协调工作应该谨慎认真对待，并且全过程均应贯彻 ISO 9000 质量管理体系的要求，做好书面记录，填写互提资料单并注意保存，以备日后审查翻阅。

1. 给水排水专业与建筑专业

在设计最初，水专业应该向建筑专业提供基础技术数据，如水池、水箱的位置、容积和工艺尺寸要求；给水排水设备用房面积和高度要求；各管道竖井位置和平面尺寸要求等。而建筑专业应该负责提供给各专业准确详尽的平面条件，并对所设计的建筑提出设计文字要求作为基本依据。在施工图设计过程中，给水排水专业设计中的一些重要组成部分，如水泵房设计、消防电梯集水坑位置设置、屋顶通气帽设置等，都是比较容易出现问题的地方。给水排水专业应积极主动与建筑专业沟通配合，并应根据本专业情况给建筑专业指出考虑疏漏之处，不要消极等待，默视发现的问题而机械地完成任务，这样只会积累矛盾，增加后续过程的返工量，甚至造成不可行。比如，在公共建筑设计中，残疾人卫生间的设置作为新生强制条文出现，但有些缺乏经验的建筑师常常忽略了，这样当有经验的水专业设计者发现时，应及时提出，把问题在初始阶段解决掉，避免时间精力的大量浪费。

2. 给水排水专业与结构专业

给水排水专业在设计过程中与结构专业的配合至关重要，因为结构专业在建筑设计中与建筑专业同是主体专业，结构设计的优劣事关整个建筑设计的成败，说严重些是人命关天的大事。因此在配合设计过程中一定要采取认真仔细的态度，另一个原因是结构专业在施工过程中往往是一次性不可逆的，混凝土浇注成型后再想开洞，就非常困难了，即使是花费大量的人力和资金，后开洞的效果多少会对原结构产生破坏。因此，给水排水专业应及时准确地向结构专业设计人员提供：水池、水箱的具体工艺尺寸、设置位置，水的荷重；预留孔洞位置及尺寸（如梁、板、基础或地梁等预留孔洞）等主要技术数据。

另外，也有结构专业决定水专业设计的特殊情况。例如在车库或大型商场的设计过程中，自喷系统必不可少，在选择自喷系统的喷头类型时，需要注意结构顶板是何种形式，如果是无梁楼盖，喷头就应选择下垂型；如果是井字梁形式，则应该选择直立型，将主干管布置在主梁下，利用梁高与板厚之间的高度差布置喷头，既可以节省空间高度，又可以达到快速启动喷头的目的。这就需要专业间条件了解到位，避免无谓的返工。

3. 给水排水专业与暖通专业

给水排水专业与暖通专业经常会发生碰撞的有两处，一是卫生间洁具、地漏、给水排水管线等与采暖系统散热器立支管以及散热器之间的摆放位置；二是车库或地下设备层中给水排水管道与暖通专业风管、水管之间在水平位置和纵向标高上的碰撞。对此通常采取的解决方法是水、暖通、建筑三个专业从方案阶段就加强联系了解，对所有可能发生冲突的位置逐一确认协调，合理避让，最后经各专业确认无误后统一执行。千万不要认为事小而把问题留到最后。

另外，在与暖通专业配合的条件中，还有锅炉房、热交换站等处需要为用水设备预留水点，包括位置、水量、管径、水压甚至水质要求等，而实际设计中此类条件往往被对方忽视，这也要求水专业采取主动，确认是否存在条件不明确或不完整的情况，及时补救。否则一旦产生漏项，等到施工时再解决就很被动。同样，在地下室暗卫生间、水专业设备用房的通风要求上，也常出现类似问题。

4. 给水排水专业与电力专业

给水排水专业的各种用电设备，如水泵，均需要电力专业配电才能发挥其作用。但是另一方面有了这个伙伴专业，许多矛盾也伴随而生。例如规范规定电力专业的变配电室等安放变配电设备的房间，甚至是电表箱上方都不允许存在滴漏可能的水管进入或穿越，因此，当设计中遇到此类情况，不管之前自己考虑布置管线有多完美，一旦撞上变配电室就只能绕道而行。避免此类问题发生的最有效的做法就是在开始布置管线系统之前，事先考虑到电专业的位置，注意避让，然后布置成型后再多与电专业沟通，通报自己的设计想法、图面安排，这样能及早发现矛盾冲突点。最忌闭门造车，闷头只顾完成自己的图纸，待到出图会签时才发现，到时刮刮图纸是小改动，牵扯到其他多个专业的改动已经很难实现，尤其是土建结构专业的改动就更困难。

水泵的位置和电机耗电功率参数应该早在一次提出条件时就应该确定提供给电专业，同时对该设备的启停控制，是否设置备用，以及有无同时使用等情况做详细要求。再有，需要给电专业配合的消防设施控制、信号的传递、消火栓箱中的消防按钮、自控系统中的信号阀门、水流指示器以及预作用系统末端的快速排气阀等处的设置位置，都应该准确详细地及时提供给电专业。一旦考虑不周，后期再改动数量或位置时，也应及时负责地通知其他专业进行实时修改，必要时发变更通知，不要简单地推给施工现场处理。

5. 水专业与预算专业

水专业与预算专业沟通的效果直接决定了工程的预算。在设计完成后，水专业应向预算专业准确地提供设备材料表（列出各种设备、附件、管道配件和管材的型号、规格、材质、尺寸和数量）及文字说明；设计图纸；并协助提供掌握的有关设备单价。

8.1.4 管线工程综合设计原则

现代建筑的功能越来越复杂，一幢建筑物的完整设计可能包含着水、气、暖、电等范畴的十几种管线。各类设备管线的布置、敷设与安装极易在平面和立面上出现相互交叉、挤占、碰撞的现象。所以布置各种设备、管线时应统筹兼顾，合理布局，做到既能满足各专业的技术要求，又布置整齐有序、便于施工和以后的维修。为达到上述目的，给水排水工程专业人员应注意与其他专业密切配合、相互协调。

1. 管线综合设计原则

（1）隔离原则。电缆（动力、自控、通信）桥架与输送液体的管线应分开布置，以免管道渗漏时，损坏电缆或造成更大的事故。若必须在一起敷设，电缆应考虑设套管等保护措施。

（2）先重力、后压力原则。首先保证重力流管线的布置，满足其坡度的要求，达到水流通畅。

（3）兼顾施工顺序。先施工的管线在里边，需保温的管线放在易施工的位置。

（4）先大后小原则。先布置管径大的管线，后考虑管径小的管线。

（5）分层原则。分层布置时，由上而下按蒸汽、热水、给水、排水管线顺序排列。给水管线避让排水管线，利于避免排水管堵塞。

（6）冷热有序。冷水管线避让热水管线，热水管线避让冷冻水管线。

（7）临时管线避让长久管线。低压管线避让高压管线。金属管线避让非金属管线。

2. 管线布置

（1）管沟布置。

管沟有通行和不通行之分。不通行管沟，管线应沿两侧布置，中间留有施工空间。发生事故时，检修人员可爬行进入管沟检查管线。可通行管沟，管线沿两侧布置，中间留有通道和施工空间。

（2）管道在竖井内的布置。

管道竖井分能进入和不能进入的两种。规模较大建筑的专用管道竖井，每层留有检修门，可进入管道竖井内施工和检修。当竖井空间较小时，布置管线应考虑施工的顺序。较小型的管道竖井，或称专用管槽。管道安装完毕后再装饰外部墙面，安装检修门。

在高层建筑中，管道竖井面积的大小影响着建筑使用面积的增减，因此各专业竖井的合并很有必要。给水管道、排水管道、消防管道、热水管道、采暖管道、冷冻水管道、雨水管道等可以合并布置于同一竖井内。但是当排水管道、雨水管道的立管需靠近集水点而不能与其他管线靠拢时，宜单独设立竖井。

(3) 吊顶内管线布置。

由于吊顶内空间较小，管线布置时应考虑施工的先后顺序、安装操作距离、支托吊架的空间和预留维修检修的余地。管线安装一般是先装大管，后装小管；先固定支、托、吊架，后安管道。

楼道吊顶内的管线布置，因空间较小，电缆也布置在吊顶内，需设专用电缆槽保护电缆。

地下室吊顶内的管线布置，由于吊顶内空间较大，可按专业分段布置。此方式也可用于顶层闷顶内的管线布置。为防止吊顶内敷设的冷水和排水管道有凝结水下滴影响顶棚美观，应对冷水和排水管线采取防结露措施。

(4) 技术设备层内管线布置。

技术设备层空间较大，管线布置也应整齐有序，便于施工和日后的维修管理，宜采用管道排架布置。由于排水管线坡度较大，可用吊架敷设，便于调整管道坡度。管线布置完毕，与各专业技术人员协商后，即可绘出各管道布置断面图，图中应标明管线的具体位置和标高，并说明施工要求和顺序。各专业即可按照给定的管线位置和标高进行施工设计。

8.2 建筑给水排水工程竣工验收

竣工验收是建筑给水排水工程建设的一个重要阶段，是整个施工过程的最后一个程序，也是工程项目管理的最后一项工作。按《建筑给水排水及采暖工程施工质量验收规范》(GB 50242—2002)及相关规范的要求进行。

8.2.1 建筑给水工程竣工验收

1. 验收资料

建筑内部给水系统施工安装完毕，进行竣工验收时，应出具下列文件：

(1) 施工图纸（包括选用的标准图集及通用图集）和设计变更。

(2) 施工组织设计或施工方案。

(3) 材料和制品的合格证或试验记录。

(4) 设备和仪表的技术性能证明书。

(5) 水压试验记录、隐蔽工程验收记录和中间验收记录。

(6) 单项工程质量评定表。

2. 管道试压

建筑内部给水管道安装完毕即可进行水压试验，试验压力为工作压力的1.5倍，且不得小于0.6 MPa，不得大于1.0 MPa。具体水压试验步骤如下：先将室内给水引入管外侧用堵板或堵头封堵，室内各配水设备（如水嘴、球阀等）一律不得安装，并将敞开管口堵严；在试压系统的最高点设排气阀，以便向系统充水时排气，并对系统进行全面检查，确认无遗漏项目时，即可向系统内充水加压。试验时，升压不能太快。当升至试验压力时，停止升压，开始记试压时间，并注意压力的变化情况，在10 min内压力降不得超过0.05 MPa为强度试验合格。之后将试验压力降至工作压力对管网做全面外观检查，以不漏不渗为严密性试验合格。

试压合格后，要及时填写“管道系统试验记录”，并交相关人员签字。

试压注意事项：

(1) 试压时，一定要排尽空气，若管线过长可在最高处（或多处）排空。

(2) 试压时，应保证压力表阀处于开启状态，直至试压完毕。

(3) 试压时，如发现螺纹或配件处有小的渗漏，可上紧至不漏为合格，若渗漏较大则需将水排出后再进行修理。

(4) 若气温低于 5 ℃，应用温水进行试压，并采取防冻措施。试压完毕应反时将管网内的存水放净，不得隔夜，以免冻坏管道。

(5) 隐蔽管道要在隐蔽前进行试压。

管道在试压完成后即可做冲洗。冲洗以图纸上提供的系统最大设计流量进行（如果图纸没有，则以流速不小于 1.5 m/s 进行，可以用秒表和水桶配合测量流速，计量 4 次取平均值），用自来水连续进行冲洗，直至各出水口水色透明度与进水目测一致为合格。冲洗合格后办理验收手续。进户管、横干管安装完成后可进行冲洗，每根立管安装完成后可单独冲洗。管道未进行冲洗或冲洗不合格就投入使用，可能会引起管道堵塞。

交工前按《建筑给水排水及采暖工程施工质量验收规范》(GB 50242—2002) 要求做给水系统通水试验，按设计要求同时开启最大数量的配水点，检查能否达到额定流量，通水试验要分系统分区段进行。试验时按立管分别进行，每层配水支管开启 1/3 的配水点，阀门开到最大，观察出水量是否很急，以手感觉到有劲为宜。

3. 验收

(1) 建筑给水管道安装的质量验收规范。

《建筑给水排水及采暖工程施工质量验收规范》(GB 50242—2002) 中，有关建筑室内给水系统安装有如下规定：

① 本规范适用于工作压力不大于 1.0 MPa 的建筑室内给水和消火栓系统管道安装工程的质量检验与验收。

② 给水管道必须采用与管材相适应的管件。生活给水系统所涉及的材料必须达到饮用水卫生标准。

③ 管径小于或等于 100 mm 的镀锌钢管应采用螺纹连接，套丝扣时破坏的镀锌层表面及外露螺纹部分应做防腐处理；管径大于 100 mm 的镀锌钢管应采用法兰或卡套式专用管件连接，镀锌钢管与法兰的焊接处应二次镀锌。

④ 给水塑料管和复合管可以采用橡胶圈接口、粘接接口、热熔连接、专用管件连接及法兰连接等形式。塑料管和复合管与金属管件、阀门等的连接应使用专用管件连接，不得在塑料管上套丝。

⑤ 给水铸铁管管道应采用水泥捻口或橡胶圈接口方式进行连接。

⑥ 铜管连接可采用专用接头或焊接，当管径小于 22 mm 时宜采用承插或套管焊接，承口应迎介质流向安装；当管径大于或等于 22 mm 时宜采用对口焊接。

⑦ 给水立管和装有三个或三个以上配水点的支管始端，均应安装可拆卸的连接件。

⑧ 冷、热水管道同时安装应符合规范规定。

⑨ 管道穿过结构伸缩缝、抗震缝及沉降缝敷设时，应根据情况采取保护措施。

⑩ 管道支、吊、托架的安装，应符合规范规定。

(2) 允许偏差。

① 建筑内部给水管道和阀门安装的允许偏差应符合表 8.1 的规定。

② 建筑内部给水设备安装的允许偏差应符合表 8.2 的规定。

③ 管道及设备保温层的厚度和平整度的允许偏差应符合表 8.3 的规定。

表 8.1　管道和阀门安装的允许偏差和检验方法

项次	项目			允许偏差/mm	检验方法
1	水平管道纵横方向弯曲	钢管	每米全长 25 m 以上	1≤25	用水平尺、直尺、拉线和尺量检查
		塑料复合管	每米全长 25 m 以上	1.5≤25	
		铸铁管	每米全长 25 m 以上	2≤25	
2	立管垂直度	钢管	每米 5 m 以上	3≤8	吊线和尺量检查
		塑料复合管	每米 5 m 以上	2≤8	
		铸铁管	每米 5 m 以上	3≤10	
3	成排管段和成排阀门		在同一平面上间距	3	尺量检查

表 8.2　建筑内部给水设备安装的允许偏差和检验方法

项次	项目			允许偏差/mm	检验方法
1	静置设备	坐标		15	经纬仪或拉线、尺量
		坐标		+5	用水准仪、拉线和尺量检查
		垂直度（每米）		5	吊线和尺量检查
2	离心式水泵	立式泵体垂直度（每米）		0.1	水平尺和塞尺检查
		卧式泵体水平度（每米）		0.1	水平尺和塞尺检查
		联轴器同心度	轴向倾斜（每米）	0.8	在联轴器互相垂直的四个位置上用水准仪、百分表或测微螺钉和塞尺检查
			径向位移	0.1	

表 8.3　管道及设备保温层的厚度和平整度的允许偏差和检验方法

项次	项目		允许偏差/mm	检验方法
1	厚度		$+0.1\delta - 0.05\delta$	用钢针刺入
2	表面平整度	卷材	5	用 2 m 靠尺和楔形塞尺检查
		涂抹	10	

注：δ 为保温层厚度

8.2.2 建筑消防工程竣工验收

1. 验收资料

建筑消防系统竣工后，应进行工程竣工验收，验收不合格不得投入使用。

建筑消防系统竣工验收时，施工、建设单位应提供下列资料：

（1）批准的竣工验收申请报告、设计图纸、公安消防监督机构的审批文件、设计变更通知单、竣工图。

（2）地下及隐蔽工程验收记录，工程质量事故处理报告。

（3）系统试压、冲洗记录。

（4）系统调试记录。

（5）系统联动试验记录。

（6）系统主要材料、设备和组件的合格证或现场检验报告。

（7）系统维护管理规章、维护管理人员登记表及上岗证。

2. 管道试压

与建筑给水管道一样，建筑消防管道敷设完毕后，应对其进行强度试验、严密性试验和冲洗。强度试验和严密性试验宜用水进行。干式喷水灭火系统、预作用喷水灭火系统应做水压试验和气压试验。

(1) 水压试验。

水压试验时环境温度不宜低于 5 ℃，当低于 5 ℃时，水压试验应采取防冻措施；当系统设计工作压力等于或小于 1.0 MPa 时，水压强度试验压力应为设计工作压力的 1.5 倍，并不低于1.4 MPa；当系统设计工作压力大于 1.0 MPa 时，水压强度试验压力应为工作压力加 0.4 MPa。

(2) 气压试验。

气压试验的介质宜采用空气或氮气；气压严密性试验的试验压力应为 0.28 MPa，且稳压 24 h，压力降不应大于 0.01 MPa。

(3) 冲洗。

管网冲洗应连续进行，当出水口处水的颜色、透明度与入水口处水的颜色、透明度基本一致时为合格。

3. 验收

(1) 建筑室内消火栓给水系统验收。

① 室内消火栓给水系统的设置应符合设计文件及现行国家工程建设消防技术标准的要求，应当设置的部位无漏设。

验收方法：资料核查，现场检查。对照设计文件，按楼层（防火分区）总数不少于 20%抽查，且不得少于五层（个），少于五层（个）的全数检查，抽查楼层（防火分区）全数检查。

② 室内消火栓给水管道的数量、管径、消防竖管设置应符合设计文件及现行国家工程建设消防技术标准的要求，消火栓平面布置合理，应设置在走道、楼梯附近等明显易于取用的地点，保证每一个防火分区同层有两支水枪的充实水柱同时到达任何部位。如规范规定可采用一支水枪充实水柱到达室内任何部位的，从其规定。

验收方法：资料核查，现场检查。对照设计文件，现场核查给水管数量、管径；检查测试试验消火栓压力；现场核查室内消火栓和消防软管卷盘数量，按楼层（防火分区）总数不少于 20%抽查，且不得少于五层（个），少于五层（个）的全数检查，抽查楼层（防火分区）全数检查。户门直接开向楼梯间的单元式或塔式居住建筑可按上下层的室内消火栓计数，其他建筑按同层室内消火栓计数。

③ 采用临时高压给水系统的消防水泵的流量、扬程、数量以及安装应符合设计文件及现行国家工程建设消防技术标准的要求。

验收方法：资料核查，现场检查。核查消防水泵的铭牌和产品质量证明文件及相关资料，现场检查消防水泵启动性能，记录启泵时间，消防水泵应在 30 s 内启动，核查消防水泵与动力机械的连接。

④ 室内消火栓给水系统高位消防水箱的设置高度、消防储水量、补水设施、水位显示应符合设计文件及现行国家工程建设消防技术标准的要求。

验收方法：资料核查，现场检查。对照设计文件，核查水箱有效容量，查验水箱进、出水阀门，液位显示，水箱的出水管止回阀的安装情况。

⑤ 消防水箱的设置高度不能满足最不利点消火栓静压要求时，需设置增压设施的，应设置增压泵，其流量、扬程以及气压罐的容积应符合设计文件及现行国家工程建设消防技术标准的要求，功能满足使用要求，系统稳定可靠。

验收方法：资料核查，现场检查。核查增压泵、气压罐的铭牌和产品质量证明文件及相关资料，核查气压罐有效容积；现场测试增压泵、气压罐功能。当系统压力降低到设计启动压力时，泵应正常启动；系统压力达到设计压力时，泵应自动停止；当消防主泵启动时，泵应停止运行，观察压力表的指示压力及稳压情况。

⑥ 室内消火栓栓口的静水压力、出水压力应符合设计文件及现行国家工程建设消防技术标准的要求。

验收方法：资料核查，现场检查。对照设计文件，现场检查供水分区最有利点和最不利点室内消火栓测试静水压力和出水压力；需要设置减压设施的室内消火栓，应当核查减压后的出水压力，按楼层（防火分区）总数不少于 20% 抽查，且不得少于五层（个），少于五层（个）的全数检查，抽查楼层（防火分区）检查点不少于一处。

⑦ 室内消火栓系统的功能应符合设计文件及现行国家工程建设消防技术标准的要求。

验收方法：现场检查。现场检查试验和检查用室内消火栓压力，检查室内消火栓稳压系统功能；在消防控制室检查室内消火栓泵的启、停 1～3 次；按实际安装数量 5%～10% 的比例抽查消火栓处操作启泵按钮，且不得少于 3 处，少于 3 处的全数检查。

⑧ 室内消火栓、消防水泵和消防水泵接合器等产品质量和各项性能应符合有关技术标准要求。

验收方法：资料核查，检查产品质量证明文件及相关资料。

⑨ 消防水泵房的设置应符合设计文件及现行国家工程建设消防技术标准的要求。

验收方法：资料核查，现场检查。消防水泵房的出口应直通室外或靠近安全出口，门应符合相关要求；消防水泵房应有不少于两条的出水管直接与环状消防给水管连接，当其中一条出水管关闭时，其余出水管应仍能通过全部用水量；消防水泵出水管上应设置试验和检查用的压力表和 *DN*65 的放水阀门；当存在超压可能时，出水管上应设置防超压设施。

⑩ 消防水泵应保证在火警后 30 s 内启动，消防水泵应与动力机械直接连接。

验收方法：现场检查，测试水泵启动时间。

⑪ 消防水泵的功能测试应符合现行国家工程建设消防技术标准的要求。

验收方法：现场检查。按下列方法进行功能测试：打开消防水泵出水管上试水阀，开启消防主泵，待泵运行平稳后，模拟主泵故障，备用消防水泵转换正常；消防控制中心手动启、停消防水泵，水泵应能正常启、停；消防水泵房现场应能启、停消防水泵；设有消防控制中心的，消防控制室应能显示消防水泵的工作、故障状态。

⑫消防水泵产品质量和各项性能应符合有关技术标准要求。

验收方法：资料核查，检查产品质量证明文件及相关资料。

(2) 自动喷水灭火系统安装的质量验收规范。

① 自动喷水灭火系统的设置应符合设计文件及现行国家工程建设消防技术标准的要求，应设置的部位无漏设。

验收方法：资料核查，现场检查。对照设计文件，按楼层（防火分区）总数不少于 20% 抽查，且不得少于五层（个），少于五层（个）的全数检查，抽查楼层（防火分区）全数检查。

② 采用临时高压给水系统的自动喷水灭火系统，应设高位消防水箱，其储水量及压力应符合设计文件及现行国家工程建设消防技术标准的要求。

验收方法：资料核查，现场全数检查。检查每一个报警阀组压力最不利点末端试水装置，测量工作压力和流量；对照设计文件，现场核查高位消防水箱有效容量，查验水箱进（出）水阀门安装、液位显示、水箱出水管止回阀设置情况；干式系统、预作用系统设置的气压供水设备，应同时满足配水管道的充水要求；规范规定可不设高位消防水箱的建筑，现场核查气压设备的有效容积及稳压情况。气压供水设备的有效水容积，应满足系统最不利处 4 只喷头在最低工作压力下的 10 min 用水量。

③ 喷头设置场所、规格、型号、公称动作温度、响应时间指数（RTI）应符合设计文件的要求，并配置不同规格备用喷头。

验收方法：资料核查，现场检查。对照设计文件，现场核查喷头的质量证明文件和设置场所。按设计数量不少于10%抽查，且不应少于40个，少于40个的全数检查，合格率应为100%，抽查应当涵盖喷头选型不同的场所。

④ 自动喷水灭火系统的功能应符合下列要求：

a. 开启喷淋泵的放水阀，启动主泵，待主泵运行平稳后，模拟主泵故障，备用喷淋泵应能正常运转。

b. 在末端试水装置处放水，延时后压力开关动作，水力警铃发出鸣响，启动喷淋泵，消防控制中心显示水流指示器、压力开关和喷淋泵动作信号。

c. 消防控制中心远程以及水泵房现场启、停喷淋泵，泵应正常工作，并显示喷淋泵的工作、故障状态。

d. 干式喷水灭火系统、预作用灭火系统功能应符合相关规范要求。

验收方法：现场检查。联动功能应按报警阀总数全数检查信号反馈情况、响应时间以及水泵动作情况。消防控制中心远程启泵以及水泵房现场启泵每台各试验1～3次。

⑤ 自动喷水灭火系统管网材质、管径、接头、连接方式及防腐、防冻措施应符合设计文件及现行国家工程建设消防技术标准的要求。

验收方法：资料核查，现场检查。对照设计文件，现场检查管径及连接方式，按楼层（防火分区）总数不少于20%抽查，且不得少于5层（个），少于5层（个）的全数检查，抽查楼层（防火分区）检查点不少于3处。

⑥ 自动喷水灭火系统组件等产品质量和各项性能应符合有关技术标准要求。

验收方法：资料核查，检查产品质量证明文件及相关资料。

8.2.3 建筑排水工程竣工验收

建筑内部排水系统验收的一般规定，与建筑内部给水系统基本相同。

1. 管道试验

(1) 灌水试验。

对于暗装或埋地的排水管道，在隐蔽以前必须做灌水试验。明装管道在安装完后必须做灌水试验。埋地排水管道灌水试验具体做法是将管道底部的排出口用橡皮塞堵塞后灌水，灌水高度应不低于底层地面高度，满水15 min水面下降后，再灌满观察5 min，液面不下降、管道及接口无渗漏为合格。

楼层管道应以一层楼的高度为标准进行灌水试验，但灌水高度不能超过8 m，接口不渗漏为合格。试验时先将胶管、胶囊等连接，将胶囊由上层检查口慢慢送入至所测长度，然后向胶囊充气并观察压力表上升至0.07 MPa为止，最高不超过0.12 MPa。由检查口向管中注水，直至各卫生设备的水位符合规定要求的水位为止。对排水管及卫生设备各部分进行外观检查，发现有渗漏处应做出记号。满水15 min水面下降后，再灌满观察5 min，液面不下降、管道及接口无渗漏为合格。检验合格后方可放水，胶囊泄气后水会很快排出，若发现水位下降缓慢时，说明该管内有垃圾、杂物，应及时清理干净。

安装在建筑内部的雨水管道安装后也应做灌水试验，灌水高度必须到达每根立管上部的雨水斗。检验方法：灌水试验持续1 h，不渗不漏。

(2) 通球试验。

为了保证工程质量，排水立管及水平干管管道均应做通球试验。通球一般用胶球，球径根据排水管直径按表8.4确定。通球一般先通水，按程序从上到下进行，通水以木堵为合格。通球时胶球从排水立管或水平干管顶端放入，并注入一定量的水，使胶球从底部随水顺利流出为合格。

表 8.4　通球试验球的球径　mm

排水管径	150	100	75
胶球球径	100	70	50

根据《建筑给水排水及采暖工程施工质量验收规范》规定，通球率必须达到100%。

2. 验收

《建筑给水排水及采暖工程施工质量验收规范》（GB 50242—2002）中，有关建筑内部排水系统安装有如下规定。

(1) 隐蔽或埋地的排水管道在隐蔽前必须做灌水试验，其灌水高度应不低于底层卫生器具的上边缘或底层地面高度。

检验方法：满水 15 min 水面下降后，再灌满观察 5 min，液面不下降，管道及接口无渗漏为合格。

(2) 生活污水管道的坡度必须符合设计规范的规定。

检验方法：水平尺、拉线尺量检查。

(3) 排水塑料管必须按设计要求及位置装设伸缩节。如设计无要求时，伸缩节间距不得大于 4 m。高层建筑中明设排水塑料管道应按设计要求设置阻火圈或防火套管。

检验方法：观察检查。

(4) 排水主立管及水平干管管道均应做通球试验，通球球径不小于排水管道管径的 2/3，通球率必须达到100%。

检查方法：通球检查。

(5) 建筑室内排水管道安装的允许偏差应符合表 8.5 的相关规定。

表 8.5　建筑室内排水管道安装的允许偏差和检验方法

项次	项　目				允许偏差/mm	检验方法
1	坐标				15	用水准仪（水平尺）、直尺、拉尺和尺量检查
2	标高				±15	
3	横管纵横方向弯曲	铸铁管	每 1 m		≤1	
			全长（25 m 以上）		≤25	
		钢管	每 1 m	管径等于或小于 100 mm	1	
				管径大于 100 m	1.5	
			全长（25 m 以上）	管径等于或小于 100 mm	≤25	
				管径大于 100 m	≤38	
		塑料管	每 1 m		1.5	
			全长（25 m 以上）		≤38	
		钢筋混凝土管、混凝土管	每 1 m		3	
			全长（25 m 以上）		≤75	
4	立管垂直度	铸铁管	每 1 m		3	吊尺和尺量检查
			全长（25 m 以上）		≤15	
		钢管	每 1 m		3	
			全长（25 m 以上）		≤10	
		塑料管	每 1 m		3	
			全长（25 m 以上）		≤10	

8.2.4 热水供应系统竣工验收

建筑内部热水供应系统验收的一般规定，与建筑内部给水系统基本相同。

1. 水压试验

热水供应系统安装完毕，管道保温之前应进行水压试验。试验压力应符合设计要求。当设计未注明时，热水供应系统水压试验压力应为系统顶点的工作压力加 0.1 MPa，同时在系统顶点的试验压力不小于 0.3 MPa。

试压步骤如下：

（1）向管道系统注水。

以水为介质，由下而上向系统送水。当注水压力不足时，可采取增压措施。注水时需将给水管道系统最高点的阀门打开，待管道系统内的空气全部排净见水后将阀门关闭，此时表明管道系统注水已满。

（2）向管道系统加压。

管道系统注满水后，启动加压泵使系统内水位逐渐升高，先升至工作压力，停泵观察，当各部位无破裂、无渗漏时，再将压力升至试验压力。钢管或复合管道系统在试验压力下 10 min 内压力降不大于 0.02 MPa，然后降至工作压力检查，压力应不降，且不渗不漏；塑料管道系统在试验压力下稳压 1 h，压力降不得超过 0.05 MPa，然后在工作压力 1.15 倍状态下稳压 2 h，压力降不得超过 0.03 MPa，连接处不得渗漏。

铜管试验压力的取值，我国尚无规范。国外铜管水压试验压力为 1 MPa，持续时间 1 h，管接口不渗漏为合格；气压试验压力为 0.3 MPa，持续时间 0.5 h，用肥皂水抹在管接口上，未发现鼓泡为合格。

（3）泄水。

热水管道系统试压合格后，应及时将系统低处的存水泄掉，防止积水冬季冻结破坏管道。

2. 冲洗与消毒

热水供应系统竣工后必须进行冲洗。

（1）吹洗条件。

室内热水管路系统水压试验已做完；各环路控制阀门关闭灵活可靠；临时供水装置运转正常，增压水泵工作性能符合要求；冲洗水放出时有排出的条件；水表尚未安装，如已安装应卸下，用直管代替，冲洗后再复位。

（2）冲洗工艺。

先冲洗热水管道系统底部干管，后冲洗各环路支管。由临时供水入口系统供水。关闭其他支管的控制阀门，只开启干管末端支管最底层的阀门，由底层放水并引至排水系统内。观察出水口水质变化。底层干管冲洗后再依次吹洗各分支环路，直至全系统管路冲洗完毕为止。

冲洗时技术要求如下：

① 冲洗水压应大于热水系统供水工作压力。

② 出水口处的管道截面不得小于被冲洗管径截面的 3/5。

③ 出水口处的排水流速不小于 1.5 m/s。

3. 验收

《建筑给水排水及采暖工程施工质量验收规范》（GB 50242—2002）中，有关建筑热水系统安装有如下规定：

（1）保证热水供应的质量。热水供应系统的管道应采用耐腐蚀、对水质无污染的管材。

(2) 热水供应系统管道及配件安装执行《建筑给水排水及采暖工程施工质量验收规范》(GB 50242—2002)标准第4.2节的相关规定。

(3) 预留孔洞的位置、尺寸、标高应符合设计和施工规范要求。预留孔、预留管的中心线位移允许偏差为15 mm，其截面内部尺寸允许偏差为±5 mm。

(4) 过楼板的套管顶部高出地面不小于20 mm，卫生间、厨房等容易积水的场合必须高出50 mm,底部与顶棚抹灰面平齐。过墙壁的套管两端与饰面平齐，过基础的套管两端各伸出墙面30 mm以上。管顶上部应留够净空余量。套管固定应牢固，管口平齐，环缝均匀。根据不同介质，填料充实，封堵严密。

(5) 螺纹连接应牢固，管螺纹根部有外露螺纹不多于两扣，镀锌钢管和管件的镀锌层无破损，螺纹露出部分防腐蚀良好，接口处应无外露麻丝或胶带。

(6) 焊口平直度、焊缝加强面应符合规范规定。焊口表面无烧穿、裂纹和明显结瘤、夹渣及气孔等缺陷。焊波均匀一致，管子对口的错口偏差应不超过管壁厚的20%，且不超过2 mm。对接焊时应饱满，且高出焊件1.5～2 mm，平整、均匀，无波纹、断裂、烧焦、吹毛和未焊透的缺陷。

(7) 法兰对接平行紧密，与管子中心线垂直，螺杆露出螺母长度一致，且不大于螺杆直径的1/2,螺母在同侧。

(8) 管道支、吊、托架要构造正确，埋设平整牢固，排列整齐，支架与管子接触紧密。夹具的数量、位置应符合规范要求。

8.2.5 管道直饮水系统竣工验收

管道直饮水系统安装时及安装调试完成后，需根据国家有关验收规范进行整个系统的验收。系统验收应符合下列标准：

(1) 工程施工质量按照《建筑给水排水及采暖工程施工质量验收规范》(GB 50242—2002)及《建筑工程施工质量验收统一标准》(GB 50300—2001)验收。

(2) 设备安装质量(包括电气安装)按照国家相关验收标准验收。

(3) 水质验收需经卫生监督管理部门检验，水质符合现行建设部颁发的《饮用净水水质标准》(CJ 94—2005)。

1. 验收资料

管道直饮水系统进行竣工验收时，应具备以下的文件资料：

(1) 施工图、竣工图及设计变更资料。

(2) 管材、管件及主要管道附件的产品质量保证书。

(3) 管材、管件及设备的省、直辖市级卫生许可批件。

(4) 隐蔽工程验收和中间试验记录。

(5) 水压试验和通水能力检验记录。

(6) 管道清洗和消毒记录。

(7) 工程质量事故处理记录。

(8) 工程质量检验评定记录。

(9) 卫生监督部门出具的水质检验合格报告。

2. 管道试压

管道安装完成后，应分别对立管、连通管及室外管段进行水压试验。水压试验必须符合设计要求。试压方法与建筑内部给水系统试压方法相同。净水水罐(箱)应做满水试验。

3. 验收

(1) 管道直饮水所使用的管材、管件及设备等应符合设计规定，并需根据设计要求进行检验，不合格的不得使用。涉及饮用水安全的材料和设备必须有相应的省、直辖市级卫生许可批件。

(2) 不得使用有损坏迹象的材料、设备。如发现管道或设备质量有异常，应在使用前进行技术鉴定或复检。

(3) 施工时必须按照图纸和相应的施工技术标准或规程施工，不得擅自修改工程设计，工程设计的修改由设计单位负责，并出具设计变更单。

(4) 管道穿过基础、墙壁和楼板时，应配合土建预留孔洞。

(5) 管道穿过天面、地下室或地下室构筑物外墙时，应采取防水措施。一般采用刚性防水套管，对有严格防水要求的，应采用柔性防水套管。管道接口不得设在套管内。

(6) 管道穿过楼板时，需设置钢套管。套管高出地面 50 mm，并有防水措施。管道接口不得设在套管内。

(7) 安装同类型的设施或管道配件，除有特殊要求外，应采用相同的安装方法，安装在相同的位置上。

(8) 不同的管材、管件或阀门连接时，应使用专用的转换管件的连接件，不得在塑料管上套丝。

(9) 管道安装前需检查管内外、接头处是否清洁，受污染的管材、管件应清理干净；安装过程中严防杂物及施工碎屑落入管内；施工后需及时采取敞口管道临时封堵措施。

(10) 采用金属管施工（如钢塑复合管、不锈钢管等），金属管套丝时需采用水溶性润滑油如皂化油等。

(11) 金属管丝扣连接时，不得使用厚白漆、麻丝等对水质可能产生污染的材料，宜采用聚四氟乙烯生料带等材料。

(12) 采用钢塑复合管材连接时，需有严防直饮水与钢管直接接触的技术措施，防止锈水溢出。可采取安装管帽等措施。

(13) 系统控制阀门需安装在易于操作的明显部位，避免安装在吊顶内或住户家中。若不可避免，在阀门位置处预留检修孔。

4. 消毒、清洗

(1) 直饮水系统应用自来水进行通水冲洗。冲洗水流速宜大于 2 m/s，冲洗时应不留死角，保证系统中每个环节均能被冲洗到。系统最低点应设排水口，以保证系统中的冲洗水能完全排出。清洗标准为冲洗出口处（循环管出口）的水质与进水水质相同。

(2) 直饮水系统较大时，宜利用管网中设置的阀门分区、分幢、分单元、管道单独冲洗。

(3) 用户支管部分的冲洗在用户开始使用前再进行冲洗。

(4) 在系统冲洗的过程中同时根据水质情况进行系统的调试。

(5) 直饮水系统冲洗前，应对系统内的仪表如水表、龙头、压力表等加以保护，并将有碍冲洗工作的减压阀等部件拆除，用临时短管代替，待冲洗后复位。

(6) 直饮水系统经冲洗后，应采用消毒液对管道进行消毒。

(7) 循环管出水口处的消毒液浓度应与进水口相同，消毒液在管道中应滞留 24 h 以上。

(8) 管道消毒后，用直饮水进行冲洗，直至各用水点出水水质与进水口相同为止。

(9) 制水设备的调试应根据设计要求进行。石英砂、活性炭应经清洗后才能正式通水运行；水箱、连接管道等正式使用前应进行压力试验、清洗消毒，其方法可参照直饮水系统的试压、清洗消毒方法。

8.3 建筑给水排水系统的运行管理

8.3.1 建筑给水排水系统的管理方式

目前，建筑给水排水设备的管理工作一般由房管单位和物业管理公司的工程部门主管，并由专业人员负责。基层管理有分散的综合性管理和集中的专业化管理等多种方式。建筑给水排水设备管理主要由维修管理和运行管理两大部分组成，维修与运行既可统一管理，也可分别管理。物业公司对给水排水设备的管理应提倡“提前介入、科学维护、综合利用”三方面的工作方针。物业公司在接管物业之前若能积极参与单体建筑以及小区的设计和建设，可以促进建筑给水排水的设计更加与现场实际相一致，为接管后与市政给水排水部门的协调创造便利；利于日后的维修。

建筑给水排水系统的管理措施主要有：

(1) 建立设备管理账册和重要设备的技术档案。

(2) 建立设备卡片。

(3) 建立定期检查、维修、保养的制度。

(4) 建立给水排水设备大、中修工程的验收制度，积累有关技术资料。

(5) 建立给水排水设备的更新、改造、维修、报废等方面的规划和审批制度。

(6) 建立住户保管给水排水设备的责任制度。

(7) 建立每年年末对建筑给水排水设备进行清查、核对和使用鉴定的制度，遇有缺损现象，应采取必要措施，及时加以解决。

8.3.2 给水系统维护与运行管理

1. 给水管道的维护

给水管道的维修养护人员应十分熟悉给水系统，经常检查给水管道及阀门（包括地上、地下、屋顶等）的使用情况，经常注意地下有无漏水、渗水、积水等异常情况，如发现有漏水现象，应及时进行维修。在每年冬季来临之前，维修人员应注意做好室内外管道、阀门、消火栓等的防冻保温工作，并根据当地气温情况，分别采用不同的保温材料，以防冻坏。对已发生冰冻的给水管道，宜采用浇以温水逐步升温或包保温材料，让其自然化冻。对已冻裂的水管，可根据具体情况，采取电焊或换管的方法处理。

漏水是给水管道及配件的主要常见故障，明装管道沿管线检查，即可发现渗漏部位。对于埋地管道，首先进行观察，对地面长期潮湿、积水和冒水的管段进行听漏，同时参考原设计图纸和现有的阀门箱位，准确地确定渗漏位置，进行开挖修理。

2. 水泵的维护

生活水泵、消防水泵每半年应进行一次全面养护。养护内容主要有：检查水泵轴承是否灵活，如有阻滞现象，应加注润滑油；如有异常摩擦声响，则应更换同型号规格轴承；如有卡住、碰撞现象，则应更换同规格水泵叶轮；如轴键槽损坏严重，则应更换同规格水泵轴；检查压盘根处是否漏水成线，如是，则应加压盘根；清洁水泵外表，若水泵脱漆或锈蚀严重，应彻底铲除脱落层油漆，重新刷油漆；检查电动机与水泵弹性联轴器有无损坏，如损坏则应更换；检查机组螺栓是否紧固，如松弛则应拧紧。

3. 水池、水箱的维护

水池、水箱的维修养护应每半年进行一次，若遇特殊情况可增加清洗次数，清洗时的程序如下：

（1）首先关闭进水总阀和连通阀门，开启泄水阀，抽空水池、水箱中的水。

（2）泄水阀处于开启位置，用鼓风机向水池、水箱吹2 h以上，排出水池、水箱中的有毒气体，吹进新鲜空气。

（3）将燃着的蜡烛放入池底，观察其是否会熄灭，以确定空气是否充足。

（4）打开水池、水箱内照明设施或设临时照明。

（5）清洗人员进入水池、水箱后，对池壁、池底洗刷不少于三遍。

（6）清洗完毕后，排出污水，然后喷洒消毒药水。

（7）关闭泄水阀，注入清水。

4. 给水系统的运行管理

（1）防止二次供水的污染，对水池、水箱定期消毒，保持其清洁卫生。

（2）对供水管道、阀门、水表、水泵、水箱进行经常性维护和定期检查，确保供水安全。

（3）发生跑水、断水故障，应及时抢修。

（4）消防水泵要定期试泵，至少每年进行一次。要保持电气系统正常工作，水泵正常供水，消火栓设备配套完整，检查报告应送交当地消防部门备案。

8.3.3 排水系统维护与管理

1. 排水系统

（1）排水管道的维护。

排水管道堵塞会造成流水不畅，排泄不通，严重的会在地漏、水池等处漫溢外淌。造成堵塞的原因多为使用不当所致，例如有硬杂物进入管道，停滞在排水管中部、拐弯处或末端，或在管道施工过程中将砖块、木块、砂浆等遗弃在管道中。修理时，可根据具体情况判断堵塞物的位置，在靠近检查口、清扫口、屋顶通气管等处，采用人工或机械疏通；如无效时可采用“开天窗”的办法，进行大开挖，以排除堵塞。

（2）排水系统的运行管理。

① 定期对排水管道进行养护、清通。

② 劝导住户不要把杂物投入下水道，以防堵塞。下水道发生堵塞时应及时清通。

③ 定期检查排水管道是否有生锈、渗漏等现象，发现隐患应及时处理。

④ 室外排水沟渠应定期检查和清扫，及时清除淤泥和污物。

2. 雨水系统

单体建筑以及居住小区内的雨水排出系统，需要保持严格的维护管理。

对单体建筑而言，需维护管理的内容包括：屋面截污滤网的经常性清理，初期屋面雨水弃流池、弃流井的清理，雨落管出口处的花坛渗滤净化装置的维护管理，屋顶绿化层的维护管理。

对于居住小区而言，需维护管理的内容包括：路面雨水截污挂篮、初期路面雨水弃流装置、雨水沉淀积泥井、隔油井、悬浮物隔离井、自然处理构筑物的清理维护，绿地雨水截污设施的维修管理。

当设有雨水调蓄池时，需经常维护其周边环境，并保证其配套的溢流设施、提升设施、水位报警设施等能够正常使用。

当设有小区雨水净化工艺时，需加强维护管理以保证其雨水净化设施的正常使用，已损配件的及时更换，保证景观水体的外观美化。

8.3.4 消防系统维护与管理

消火栓每季度应进行一次全面试放水检查，每半年养护一次，主要检查消火栓玻璃、门锁、栓头、水带、阀门等是否齐全，对水带的破损、发黑与插接头的松动现象进行修补、固定；更换变形的密封胶圈；将阀门杆加油防锈，并抽取总数的5%进行试水；清扫箱内外灰尘，将消火栓玻璃门擦净，最后贴上检查标志，标志内容应有检查日期、检查人和检查结果。

1. 自动喷洒消防灭火系统的维修养护

(1) 每日巡视系统的供水总控制阀、报警控制阀及其附属配件，以确保处于无故障状态。

(2) 每日检查一次警铃，看其启动是否正常，打开试警铃阀，水力警铃应发出报警信号，如果警铃不工作，应检查整个警铃管道。

(3) 每月对喷头进行一次外观检查，不正常的喷头及时更换。

(4) 每月检查系统控制阀门是否处于开启状态，保证阀门不会误关闭。

(5) 每两个月对系统进行一次综合试验，按分区逐一打开末端试验装置放水阀，以检验系统灵敏性。当系统因试验或因火灾启动后，应在事后尽快使系统重新恢复到正常状态。

2. 室外消火栓的维护

室外消火栓由于处在室外，经常受到自然和人为的损害，所以要经常维护。

(1) 清除阀塞启闭杆端部周围杂物，将专用扳手套于杆头，检查是否合适，转动启闭杆，加注润滑油。

(2) 用油纱头擦洗出水口螺纹上的锈渍，检查闷盖内橡胶垫圈是否完好。

(3) 打开消火栓，检查供水情况，在放净锈水后再关闭，并观察有无漏水现象。

(4) 外表油漆剥落后应及时修补。

(5) 清除消火栓附近的障碍物，对地下消火栓，清除井内积聚的垃圾、砂土等杂物。

3. 室内消火栓的维护

室内消火栓给水系统，至少每半年（或按当地消防监督部门的规定）要进行一次全面的检查。检查的项目有：

(1) 室内消火栓、水枪、水带、消防水喉是否齐全完好，有无生锈、漏水，接口垫圈是否完整无缺。

(2) 消防水泵在火警后5 min内能否正常供水。

(3) 报警按钮、指示灯及报警控制线路功能是否正常，无故障。

(4) 检查消火栓箱及箱内配装的消防部件的外观有无损坏，涂层是否脱落，箱门玻璃是否完好无缺。

对室内消火栓给水系统的维护，应做到使各组成设备经常保持清洁、干燥，防止锈蚀或损坏。为防止生锈，消火栓手轮丝杆处以及消防水喉卷盘等所有转动的部位应经常加注润滑油。设备如有损坏，应及时修复或更换。

8.3.5 管道直饮水系统维护与运行管理

1. 室外管道和设施的维护

(1) 应经常沿室外埋地管道线路巡视，观察沿线地面有无异常情况，及时消除影响输水安全的因素。

(2) 应经常对阀门井进行检查，包括井盖有无丢失、阀门有无漏水，应及时补充、更换。

(3) 定期检测平衡阀工况，出现变化及时调整。

(4) 应经常分析供水情况，发现异常时及时检查管道及附件并排除故障。

(5) 发生埋地管道爆管情况时，应迅速停止供水并关断所有楼栋供回水阀门，从室外管道泄水口将水排空，然后进行维修。维修完毕后，应对室外管道进行冲洗，才能继续供水。

2. 室内管道维护

(1) 应定期检查室内管道，包括供水立管、上下环管等，检查是否有漏水或渗水现象，发现问题必须及时处理。

(2) 应定期检查减压阀工作情况，记录压力参数，发现压力变化时应及时调整。

(3) 应定期检查自动排气阀工作情况，出现问题应及时处理。

(4) 应保护好室内管道、阀门、水表和龙头等，切勿使其遭受高温或污染，避免碰撞和坚硬物品的撞击。

3. 管道直饮水的运行管理

(1) 设备运行管理一般要求。

① 直饮水系统应设有设备操作规程及管理制度，岗位操作人员应具备健康证明，并具有一定的专业技能。

② 运行管理人员应树立水质第一的观念，并熟悉直饮水系统的水处理工艺和所有设施、设备的技术指标和运行要求。

③ 化验人员应了解直饮水系统的水处理工艺，熟悉水质指标要求。

④ 生产运行、水质检测应制定操作规程。操作规程应包括操作要求、操作程序、故障处理、安全生产和日常保养维护等要求。

⑤ 生产运行应有运行记录，主要包括：交接班记录、设备运行参数记录、设备维护保养记录、管网维护维修记录和用户维修服务记录。

⑥ 水质检测应有检测记录，包括：日检记录、周检记录和年检记录等。

⑦ 应至少保存整个直饮水系统的工程竣工图纸，包括直饮水净水站图纸和管道图纸，同时主要设备应建有设备档案。

⑧ 生产运行应有生产报表，水质监测应有监测报表，服务应有服务报表和收费报表，包括月报表和年报表。

(2) 设备运行管理。

① 操作人员必须严格按照操作规程要求进行操作。

② 运行人员需对设备的运行情况及相关仪表、阀门进行经常性检查。

③ 做好设备运行记录和设备维修记录。

④ 按照设备维护保养规程定期对设备进行维护保养。

⑤ 保证设备的易损配件齐全，并有规定量的库存。

⑥ 保证设备档案、资料齐全。

(3) 设备运行工艺管理。

① 应根据原水水质、环境温度、湿度等实际情况，经常调整臭氧机参数。

② 采用间歇回流时，循环水时间宜设置在用水量低峰时段。

③ 循环水宜在保证管网供水压力和均衡回流的前提下，在最短的时间内使回水量达到要求。

④ 确保直饮水系统正常运行。

【重点串联】

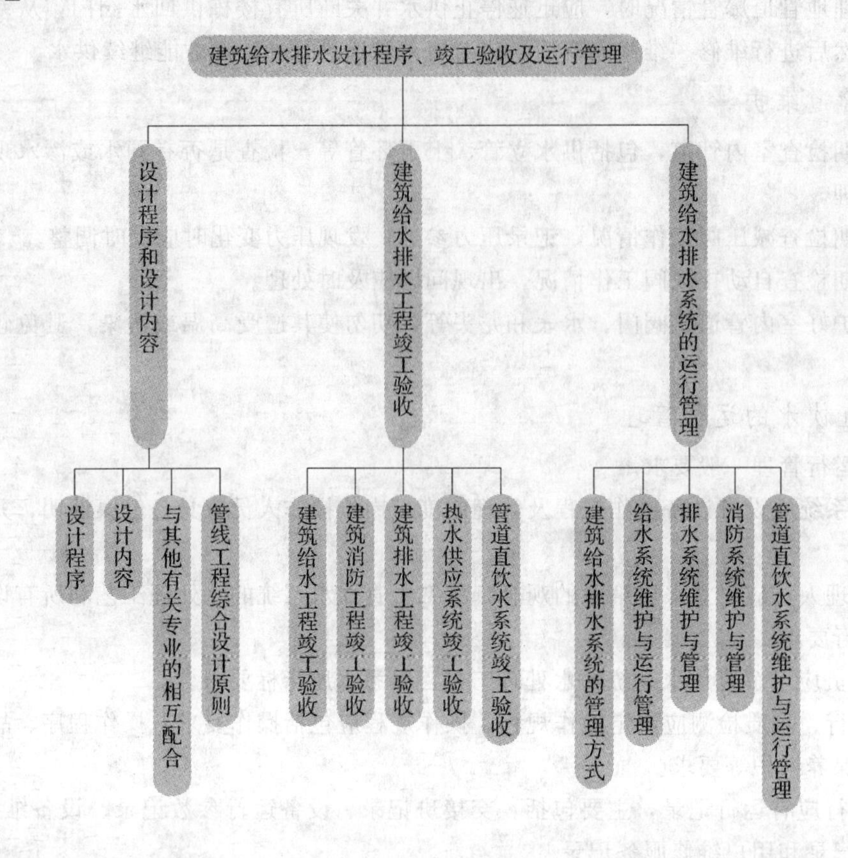

【知识链接】

1.《建筑给水排水设计规范》(GB 50015—2003)(2009 年版);
2.《建筑给水排水及采暖工程施工质量验收规范》(GB 50242—2002);
3.《建筑给水聚丙烯管道工程技术规范》(GB/T 50349—2005);
4.《生活饮用水卫生标准》(GB 5749—2006);
5.《建筑设计防火规范》(GB 50016—2006);
6.《高层民用建筑设计防火规范》(GB 50045—95)(2005 年版);
7.《自动喷水灭火系统设计规范》(GB 50084—2001)(2005 年版);
8.《建筑工程施工质量验收统一标准》(GB 50300—2001);
9.《饮用净水水质标准》(CJ 94—2005);
10.《室外排水设计规范》(GB 50014—2006)(2011 年版);
11.《建筑与小区雨水利用工程技术规范》(GB 50400—2006);
12. 中国给水排水网,*http*://*www.cgpsw.com*/;
13. 土木工程网,*http*://*gps.civilcn.com*/。

拓展与实训

职业能力训练

一、填空题

1. 建筑内部给水管道安装完毕即可进行水压试验，试验压力为工作压力________，且不得小于________，不得大于________。

2. 建筑内部排水系统验收的管道试验包括________和________。

3. 建筑内部热水供应系统验收水压试验的主要步骤有__________、__________和________。

二、选择题

下列选项中，不属于设计阶段划分的是（　　）。

A. 方案设计阶段　　B. 初步设计阶段

C. 可行性研究阶段　　D. 施工图设计阶段

三、简答题

1. 在初步设计阶段，图纸和设计说明书的设计内容都有哪些?

2. 管线工程综合设计原则是什么?

3. 建筑给水排水工程竣工验收的资料有哪些?

4. 建筑给水工程竣工验收时，管道试压的步骤是什么?

5. 给水管道系统中，给水管道、水泵、水箱及水池的维护方法是什么?

工程模拟训练

建筑给水工程竣工后，需要对工程进行竣工验收，试问验收的项目都有哪些? 验收的具体步骤与方法是什么? 验收需要注意的事项有哪些?

附　录

附录Ⅰ　给水管段卫生器具给水当量同时出流概率 $U_0 \sim \alpha_c$ 值对应表

U_0/%	α_c	U_0/%	α_c	U_0/%	α_c
1.0	0.003 23	3.0	0.019 39	5.0	0.037 15
1.5	0.006 97	3.5	0.023 74	6.0	0.046 29
2.0	0.010 97	4.0	0.028 16	7.0	0.055 55
2.5	0.015 12	4.5	0.032 63	8.0	0.064 89

附录Ⅱ　给水管段设计秒流量计算表

表Ⅱ-1　给水管段设计秒流量计算表 [U(%); q(L/s)]

U_0	1.0		1.5		2.0		2.5	
N_g	U	q	U	q	U	q	U	q
1	100.00	0.20	100.00	0.20	100.00	0.20	100.00	0.20
2	70.94	0.28	71.20	0.28	71.49	0.29	71.78	0.29
3	58.00	0.35	58.30	0.35	58.62	0.35	58.96	0.35
4	50.28	0.40	50.60	0.40	50.94	0.41	51.32	0.41
5	45.01	0.45	45.34	0.45	45.69	0.46	46.06	0.46
6	41.10	0.49	41.45	0.50	41.81	0.50	42.18	0.51
7	38.09	0.53	38.43	0.54	38.79	0.54	39.17	0.55
8	35.65	0.57	35.99	0.58	36.36	0.58	36.74	0.59
9	33.63	0.61	33.98	0.61	34.35	0.62	34.73	0.63
10	31.92	0.64	32.27	0.65	32.64	0.65	33.03	0.66
11	30.45	0.67	30.8	0.68	31.17	0.69	31.56	0.69
12	29.17	0.70	29.52	0.71	29.89	0.72	30.28	0.73
13	28.04	0.73	28.39	0.74	28.76	0.75	29.15	0.76
14	27.03	0.76	27.38	0.77	27.76	0.78	28.15	0.79
15	26.12	0.78	26.48	0.79	26.85	0.81	27.24	0.82
16	25.30	0.81	25.66	0.82	26.03	0.83	26.42	0.85
17	24.56	0.83	24.91	0.85	25.29	0.86	25.68	0.87
18	23.88	0.86	24.23	0.87	24.61	0.89	25.00	0.90
19	23.25	0.88	23.60	0.90	23.98	0.91	24.37	0.93
20	22.67	0.91	23.02	0.92	23.40	0.94	23.79	0.95
22	21.63	0.95	21.98	0.97	22.36	0.98	22.75	1.00
24	20.72	0.99	21.07	1.01	21.45	1.03	21.85	1.05
26	19.92	1.04	21.27	1.05	20.65	1.07	21.05	1.09
28	19.21	1.08	19.56	1.10	19.94	1.12	20.33	1.14
30	18.56	1.11	18.92	1.14	19.30	1.16	19.69	1.18
32	17.99	1.15	18.34	1.17	18.72	1.20	19.12	1.22
34	17.46	1.19	17.81	1.21	18.19	1.24	18.59	1.26
36	16.97	1.22	17.33	1.25	17.71	1.28	18.11	1.30
38	16.53	1.26	16.89	1.28	17.27	1.31	17.66	1.34
40	16.12	1.29	16.48	1.32	16.86	1.35	17.25	1.38
42	15.74	1.32	16.09	1.35	16.47	1.38	16.87	1.42

续表Ⅱ—1

U_0	1.0		1.5		2.0		2.5	
N_g	U	q	U	q	U	q	U	q
44	15.38	1.35	15.74	1.39	16.12	1.42	16.52	1.45
46	15.05	1.38	15.41	1.42	15.79	1.45	16.18	1.49
48	14.74	1.42	15.10	1.45	15.48	1.49	15.87	1.52
50	14.45	1.45	14.81	1.48	15.19	1.52	15.58	1.56
55	13.79	1.52	14.15	1.56	14.53	1.60	14.92	1.64
60	13.22	1.59	13.57	1.63	13.95	1.67	14.35	1.72
65	12.71	1.65	13.07	1.70	13.45	1.75	13.84	1.80
70	12.26	1.72	12.62	1.77	13.00	1.82	13.39	1.87
75	11.85	1.78	12.21	1.83	12.59	1.89	12.99	1.95
80	11.49	1.84	11.84	1.89	12.22	1.96	12.62	2.02
85	11.05	1.90	11.51	1.96	11.89	2.02	12.28	2.09
90	10.85	1.95	11.20	2.02	11.58	2.09	11.98	2.16
95	10.57	2.01	10.92	2.08	11.30	2.15	11.70	2.22
100	10.31	2.06	10.66	2.13	11.05	2.21	11.44	2.29
110	9.84	2.17	10.20	2.24	10.58	2.33	10.97	2.41
120	9.44	2.26	9.79	2.35	10.17	2.44	10.56	2.54
130	9.08	2.36	9.43	2.45	9.81	2.55	10.21	2.65
140	8.76	2.45	9.11	2.55	9.49	2.66	9.89	2.77
150	8.47	2.54	8.83	2.65	9.20	2.76	9.60	2.88
160	8.21	2.63	8.57	2.74	8.94	2.86	9.34	2.99
170	7.98	2.71	8.33	2.83	8.71	2.96	9.10	3.09
180	7.76	2.79	8.11	2.92	8.49	3.06	8.89	3.20
190	7.56	2.87	7.91	3.01	8.29	3.15	8.69	3.30
200	7.38	2.95	7.73	3.09	7.11	3.24	8.50	3.40
220	7.05	3.10	7.40	3.26	7.78	3.42	8.17	3.60
240	6.76	3.25	7.11	3.41	7.49	3.60	6.88	3.78
260	6.51	3.28	6.86	3.57	7.24	3.76	6.63	3.97
280	6.28	3.52	6.63	3.72	7.01	3.93	6.40	4.15
300	6.08	3.65	6.43	3.86	6.81	4.08	6.20	4.32
320	5.89	3.77	6.25	4.00	6.62	4.24	6.02	4.49
340	5.73	3.89	6.08	4.13	6.46	4.39	6.85	4.66
360	5.57	4.01	5.93	4.27	6.30	4.54	6.69	4.82
380	5.43	4.13	5.79	4.40	6.16	4.68	6.55	4.98
400	5.30	4.24	5.66	4.52	6.03	4.83	6.42	5.14

续表Ⅱ—1

U_0	1.0		1.5		2.0		2.5	
N_g	U	q	U	q	U	q	U	q
420	5.18	4.35	5.54	4.65	5.91	4.96	6.30	5.29
440	5.07	4.46	5.42	4.77	5.80	5.10	6.19	5.45
460	4.97	4.57	5.32	4.89	5.69	5.24	6.08	5.60
480	4.87	4.67	5.22	5.01	5.59	5.37	5.98	5.75
500	4.78	4.78	5.13	5.13	5.50	5.50	5.89	5.89
550	4.57	5.02	4.92	5.41	5.29	5.82	5.68	6.25
600	4.39	5.26	4.74	5.68	5.11	6.13	5.50	6.60
650	4.23	5.49	4.58	5.95	4.95	6.43	5.34	6.94
700	4.08	5.72	4.43	6.20	4.81	6.73	5.19	7.27
750	3.95	5.93	4.30	6.46	4.68	7.02	5.07	7.60
800	3.84	6.14	4.19	6.70	4.56	7.30	4.95	7.92
850	3.73	6.34	4.08	6.94	4.45	7.57	4.84	8.23
900	3.64	6.54	3.98	7.17	4.36	7.84	4.75	8.54
950	3.55	6.74	3.90	7.40	4.27	8.11	4.66	8.85
1 000	3.46	6.93	3.81	7.63	4.19	8.37	4.57	9.15
1 100	3.32	7.30	3.66	8.06	4.04	8.88	4.42	9.73
1 200	3.09	7.65	3.54	8.49	3.91	9.38	4.29	10.31
1 300	3.07	7.99	3.42	8.90	3.79	9.86	4.18	10.87
1 400	2.97	8.33	3.32	9.30	3.69	10.34	4.08	11.42
1 500	2.88	8.65	3.23	9.69	3.60	10.80	3.99	11.96
1 600	2.80	8.96	3.15	10.07	3.52	11.26	3.90	12.49
1 700	2.73	9.27	3.07	10.45	3.44	11.71	3.83	13.02
1 800	2.66	9.57	3.00	10.81	3.37	12.15	3.76	13.53
1 900	2.59	9.86	2.94	11.17	3.31	12.58	3.70	14.04
2 000	2.54	10.14	2.88	11.53	3.25	13.01	3.64	14.55
2 200	2.43	10.70	2.78	12.22	3.15	13.85	3.53	15.54
2 400	2.34	11.23	2.69	12.89	3.06	14.67	3.44	16.51
2 600	2.26	11.75	2.61	13.55	2.97	15.47	3.36	17.46
2 800	2.19	12.26	2.53	14.19	2.90	16.25	3.29	18.40
3 000	2.12	12.75	2.47	14.81	2.84	17.03	3.22	19.33
3 200	2.07	13.22	2.41	15.43	2.78	17.79	3.16	20.24
3 400	2.01	13.69	2.36	16.03	2.73	18.54	3.11	21.14
3 600	1.96	14.15	2.13	16.62	2.68	19.27	3.06	22.03
3 800	1.92	14.59	2.26	17.21	2.63	20.00	3.01	22.91

续表Ⅱ-1

U_0	1.0		1.5		2.0		2.5	
N_g	U	q	U	q	U	q	U	q
4 000	1.88	15.03	2.22	17.78	2.59	20.72	2.97	23.78
4 200	1.84	15.46	2.18	18.35	2.55	21.43	2.93	24.64
4 400	1.80	15.88	2.15	18.91	2.52	22.14	2.90	25.50
4 600	1.77	16.30	2.12	19.46	2.48	22.84	2.86	26.35
4 800	1.74	16.71	2.08	20.00	2.45	13.53	2.83	27.19
5 000	1.71	17.11	2.05	20.54	2.42	24.21	2.80	28.03
5 500	1.65	18.10	1.99	21.87	2.35	25.90	2.74	30.09
6 000	1.59	19.05	1.93	23.16	2.30	27.55	2.68	32.12
6 500	1.54	19.97	1.88	24.43	2.24	29.18	2.63	34.13
7 000	1.49	20.88	1.83	25.67	2.20	30.78	2.58	36.11
7 500	1.45	21.76	1.79	26.88	2.16	32.36	2.54	38.06
8 000	1.41	22.62	1.76	28.08	2.12	33.92	2.50	40.00
8 500	1.38	23.46	1.72	29.26	2.09	35.47	—	—
9 000	1.35	24.29	1.69	30.43	2.06	36.99	—	—
9 500	1.32	25.1	1.66	31.58	2.03	38.50	—	—
10 000	1.29	25.9	1.64	32.72	2.00	40.00	—	—
11 000	1.25	27.46	1.59	34.95	—	—	—	—
12 000	1.21	28.97	1.55	37.14	—	—	—	—
13 000	1.17	30.45	1.51	39.29	—	—	—	—
14 000	1.14	31.89	N_g=13 333 U=1.5 q=40		—	—	—	—
15 000	1.11	33.31			—	—	—	—
16 000	1.08	34.69			—	—	—	—
17 000	1.06	36.05	—	—	—	—	—	—
18 000	1.04	37.39	—	—	—	—	—	—
19 000	1.02	38.70	—	—	—	—	—	—
20 000	1.00	40.00	—	—	—	—	—	—

表Ⅱ-2　给水管段设计秒流量计算表［U(%)；q(L/s)］

U_0	3.0		3.5		4.0		4.5	
N_g	U	q	U	q	U	q	U	q
1	100.00	0.20	100.00	0.20	100.00	0.20	100.00	0.20
2	72.08	0.29	72.39	0.29	72.70	0.29	73.02	0.29
3	59.31	0.36	59.66	0.36	60.02	0.36	60.38	0.36
4	51.66	0.41	52.03	0.42	52.41	0.42	52.80	0.42
5	46.43	0.46	46.82	0.47	47.21	0.47	47.60	0.48

续表Ⅱ—2

U_0	3.0		3.5		4.0		4.5	
N_g	U	q	U	q	U	q	U	q
6	42.57	0.51	42.96	0.52	43.35	0.52	43.76	0.53
7	39.56	0.55	39.96	0.56	40.36	0.57	40.76	0.57
8	37.13	0.59	37.53	0.60	37.94	0.61	38.35	0.61
9	35.12	0.63	35.53	0.64	35.93	0.65	36.35	0.65
10	33.42	0.67	33.83	0.68	34.24	0.68	34.65	0.69
11	31.96	0.70	32.36	0.71	32.77	0.72	33.19	0.73
12	30.68	0.74	31.09	0.75	31.50	0.76	31.92	0.77
13	29.55	0.77	29.96	0.78	30.37	0.79	30.79	0.80
14	28.55	0.80	28.96	0.81	29.37	0.82	29.79	0.83
15	27.64	0.83	28.05	0.84	28.47	0.85	28.89	0.87
16	26.83	0.86	27.24	0.87	27.65	0.88	28.08	0.90
17	26.08	0.89	26.49	0.90	26.91	0.91	27.33	0.93
18	25.4	0.91	25.81	0.93	26.23	0.94	26.65	0.96
19	24.77	0.94	25.19	0.96	25.60	0.97	26.03	0.99
20	24.2	0.97	24.61	0.98	25.03	1.00	25.45	1.02
22	23.16	1.02	23.57	1.04	23.99	1.06	24.41	1.07
24	22.25	1.07	22.66	1.09	23.08	1.11	23.51	1.13
26	21.45	1.12	21.87	1.14	22.29	1.16	22.71	1.18
28	20.74	1.16	21.15	1.18	21.57	1.21	22.00	1.23
30	20.10	1.21	20.51	1.23	20.93	1.26	21.36	1.28
32	19.52	1.25	19.94	1.28	20.36	1.30	20.78	1.33
34	18.99	1.29	19.41	1.32	19.83	1.35	20.25	1.38
36	18.51	1.33	18.93	1.36	19.35	1.39	19.77	1.42
38	18.07	1.37	18.48	1.40	18.90	1.44	19.33	1.47
40	17.66	1.41	18.07	1.45	18.49	1.48	18.92	1.51
42	17.28	1.45	17.69	1.49	18.11	1.52	18.54	1.56
44	16.92	1.49	17.34	1.53	17.76	1.56	18.18	1.60
46	16.59	1.53	17.00	1.56	17.43	1.60	17.85	1.64
48	16.28	1.56	16.69	1.60	17.11	1.54	17.54	1.68
50	15.99	1.60	16.40	1.64	16.82	1.68	17.25	1.73
55	15.33	1.69	15.74	1.73	16.17	1.78	16.59	1.82
60	14.76	1.77	15.17	1.82	15.59	1.87	16.02	1.92
65	14.25	1.85	14.66	1.91	15.08	1.96	15.51	2.02
70	13.80	1.93	14.21	1.99	14.63	2.05	15.06	2.11
75	13.39	2.01	13.81	2.07	14.23	2.13	14.65	2.20
80	13.02	2.08	13.44	2.15	13.86	2.22	14.28	2.29

续表Ⅱ—2

U_0	3.0		3.5		4.0		4.5	
N_g	U	q	U	q	U	q	U	q
85	12.69	2.16	13.10	2.23	13.52	2.30	13.95	2.37
90	12.38	2.23	12.80	2.30	13.22	2.38	13.64	2.46
95	12.10	2.30	12.52	2.38	12.94	2.46	13.36	2.54
100	11.84	2.37	12.26	2.45	12.68	2.54	13.10	2.62
110	11.38	2.50	11.79	2.59	12.21	2.69	12.63	2.78
120	10.97	2.63	11.38	2.73	11.80	2.83	12.23	2.93
130	10.61	2.76	11.02	2.87	11.44	2.98	11.87	3.09
140	10.29	2.88	10.70	3.00	11.12	3.11	11.55	3.23
150	10.00	3.00	10.42	3.12	10.83	3.25	11.26	3.38
160	9.74	3.12	10.16	3.25	10.57	3.38	11.00	3.52
170	9.51	3.23	9.92	3.37	10.34	3.51	10.76	3.66
180	9.29	3.34	9.70	3.49	10.12	3.64	10.54	3.80
190	9.09	3.45	9.50	3.61	9.92	3.77	10.34	3.93
200	8.91	3.56	9.32	3.73	9.74	3.89	10.16	4.06
220	8.57	3.77	8.99	3.95	9.40	4.14	9.83	4.32
240	8.29	3.98	8.70	4.17	9.12	4.38	9.54	4.58
260	8.03	4.18	8.44	4.39	8.86	4.61	9.28	4.83
280	7.81	4.37	8.22	4.60	8.63	4.83	9.06	5.07
300	7.60	4.56	8.01	4.81	8.43	5.06	8.85	5.31
320	7.42	4.75	7.83	5.02	8.24	5.28	8.67	5.55
340	7.25	4.93	7.66	5.21	8.08	5.49	8.50	5.78
360	7.10	5.11	7.51	5.40	7.92	5.70	8.34	6.01
380	6.95	5.29	7.36	5.60	7.78	5.91	8.20	6.23
400	6.82	5.46	7.23	5.79	7.65	6.12	8.07	6.46
420	6.70	5.63	7.11	5.97	7.53	6.32	7.95	6.68
440	6.59	5.80	7.00	6.16	7.41	6.52	7.83	6.89
460	6.48	5.97	6.89	6.34	7.31	6.72	7.73	7.11
480	6.39	6.13	6.79	6.52	7.21	6.92	7.63	7.32
500	6.29	6.29	6.70	6.70	7.12	7.12	7.54	7.54
550	6.08	6.69	6.49	7.14	6.91	7.60	7.32	8.06
600	5.90	7.08	6.31	7.57	6.72	8.07	7.14	8.57
650	5.74	7.46	6.15	7.99	6.56	8.53	6.98	9.08
700	5.59	7.83	6.00	8.40	6.42	8.98	6.83	9.57
750	5.46	8.20	5.87	8.81	6.29	9.43	6.70	10.06
800	5.35	8.56	5.75	9.21	6.17	9.87	6.59	10.54
850	5.24	8.91	5.65	9.60	6.06	10.30	6.48	11.01

续表Ⅱ-2

U_0	3.0		3.5		4.0		4.5	
N_g	U	q	U	q	U	q	U	q
900	5.14	9.26	5.55	9.99	5.96	10.73	6.38	11.48
950	5.05	9.60	5.46	10.37	5.87	11.16	6.29	11.95
1 000	4.97	9.94	5.38	10.75	5.79	11.58	6.21	12.41
1 100	4.82	10.61	5.23	11.50	5.64	12.41	6.06	13.32
1 200	4.69	11.26	5.10	12.23	5.51	13.22	5.93	14.22
1 300	4.58	11.90	4.98	12.95	5.39	14.02	5.81	15.11
1 400	4.48	12.53	4.88	13.66	5.29	14.81	5.71	15.98
1 500	4.38	13.15	4.79	14.36	5.20	15.60	5.61	16.84
1 600	4.30	13.76	4.70	15.05	5.11	16.37	5.53	17.70
1 700	4.22	14.36	4.63	15.74	5.04	17.13	5.45	18.54
1 800	4.16	14.96	4.56	16.41	4.97	17.89	5.38	19.38
1 900	4.09	15.55	4.49	17.08	4.90	18.64	5.32	20.21
2 000	4.03	16.13	4.44	17.74	4.85	19.38	5.26	21.04
2 200	3.93	17.28	4.33	19.05	4.74	20.85	5.15	22.67
2 400	3.83	18.41	4.24	20.34	4.65	22.30	5.06	24.29
2 600	3.75	19.52	4.16	21.61	4.56	23.73	4.98	25.88
2 800	3.68	20.61	4.08	22.86	4.49	25.15	4.90	27.46
3 000	3.62	21.69	4.02	24.10	4.42	26.55	4.84	29.02
3 200	3.56	22.76	3.96	25.33	4.36	27.94	4.78	30.58
3 400	3.50	23.81	3.90	26.54	4.31	29.31	4.72	32.12
3 600	3.45	24.86	3.85	27.75	4.26	31.68	4.67	33.64
3 800	3.41	25.90	3.81	28.94	4.22	32.03	4.63	35.16
4 000	3.37	26.92	3.77	30.13	4.17	33.38	4.58	36.67
4 200	3.33	27.94	3.73	31.30	4.13	34.72	4.54	38.17
4 400	3.29	28.95	3.69	32.47	4.10	36.05	4.51	39.67
4 600	3.26	29.96	3.66	33.64	4.06	37.37	N_g=4 444 U=4.5% q=40.00	
4 800	3.22	30.95	3.62	34.79	4.03	38.69		
5 000	3.19	31.95	3.59	35.94	4.00	40.40		
5 500	3.13	34.40	3.53	38.79	—	—	—	—
6 000	3.07	36.82	N_g=5 714 U=3.5% q=40.00		—	—	—	—
6 500	3.02	39.21			—	—	—	—
6 667	3.00	40.00			—	—	—	—

表Ⅱ-3　给水管段设计秒流量计算表［U(%)；q(L/s)］

U_0	5.0		6.0		7.0		8.0	
N_g	U	q	U	q	U	q	U	q
1	100.00	0.20	100.00	0.20	100.00	0.20	100.00	0.20
2	73.33	0.29	73.98	0.30	74.64	0.30	75.30	0.30
3	60.75	0.36	61.49	0.37	62.24	0.37	63.00	0.38
4	53.18	0.43	53.97	0.43	54.76	0.44	55.56	0.44
5	48.00	0.48	48.80	0.49	49.62	0.50	50.45	0.50
6	44.16	0.53	44.98	0.54	45.81	0.55	46.65	0.56
7	41.17	0.58	42.01	0.59	42.85	0.60	43.70	0.61
8	38.76	0.62	39.60	0.63	40.45	0.65	41.31	0.66
9	36.76	0.66	37.61	0.68	38.46	0.69	39.33	0.71
10	35.07	0.70	35.92	0.72	36.78	0.74	37.65	0.75
11	33.61	0.74	34.46	0.76	35.33	0.78	36.20	0.80
12	32.34	0.78	33.19	0.80	34.06	0.82	34.93	0.84
13	31.22	0.81	32.07	0.83	32.94	0.96	33.82	0.88
14	30.22	0.85	31.07	0.87	31.94	0.89	32.82	0.92
15	29.32	0.88	30.18	0.91	31.05	0.93	31.93	0.96
16	28.50	0.91	29.36	0.94	30.23	0.97	31.12	1.00
17	27.76	0.94	28.62	0.97	29.50	1.00	30.38	1.03
18	27.08	0.97	27.94	1.01	28.82	1.04	29.70	1.07
19	26.45	1.01	27.32	1.04	28.19	1.07	29.08	1.10
20	25.88	1.04	26.74	1.07	27.62	1.10	28.50	1.14
22	24.84	1.09	25.71	1.13	26.58	1.17	27.47	1.21
24	23.94	1.15	24.80	1.19	25.68	1.23	26.57	1.28
26	23.14	1.20	24.01	1.25	24.98	1.29	25.77	1.34
28	22.43	1.26	23.30	1.30	24.18	1.35	25.06	1.40
30	21.79	1.31	22.66	1.36	23.54	1.41	24.43	1.47
32	21.21	1.36	22.08	1.41	22.96	1.47	23.85	1.53
34	20.68	1.41	21.55	1.47	22.43	1.53	23.32	1.59
36	20.20	1.45	21.07	1.52	21.95	1.58	22.84	1.64
38	19.76	1.50	20.63	1.57	21.51	1.63	22.40	1.70
40	19.35	1.55	20.22	1.62	21.10	1.69	21.99	1.76
42	18.97	1.59	19.84	1.67	20.72	1.74	21.61	1.82
44	18.61	1.64	19.48	1.71	20.36	1.79	21.25	1.87
46	18.28	1.68	19.15	1.76	21.03	1.84	20.92	1.92
48	17.97	1.73	18.84	1.81	19.72	1.89	20.61	1.98

续表Ⅱ—3

U_0	5.0		6.0		7.0		8.0	
N_g	U	q	U	q	U	q	U	q
50	17.68	1.77	18.55	1.86	19.43	2.94	20.32	2.03
55	17.02	1.87	17.89	1.97	18.77	2.07	19.66	2.16
60	16.45	1.97	17.32	2.08	18.20	2.18	19.08	2.29
65	15.94	2.07	16.81	2.19	17.69	2.30	18.58	2.42
70	15.49	2.17	16.36	2.29	17.24	2.41	18.13	2.54
75	15.08	2.26	15.95	2.39	16.83	2.52	17.72	2.66
80	14.71	2.35	15.58	2.49	16.46	2.63	17.35	2.78
85	14.38	2.44	15.25	2.59	16.13	2.74	17.02	2.89
90	14.07	2.53	14.94	2.69	15.82	2.85	16.71	3.01
95	13.79	2.62	14.66	2.79	15.54	3.95	16.43	3.12
100	13.53	2.71	14.40	2.88	15.28	3.06	16.17	3.23
110	13.06	2.87	13.93	3.06	14.81	3.26	15.70	3.45
120	12.66	3.04	13.52	3.25	14.40	3.46	15.29	3.67
130	12.30	3.20	13.16	3.42	14.04	3.65	14.93	3.88
140	11.97	3.35	12.84	3.60	13.72	4.84	14.61	4.09
150	11.69	3.51	12.55	3.77	13.43	4.03	14.32	4.30
160	11.43	3.66	12.29	3.93	13.17	4.21	14.06	4.50
170	11.19	3.80	12.05	4.10	12.93	4.40	13.82	4.70
180	10.97	3.95	11.84	4.26	12.71	4.58	13.60	4.90
190	10.77	4.09	11.64	4.42	12.51	4.75	13.40	5.09
200	10.59	4.23	11.45	4.58	12.33	4.93	13.21	5.28
220	10.25	4.51	11.12	4.89	11.99	5.28	12.88	5.67
240	9.96	4.78	10.83	5.20	11.70	5.62	12.59	6.04
260	9.71	5.05	10.57	5.50	11.45	5.95	12.33	6.41
280	9.48	5.31	10.34	5.79	11.22	6.28	12.10	6.78
300	9.28	5.57	10.14	6.08	11.01	6.61	11.89	7.14
320	9.09	5.82	9.95	6.37	10.83	6.93	11.71	7.49
340	8.92	6.07	9.78	6.65	10.66	7.25	11.54	7.84
360	8.77	6.31	9.63	6.93	10.56	7.56	11.38	8.19
380	8.63	6.56	9.49	7.21	10.36	7.87	11.24	8.54
400	8.49	6.80	9.35	7.48	10.23	8.18	11.10	8.88
420	8.37	7.03	9.23	7.76	10.10	8.49	10.98	9.22
440	8.26	7.27	9.12	8.02	9.99	8.79	10.87	9.56
460	8.15	7.50	9.01	8.29	9.88	9.09	10.76	9.90

续表Ⅱ－3

U_0	5.0		6.0		7.0		8.0	
N_g	U	q	U	q	U	q	U	q
480	8.05	7.73	9.91	8.56	9.78	9.39	10.66	10.23
500	7.96	7.96	8.82	8.82	9.69	9.69	10.56	10.56
550	7.75	8.52	8.61	9.47	9.47	10.42	10.35	11.39
600	7.56	9.08	8.42	10.11	9.29	11.15	10.16	12.20
650	7.40	9.62	8.26	10.74	9.12	11.86	10.00	13.00
700	7.26	10.16	8.11	11.36	8.98	12.57	9.85	13.79
750	7.13	10.69	7.98	11.97	8.85	13.27	9.72	14.58
800	7.01	11.21	7.86	12.58	8.73	13.96	9.60	15.36
850	6.90	11.73	7.75	13.18	8.62	14.65	9.49	16.14
900	6.80	12.24	7.66	13.78	8.52	15.34	9.39	16.91
950	6.71	12.75	7.56	14.37	8.43	16.01	9.30	17.67
1 000	6.63	12.26	7.48	14.96	8.34	16.69	9.22	18.43
1 100	6.48	14.25	7.33	16.12	8.19	18.02	9.06	19.94
1 200	6.35	15.23	7.20	17.27	8.06	19.34	8.93	21.43
1 300	6.23	16.20	7.08	18.41	7.94	20.65	8.81	22.91
1 400	6.13	17.15	6.98	19.53	7.84	21.95	8.71	24.38
1 500	6.03	18.10	6.88	20.65	7.74	23.23	8.61	25.84
1 600	5.95	19.04	6.80	21.76	7.66	24.51	8.53	27.28
1 700	5.87	19.97	6.72	22.85	7.58	25.77	8.45	28.72
1 800	5.80	10.89	6.65	23.94	7.51	27.03	8.38	30.15
1 900	5.74	21.80	6.59	25.03	7.44	28.29	8.31	31.58
2 000	5.68	22.71	6.53	26.10	7.38	29.53	8.25	33.00
2 200	5.57	24.51	6.42	28.24	7.27	32.01	8.14	35.81
2 400	5.48	26.29	6.32	30.35	7.18	34.46	8.04	38.60
2 600	5.39	28.05	6.24	32.45	7.10	36.89	N_g=2 500 U=8.0% q=40.00	
2 800	5.32	29.80	6.17	34.52	7.02	39.31		
3 000	5.25	31.35	6.10	36.59	N_g=2 857 U=7.0% q=40.00			
3 200	5.19	33.24	6.04	38.64			—	—
3 400	5.14	34.95	N_g=3 333 U=6.0% q=40.00				—	—
3 600	5.09	36.64			—	—	—	—
3 800	5.04	38.33			—	—	—	—
4 000	5.00	40.00	—	—	—	—	—	—

附录Ⅲ 设置场所火灾危险等级

<table>
<tr><th colspan="2">火灾危险等级</th><th>设置场所</th></tr>
<tr><td colspan="2">轻危险级</td><td>建筑高度在24 m及以下的旅馆、办公楼，仅在走道设置闭式系统的建筑等</td></tr>
<tr><td rowspan="2">中危险级</td><td>Ⅰ级</td><td>1. 高层民用建筑：旅馆、办公楼、综合楼、邮政楼、金融电信楼、指挥调度楼、广播电视楼（塔）等
2. 公共建筑（含单、多高层）：医院、疗养院；图书馆（书库除外）、档案馆、展览馆（厅）；影剧院、音乐厅和礼堂（舞台除外）及其他娱乐场所；火车站和飞机场及码头的建筑；总建筑面积小于5 000 m^2 的商场，总建筑面积小于1 000 m^2 的地下商场等
3. 文化遗产建筑：木结构古建筑、国家文物保护单位等
4. 工业建筑：食品、家用电器、玻璃制品等工厂的备料与生产车间等；冷藏库、钢屋架等建筑构件</td></tr>
<tr><td>Ⅱ级</td><td>1. 民用建筑：书库、舞台（葡萄架除外）、汽车停车场、总建筑面积5 000 m^2 及以上的商场、总建筑面积1 000 m^2 及以上的地下商场等
2. 工业建筑：棉毛麻丝及化纤的纺织、织物及制品、木材木器及胶合板、谷物加工、烟草及制品、饮用酒（啤酒除外）、皮革及制品、造纸及纸制品、制药等工厂的备料与生产车间</td></tr>
<tr><td rowspan="2">严重危险级</td><td>Ⅰ级</td><td>印刷厂、酒精制品、可燃液体制品等工厂的备料与车间等</td></tr>
<tr><td>Ⅱ级</td><td>易燃液体喷雾操作区域、固体易燃物品、可燃的气溶胶制品、溶剂、油漆、沥青制品等工厂的备料及生产车间、摄影棚、舞台“葡萄架”下部</td></tr>
<tr><td rowspan="3">仓库危险级</td><td>Ⅰ级</td><td>食品、烟酒；木箱、纸箱包装的不燃难燃物品、仓储式商场的货架区等</td></tr>
<tr><td>Ⅱ级</td><td>木材、纸、皮革、谷物及制品、棉毛麻丝化纤及制品、家用电器、电缆、组塑料与橡胶及其制品、钢塑混合材料制品、各种塑料瓶盒包装的不燃物品及各类物品混杂储存的仓库等</td></tr>
<tr><td>Ⅲ级</td><td>组塑料与橡胶及其制品；沥青制品等</td></tr>
</table>

参考文献

[1]《住宅设计资料集》编委会．住宅设计资料集［M］．北京：中国建筑工业出版社，1999.

[2] 中国建筑设计研究院．建筑给水排水设计手册［M］．北京：中国建筑工业出版社，2008.

[3] 王增长．建筑给水排水工程［M］．6版．北京：中国建筑工业出版社，2010.

[4] 程文义．建筑给水排水工程［M］．2版．北京：中国电力出版社，2009.

[5] 李玉华．建筑给水排水工程设计计算［M］．北京：中国建筑工业出版社，2006.

[6] 王增长．建筑给水排水工程［M］．4版．北京：中国建筑工业出版社，1998.

[7] 陈耀宗．建筑给水排水设计手册［M］．北京：中国建筑工业出版社，1995.

[8] 核工业第二设计研究院．给水排水设计手册：第2册［M］．2版．北京：中国建筑工业出版社，2001.

[9] 李亚峰，蒋白懿．高层建筑给水排水工程［M］．北京：化学工业出版社，2004.

[10] 蒋永琨．高层建筑防火设计手册［M］．北京：中国建筑工业出版社，2000.

[11] 吕君．建筑给水排水工程施工［M］．哈尔滨：哈尔滨工业大学出版社，2011.

[12] 高明远．建筑给水排水工程学［M］．北京：中国建筑工业出版社，2002.

[13] 李德英，吴俊奇，周秋华．简明实用水暖工手册［M］．北京：机械工业出版社，2003.

[14] 建设部工程质量安全监督与行业发展司，中国建筑标准设计研究所．全国民用建筑工程设计技术措施：给水排水［M］．北京：中国计划出版社，2003.

[15] 张健．建筑给水排水工程［M］．重庆：重庆大学出版社，2002.

[16] 陈方肃．高层建筑给水排水设计手册［M］．长沙：湖南科学技术出版社，1998.

[17] 姜文源．水工业工程设计手册——建筑和小区给水排水［M］．北京：中国建筑工业出版社，2000.

[18] 张英，吕槛．新编建筑给水排水工程［M］．北京：中国建筑工业出版社，2004.

[19] 马金．建筑给水排水工程［M］．北京：清华大学出版社，2004.

[20] 李天荣．建筑消防设备工程［M］．重庆：重庆大学出版社，2002.

[21] 姜湘山．建筑小区中水工程［M］．北京：机械工业出版社，2003.

[22] 中国建筑设计研究院．建筑给水排水设计手册［M］．2版．北京：中国建筑工业出版社，2008.

[23] 蒋永琨．中国消防工程手册［M］．北京：中国建筑工业出版社，1998.

[24] 冯萃敏．全国勘察设计注册公用设备工程师执业资格考试——给水排水专业全新习题及解析［M］．北京：化学工业出版社，2013.

[25] 张宝军，陈思荣．建筑给水排水工程［M］．武汉：武汉理工大学出版社，2008.

[26] 黄晓家，姜文源．自动喷水灭火系统设计手册［M］．北京：中国建筑工业出版社，2002.

[27] 建设部建筑设计院．建筑给水排水工程设计实例［M］．北京：中国建筑工业出版社，2001.

[28] 萧正辉，高明远．建筑卫生技术设备［M］．北京：中国建筑工业出版社，1990.

[29] 中华人民共和国住房和城乡建设部．GB 50015—2003　建筑给水排水设计规范（2009年版）［S］．北京：中国计划出版社，2010.

[30] 中华人民共和国住房和城乡建设部．GB 50016—2006　建筑设计防火规范［S］．北京：中国计划出版社，2006.

［31］中华人民共和国住房和城乡建设部．GB 50084—2001　自动喷水灭火系统设计规范［S］．北京：中国计划出版社，2005.

［32］中华人民共和国住房和城乡建设部．GB 50014—2006　室外排水设计规范（2014 年版）［S］．北京：中国计划出版社，2011.

［33］全国勘察设计注册工程师公用设备专业管理委员会秘书处．全国勘察设计注册公用设备工程师给水排水专业执业资格考试教材第 3 册［M］．北京：中国建筑工业出版社，2011.

［34］中华人民共和国建设部．GB—50045—95　中华人民共和国国家标准：高层民用建筑设计防火规范（2005 年版）［S］．北京：中国计划出版社，2005.

［35］中华人民共和国建设部．CJJ 110—2006　中华人民共和国行业标准：管道直饮水系统技术规程［S］．北京：中国建筑工业出版社，2006.

建筑给水排水工程附图

JIANZHU GEISHUI PAISHUI GONGCHENG FUTU

主　审　胡兴福
主　编　刘俊红　相会强
副主编　于景洋　齐世华　乔凤杰
　　　　钟　丹　王飞腾
编　者　马文成　郭雪梅　吴亚群

哈爾濱工業大學出版社

智囊图书·建筑书系

全国土木工程类实用创新型规划教材

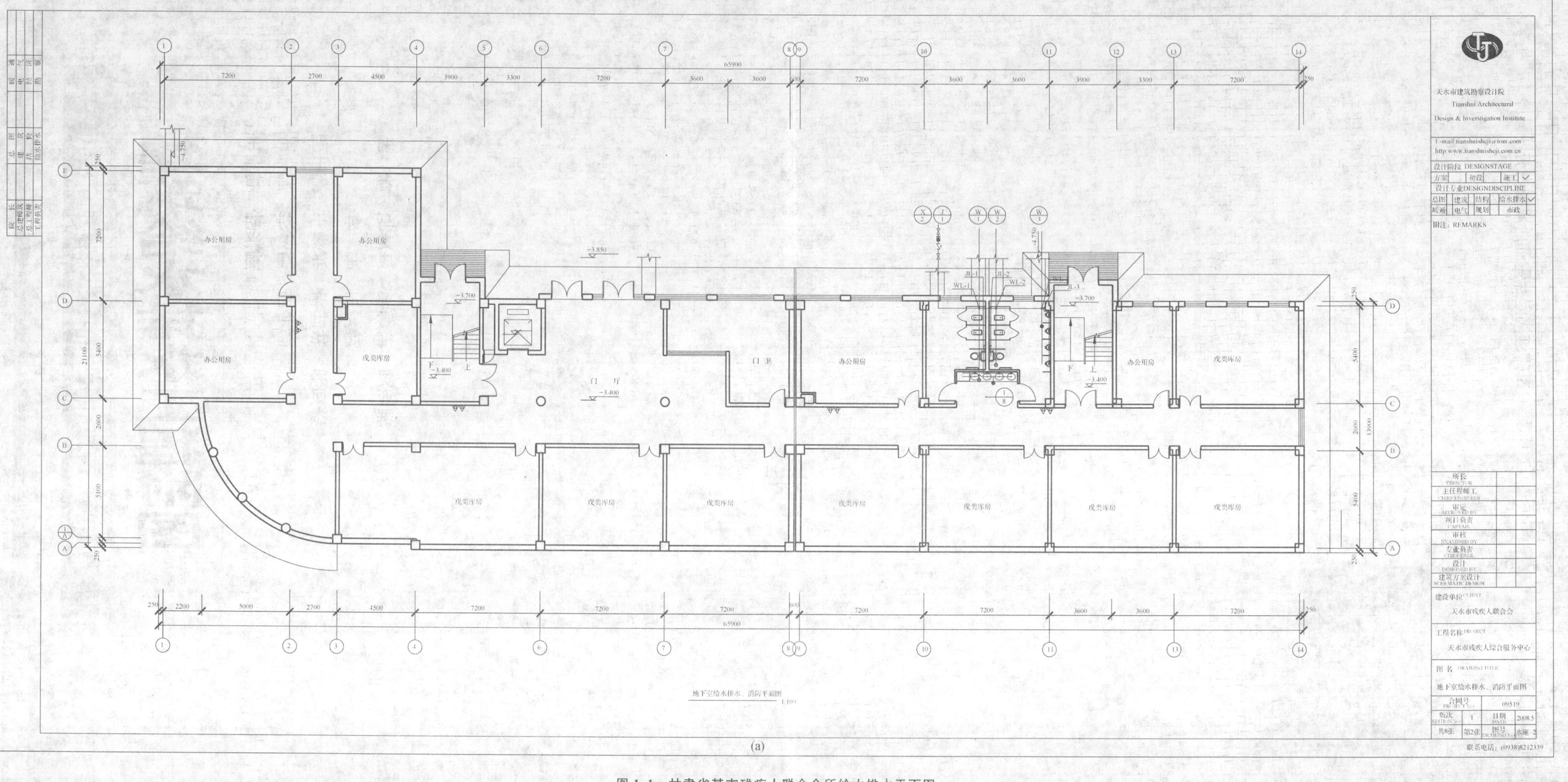

(a)

图 1.1　甘肃省某市残疾人联合会所给水排水平面图

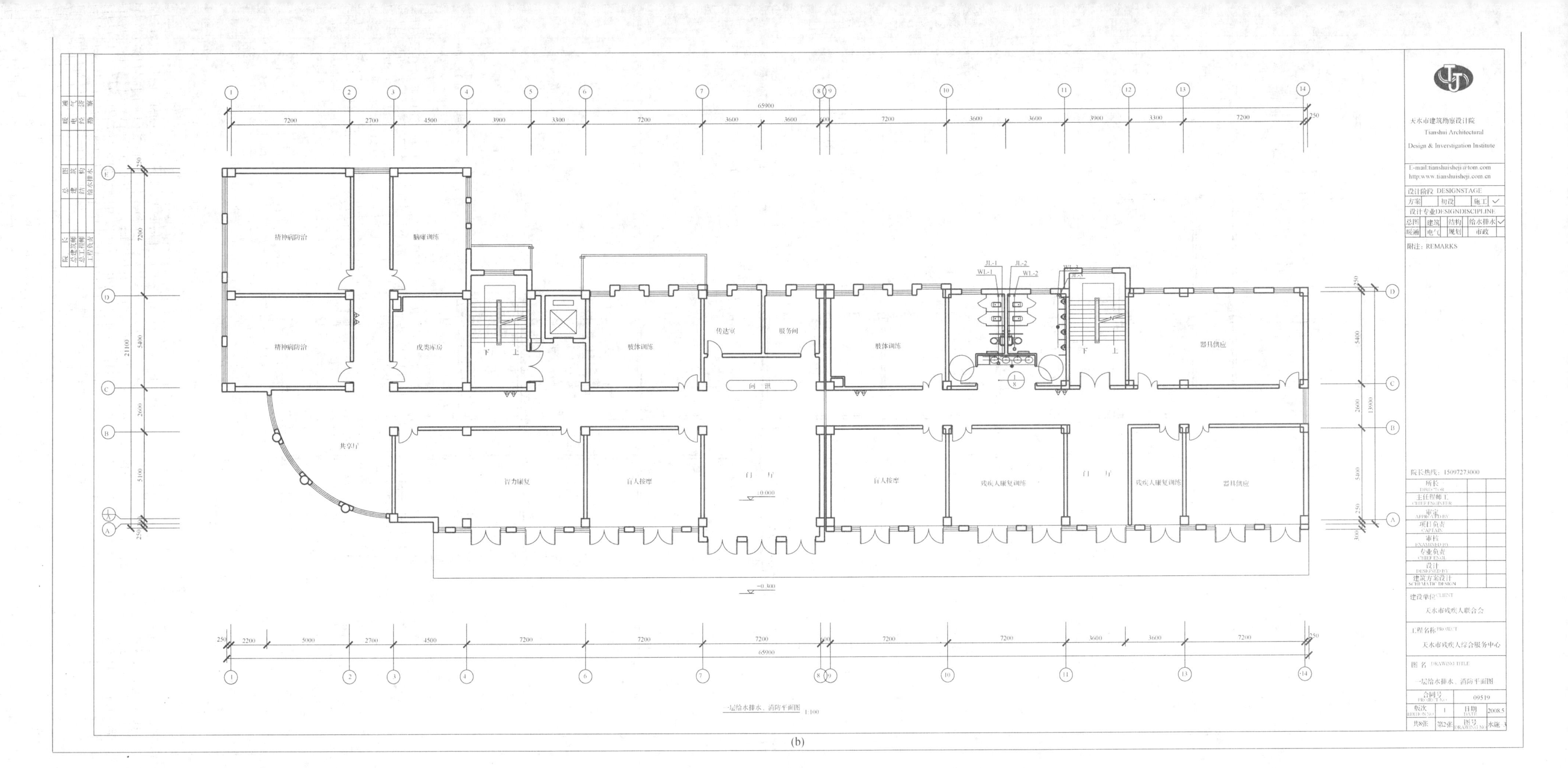
天水市建筑勘察设计院
Tianshui Architectural
Design & Investigation Institute
设计阶段 DESIGNSTAGE
方案
初设
施工
设计专业DESIGNDISCIPLINE
总图
建筑
结构
给水排水
暖通
电气
规划
市政
附注: REMARKS
院长热线: 15097273000
建设单位CLIENT
天水市残疾人联合会
工程名称PROJECT
天水市残疾人综合服务中心
图名 DRAWING TITLE
一层给水排水、消防平面图
合同号
09519
版次
1
日期
2008.5
共8张
第2张
图号
水施
精神病防治
躯体训练
戊类库房
共享厅
智力康复
盲人按摩
门厅
传达室
服务间
肢体训练
残疾人康复训练
器具供应
±0.000
-0.300
65900
21100
13000
JL-1
JL-2
WL-1
WL-2
一层给水排水、消防平面图 1:100
(b)

续图 1.1

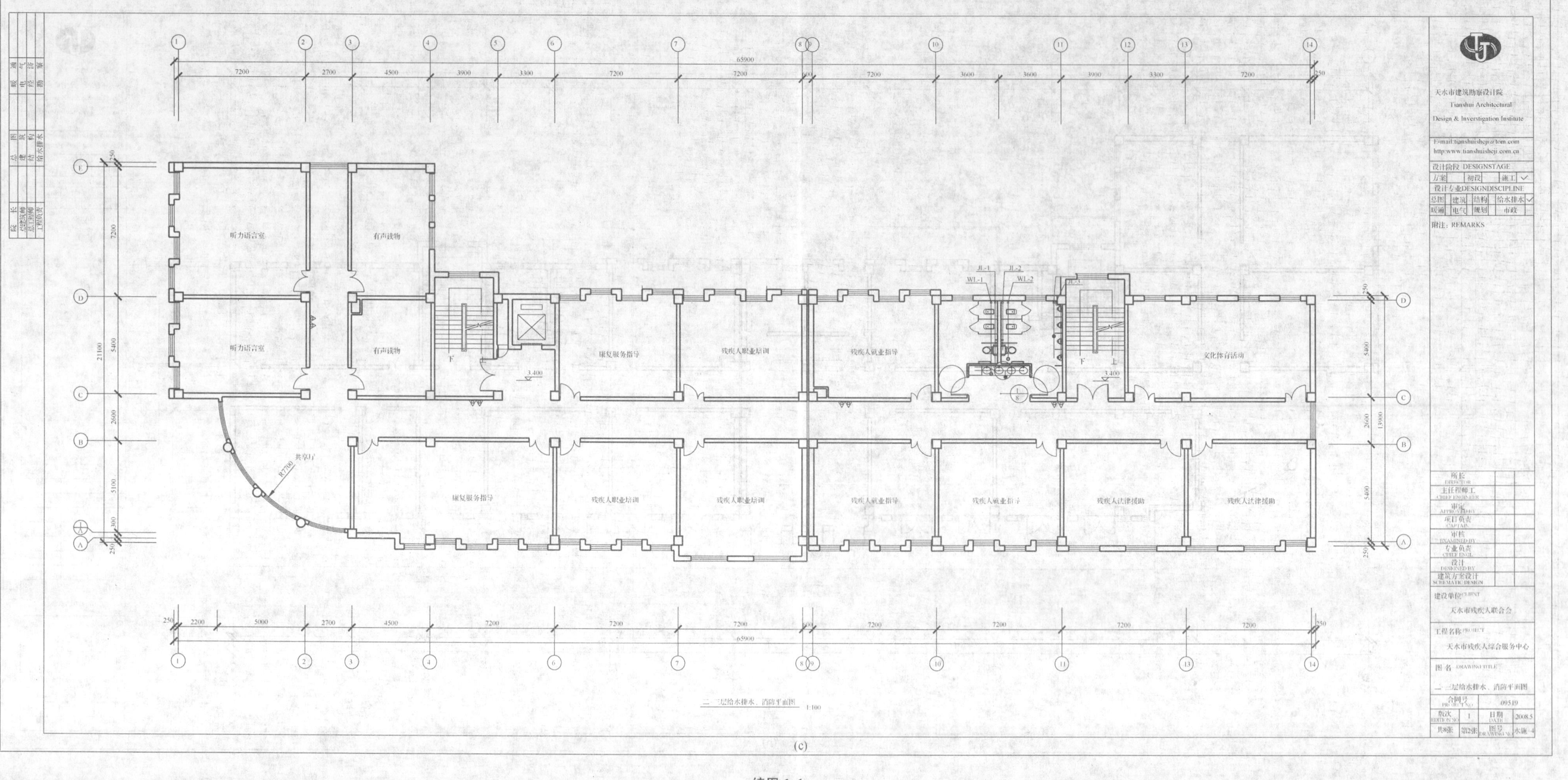

天水市建筑勘察设计院
Tianshui Architectural
Design & Investigation Institute
设计阶段 DESIGNSTAGE
方案
初设
施工
设计专业DESIGNDISCIPLINE
总图
建筑
结构
给水排水
暖通
电气
规划
市政
附注：REMARKS
听力语言室
有声读物
康复服务指导
残疾人职业培训
残疾人就业指导
文化体育活动
残疾人法律援助
共享厅
65900
21100
13900
建设单位
天水市残疾人联合会
工程名称
天水市残疾人综合服务中心
图名
二、三层给水排水、消防平面图
二、三层给水排水、消防平面图 1:100

(c)

续图 1.1

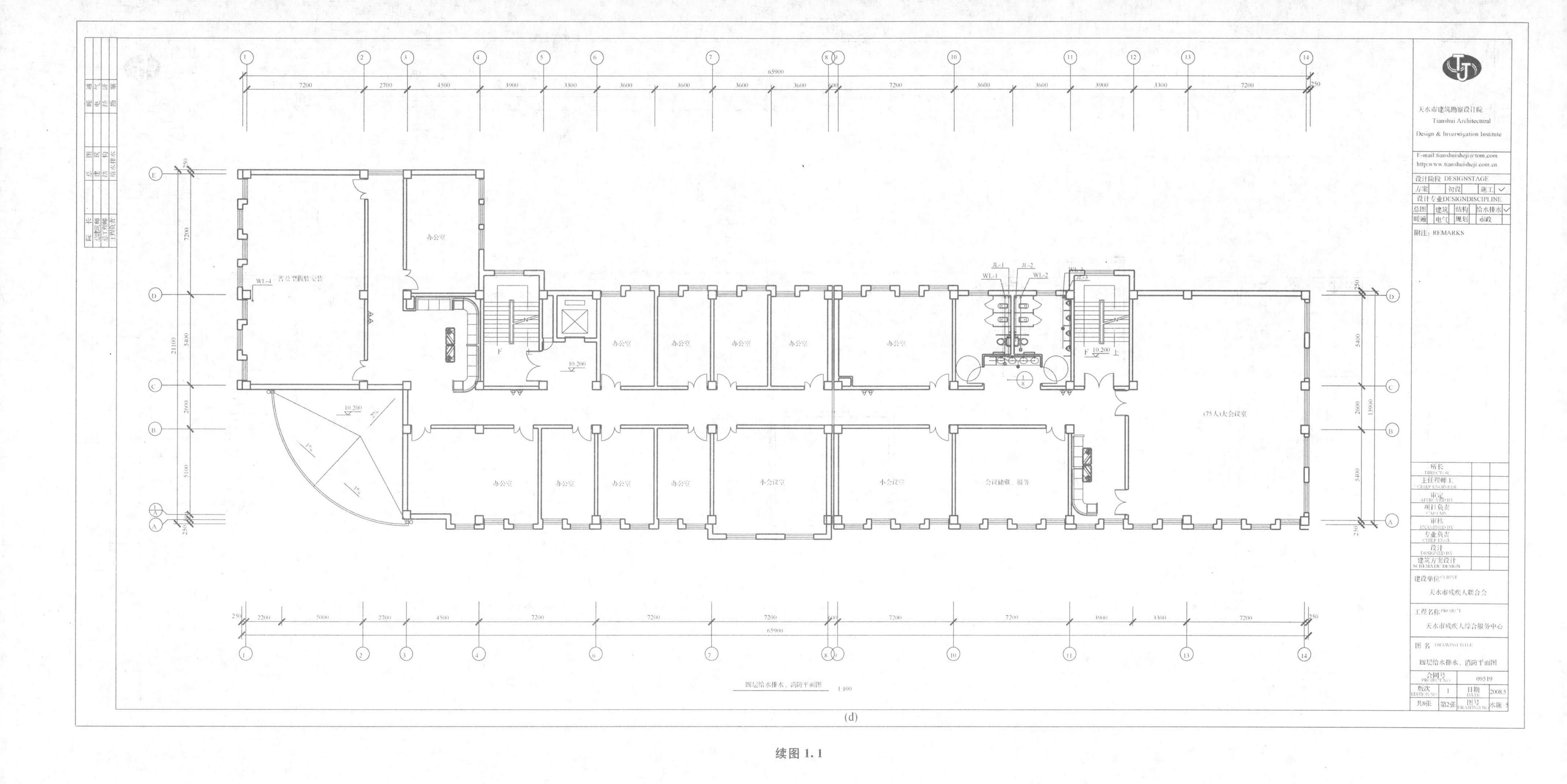
天水市建筑勘察设计院
Tianshui Architectural
Design & Investigation Institute
E-mail tianshuisheji@tom.com
http:www.tianshuisheji.com.cn
设计阶段 DESIGNSTAGE
方案 初设 施工
设计专业DESIGNDISCIPLINE
总图 建筑 结构 给水排水
暖通 电气 规划 市政
附注: REMARKS
办公室
(75人)大会议室
小会议室
会议储藏、服务
建设单位
天水市残疾人联合会
工程名称
天水市残疾人综合服务中心
图名
四层给水排水、消防平面图
合同号 09519
版次 1 日期 2008.5
共8张 第2张 图号 水施 5
四层给水排水、消防平面图 1:100
(d)

续图 1.1

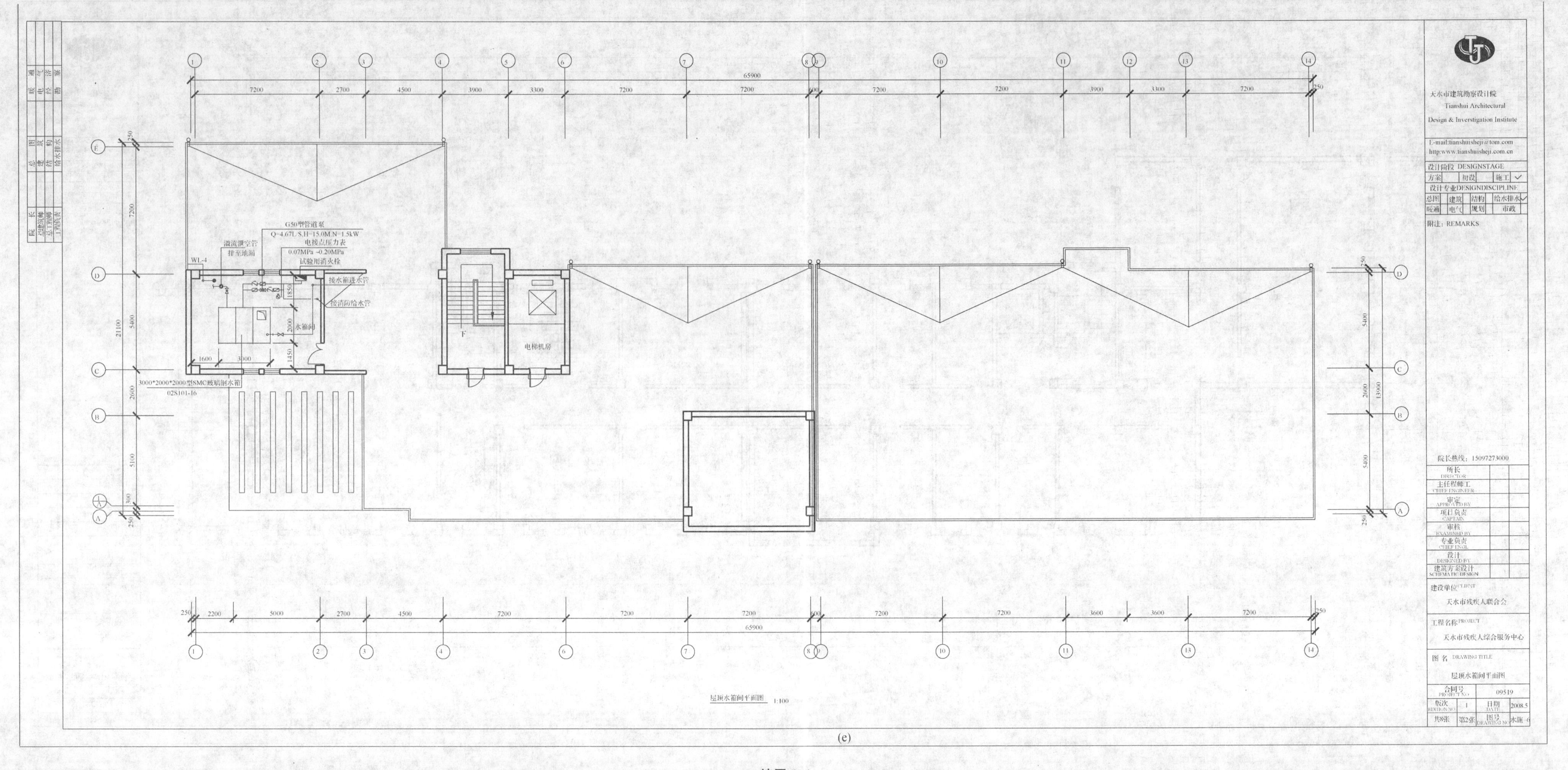
天水市建筑勘察设计院
Tianshui Architectural
Design & Investigation Institute
天水市残疾人联合会
天水市残疾人综合服务中心
屋顶水箱间平面图
屋顶水箱间平面图 1:100
3000*2000*2000型SMC玻璃钢水箱
02S101-16
电梯机房
水箱间
09519
2008.5
65900

(e)

续图 1.1

天水市建筑勘察设计院
Tianshui Architectural
Design & Investigation Institute

E-mail:tianshuisheji@tom.com
http:www.tianshuisheji.com.cn

给排水、消防设计说明

一、设计依据

1.《建筑给水排水设计规范》(GB 50015—2003)

2.《建筑设计防火规范》(GB 50016—2006)

3.《建筑灭火器配置设计规范》(GB 50—140—2005)

4.建筑单位对本专业提出的设计要求

5.建筑专业提供的条件图

二、工程概况

本工程为天水市残疾人联合会综合服务中心，地上四层，地下一层，总建筑高度为13.9 m，建筑面积为4 975.2 m^2

三、设计内容

设计内容包括：室内给水排水系统、室内消火栓系统及室内灭火器配置。

四、给水系统

1.水源：本工程水源为市政给水管网，市政管网压力为0.35 MPa，室内给水系统所需给水压力为0.24 MPa

2.系统形式及给水方式：本建筑利用市政给水管网水压直接供水，供水方式为下行上供式

3.给水系统管材：采用PSP钢塑复合管，双热熔连接。室内给水管道公称压力不小于1.25MPa

4.阀门：$DN\geq50$者采用Z15T—10型闸阀，$DN<50$者采用J11W—10型闸阀

5.保温：管道穿过不采暖房间及室外部分时应采用聚氨酯硬泡沫塑料保温，做法及保温厚度见03S401—50页

6.卫生器具选用：卫生器具选用高档节水型，卫生器具配件为同一高档品牌。公用卫生间大便器、小便器均采用手动自闭冲洗阀门，电热水器由甲方自理

7.给水计量：室外引入管上设置总计量水表(LXS—DN50),见甘02S2—16

五、消火栓系统

1.消防用水量：本工程设置室内外消火栓系统，室内消火栓系统用水量为15 L/s，室外消火栓系统用水量为25 L/s

2.系统形式：室内消火栓系统采用临时高压系统，最不利点所需压力水头为36.0 m，屋顶设有效容积为9 m^3消防水箱一座，管道泵一台，可满足火灾初期10 min消防用水量及水压

3.室内消火栓及管道布置：室内消火栓管道呈环状布置，为独立的管道系统，并分段设置阀门，室外距建筑外墙不小于5 m处设置一套水泵接合器，室内消火栓系统与室外给水管道连接，连接处设置控制阀门。消火栓布置保证被保护范围内的任何一点都有两股水柱同时到达，水枪的充实水柱为7 m，每个消火栓箱内均配置DN65 mm消火栓一个，长度为25 m麻质衬胶水带一条，DN65×19 mm直流水枪一支

4.管材：消火栓系统管道采用内外热镀锌钢管，丝扣或卡箍连接，公称压力不小于1.25 MPa，消防设施的保温措施同给水管道

5.本系统阀门采用A型对夹式蝶阀，D71X—16型，要求有明显开启标志，消火栓箱选用铝合金消防箱，消火栓见04S202—4

6.试验：屋顶试验消火栓设压力表及泄水装置,见04S202—16

六、灭火器配置

1.火灾种类：本工程为A类火灾

2.危险等级：本工程为中危险级

3.配置MF/ABC3磷酸盐干粉灭火器，灭火级别为2A

灭火器配置数量及位置见平面图

七、排水

1.雨水排水系统：本工程屋面雨水采用外排水方式，通过立管自流排出，雨水口为87型，雨水排水管选用焊接钢管，屋面雨水排水系统由建筑专业设计

2.室内污水排水系统：

(1)本工程室内采用污废水合流的管道系统

(2)本工程室内污废水合流排放，采用单管串联就近排至室外污水检查井，通过污水管道系统收集至化粪池，再排入市政污水管道，室内排水立管均采用伸顶通气管通气

(3)室内排水采用UPVC管，胶粘接

4.排水附件：

①立管一层起隔层设检查口（距地1.0 m），出屋面设通气帽（距屋面1.0 m）

②横管起点及其转弯处应设清扫口

③地漏水封深度不得小于50 mm

④排水立管应按规定每层设置伸缩节，位置见96S406—14（a）

排水横支管上合流配件至立管超过2.0 m时应加设伸缩节，做法见96S406—18，相邻两个伸缩节之间距离不大于4.0 m

5.水平管道在起点及转弯处应加设管道清扫口

6.屋面雨水排水为雨落管外排水,见建施图

7.横管敷设坡度除特别注明者外,均不得小于如下坡度:

De50	De75	De110	De160	De200
i=0.025	i=0.015	i=0.012	i=0.009	i=0.007

八.其他

1.图中单位:标高为m,其余均为mm

2.标高:排水管、雨水管指管内底标高,其余管道均指管中心标高

3.DN表示公称直径,De表示管道外径

4.所有穿越墙、楼板、梁、柱的管道均应按土建图预先做好留洞,严禁在钢筋混凝土构件上人工打洞，穿越地下室外墙的管道应加防水套管，做法见02S2—31

6.室内安装水平管道时应将管道标高尽量抬高，以免影响楼层空间的使用

7.常用小型仪表及特种阀门选用安装见01SS105

9.管道穿越变形缝、沉降缝等处，应在两端墙上预埋大于本管道两号的钢套管，并采用金属波纹管，做法见甘02S5—69

10.管道安装完毕后，给水管试水压力为0.9 MPa，消火栓管道试验压力为1.2 MPa，喷淋系统实验压力为1.4 MPa，试验冲洗见GB50242—2002第4.2.1、4.2.2、4.2.3条之规定，重力流管道应做闭水试验，具体做法见相关施工验收规范

11.本图纸未经审查合格及图纸会审通过不得用于施工

图纸目录

图号	图名	图幅
水施–1	给水排水、消防设计说明	A2
水施–2	地下室给水排水、消防系统平面图	A2×1.5
水施–3	一层给水排水、消防系统平面图	A2×1.5
水施–4	二~三层给水排水、消防系统平面图	A2×1.5
水施–5	四层给水排水、消防系统平面图	A2×1.5
水施–6	屋顶水箱间平面图	A2×1.5
水施–7	给水排水系统图	A2×1.5
水施–8	消火栓系统图、卫生间大样图	A2×1.5

图例

图例	名称	图例	名称
—J—○JL-	给水管及其立管		灭火器
—P—○WL-	排水管及其立管		室内消火栓
	双联化验盆		消防水泵接合器
	洗涤盆		冷、热水表
	小便器		压力表
	台式洗脸盆		地漏
	坐便器		蝶阀 闸阀 截止阀
	蹲式大便器		止回阀
	拖布池		清扫口
	小便槽		地沟

卫生设备安装参照图集

蹲式大便器	92S303–31,甲型
带扶手坐式大便器	92S303–32
污水盆(拖布池)	92S304–16,甲型
单柄单孔龙头台上式洗脸盆	92S304–38
挂壁式小便器	甘02S1–110

主要设备表

设备名称	规格型号	单位	数量	备注
屋顶消防水箱	3000×2000×2000型SMC玻璃钢水箱	座	1	设于屋顶水箱间
地下式水泵接合器	SQX–100–1型	套	1	99S203–17，用于消火栓系统
管道增压泵	G50型Q=4.67 L/s,H=20.0 m,N=1.5 kW	套	1	用于消火栓系统

S4系列给水管公称直径与公称外径对照表:(PN=1.25MPa)

公称直径 DN	DN15	DN20	DN25	DN32	DN40	DN50	DN70	DN80
公称外径De×壁厚e	De20×2.3	De25×2.8	De32×3.6	De40×4.5	De50×5.6	De63×7.1	De75×8.4	De90×10.1

院长	总建筑师	总工程师	工程负责
总图	建筑	结构	给水排水
暖通	电气	经济	勘察

设计阶段 DESIGNSTAGE：方案 / 初设 / 施工 ✓

设计专业 DESIGNDISCIPLINE：总图 / 建筑 / 结构 / 给水排水 ✓ / 暖通 / 电气 / 规划 / 市政

附注：REMARKS

所长 DIRECTOR	
主任工程师 CHIEF ENGINEER	
审定 APPROVED BY	
项目负责 CAPTAIN	
审核 EXAMINED BY	
专业负责 CHIEF ENGI	
设计 DESIGNED BY	
建筑方案设计 SCHEMATIC DESIGN	

建设单位 CLIENT：天水市残疾人联合会

工程名称 PROJECT：天水市残疾人综合服务中心

图名 DRAWING TITLE：给水排水、消防设计说明

合同号 PROJECT NO	08519		
版次 EDITION NO	1	日期 DATE	09519
共8张	第1张	图号 DRAWING NO	水施–1

图 1.2　甘肃省某市残疾人联合会所给水排水、消防设计说明

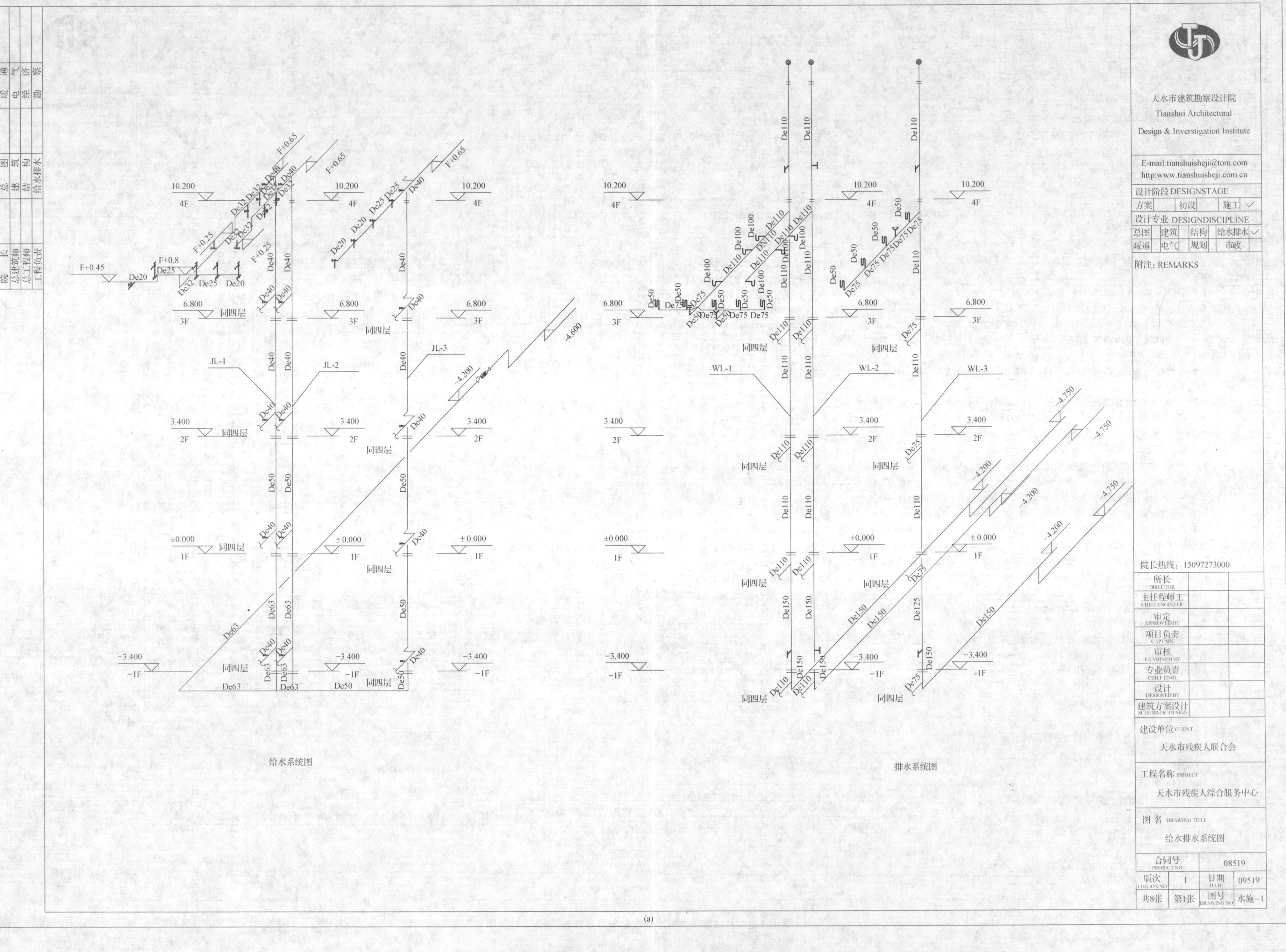

(a)

图 1.3　甘肃省某市残疾人联合会所卫生间大样图

院长
总建筑师
总工程师
工程负责
总图
建筑
结构
给水排水
暖通
电气
经济
勘察
JL-1
JL-2
WL-1
WL-2
WL-3
JL-3
150
150
150
450
840
1300
300
2250
600
300
2250
357
1651
1750
350
350
1750
905
①
卫生间大样图 1：40
天水市建筑勘察设计院
Tianshui Architectural
Design & Investigation Institute
E-mail:tianshuisheji@tom.com
http:www.tianshuisheji.com.cn
设计阶段DESIGNSTAGE
方案 初设 施工✓
设计专业 DESIGNDISCIPLINE
总图 建筑 结构 给水排水✓
暖通 电气 规划 市政
附注：REMARKS
所长 DIRECTOR
主任程师工 CHIEF ENGINEER
审定 APPROVED BY
项目负责 CAPTAIN
审核 EXAMINED BY
专业负责 CHIEF ENGI.
设计 DESIGNED BY
建筑方案设计 SCHEMATIC DESIGN
建设单位 CLIENT
天水市残疾人联合会
工程名称 PROJECT
天水市残疾人综合服务中心
图名 DRAWING TITLE
卫生间大样图
合同号 PROJECT NO 08519
版次 EDITION NO 1 日期 DATE 09519
共8张 第1张 图号 DRAWING NO 水施-8

(b)

续图 1.3

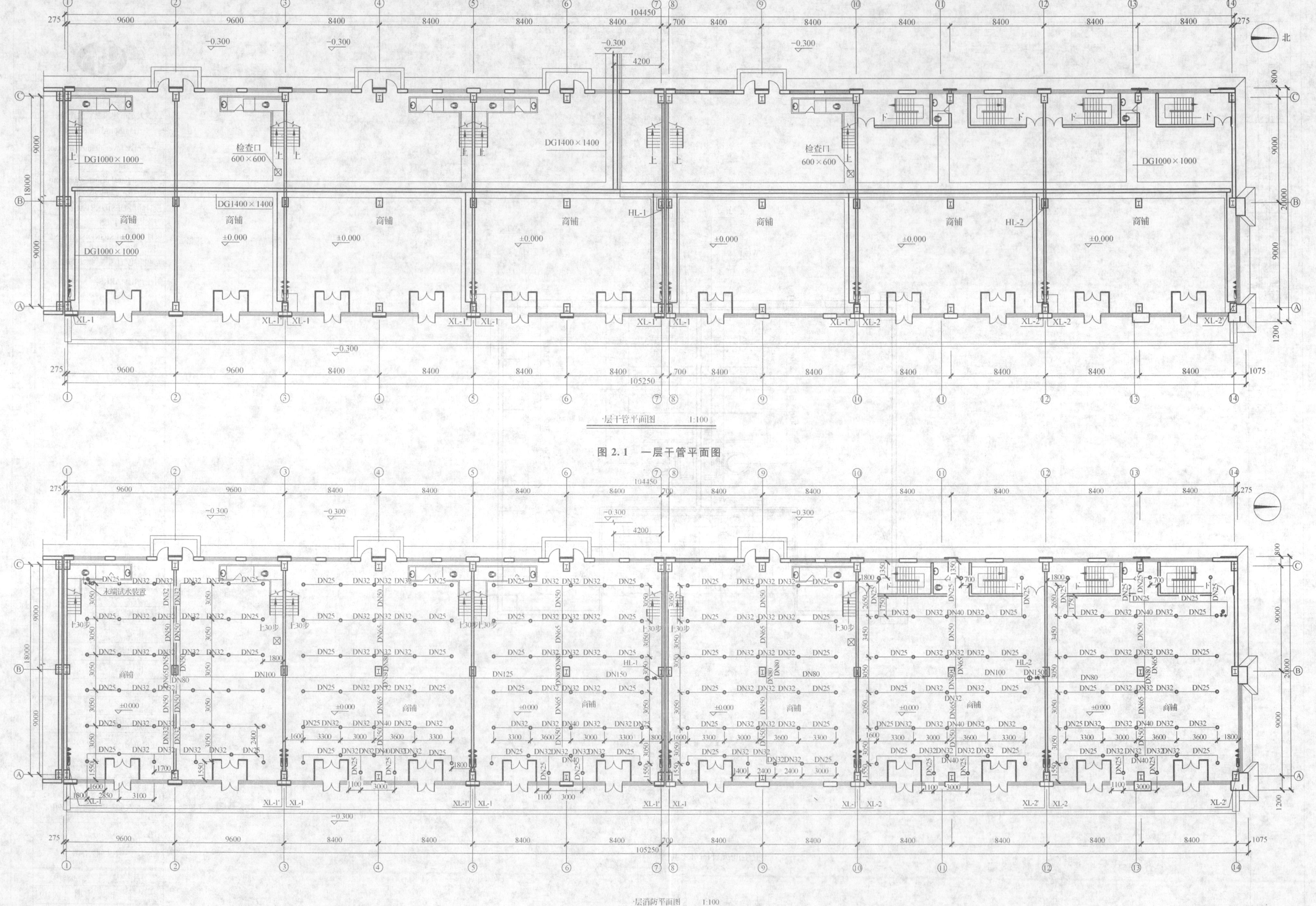

图 2.1 一层干管平面图

图 2.2 一层消防平面图

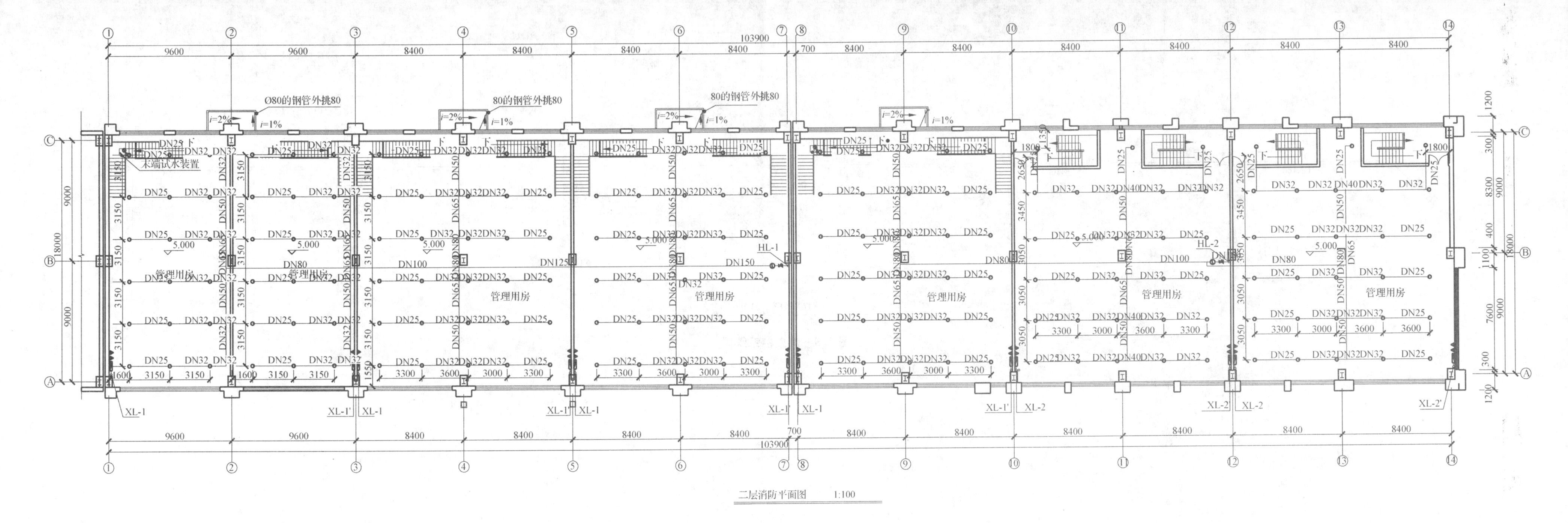

图 2.3 二层干管平面图

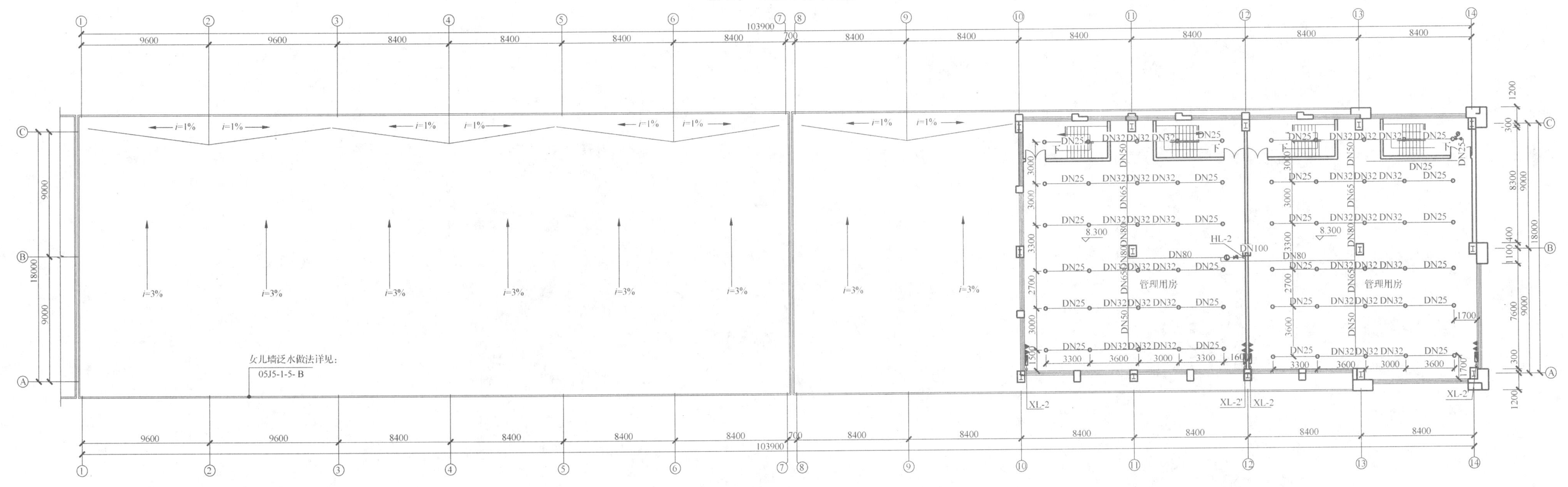

图 2.4 三层消防平面图

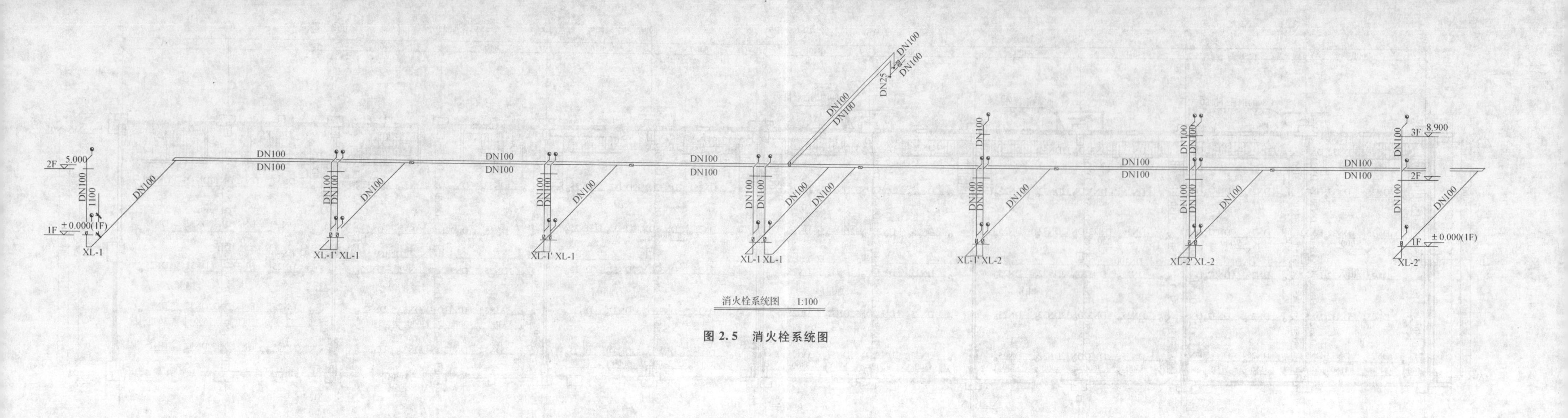

2F 5.000
DN100
1100
1F ±0.000(1F)
XL-1
XL-1' XL-1
XL-1' XL-1
XL-1 XL-1
XL-1' XL-2
XL-2' XL-2
XL-2'
3F 8.900
2F
1F ±0.000(1F)
DN25
DN100
消火栓系统图 1:100

图 2.5 消火栓系统图

建筑 | 水 | 暖 | 电

设计说明、图纸目录及主要材料表

一、工程概况：

本工程为哈尔滨市松江小区主干给水工程，由学仁路上市政给水管接出，最高日最大时供水量为139.8 m³/h，高程满足最不利点6层楼28 m水头。

配水干管网沿现有规划路敷设，DN250~DN110，管材料为PE100,总长约为14.3 km。本区域设消火栓6座，水表井1座阀门井4座,排泥井1座，排气井1座。

二、设计依据及设计规范

1.哈尔滨市松江小区总体规划图1:5000；
2.哈尔滨市松江小区1:1000地形图；
3.《城市给水工程规划规范》(GB 50318—2000)；
4.《室外给水设计规范》(GB 50013—2006)；
5.《生活饮用水卫生标准》(GB 5749—2006)；
6.《城市供水水质标准》(CJ/T 206—2005)；
7.《城市给水工程项目建设标准》建设部1994；
8.我院与松江区建设单位签定的咨询合同书。

三、设计概要：

1. 管材

本次设计均采用PE100管，管材设计压力0.8 MPa，环向刚度为8 kN/m²。

2. 管道接口

管道采用热熔连接。采购管材时，应确保所选管材的承压能力，并使环刚度能承受覆土深度的上荷载和汽车荷载。

管道施工时，应严格按照各管材的操作技术规程及管材提供厂家的指导进行，确保管道安装施工的质量。

3. 管道基础

管道基础采用砂垫层基础，砂垫层基础厚150 mm。如遇到淤泥及其他承载能力达不到设计要求的地基，必须进行地基处理。在管道的弯管、丁字管处需设混凝土支墩，形式见国标03S233。

4. 管沟回填

根据同江气象资料，该地区冻土深度为2.0 m，故管道平均埋深为2.2 m，沟槽底至管顶500 mm以内采用水撼砂回填，以上至道路结构层采用原土分层夯填，按《给水排水管道工程施工及验收规范》(GB 20568—2008)执行。

5. 阀门井

阀门井采用砖砌圆形阀门井，井盖采用保温井盖,施工按05S502−26，排泥井安装按05S502−54，排气阀井按05S502−164，水表井采用05S502−136，阀门井采用保温井口，详见标准图07S501−1−64；在道路上井盖采用ϕ800(ZQ)重型球墨铸铁(A)井盖，详见07S501−1−41；铸铁爬梯安装详见标准图S147−17−14。

6. 管道施工质量检查

管道工作压力为0.8 MPa,试验压力为1.2 MPa，试验压力下,稳压1 h，压力降不大于0.05 MPa，然后降至工作压力进行检查，压力应保持不变，不渗不漏为管道水压试验合格。管道清洗消毒后方可使用。

四、主要工程量：详见《主要材料表》

五、其他

1. 图中尺寸管径以mm计，其余均以m计。
2. 未尽事宜请施工单位严格按国家及省市有关规范标准执行。
3. 本图需经有关部门审批后方可施工.

主要材料表

序号	名称	型号	规格	单位	数量	备注
1	聚乙烯管	FE100	dn250	m	47.6	
2	聚乙烯管	PE100	dn160	m	263.8	
3	聚乙烯管	PE100	dn140	m	307.6	
4	聚乙烯管	PE100	dn110	m	752.8	
5	蝶阀	D343H6	DN250	个	2	
6	蝶阀	D343H6	DN100	个	4	
7	消火栓	SX−100−1.0		套	6	
8	排气阀	CARX	DN25	个	1	
9	泄水阀	Z41H	DN75	个	1	
10	水表	LXL−250		块	1	
11	旋启式止回阀	H44H	DN250	个	1	
12	PE 三通		dn250	个	1	
13	PE 变径		dn250×160	个	2	
14	PE 变径		dn160×140	个	2	
15	PE 变径		dn140×110	个	2	
16	PE 三通		dn110	个	2	
17	PE90 度弯头		dn160	个	2	
18	PE90 度弯头		dn110	个	2	
19	阀门井		ϕ1500		3	
20	水表井		3200×1300		1	
21	排气井		ϕ1200		1	
22	泄水井		ϕ800		1	

图 例

水表井　　消火栓
FM2阀门井 编号　　排泥井
J1 节点编号　　排气井

注册工程设计师	注册建筑师	单位名称			建设单位	xx市政工程公司		
		技术负责人		总设计负责人	工程名称	哈尔滨市松江小区主干给水工程		
		审　定		项目设计负责人	图　名	设计说明、图纸目录及主要材料表		
		审　核		专业设计负责人				
签　字	签　字	校　对		设计、制图	工程编号	图　号	水施−01	日　期

图 5.16　设计说明、图纸目录及主要材料表

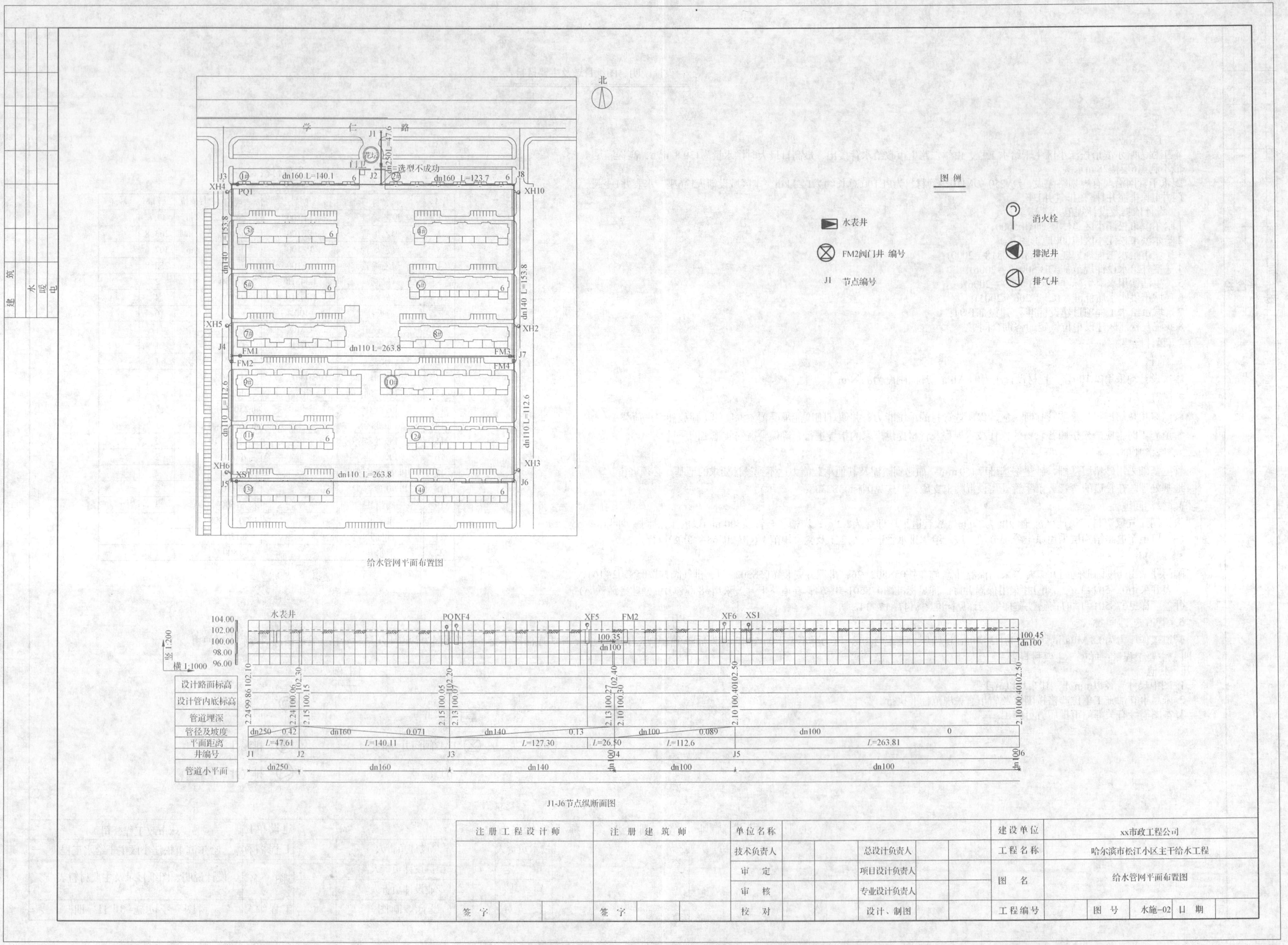

建筑
水
暖
电

北

学仁路

J1 dn250L=47.6 花坛 J2 选型不成功

J3 XH4 PQ1 ①# dn160 L=140.1 6 ②# dn160 L=123.7 6 J8 XH10

③# 6 ④# 6 dn140 L=153.8 ⑤# 6 ⑥# 6 dn140 L=153.8

XH5 J4 ⑦# ⑧# XH2 FM1 dn110 L=263.8 FM3 J7 FM2 FM4

⑨# ⑩# dn110 L=112.6 ⑪# 6 ⑫# 6 dn110 L=112.6

XH6 XS1 J5 dn110 L=263.8 XH3 J6 ⑬# 6 ⑭# 6

给水管网平面布置图

图例

水表井

FM2阀门井 编号

J1 节点编号

消火栓

排泥井

排气井

水表井 PQ1 XF4 XF5 FM2 XF6 XS1

104.00 102.00 100.00 98.00 96.00

竖 1:200 横 1:1000

100.35 dn100 100.45 dn100

项目	J1	J2	J3	J4	J5	J6
设计路面标高	102.10	102.30	102.20	102.40	102.50	102.50
设计管内底标高	99.86	100.06 / 100.15	100.05 / 100.07	100.27 / 100.30	100.40	100.40
管道埋深	2.24	2.24 / 2.15	2.15 / 2.13	2.13 / 2.10	2.10	2.10

管径及坡度	dn250 0.42	dn160 0.071	dn140 0.13		dn100 0.089	dn100 0
平面距离	L=47.61	L=140.11	L=127.30	L=26.50	L=112.6	L=263.81
井编号	J1 J2	J3		J4	J5	J6
管道小平面	dn250	dn160	dn140	dn100	dn100	dn100 dn100

J1-J6节点纵断面图

注册工程设计师		注册建筑师		单位名称			建设单位	xx市政工程公司
				技术负责人		总设计负责人	工程名称	哈尔滨市松江小区主干给水工程
				审定		项目设计负责人	图名	给水管网平面布置图
				审核		专业设计负责人		
签字		签字		校对		设计、制图	工程编号	图号 水施-02 日期

图 5.17 给水管网平面布置及纵断面图